“生命早期1000天营养改善与应用前沿”编委会

姜毓君　东北农业大学
蒋卓勤　中山大学预防医学研究所
李光辉　首都医科大学附属北京妇产医院
厉梁秋　中国营养保健食品协会
刘　彪　内蒙古乳业技术研究院有限责任公司
刘烈刚　华中科技大学同济医学院
刘晓红　首都医科大学附属北京友谊医院
毛学英　中国农业大学
米　杰　首都儿科研究所
任发政　中国农业大学
任一平　浙江省疾病预防控制中心
邵　兵　北京市疾病预防控制中心
王　晖　中国人口与发展研究中心
王　杰　中国疾病预防控制中心营养与健康所
王　欣　首都医科大学附属北京妇产医院
吴永宁　国家食品安全风险评估中心
严卫星　国家食品安全风险评估中心
杨慧霞　北京大学第一医院
杨晓光　中国疾病预防控制中心营养与健康所
杨振宇　中国疾病预防控制中心营养与健康所
荫士安　中国疾病预防控制中心营养与健康所
曾　果　四川大学华西公共卫生学院
张　峰　首都医科大学附属北京儿童医院
张玉梅　北京大学

CNHFA 中国营养保健食品协会推荐用书

生命早期1000天
营养改善与应用前沿

Frontiers in Nutrition Improvement and Application During the First 1000 Days of Life

母乳成分分析方法

Analytical Methods for Human Milk Compositions

邵 兵
任一平
杨振宇
主编

化学工业出版社
·北京·

内容简介

本书重点介绍了采用组学技术，研究母乳中功能性特征成分的技术与方法，包括代谢组学、蛋白质组学、脂质组学、糖组学、微生物组学等；探讨了适合母乳成分分析的多组分、高通量的微量灵敏分析技术和可验证的分析方法，包括适合于代表性母乳成分（营养成分和功能性特征成分）分析母乳样品的采样设计、样本采集过程、样品分离制备（前处理）与分析技术等，分别论述了母乳不同成分（营养成分和功能性特征成分）、不同组分的样品前处理过程和适用的分析技术与方法；同时根据作者对母乳成分的研究和食品安全监测工作，首次较系统地整理了母乳中目前已知污染物组分的分析技术。

本书适用于关注母乳成分分析的学者、营养与食品安全研究者、乳品科学家以及婴幼儿配方食品研发技术人员等作为参考书与工具书。

图书在版编目（CIP）数据

母乳成分分析方法 / 邵兵，任一平，杨振宇主编
. —北京：化学工业出版社，2024.3
（生命早期 1000 天营养改善与应用前沿）
ISBN 978-7-122-44457-8

Ⅰ. ①母… Ⅱ. ①邵…②任…③杨… Ⅲ. ①母乳-营养成分-研究 Ⅳ. ①Q592.6

中国国家版本馆 CIP 数据核字（2023）第 220759 号

责任编辑：李　丽　刘　军　　　　文字编辑：陈　雨
责任校对：宋　夏　　　　装帧设计：王晓宇

出版发行：化学工业出版社（北京市东城区青年湖南街 13 号　邮政编码 100011）
印　　装：中煤（北京）印务有限公司
710mm×1000mm　1/16　印张 27　字数 483 千字
2024 年 6 月北京第 1 版第 1 次印刷

购书咨询：010-64518888　　　　售后服务：010-64518899
网　　址：http：//www.cip.com.cn
凡购买本书，如有缺损质量问题，本社销售中心负责调换。

定　价：168.00 元

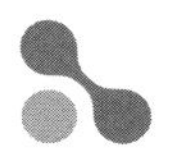

《母乳成分分析方法》编写人员名单

主编

邵　兵　任一平　杨振宇

副主编

董彩霞　牛宇敏　刘嘉颖　李依璇

编写人员（按姓氏汉语拼音排序）

安立会　毕　烨　蔡明明　陈　启　陈绍占　邓春丽
邓泽元　董彩霞　段一凡　范　赛　韩秀明　黄　焘
姜　珊　赖世云　李　静　李敬光　李　爽　李依彤
李依璇　刘　彪　刘嘉颖　刘丽萍　柳　桢　吕　冰
牛宇敏　潘丽莉　庞学红　裴紫薇　邱楠楠　任向楠
任一平　邵　兵　施致雄　石羽杰　苏红文　孙忠清
陶保华　王　晖　王　杰　王淑霞　王雯丹　吴永宁
许娇娇　杨国良　杨润晖　杨振宇　叶文慧　荫士安
张　晶　张京顺　张　磊　张　烁　赵显峰　赵云峰
周　爽　朱　梅

序一

生命早期1000天是人类一生健康的关键期。良好的营养支持是胚胎及婴幼儿生长发育的基础。对生命早期1000天的营养投资被公认为全球健康发展的最佳投资之一，有助于全面提升人口素质，促进国家可持续发展。在我国《国民营养计划（2017—2030年）》中，将“生命早期1000天营养健康行动”列在“开展重大行动”的第一条，充分体现了党中央、国务院对提升全民健康的高度重视。

随着我国优生优育政策的推进，社会各界及广大消费者对生命早期健康的认识发生了质的变化。然而，目前我国尚缺乏系统论述母乳特征性成分及其营养特点的系列丛书。2019年8月，在科学家、企业家等的倡导下，启动“生命早期1000天营养改善与应用前沿”丛书编写工作。此丛书包括《孕妇和乳母营养》《婴幼儿精准喂养》《母乳成分特征》《母乳成分分析方法》《婴幼儿膳食营养素参考摄入量》《生命早期1000天与未来健康》《婴幼儿配方食品品质创新与实践》《特殊医学状况婴幼儿配方食品》《婴幼儿配方食品喂养效果评估》共九个分册。丛书以生命体生长发育为核心，结合临床医学、预防医学、生物学及食品科学等学科的理论与实践，聚焦学科关键点、热点与难点问题，以全新的视角阐释遗传-膳食营养-行为-环境-文化的复杂交互作用及与慢性病发生、发展的关系，在此基础上提出零岁开始精准营养和零岁预防（简称“双零”）策略。

该丛书是一部全面系统论述生命早期营养与健康及婴幼儿配方食品创新的著作，涉及许多原创性新理论、新技术与新方法，对推动生命早期1000天适宜营养的重要性认知具有重要意义。该丛书编委包括国内相关领域的学术带头人及产业界的研发人员，历时五年精心编撰，由国家出版基金资助、化学工业出版社出版发行。该丛书是母婴健康专业人员、企业产品研发人员、政策制定者与广大父母的参考书。值此丛书付梓面世之际，欣然为序。

任发政

2024年6月30日

序二

儿童是人类的未来，也是人类社会可持续发展的基础。在世界卫生组织、联合国儿童基金会、欧盟等组织的联合倡议下，生命早期1000天营养主题作为影响人类未来的重要主题，成为2010年联合国千年发展目标首脑会议的重要内容，以推动儿童早期营养改善行动在全球范围的实施和推广。“生命早期1000天”被世界卫生组织定义为个人生长发育的“机遇窗口期”，大量的科研和实践证明，重视儿童早期发展、增进儿童早期营养状况的改善，有助于全面提升儿童期及成年的体能、智能，降低成年期营养相关慢性病的发病率，是人力资本提升的重要突破口。我国慢性非传染性疾病导致的死亡人数占总死亡人数的88%，党中央、国务院高度重视我国人口素质和全民健康素养的提升，将慢性病综合防控战略纳入《“健康中国2030”规划纲要》。

“生命早期1000天营养改善与应用前沿”丛书结合全球人类学、遗传学、营养与食品学、现代分析化学、临床医学和预防医学的理论、技术与相关实践，聚焦学科关键点、难点以及热点问题，系统地阐述了人体健康与疾病的发育起源以及生命早期1000天营养改善发挥的重要作用。作为我国首部全面系统探讨生命早期营养与健康、婴幼儿精准喂养、母乳成分特征和婴幼儿配方食品品质创新以及特殊医学状况婴幼儿配方食品等方面的论著，突出了产、学、研相结合的特点。本丛书所述领域内相关的国内外最新研究成果、全国性调查数据及许多原创性新理论、新技术与新方法均得以体现，具有权威性和先进性，极具学术价值和社会价值。以陈君石院士、孙宝国院士、陈坚院士、张福锁院士、刘仲华院士为顾问，以任发政院士为编委会主任、荫士安教授为副主任的专家团队花费了大量精力和心血著成此丛书，将为创新性的慢性病预防理论提供基础依据，对全面提升我国人口素质，推动21世纪中国人口核心战略做出贡献，进而服务于“一带一路”共建国家和其他发展中国家，也将为修订国际食品法典相关标准提供中国建议。

中国营养保健食品协会会长

边振甲

2023年10月1日

前言

母乳喂养对喂养儿的好处不仅仅是解决孩子吃（营养）的问题，更重要的是母乳中含有非常丰富的功能性特征性成分，而且这些成分还会随哺乳进程发生动态变化，以适应生长发育期儿童的需要。母乳中的这些成分除了有助于调节喂养儿的肠道免疫功能、促进益生菌的生长定植和抑制致病菌的生长定植，有些还直接发挥杀菌、抗菌和抑菌作用，降低喂养儿感染性疾病发生率和死亡率。随着分析仪器的迭代更新和检测技术的进步，使那些母乳中痕量存在的特征性功能成分的分离测定成为可能，极大地推动了母乳中特征性功能性成分的研究，使我们对母乳成分有了更新的了解。

本书由行业内多年从事妇幼营养学、母乳成分研究、食物成分检测和食品安全领域的专家执笔，系统梳理了目前关于母乳中功能性特征性成分的研究工作，包括近年来用于母乳组学研究技术、我国关于母乳中营养成分、功能性特征性成分的研究和国际进展，以及母乳中环境污染物检测技术等方面开展的首次尝试性研究。

在本书编写过程中，尽管全体参编人员尽可能整理自己多年相关的研究工作，收集国内外最新研究成果与公开发表的论文并分析汇总，仍难免存在疏漏和不当之处，敬请同行专家和使用本书的读者将建议反馈给作者，以便不断改进。最后感谢每位编委对本书的贡献和辛勤工作。本书为 2022 年度国家出版基金项目“生命早期1000天营养改善与应用前沿”丛书的分册之一，在此感谢国家出版基金的支持；同时感谢中国营养保健食品协会对本书出版给予的支持。

编者

2023年5月31日，北京

目录

第 1 章

概论

母乳是婴儿最理想的食物，世界卫生组织（World Health Organization, WHO）推荐婴儿出生后 6 个月内应纯母乳喂养，6 个月后及时合理添加辅食的同时，应继续母乳喂养到 2 岁或更长时间。这一推荐得到包括中国在内的大多数国家政府的认可。然而，母乳成分非常复杂（除了丰富的营养成分、微生物种类，还可能含有环境污染物），且含量变化大、个体间差异大。即使对母乳成分的研究已有相当长的时间，目前还局限在营养成分的含量，而关于母乳中营养成分的存在形式、母乳的生态环境以及对喂养儿机体结构完整与功能发育影响的程度所知甚少。尽管我国不同地区已经开展了一些母乳成分研究，然而至今我国还没有系统和完善的全国性母乳成分数据库。

1.1 母乳成分研究的重要意义

世界卫生组织推荐，母乳可满足 0 ～ 6 月龄婴儿的能量和营养素需求，并且对于 7 ～ 12 月龄的婴儿，母乳喂养也能满足婴儿一半或更多的能量和多种营养成分的需求。研究证明，母乳喂养不仅影响喂养儿的生长发育、免疫功能和抵抗感染性疾病的能力，而且还将影响成年时期的健康状况和罹患营养相关慢性病的风险性。因此全面了解母乳成分，将有助于推动我国的母乳喂养。

1.1.1 国际母乳成分相关研究

关于母乳中营养成分的研究工作，以往国外已有很多报告，但是多限于母乳中一种或多种营养成分、生物活性成分以及母乳营养成分与牛奶中成分的比较，主要目的是通过母乳成分的分析与研究，将调整牛奶中营养成分后生产的婴儿配方食品与母乳进行比较。近年来更多的研究开始关注哺乳期妇女营养状况以及膳食成分变化（多限于单一成分，包括多不饱和脂肪酸、蛋白质、某种微量营养成分等）对母乳成分的影响，如乳母低二十二碳六烯酸（docosahexaenoic acid, DHA）膳食对母乳中营养物质含量的影响以及 *n*-6 和 *n*-3 脂肪酸摄入量及食物来源；妊娠前的体质指数与哺乳期泌乳量和母乳喂养的相关性研究。目前越来越多的报道开始应用组学研究技术，研究母乳中宏量营养素的代谢组学、母乳微生物与喂养儿肠道微生态环境，关注母乳中遗传信息载体成分（如核苷与核苷酸、微小核糖核酸等）可能发挥的重要作用，即将母体遗传信息载体成分通过母乳喂养传递给喂养儿等。

随着对母乳成分研究的不断深入，母乳中已知成分的代谢和功能得到进一步阐明，越来越多的母乳中新成分可能与婴儿的免疫系统的启动和建立以及肠道防御功能的发育成熟、生长发育以及认知功能密切相关，如必需脂肪酸，特别是长链多不饱和脂肪酸（花生四烯酸和二十二碳六烯酸）可能会影响婴儿的视敏度和神经系统发育；母乳中的某些寡糖（母乳低聚糖）和一些肽类有助于肠道良好微生态环境的建立；母乳中含有微量的激素和类激素成分以及多种酶类、多样的蛋白质组分（如乳铁蛋白、钴胺素结合蛋白、叶酸结合蛋白和乳白蛋白以及丰富的多肽成分）可促进矿物质、维生素的消化吸收和机体的物质代谢；母乳中含有大量的免疫活性物质如分泌型免疫球蛋白 A（secretory immunoglobulin A, sIgA）、乳铁蛋白、骨桥蛋白、乳脂肪膜蛋白、可溶性 CD14、Toll 样受体，多种多样的细胞因子及其受体等可以调节免疫反应，提高婴儿免疫力，促进新生儿免疫系统的建立和肠道成熟；母乳中还含有重要的活体细胞如单核细胞、T 淋巴细胞、B 淋巴细胞等，这些细胞可能与食物过敏或一些自身免疫性疾病易感性有关。还有更多研究开始关注母乳中某些成分对人类疾病和健康的影响以及可能发挥的功效等（即母乳医学）。

1.1.2 国内母乳成分相关研究

国内关于母乳中主要营养成分以及与婴儿生长发育关系的研究工作开始于 20 世纪 80 ～ 90 年代，我国有一些地区（包括在北京、广州、上海等）开展了母乳中营养成分的相关研究，鉴于当时研究经费十分有限和分析手段与仪器落后，大多数研究均局限在某个省份的小样本的调查结果，分析的营养成分有限，同时还缺少不同地区、不同生活水平方面的数据比较，而涉及不同民族的研究与比较就更少了。近年来国内关于这方面的研究工作报道甚少，相关的研究主要局限在小样本单一营养成分或几种微量营养素等方面的研究。缺少系统研究乳母的营养与健康状况、母乳中营养成分含量以及母乳对母乳喂养婴儿生长发育影响方面的工作。

1.1.3 研究母乳成分的必要性

经过改革开放，我国国民经济得到了高速发展，国民收入增加明显，生活水平也得到显著提高，居民的膳食模式也发生了明显变化，能量和营养素摄入量的改变既会影响乳母营养状况，又可能会影响到母乳的营养成分，进一步会影响到婴儿的生长发育。同时国内外关于母乳营养成分的分析测试手段与分析仪器得到了全面更新，因此有必要全面了解乳母的食物消费量和能量以及营养素摄入量，乳母营养状况和母乳营养成分与婴儿生长发育关系，建立我国母乳成分数据库技术平台，评估乳母和母乳喂养儿的营养状况，尤其是乳母营养不良（低体重和肥胖）对乳汁成分以及喂养儿的影响，影响母乳营养成分的因素，并针对存在的突出问题提出改进措施和进行针对性干预，为国家制定相关的政策（如母乳喂养婴儿指南）提供建议，提高乳母和婴儿的营养状况和健康水平，降低发生意外伤害的风险。

母乳成分数据库的研究成果可为修订食品安全国家标准《食品安全国家标准 婴儿配方食品》、《特殊医学用途婴儿配方食品通则》，控制和治疗婴幼儿期可预防性疾病，开发适合我国婴幼儿生长发育特点的配方食品和特殊医学用途食品提供科学依据[1]。

1.1.4 母乳中功能性特征成分的作用

母乳喂养除了解决传统的喂养儿吃的问题，如满足营养需要，越来越多的研究证明母乳中还含有诸多对喂养儿具有重要生理功能的特征性成分，这些成分有助于喂养儿肠道免疫功能的启动与建立、胃肠道发育成熟、抵抗感染、营养成分的吸收利用、母子之间的情感交流。母乳中功能性特征成分的作用体现在：①母乳微生态环境（如微生物种类和含量以及变化趋势）对喂养儿肠道免疫功能启动、有益菌的生长定植和良好肠道微生态环境建立的影响；②母乳含有多种酶类和激素或类激素成分对喂养儿物质代谢、生长发育以及成年时慢性病发生轨迹的影响；③母乳中结构复杂和种类多样的中链脂肪酸和低聚糖类以及宏量营养素复合物对喂养儿身体组织结构完整和在器官功能发挥中的重要作用；④母乳中种类繁多的细胞因子对喂养儿发挥的免疫调节作用和在降低疾病易感性中的作用；⑤母乳中富含的细胞成分可为喂养儿提供主动和被动免疫作用；⑥母乳含有丰富微小核糖核酸、核苷和核苷酸在母体信息传递给喂养儿中可能发挥作用等。

1.1.5 母乳成分研究需要监测污染物

在研究母乳中营养成分和功能性特征成分的同时，也应关注环境中存在的化学污染物（如持久性有机污染物、重金属、霉菌毒素等）经母乳对喂养儿生长发育和健康产生的伤害。因此通过监测母乳中环境污染物的含量和变化趋势，可评估婴儿的暴露程度和健康风险，并采取针对性防控措施，降低婴儿暴露水平。

1.2 母乳中营养成分的组成及存在形式

母乳是婴儿出生后最初 6 个月的唯一营养来源，这一时期的纯母乳喂养对婴儿生长发育至关重要。尽管营养状况良好妇女分娩的新生儿体内会储备一些营养素，但是他们所需要的营养几乎全部来自母乳。因此母乳的营养成分、存在形式及含量备受关注，这也是研究的重点和难点。关于母乳成分的研究，首先需要确定研究的是哪些营养成分，或者哪些生物活性成分或污染成分；然后确定研究的是某一营养成分的总含量还是不同存在形式（结合型与游离型），如总氨基酸中应包括游离型和结合型，维生素 B_2 有游离型和与不同辅酶结合的形式，维生素 B_6 的存在形式有吡哆醛、吡哆胺、吡哆醇以及相应的磷酸化形式。

1.2.1 宏量营养素

（1）氨基酸 母乳中总氨基酸（total amino acid, TAA）包括与蛋白质结合的氨基酸和属于非蛋白氮部分的游离氨基酸（free amino acid, FAA）。FAA 占非蛋白氮的 8% ～ 22% 和总氨基酸的 5% ～ 10%[2, 3]，谷氨酸是所有泌乳阶段最丰富的 FAA，谷氨酰胺可以由谷氨酸合成，谷氨酸 + 谷氨酰胺约占母乳中 FAA 的 50%[2-5]；而牛磺酸是含量第二高的 FAA，仅以游离形式存在于母乳中[2]。

（2）脂类 与其他宏量营养素相比，脂肪是母乳中结构变化最大的成分。其主要存在形式有甘油三酯和中链脂肪酸，还有少量的胆固醇和酯化胆固醇、磷脂和脂溶性维生素等[6-8]，母乳中的脂类以脂肪球的形式存在。

（3）碳水化合物 乳糖是母乳中主要的碳水化合物，在母乳中的含量为 67 ～ 78g/L[9]。母乳低聚糖也称母乳寡糖（human milk oligosaccharides, HMOs），是一种非营养性碳水化合物，母乳中含量仅次于乳糖，其他还有少量的单糖（如葡萄糖和果糖）。

1.2.2 脂溶性维生素

（1）维生素 A 新生儿体内维生素 A 的储备很少。母乳中充足的视黄醇水平对确保婴儿健康和生长发育至关重要。母乳中维生素 A 几乎全部以视黄醇棕榈酸酯和视黄醇硬脂酸酯形式存在于乳脂中[10, 11]，占母乳中类维生素 A 的 60%，其他形式还有视黄酸等；成熟母乳中至少发现 12 种视黄醇酯。母乳中还存在不同类胡萝卜素组分（如 β-胡萝卜素），类胡萝卜素包含胡萝卜素和叶黄素，是体内维生素 A 的主要来源。类胡萝卜素在母乳中的存在形式和含量受乳母膳食摄入量影响，母乳中存在的主要类胡萝卜素是 β-胡萝卜素、α-胡萝卜素、β-隐黄素、番茄红素、叶黄素和玉米黄素。

（2）维生素 D 维生素 D 在婴儿骨骼生长、免疫系统发育和大脑发育中发挥重要作用，孕期和哺乳期严重缺乏可导致佝偻病。母乳中维生素 D 的含量很低，从母体循环到母乳的维生素 D 主要存在形式是维生素 D_3（胆钙化醇）和维生素 D_2（麦角钙化醇），这些都是来自 25-羟基代谢产物[12, 13]、24, 25-二羟基维生素 D 和 1,25-二羟基维生素 D，因此维生素 D_2、25(OH)D_3、25(OH)D_2 也是母乳中维生素 D 的存在形式（少量）。

（3）维生素 E（生育酚） 维生素 E 作为抗氧化剂为胎儿和新生儿提供必需的抗氧保护作用，刺激免疫系统发育[14]。母乳中维生素 E 的 83% 是以 α-生育酚形式存在，还含有少量 β-生育酚、γ-生育酚。

（4）维生素 K 维生素 K 很难穿过胎盘屏障，母乳中含量较低[15]。母乳中维生素 K 含量较低，母乳喂养儿出生时未接受预防量维生素 K 补充，发生新生儿出血性疾病的风险增加（尤其是颅内隐性出血）。母乳中维生素 K 的主要存在形式是叶绿醌（维生素 K_1），其次是甲萘醌-4（维生素 K_2 存在形式）和痕量甲萘醌 6 ～甲萘醌 8[16]，维生素 K 位于乳脂肪球膜脂质的核心位置 [17]。

1.2.3 水溶性维生素

（1）硫胺素（维生素 B_1） 硫胺素是碳水化合物和支链氨基酸代谢中的辅酶，孕期缺乏和 / 或婴儿缺乏将导致婴儿脚气病，而且也是引起婴儿死亡的主要原因之一。母乳中硫胺素主要以单磷酸硫胺素（thiamine monophosphate, TMP）（约 60%）、焦磷酸硫胺素和游离硫胺素（约 30%）的形式存在，TMP 和游离硫胺素是母乳中维生素 B_1 主要存在形式 [18]。

（2）核黄素（维生素 B_2） 核黄素作为辅酶黄素单核苷酸（flavin mononucleotide, FMN）的重要组成部分，参与能量代谢和谷胱甘肽的氧化和还原反应过程，核黄素缺乏可引起皮肤感觉异常、周围神经病变、生长不良和铁吸收障碍等。母乳中核黄素的主要存在形式是黄素腺嘌呤二核苷酸（flavin adenine dinucleotide, FAD）和游离核黄素 [19]，其他形式还有 10-羟乙基黄素和痕量 10-甲酰基甲基黄素、7α-羟基核黄素、8α-羟基核黄素和 FMN。

（3）维生素 B_6 维生素 B_6 作为氨基酸代谢、糖酵解和糖异生的 100 种以上酶的辅助因子。维生素 B_6 缺乏与神经和行为异常有关。母乳中维生素 B_6 的主要存在形式是吡哆醛，还含有少量的 5′-磷酸吡哆醛、吡哆胺和吡哆醇 [20-22]。

（4）维生素 B_{12} 在叶酸代谢和脱氧核糖核酸（deoxyribonucleic acid, DNA）合成过程中，维生素 B_{12} 作为 2 种关键酶的必需辅助因子发挥作用，婴儿期缺乏维生素 B_{12} 可导致一系列神经系统症状和影响生长发育。母乳中维生素 B_{12} 与载脂蛋白结合蛋白（apohaptocorrin）紧密结合。甲基钴胺素是母乳中维生素 B_{12} 的主要存在形式，其次是 5-脱氧腺苷钴胺素和少量的羟钴胺素和氰钴胺素。

（5）叶酸 叶酸参与一碳单位代谢，对 DNA 和核糖核酸（ribonucleic acid, RNA）的合成是必需的，因此与生长、发育、繁殖有关。母乳中叶酸与乳清结合蛋白共价结合，主要存在形式是蝶酰基聚谷氨酸盐和 *N*-5-甲基四氢叶酸 [23, 24]，还有少量还原型叶酸衍生物。

（6）泛酸 泛酸是脂质代谢的关键因素。母乳中约 85% ～ 90% 的泛酸是以游离形式存在的。

（7）生物素 母乳的脱脂部分中生物素含量超过 90%，＜ 3% 与大分子可逆性结合，＜ 5% 与大分子共价结合；在早期和过渡乳中的生物素形式包括生物素及其代谢产物双降生物素（bisnorbiotin）（约 50%）和生物素亚砜（biotin sulfoxide）（约 10%）。

（8）胆碱　胆碱参与细胞膜结构的完整性、跨膜信号传导、脂质-胆固醇的运输和代谢过程、甲基代谢和大脑发育等。母乳中胆碱主要存在形式包括游离胆碱及其代谢产物磷酸胆碱和甘油磷酸胆碱，还含有低浓度的磷脂酰胆碱和鞘磷脂[25, 26]。

（9）维生素 C　在体内，维生素 C 作为抗氧化剂在免疫调解中发挥重要作用，刺激白细胞、抗体生成，增加干扰素合成。维生素 C 严重缺乏可导致坏血病。抗坏血酸是维生素 C 的主要存在形式，而脱氢抗坏血酸（dehydroascorbic acid, DHA）代表了母乳中维生素 C 的生物学相关形式[27, 28]。

1.2.4　矿物质

（1）铁　铁作为血红蛋白和肌红蛋白的组成部分，还参与多种代谢过程所必需酶的结构成分，婴儿缺铁可导致缺铁性贫血，影响生长发育和行为与认知发育。母乳中铁存在于脂质和低分子量化合物中，如低分子量多肽和脂肪球，乳铁蛋白结合少量铁[29]。

（2）铜　铜参与细胞呼吸和铁代谢，是结缔组织合成酶所必需辅助因子。母乳的乳清和乳脂部分均存在一定比例的铜，母乳中的铜结合蛋白，包括铜蓝蛋白（含有 20% ～ 25%）以及酪蛋白和血清白蛋白[30]。

（3）锌　婴儿缺锌可导致生长发育迟缓和免疫功能受损，增加腹泻和呼吸系统感染性疾病发病率和死亡率。母乳的乳清和乳脂部分均含有锌，大量的锌是与柠檬酸盐、低分子量结合配体、酪蛋白和血清白蛋白结合，以锌结合蛋白的形式存在[30, 31]。

（4）钙　钙是骨骼的重要组成部分，在细胞信号通路中作为信使发挥关键作用。母乳中存在离子形式的钙和与蛋白质（酪蛋白）以及柠檬酸紧密结合形式的钙[32, 33]。

（5）磷　磷是细胞膜和核酸的结构成分，参与多种生物过程，包括骨骼矿化、细胞信号传导、能量产生和酸碱平衡等。尽管母乳中钙和磷分泌的调节是独立的，但是早产和足月儿的母乳中钙磷比值中位数均为 1.7[34]。母乳中磷的存在形式缺少研究数据。

（6）镁　镁在骨骼中发挥结构作用，参与超过 300 种基础代谢反应。哺乳期间机体会动员母体骨骼中镁进入矿物质池提供给乳腺。母乳中大多数镁是与低分子量组分和蛋白质结合[35]，然而关于母乳中镁的存在形式缺少相关研究数据。

（7）碘　碘对于婴儿的生长、智力发育和生存都是必需的。母乳中碘浓度差异很大，主要归因于土壤中碘含量以及碘化盐或油的母体摄入量[36, 37]。母乳中超过75%的碘以离子碘的形式存在，还有结合形式碘，如以 T_3 形式存在，还有少量 T_4。

（8）硒　硒是许多含硒蛋白的重要组成部分，如谷胱甘肽过氧化物酶（glutathione peroxidase, GSH-Px）和脱碘酶，在甲状腺素的代谢中发挥作用，对生命早期发育至关重要。母乳中硒大部分与蛋白质结合，如作为 GSH-Px 的组成成分，还有少量硒代半胱氨酸和硒代蛋氨酸的形式[38]，还有少量与乳脂肪有关。

1.3　母乳中营养成分的测定方法

在进行母乳成分研究时，首先需要明确研究母乳中的营养素及其存在形式，然后需要考虑采用何种测定方法，测定方法的选择要考虑测定的灵敏度（检出限）、准确度和需要的样本量以及基质对测定结果的影响，选择测定方法时应首先考虑选用微量、高通量，能同时测定多种营养成分的方法[39, 40]。目前用于母乳成分测定的方法大多数基于测定食物、血浆、尿液等方法，通过优选样本前处理方法、提取过程等改良而来。微量营养成分分析最常使用的是微生物法、比色法、荧光法、GC-MS、LC-MS、原子吸收光谱法、电感耦合等离子体-质谱法（inductively coupled plasma-mass spectrometry, ICP-MS）、电感耦合等离子体-原子发射光谱法（inductively coupled plasma-atomic emission spectrometry, ICP-AES）等，因此需要平衡样本量，测定成分、成本和时间。

1.3.1　宏量营养素、核苷与核苷酸、总能量的测定方法

1.3.1.1　蛋白质及其组分

（1）总蛋白质含量　目前母乳中总蛋白质含量的测定还是采用凯氏定氮法，测定氮含量，然后乘以 6.25 转换系数；也有采用比色法或商品试剂盒。

（2）氨基酸　氨基酸存在形式有游离型和结合型，可以采用液相色谱法和氨基酸分析仪法进行测定。

（3）不同蛋白质组分　如乳清蛋白及其组分、酪蛋白及其组分、溶菌酶、免疫球蛋白等，可采用液相色谱-质谱/质谱联用法（liquid chromatography-mass spectrometry/mass spectrometry, LC-MS/MS）、免疫扩散法、酶联免疫法、高效液相色谱/超高效液相色谱法（high performance liquid chromatography/ultra high performance liquid chromatography, HPLC/UPLC）、毛细管电泳法以及商品试剂盒等。

1.3.1.2 脂类

（1）总脂肪　采用常规提取法。

（2）饱和、不饱和脂肪酸　采用气相色谱法（gas chromatography, GC）。

（3）OPO　采用 GC、HPLC 法。

（4）神经节苷脂　采用 LC-MS/MS 测定。

1.3.1.3 碳水化合物

（1）总碳水化合物　可以采用直接（苯酚-硫酸法测定）或间接法测定母乳中总碳水化合物含量。

（2）乳糖　过去采用改良的 Dahlquist 比色法，现在也可使用商品试剂盒测定（检测范围 2 ～ 10mg/mL），也有采用色谱法。

（3）低聚糖类　采用 HPLC、高效阴离子交换色谱-荧光检测（HPAEC-RED）、GC 法测定。

（4）单糖　采用 LC-MS/MS 测定，如葡萄糖和果糖。

1.3.1.4 核苷与核苷酸

核苷可采用 HPLC 法；单磷酸核苷酸可采用 LC-MS/MS 法；多磷酸核苷酸可采用 LC-MS/MS 法。

1.3.1.5 总能量

目前母乳中总能量大多数报告的结果通常采用计算法，包括母乳成分测定仪出示的数据。当然使用燃烧式测热计是测量母乳总能量的金标准，然而至今应用于母乳的研究还相当有限，因为这样的测定需要的母乳样本量较大。

1.3.2 脂溶性维生素的测定方法

（1）维生素 A 和类胡萝卜素　早期母乳中这些成分的测定采用比色法和荧光法。然而，大多数母乳中维生素 A 和类胡萝卜素的定量分析采用 HPLC 法（配合紫外、荧光和 MS 检测），还有 LC-MS/MS 法等，最近还有德国特尔托公司推出的一款 iCheckFluoro 便携式荧光计用于母乳中维生素 A 快速定量检测。

（2）维生素 D　早期采用放免法测定母乳中维生素 D，也有使用改良的氯化锑法测定母乳中维生素 D。近年来，更准确、更灵敏的色谱技术被认为是维生素 D 分析中最重要的方法之一，可用于测定母乳中含量低的维生素 D 组分；结合同位素稀释技术的 LC-MS/MS 法可用于母乳中维生素 D 及其代谢产物的定量测定。

（3）维生素 E　维生素 E 包括了两类（生育酚和生育三烯酚）共八种同系物。早期母乳中维生素 E 的分析采用薄层色谱（TLC）和 GC-MS 方法，然而 HPLC 法是最普遍用于测定母乳维生素 E 的方法，采用荧光检测器（FLD）、电子捕获检测器（ECD）或 UV 检测器。

（4）维生素 K　HPLC 法是最常用于母乳中维生素 K 含量的测定方法，结合采用 FLD、ECD 或 UV 检测器，而且有较高的灵敏度。与使用 UV 检测器相比，FLD 和 ECD 检测器可提高 2 个数量级，因此 HPLC-FLD 是维生素 K 分析的首选方法；近来 LC-MS/MS 也用于母乳维生素 K 的分析。

1.3.3　水溶性维生素的测定方法

（1）硫胺素（维生素 B_1）　母乳中硫胺素测定可采用经典的硫色素反应法、微生物法（使用发酵乳杆菌、酿酒酵母、马尔默克色菌和油链球菌-ATCC12706）和 HPLC 法（需要柱前或柱后衍生化）[41]，采用超高效液相色谱串联质谱法（UPLC-MS/MS）同时可测定包括硫胺素等多种 B 族维生素。

（2）核黄素（维生素 B_2）　母乳中维生素 B_2 的定量分析方法有微生物法（使用干酪乳杆菌 ATCC 7469）、光谱（UV、荧光）法等。近来有采用 UPLC-MS/MS 法可同时测定母乳中 6 种游离形式 B 族维生素含量，除了核黄素和黄素腺嘌呤二核苷酸（FAD），还有硫胺素、烟酸、维生素 B_6 和泛酸 [39, 40]。

（3）维生素 B_6　母乳中有吡哆醇、吡哆胺和吡哆醛三种形式及其磷酸化形式，而且可相互转化。通常采用微生物法（使用葡萄酒酵母 ATCC 9080）、HPLC 法和 LC 法定量测定母乳中维生素 B_6；采用 UPLC-MS/MS 法，可同时测定母乳中含维生素 B_6 等 6 种游离形式 B 族维生素 [39]。

（4）维生素 B_{12}（钴胺素）　早期大多数采用微生物法测定母乳中钴胺素含量。放射性同位素稀释法可用于分析母乳中维生素 B_{12} 含量；近年来竞争性蛋白质结合和化学发光法也被用于定量测定母乳中维生素 B_{12} 的含量。

（5）叶酸　早期母乳中叶酸分析方法使用微生物法，通常使用干酪乳杆菌 ATCC 7469（还可使用粪链球菌、啤酒球菌和其他干酪乳杆菌）；带荧光检测器的 HPLC 法或 LC-FLD 法、竞争性蛋白质结合放射免疫分析法（RIA）和化学发光法也被用于测定母乳中叶酸含量。

（6）泛酸　微生物法（使用干酪乳杆菌、阿拉伯乳杆菌和植物乳杆菌）、RIA、UPLC-UV（紫外检测）法已用于母乳中泛酸的定量分析。最近 MS/MS 法已用于母乳泛酸含量测定，可同时测定多种 B 族维生素；用于母乳代谢组学研究的 ^{1}H NMR 可定量测定泛酸含量。

（7）生物素　微生物法（使用阿拉伯乳杆菌和植物乳杆菌）、^{125}I 标记抗生物素蛋白连续固相测定、LC-MS/MS 也可用于母乳基质中生物含量的测定。

（8）胆碱　早期母乳中的胆碱含量采用放射性酶法，近年来多采用 ^{1}H NMR 法和色谱技术（HPLC、GC-MS 和 LC-MS/MS）定量测定胆碱。

（9）维生素 C　母乳中维生素 C 的定量测定方法包括滴定法、比色法和色谱技术（较新的方法有 HPLC-UV、FLD 或 ECD）。与比色法相比，色谱技术可提供更满意的测定结果。

1.3.4　矿物元素的测定方法

母乳中绝大多数矿物元素（包括常量元素和微量元素）可采用原子吸收方法（火焰或石墨炉）、ICP-MS 方法进行定量测定，而且使用 ICP-MS 方法可同时测定数十种矿物元素，具有良好的回收率和检出限。下面介绍婴幼儿营养中关注的几种微量营养素的测定方法。

（1）铁　早期采用比色法（邻菲咯啉法）测定母乳中铁含量；之后广泛采用原子吸收（AAS）方法测定母乳中铁含量，并已成为首选方法；近期 ICP-MS 也可以作为 AAS 的替代方法。

（2）锌　早期也是采用比色法测定母乳锌含量。目前 AAS 已成为母乳锌含量测定的主要方法之一，还有 ICP-MS 和 ICP-AES 也用于母乳锌含量分析。

（3）碘　早期是采用比色法测定母乳碘含量。最近有报道 ICP-MS 方法用于测定母乳碘含量，具有很好的回收率和灵敏度，被推荐为测定母乳碘含量的首选方法；其他测定方法还有中子活化技术、MS 与色谱联用以及碘化物特异性电极等。

（4）硒　我国最早开发用于母乳硒含量测定的方法是荧光法，使用特征性试剂 2,3-二氨基萘衍生化。其他可用于母乳硒含量测定的方法有 GC-ECD、AAS 和等离子体光谱法等。

1.4　母乳中环境污染物的影响

由于环境污染物（environmental pollutants）的存在非常普遍，环境中化学污染物对母乳喂养儿营养与健康状况的近期和远期影响也是当今国际上研究的热点。环境中的污染物可通过母乳传递给下一代，即母乳可以提供乳母和乳母喂养婴儿暴露环境中化学污染物的信息 [42-47]。由此也提出需要对我们生存的环境进行综合治理，消除和降低环境污染物，有助于降低母乳中环境污染物的水平，降低对母乳喂养儿的伤害。

近年来通过开展的母乳中环境污染物成分的长期监测结果可判定婴儿的暴露程度。如果母亲暴露于有害的环境污染物（如通过食物、饮水、空气、土壤等），接触或服用某些药物（如抗生素），吸烟与被动吸烟，母乳也就成为一些污染物［如持久性有机污染物（POPs）、霉菌毒素、有毒重金属、药物等］从母体到婴儿的转移介质，可能会影响婴儿的生长发育和健康状况，对新生儿和婴儿的不良影响表现尤为突出[48-50]，例如即使母乳中存在低水平 POPs 就可能与甲状腺素含量的降低有关[51]。因此需要特别关注母乳中的环境污染物，评估健康风险[52]，降低新生儿和婴儿的暴露风险，还需要展开更深入研究，以理解婴儿期膳食暴露于环境化学物质（如通过母乳或婴儿配方食品）对其健康状况可能产生的潜在不良影响。

1.5 展望

尽管国内外开展了诸多母乳成分相关的研究工作，然而至今对母乳中微量营养成分、生物活性成分及其功能和作用机制、影响因素等方面的了解甚少，还需要开展更多系统性研究。

1.5.1 建立中国母乳成分数据库

通过系统分析孕产妇健康状况［如孕前和孕期营养不良（低体重、超重与肥胖）、妊娠合并症等］、母乳中营养成分和生物活性成分的含量、喂养儿生长发育状况等建立我国母乳成分数据库，探讨影响我国母乳喂养的因素，为进行针对性干预提供科学依据；为估计婴儿营养素需要量、适宜摄入量、制修订我国婴幼儿配方食品标准、指导适合我国婴幼儿生长发育特点的配方食品和特殊医学用途配方食品研发提供基础数据。

1.5.2 持续探究母乳喂养的近期影响与远期效应

目前绝大多数研究关注母乳喂养对喂养儿的近期影响，还应关注母乳喂养和持续时间与强度对喂养儿健康状况远期效应，以及对乳母本身健康状况的近期影响与远期健康效应。

1.5.3 系统布局母乳营养成分的代谢组学研究

随着组学研究技术的突破和母乳成分检测技术的进步，系统分析母乳的营养素代谢组学以及母乳微生物组学的研究已成为可能，获得的结果将有助于系统了解营养成分在体内的作用与代谢路径以及营养素与身体结构和功能之间的关系。

1.5.4 研究母乳中痕量生物活性成分以及功能性特征成分

已知母乳中含有相当多且种类繁多的微量生物活性成分，如多种激素和类激素成分、酶类、低分子量蛋白组分、低聚糖类、中链脂肪酸、细胞因子、微小核糖核酸，同时还含有多种微生物，这些微量甚至含量更低的成分可能在婴儿早期肠道良好微生态环境的建立、免疫功能的启动和成熟以及母子之间的信息交流等发挥重要作用。

1.5.5 加强母乳中环境污染物的研究

需要关注母乳中环境污染物的存在程度及来源，如POPs、重金属、霉菌毒素、微塑料成分等，评估其可能给喂养儿带来的健康风险，降低新生儿和婴儿的暴露程度。

1.5.6 进行方法学研究

目前虽有若干母乳成分研究，由于代表性母乳样本采集方法、样品的储存和冻融过程，以及采取的样品前处理和测定方法不同，导致相同成分的测量值相差很大，不同调查的结果难以进行比较。因此需要研究代表性母乳样本的采集方法、转运与储存过程、样本的前处理和探索高通量微量测定方法。

（邵兵，荫士安）

参考文献

[1] Yin S, Yang Z. An on-line database for human milk composition in China. Asia Pac J Clin Nutr, 2016, 25: 818-825.

[2] Carratu B, Boniglia C, Scalise F, et al. Nitrogenous components of human milk: non-protein nitrogen, true protein and free amino acids. Food Chem, 2003, 81(3): 357-362.

[3] Atkinson S A, Schnurr C M, Donovan S M, et al. The non-protein nitrogen components of human milk// Atkinson S A, Lönnerdal B, editors. biochemistry and potential functional role. Boca Raton (FL): CRC

Press, 1989: 117-133.
[4] Agostoni C, Carratu B, Boniglia C, et al. Free glutamine and glutamic acid increase in human milk through a three-month lactation period. J Pediatr Gastroenterol Nutr, 2000, 31(5): 508-512.
[5] Baldeon M E, Mennella J A, Flores N, et al. Free amino acid content in breast milk of adolescent and adult mothers in Ecuador. Springerplus, 2014, 3: 104.
[6] Barbas C, Herrera E. Lipid composition and vitamin E content in human colostrum and mature milk. J Physiol Biochem, 1998, 54(3): 167-173.
[7] Carias D, Velasquez G, Cioccia A M, et al. The effect of lactation time on the macronutrient and mineral composition of milk from Venezuelan women. Arch Latinoam Nutr, 1997, 47(2): 110-117.
[8] Harzer G, Haug M, Bindels J G. Biochemistry of human milk in early lactation. Z Ernahrungswiss, 1986, 25(2): 77-90.
[9] Wojcik K Y, Rechtman D J, Lee M L, et al. Macronutrient analysis of a nationwide sample of donor breast milk. J Am Diet Assoc, 2009, 109(1): 137-140.
[10] Debier C, Larondelle Y. Vitamins A and E: metabolism, roles and transfer to offspring. Br J Nutr, 2005, 93(2): 153-174.
[11] Stoltzfus R J, Underwood B A. Breast-milk vitamin A as an indicator of the vitamin A status of women and infants. Bull World Health Organ, 1995, 73(5): 703-711.
[12] Hollis B W, Wagner C L. The vitamin D requirement during human lactation: the facts and IOM's 'utter' failure. Public Health Nutr, 2011, 14(4): 748-749.
[13] Wagner C L, Taylor S N, Johnson D D, et al. The role of vitamin D in pregnancy and lactation: emerging concepts. Womens Health (Lond), 2012, 8(3): 3233-3240.
[14] Debier C. Vitamin E during pre- and postnatal periods. Vitam Horm, 2007, 76: 357-373.
[15] Greer F R. Vitamin K status of lactating mothers and their infants. Acta Paediatr Suppl, 1999, 88(430): 95-103.
[16] Thijssen H H, Drittij M J, Vermeer C, et al. Menaquinone-4 in breast milk is derived from dietary phylloquinone. Br J Nutr, 2002, 87(3): 219-226.
[17] Canfield L M, Hopkinson J M, Lima A F, et al. Vitamin K in colostrum and mature human milk over the lactation period--a cross-sectional study. Am J Clin Nutr, 1991, 53(3): 730-735.
[18] Stuetz W, Carrara V I, McGready R, et al. Thiamine diphosphate in whole blood, thiamine and thiamine monophosphate in breast-milk in a refugee population. PLoS One, 2012, 7(6):e36280.
[19] Roughead Z K, McCormick D B. Flavin composition of human milk. Am J Clin Nutr, 1990, 52(5): 854-857.
[20] Yagi T, Iwamoto S, Mizuseki R, et al. Contents of all forms of vitamin B6, pyridoxine-beta-glucoside and 4-pyridoxic acid in mature milk of Japanese women according to 4-pyridoxolactone-conversion high performance liquid chromatography. J Nutr Sci Vitaminol (Tokyo), 2013, 59(1): 9-15.
[21] Ooylan L M, Hart S, Porter K B, et al. Vitamin B-6 content of breast milk and neonatal behavioral functioning. J Am Diet Assoc, 2002, 102(10): 1433-1438.
[22] Hamaker B, Kirksey A, Ekanayake A, et al. Analysis of B-6 vitamers in human milk by reverse-phase liquid chromatography. Am J Clin Nutr, 1985, 42(4): 650-655.
[23] Allen L H. B vitamins in breast milk: relative importance of maternal status and intake, and effects on infant status and function. Adv Nutr, 2012, 3(3): 362-369.
[24] Sandberg D P, Begley J A, Hall C A. The content, binding, and forms of vitamin B12 in milk. Am J Clin Nutr, 1981, 34(9): 1717-1724.
[25] Holmes-McNary M Q, Cheng W L, Mar M H, et al. Choline and choline esters in human and rat milk and

in infant formulas. Am J Clin Nutr, 1996, 64(4): 572-576.
[26] Holmes H C, Snodgrass G J, Iles R A. Changes in the choline content of human breast milk in the first 3 weeks after birth. Eur J Pediatr, 2000, 159(3): 198-204.
[27] Romeu-Nadal M, Morera-Pons S, Castellote A I, et al. Rapid high-performance liquid chromatographic method for Vitamin C determination in human milk versus an enzymatic method. J Chromatogr B Analyt Technol Biomed Life Sci, 2006, 830(1): 41-46.
[28] Buss I H, McGill F, Darlow B A, et al. Vitamin C is reduced in human milk after storage. Acta Paediatr, 2001, 90(7): 813-815.
[29] Dorea J G. Iron and copper in human milk. Nutrition, 2000, 16(3): 209-220.
[30] Lönnerdal B, Hoffman B, Hurley L S. Zinc and copper binding proteins in human milk. Am J Clin Nutr, 1982, 36(6): 1170-1176.
[31] Fransson G B, Lönnerdal B. Iron, copper, zinc, calcium, and magnesium in human milk fat. Am J Clin Nutr, 1984, 39(2): 185-189.
[32] Kent J C, Arthur P G, Mitoulas L R, et al. Why calcium in breastmilk is independent of maternal dietary calcium and vitamin D. Breastfeed Rev, 2009, 17(2): 5-11.
[33] Neville M C, Keller R P, Casey C, et al. Calcium partitioning in human and bovine milk. J Dairy Sci, 1994, 77(7): 1964-1975.
[34] Dorea J G. Calcium and phosphorus in human milk. Nutr Res, 1999, 19(5): 709-739.
[35] Fransson G B, Lönnerdal B. Distribution of trace elements and minerals in human and cow's milk. Pediatr Res, 1983, 17(11): 912-915.
[36] Parr R M, DeMaeyer E M, Iyengar V G, et al. Minor and trace elements in human milk from Guatemala, Hungary, Nigeria, Philippines, Sweden, and Zaire. Results from a WHO/IAEA joint project. Biol Trace Elem Res, 1991, 29(1): 51-75.
[37] Dorea J G. Iodine nutrition and breast feeding. J Trace Elem Med Biol, 2002, 16(4): 207-220.
[38] Michalke B, Schramel P. Selenium speciation in human milk with special respect to quality control. Biol Trace Elem Res, 1997, 59(1-3): 45-56.
[39] Ren X N, Yang Z Y, Shao B, et al. B-vitamin levels in human milk among different lactation stages and areas in China. PLoS One, 2015, 10(7):e0133285.
[40] Hampel D, York E R, Allen L H. Ultra-performance liquid chromatography tandem mass-spectrometry (UPLC-MS/MS) for the rapid, simultaneous analysis of thiamin, riboflavin, flavin adenine dinucleotide, nicotinamide and pyridoxal in human milk. J Chromatogr B Analyt Technol Biomed Life Sci, 2012, 903: 7-13.
[41] Hampel D, Allen L H. Analyzing B-vitamins in human milk: methodological approaches. Crit Rev Food Sci Nutr, 2016, 56(3): 494-511.
[42] LaKind J S, Brent R L, Dourson M L, et al. Human milk biomonitoring data: interpretation and risk assessment issues. J Toxicol Environ Health A, 2005, 68(20): 1713-1769.
[43] Wang R Y, Bates M N, Goldstein D A, H, et al. Human milk research for answering questions about human health. J Toxicol Environ Health A, 2005, 68(20): 1771-1801.
[44] Koizumi N, Murata K, Hayashi C, et al. High cadmium accumulation among humans and primates: comparison across various mammalian species--a study from Japan. Biol Trace Elem Res, 2008, 121(3): 205-214.
[45] Crepet A, Vasseur P, Jean J, et al. Integrating selection and risk assessment of chemical mixtures: a novel approach applied to a breast milk survey. Environ Health Perspect, 2022, 130(3): 35001.

[46] Macheka L R, Abafe O A, Mugivhisa L L, et al. Occurrence and infant exposure assessment of per and polyfluoroalkyl substances in breast milk from South Africa. Chemosphere, 2022, 288(Pt 2): 132601.

[47] Hadei M, Shahsavani A, Hopke P K, et al. A systematic review and meta-analysis of human biomonitoring studies on exposure to environmental pollutants in Iran. Ecotoxicol Environ Saf, 2021, 212: 111986.

[48] McManaman J L, Neville M C. Mammary physiology and milk secretion. Adv Drug Deliv Rev, 2003, 55(5): 629-641.

[49] Pronczuk J, Moy G, Vallenas C. Breast milk: an optimal food. Environ Health Perspect, 2004, 112(13): A722-723.

[50] van den Berg M, Kypke K, Kotz A, et al. WHO/UNEP global surveys of PCDDs, PCDFs, PCBs and DDTs in human milk and benefit-risk evaluation of breastfeeding. Arch Toxicol, 2017, 91(1): 83-96.

[51] Li Z M, Albrecht M, Fromme H, et al. Persistent organic pollutants in human breast milk and associations with maternal thyroid hormone homeostasis. Environ Sci Technol, 2020, 54(2): 1111-1119.

[52] Berlin C M Jr., Kacew S, Lawrence R, et al. Criteria for chemical selection for programs on human milk surveillance and research for environmental chemicals. J Toxicol Environ Health A, 2002, 65(22): 1839-1851.

第2章

母乳代谢组学

众所周知，母乳是自然条件下唯一能够满足新生儿对营养的需求，实现体细胞正常生长所需要的营养，并通过提供重要的功能性因子满足新生儿的所有需求的食物。哺乳期间母乳成分一直处在动态变化中，尤其是产后第一个月，母乳成分经历从初乳到过渡乳再到成熟乳的渐变过程，但是这种独特的食物与新生儿之间的复杂关系还远未搞清楚。母乳是一种复杂的液体，除了蛋白质、碳水化合物、脂质、维生素和矿物质等经典营养素外，还含有多种生物活性成分。代谢组学在母乳成分与喂养儿关系中的应用，为研究乳母营养、母乳成分与婴儿健康之间的复杂关系提供了可行的方法。通过与婴儿配方奶粉的比较，母乳代谢组的特征可以帮助了解营养素如何影响新生儿的代谢，可根据其营养需求进行针对性干预[1-3]。

2.1 概述

代谢组学通常是指以定量方式测量代谢组。代谢组是复杂的生物样本中基因表达最终产物小分子量代谢物的完整集合。代谢组学作为系统生物学的重要组成部分，旨在通过分析细胞、生物体液（如血液、尿液、母乳等）及组织的代谢特征来探究相关的机制，可以将代谢物与表型直接关联，被认为是非常有前途的组学工具[4,5]。

2.1.1 代谢组学的概念及应用范围

代谢组学（metabonomics/metabolomics）可以被定义为分析代谢物的科学，即对生物系体内所有代谢物进行鉴定和定量的全面分析（包括代谢物的种类、数量及其变化规律），作为具有足够多样性的集合体将这些代谢物映射到代谢的途径上，并且使用具有足够定量准确性方法估计通过这些途径的代谢物流量[6]。目前已将光谱学或光谱技术应用于代谢组学的研究。为了监测来自宿主、微生物及其协同代谢的代谢产物，分析了包括尿液、血浆和/或母乳、粪便或活组织检查在内的各种生物基质。

代谢组学以定量方式测量代谢物、研究复杂生物样品（如生物液体、组织和器官）中基因表达终产物的全系列低分子量代谢物[7]，是全新的领域，可在细胞水平上预测食物摄入量、疾病和药物毒性的几种生物标记物。代谢组学最初应用于植物学和毒理学，近年来已有若干研究应用代谢组学研究现代食品科学[8]、营养学和营养相关慢性病。

（1）食品科学领域　通过引入功能强大的代谢组学平台分析食品，可使人们迅速增加对食品分子的理解，这些领域旨在评估是什么赋予某些食品独特的风味、质地、香气、颜色和营养特性。例如食品化学成分分析、食物产品质量/真实性评价、食品消费监测、食品干预或具有挑战性膳食研究中的生理监测[8,9]。

（2）营养学研究　代谢组学将成为营养研究[10]和健康状况与慢性病（如高血压、癌症、氧化应激、心血管疾病、肥胖与糖尿病等）中的重要工具，以及应用于营养干预研究中营养素使用的监测与营养状况评估等[10,11]。

（3）营养相关慢性病　代谢组学可以被看作能反映生物系统的生理、进化和病理状态，因此代谢组学可以对营养相关慢性病的细胞状态以及与环境影响因素（特别是生理条件、药物治疗、营养、生活方式等）之间的关系进行全面评估。

（4）相关机制研究　代谢组学可直接反映细胞的生理状态、细胞变化与表型间的关联，生物体内源性代谢物及其与内在或外在因素的相互作用，以及寻找代谢物与生理变化或疾病状态 / 发生预防发展的相对关系。与传统研究方法相比，代谢组学是结合新生物信息学工具的多组学方法的应用，能够更好地确定表型。例如，传统方法仅限于粗略评估生长发育参数和观察临床疾病；而代谢组学则具有通过对生物液体（如血清、尿液或母乳）中小分子的研究，实现对表型进行相对无创性评估的能力，可以用于评估发育中新生儿的整体代谢。

2.1.2　代谢组的概念及应用范围

代谢组（metabolome）系基因组的最终产物，是诸多参与生物体新陈代谢、维持生物体正常生长和发育功能的内源性小分子化合物的集合。代谢组学的研究首先是引入一定的外源性刺激，然后采集受试对象的相关标本，用分析手段检测其中代谢物的种类、含量、状态及其变化，建立代谢组数据或与现有的数据库进行比对，分析对象外源性刺激和代谢组的关联性。

2.1.3　母乳代谢组学的概念及应用范围

母乳代谢组学可以被定义为研究母乳成分和来源及这些成分在母乳喂养儿体内代谢过程和对喂养儿影响的科学。母乳含有化学结构和浓度各异的代谢产物，这些代谢物的范围从高丰度到低丰度化合物，从极性到非极性。母乳样本的这种复杂性质使得很难进行分析，尤其是全部代谢物测定和定性的全球代谢组学研究 [12]。母乳代谢组学分析涉及对小分子量（$<$ 1kDa）内源性和外源性代谢物（如脂质、氨基酸和有机酸、低聚糖等）的系统研究，这些代谢物代表了遗传和环境影响相互作用的细胞功能 [9,13,14]。因此母乳代谢组学分析被认为是研究母乳营养质量有希望的工具 [15]。母乳代谢组学研究与乳母表型、膳食、疾病和生活方式有关的生化变异，这些有助于识别正常和异常的生化变化以及制定促进婴儿健康成长的喂养方式与发展战略。

2.1.4　母乳代谢组学研究内容

目前基于代谢组学对于母乳成分的研究重点依然是宏量营养素的变化规律 [1,16,17]，而对于微量营养成分的关注和研究依然很少。母乳宏量营养素代谢组学研究内容举例见表 2-1。

表 2-1　母乳中宏量营养素代谢组学研究相关内容举例

营养素	研究内容	特征性变化
蛋白质与氨基酸	蛋白质不同组分与氨基酸含量变化和影响因素	① 不同泌乳阶段和同次哺乳前后母乳中含量差异巨大； ② 足月儿母乳中丙氨酸、谷氨酸、谷氨酰胺、组氨酸和缬氨酸含量随哺乳时间延长而升高； ③ 早产儿母乳中 BCAAs①随哺乳时间延长含量升高
糖类	糖组分变化	① 母乳中糖组分（如寡糖类）差异与母体的表型有关； ② 母乳中低聚糖组分含量随哺乳期延长逐渐降低； ③ 早产儿母乳中总低聚糖和唾液酸含量高于足月儿的母乳； ④ 母乳中乳糖含量变异小、稳定
脂肪与脂肪酸	脂肪酸含量的变化和影响因素	① 甘油三酯是母乳中含量最高的脂质，含量较多的脂肪酸包括棕榈酸、油酸、亚油酸和 α-亚麻酸； ② 母乳中脂肪酸受地域和年龄因素影响更大； ③ 母乳中棕榈酸主要集中在甘油三酯的 2 位，油酸主要集中在甘油三酯的 1 位和 3 位

① BCAAs，支链氨基酸。

（1）母乳成分与新生儿　母乳代谢组（目前主要研究的是宏量营养素）根据新生儿的需要而发生变化，如母乳中蛋白质、脂质和寡糖等含量与泌乳阶段密切相关（正相关、负相关或相关性不明显）。初乳、过渡乳和成熟乳等不同时期母乳的代谢组学特征是随着泌乳期的变化而变化的，而且足月儿与早产儿的母乳成分具有不同代谢特征。

（2）胎儿成熟度　也有研究探讨了早产儿的母乳成分与足月儿母乳之间的差异。早产儿乳汁中多种营养素含量与足月儿母乳相比有明显差异，有 69 种差异代谢物，包括23种氨基酸、15种糖、11种与能量有关的代谢物、10种脂肪酸、3种核苷酸、2 种维生素和 5 种与细菌相关的代谢物 [1,16]。

（3）多种组学之间的相互关系　母乳代谢组学研究可反映母乳蛋白质与氨基酸组学、脂质与脂肪酸组学、糖（母乳寡糖）组学、核苷与核苷酸组学以及微生物组学等相互之间的影响以及对母乳喂养儿生长发育的影响。

（4）影响母乳代谢组的因素　影响母乳代谢组的因素包括遗传因素、胎龄（胎儿成熟程度）、分娩方式（正常分娩与剖宫产）、泌乳期（依泌乳期不同母乳分为初乳、过渡乳和成熟乳）或与接触外源性 / 外环境物质（环境中持久性污染物）发生的变化等。

2.1.5　母乳代谢组学研究举例

质谱（MS）和质子（^{1}H）核磁共振（NMR）光谱技术已用于母乳代谢组学

研究，推动了母乳代谢组学研究，有助于深入了解母乳成分及其在母乳喂养儿体内的代谢过程和对生长发育的影响。近年来已报道的相关母乳代谢组学研究举例如下：

（1）母乳成分对认知功能的影响　母乳氨基酸、脂肪酸组分与喂养儿生长发育（大脑、免疫功能、学习认知以及体格发育）的关系[1,18,19]及其影响因素研究。

（2）母乳成分对免疫功能的影响　糖类，更多研究关注 HMOs 组分以及对喂养儿肠道免疫功能发育成熟、免疫调节和抵抗疾病的关系，如母亲表型和膳食对 HMOs 浓度及其代谢组的影响[2,20]。

（3）母乳喂养与人工喂养方式的比较　母乳喂养与婴儿配方食品喂养的代谢组学研究，如早产儿的母乳和婴儿配方奶的代谢谱比较[21]，母乳和婴儿配方奶的代谢组分比较[22]。

（4）其他相关研究　其他研究包括母乳代谢组的国家间差异——乳腺生理学和乳母生活方式指标[23]，胎龄（早产儿与低出生体重儿）和哺乳阶段对母乳代谢组的影响[16]，疾病状态对母乳代谢组学的影响（如妊娠糖尿病改变人初乳、过渡乳和成熟乳的代谢组）[24]。

2.2 母乳中的代谢产物

在 2012 年，Marincola 等[21]首次进行了母乳代谢组学研究。该项研究中作者测试了代谢组学方法作为一种快速、信息丰富筛查工具用于调查哺乳第一个月内低出生体重早产儿母乳成分的潜力；为了比较，同时分析了一些市售婴儿配方食品（奶粉）。研究的焦点集中于分别采用 ^{1}H NMR 光谱和气相色谱-质谱（GC-MS）技术，分析母乳中水溶性部分和脂肪酸部分。将主成分分析（PCA）应用于母乳样品中极性提取物的 NMR 谱图，证明早产儿的母乳成分与婴儿配方食品（奶粉）样品的代谢谱存在明显差异，前者特征有较高的乳糖浓度，而后者是较高浓度的麦芽糖。通过 FA 色谱图的 PCA 分析，观察到这两者在油酸和亚油酸含量上有显著差异。

2.2.1 母乳代谢组学研究概况

迄今对母乳（HBM）代谢组进行的研究相对较少。相关的母乳代谢组学研究见表 2-2[3]，如早产儿的母乳与婴儿配方食品的代谢谱比较、母亲表型对母乳低聚糖（HMO）或母乳成分的影响以及母乳代谢组的国家间差异等。

表 2-2　母乳（HBM）代谢组学研究

研究目的	研究人群	样本类型	分析平台	最易变代谢产物⑤	幅度变化的方向	第一作者及年份
早产儿母乳和婴儿配方奶的代谢谱比较	分娩早产儿的母亲（n=28）	水溶性和脂溶性萃取物①	^{1}H NMR GC-MS	乳糖	↑ HMB⑥	Marincola, 2012[21]
	分娩足月儿的母亲（n=1）			麦芽糖	↓ HMB⑥	
	给予常见婴儿配方食品的早产儿（n=13）			油酸，亚油酸	↓ HMB⑥	
母亲表型对母乳中HMO浓度的影响	分娩足月儿的母亲（n=20）	水溶性萃取物①	^{1}H NMR	3′-FL, LNDPH Ⅱ及衍生物	↑ Le-阳性 非 Se⑦	Praticò, 2014[2]
母亲表型和膳食对HBM代谢组的影响	分娩足月儿的母亲（n=52）	水溶性萃取物②	^{1}H NMR	2′-FL, LDFT 岩藻糖 3′-FL, LNFP Ⅱ，LNFP Ⅲ，LNT，3′-SL，6′-SL	↑ Se ↑ 非 Se	Smilowitz, 2013[20]
开发适用于GC-MS和LC-MS单相萃取法，确定最初4个月HBM特征及产后第1个月HBM组成特征差异	分娩足月儿的母亲（n=52）	有机萃取物③	LC-MS GC-MS	亚油酸，油酸，LPE，葡萄糖酸，羟基己二酸，MG，DG，TG	↑产后超过26天⑧	Villaseñor, 2014[25]
				溶血磷脂，磷脂，α-生育酚，胆固醇，CE，岩藻糖，呋喃糖，D-葡萄糖胺酸	↓产后超过26天⑧	

续表

研究目的	研究人群	样本类型	分析平台	最易变代谢产物⑤	幅度变化的方向	第一作者及年份
化疗对母乳微生物菌群和代谢组的影响	进行霍奇金淋巴瘤化疗的乳母（n=1）	乙醇萃取物④	GC-MS	DHA，PUFA，肌醇	↓化疗 2 ～ 16 周	Urbaniak, 2014[26]
	健康乳母（n=8）			阿拉伯糖，苏糖醇，癸酸，肉豆蔻酸，1-单棕榈酸，丁醛	↑化疗 2 ～ 16 周⑨	
母乳和婴儿配方奶的代谢组分比较	产后 23 ～ 41 周的乳母（n=20）	水溶性萃取物①	^{1}H NMR	乳糖	↑ HMB⑥	Longini, 2014[22]
	推荐不同体重新生儿的婴儿配方食品			1-磷酸半乳糖和麦芽糖	↓ HMB⑥	
母乳代谢组的国家间差异：乳腺生理学和乳母生活方式指标	来自 5 个国家（澳大利亚、日本、美国、挪威和南非）产后 1 个月母乳样本（n=109）	水溶性萃取物⑩	^{1}H NMR	岩藻糖，葡萄糖，乳糖；丙氨酸，谷氨酰胺，谷氨酸，异亮氨酸，亮氨酸，缬氨酸；胆碱及其代谢物；能量代谢物等	母乳代谢物浓度差异可解释诸如乳腺炎和 / 或乳腺功能受损等问题	Gay, 2018[23]

①萃取溶液：氯仿 / 甲醇混合液。②通过截留分子量 3000 滤器从母乳中分离的样品。③萃取溶液：甲醇混合液 / 甲基叔丁基醚混合物。④萃取溶液：甲醇。⑤缩写词：CE，胆固醇酯；DG，甘油二酯；DHA，二十二碳六烯酸；2′-FL，2′-岩藻糖基乳糖；3′-FL，3′-岩藻糖基乳糖；LNDFH，乳糖-*N*-二氟己糖；LDFT，乳糖二氟四糖；LNFP，乳糖-*N*-岩藻糖；LNT，乳糖-*N*-四糖；LPE，溶血磷脂酰乙胺；MG，甘油单酯；PUFA，多不饱和脂肪酸；3′-SL，3′-唾液酸乳糖；6′-SL，唾液酸乳糖；TG，甘油三酯；Se，分泌型；Le，Lewis 血型。⑥相对于婴儿配方奶的差异。⑦相对于 Le 阳性 Se 的差异。⑧相对于产后前 7d 的差异。⑨相对于产后 0 周的差异。⑩使用 Amicon Ultra 0.5 mL 3kDa 超滤离心管离心分离。

注：改编自 Marincola 等[3]，2015。

2.2.2 LC-MS和GC-MS技术的应用

已被证明，母乳代谢组学是揭示母乳中宏量营养成分与微量营养成分在母乳喂养儿体内代谢归宿的非常有价值的工具，LC-MS和GC-MS技术的应用也较为普遍。

（1）产后第一个月内母乳代谢组学　Villaseñor等[25]研究了产后第一个月内母乳代谢组组成随时间的变化规律。通过对足月儿的母乳样品进行单相提取，采用气相色谱-质谱（GC-MS）和液相色谱-质谱（LC-MS）技术分析提取物。结果显示，第1周和第4周之间有明显代谢差异。LC-MS数据显示，产后26d后采集的样品中有几种代谢物浓度升高，如亚油酸、棕榈油酸、油酸、溶血乙醇胺磷酸甘油酯、羟基己二酸以及单甘油酯、二甘油酯和三甘油酯。不同的是，在此期间浓度下降的代谢物包括溶血磷脂和磷脂、α-生育酚、胆固醇和胆固醇酯。GC-MS数据分析结果表明，与产后7d内收集的样品相比，第4周收集的样品中油酸、棕榈油酸、亚油酸和葡萄糖酸的浓度升高，而同期包括岩藻糖、呋喃糖异构体、D-葡萄糖胺酸和胆固醇代谢物的浓度则降低。

（2）疾病状态下的母乳代谢组学　在Urbaniak等[26]最新论文中，提出了代谢组学在母乳成分研究中的原始应用，研究化疗对正在接受霍奇金淋巴瘤治疗的哺乳期妇女母乳代谢组学的影响。通过GC-MS分析4个月内收集的成熟母乳样本，并与8名健康哺乳期妇女的母乳进行比较。从化疗的第2周开始，母乳代谢谱发生了显著变化。特别是在这项研究中检测到的226种代谢物中，发现有12种在化疗的第0周与化疗期间（第2～16周）有显著差异。在此期间降低的代谢物是DHA、肌醇和一种未知的多不饱和脂肪酸。所不同的是，化学疗法期间阿拉伯糖、苏糖醇、癸酸、肉豆蔻酸、1-单棕榈酸和丁醛的水平较高。

2.2.3 ^{1}H NMR光谱的应用

在近20年，核磁共振（NMR）技术与GC-MS或LC-MS均越来越多地用于母乳代谢组学研究。由于NMR技术应用过程中样品易于制备、结果重现性好以及无损的特点，使其成为长期或大规模临床代谢组学研究的首选平台。

（1）乳母表型特征与母乳代谢组学　Praticò等[2]和Smilowitz等[20]采用^{1}H NMR光谱研究了乳母表型特征与HMOs的代谢组学。两项研究结果证明代谢组学是揭示不同寡糖谱的有价值工具。Praticò等[2]分析了20份足月儿母乳样品中的极性萃取物。通过NMR谱图之间的比较，证明了岩藻糖基化寡糖共振（fucosylated ologosaccharide resonances）的三种特定模式，被认为是指示基于HMOs的三种可能母体表型：Se^+/Le^+，Se^-/Le^+ 和 Se^+/Le^-。使用多变量和单变量分析评估 Se^+/Le^+ 和 Se^-/Le^+ 母体表型的母乳代谢谱差异，与文献证明的结果完全相似，即与 Se^+/Le^+ 表型组相比，Se^-/Le^+ 表型组母乳中1,3-岩藻糖基化低聚糖（fucosylated oligosaccharides）、乳糖-*N*-二氟己糖Ⅱ（lacto-*N*-difucohexaose Ⅱ, LNDFH Ⅱ）及其衍生物含量要高很多。

（2）影响母乳代谢组的因素　Smilowitz 等[20]探索了母乳代谢组谱图与母体表型、年龄、血压、体育锻炼和膳食的关系。采取了产后90天52份母乳样品，使用 ^1H NMR 技术定量分析了65种代谢物的浓度。变化最大的代谢产物是HMOs，其在两个主要类别（分泌型和非分泌型）中发挥重要作用。就单个糖而言，个体间的差异很大；而总寡糖浓度的个体差异很小。其他健康参数方面未观察到显著改变。

（3）胎儿成熟程度对母乳代谢组的影响　Sundekilde 等[16]使用 ^1H NMR 技术研究了胎龄（早产儿与低出生体重儿）和哺乳阶段对母乳代谢组的影响。代谢产物分析结果显示，与成熟母乳相比，足月儿的初乳中缬氨酸、亮氨酸、甜菜碱和肌酐水平较高，而成熟乳中谷氨酸、辛酸和癸酸盐的水平较高；早产儿的初乳中寡糖、柠檬酸盐和肌酐水平较高，而辛酸、癸酸盐、缬氨酸、亮氨酸、谷氨酸和泛酸含量随产后时间延长而升高。早产和足月母乳之间的差异表现在肉碱、辛酸、癸酸盐、泛酸盐、尿素、乳糖、低聚糖、柠檬酸盐、磷酸胆碱、胆碱和甲酸盐含量上。这些研究结果表明，产后5～7周内早产儿的母乳代谢组发生的变化类似于足月儿的母乳，与早产时的妊娠时间无关。

（4）与婴儿配方食品成分的比较　Longini 等[22]比较了母乳和婴儿配方奶成分，分析了早产儿和足月儿的母乳样品（分娩后一周内）的水溶性提取物。使用PCA比较了母乳样品和婴儿配方奶样品的 ^1H NMR 谱。结果表明，婴儿配方奶非常类似于早产儿的母乳。极低体重早产儿（胎龄23～25周）的母乳显示出与早产儿（胎龄≥29周）不同的代谢谱（组分），到生后30周左右趋于相似。根据出生后40周内收集的样品，早产儿（29～34周）的母乳在哺乳期的最初三周内显示出时间变化，随着接近足月龄，该母乳这种差异逐渐接近零。

2.3　基于NMR与MS的代谢组学

MS和NMR技术对于分析母乳成分非常有用，还可以提供这类食物基质中存在的化合物范围概况[27,28]。如果与多变量化学计量学方法相结合，NMR和MS技术代表了最有希望的工具，可用于母乳代谢指纹识别以及阐述与典型表型（如乳母表型、健康和膳食）相关的代谢组的变化。

目前应用于代谢组学研究的技术包括色谱-质谱联用（气相色谱-质谱联用、高效液相色谱-质谱联用、LC-QTOF-MS/GC-Q-MS、超高效液相串联色谱四极杆飞行时间质谱）与核磁共振（NMR）技术等，相比较GC-MS能提供更多的信息[29]，可用于识别和定量各种代谢物，具有相对较高的灵敏度和重现性；使用LC-QTOF-MS和GC-Q-MS可确定极性和液状代谢产物的代谢成分的表征[25]。GC-MS已被广泛用于代谢组学研究，如脑脊液代谢组、血液代谢组和母乳代谢组。MS与NMR用于母乳代谢组学研究的特点比较[30-33]见表2-3。

表2-3 MS与NMR用于母乳代谢组学研究的特点比较

MS		NMR	
优点	缺点	优点	缺点
仪器费用适用	破坏性（样品）	非破坏性（样品）	仪器非常昂贵
仪器占地面积小	仪器脆弱	仪器坚固	仪器占地面积大
不需要冷冻剂	仪器停机频繁	仪器停机最少	需要冷冻剂
维护成本适中	中等再现性	极好再现性	维护成本高
大型光谱数据库	样品前处理复杂	样品前处理简单	小型光谱数据库
软件资源很多	需要与色谱联用	不需要色谱联用	软件资源很少
灵敏度出色（nmol/L）	通常需要衍生化	无需衍生化或色谱分离	灵敏度不出色（μmol/L）
代谢覆盖范围广	光谱不好预测	光谱可预测	适度的代谢覆盖范围
	允许部分结构测定	允许精确结构测定	
	不定量，不易操作	定量，易操作	
	工作流程难以自动化	工作流程易于自动化	

注：改编自Wishart[31]，2019。

总之，使用NMR技术，样品制备相对简便、较高的实验重现性以及NMR光谱技术固有的对分析样品无损性质、出色的仪器稳定性和自动化以及高度可重复性，使其成为长期或大规模临床代谢组学研究的首选技术平台[30]。

然而，在代谢组学研究方面与MS相比，NMR下述不足也制约了其推广使用，如相对不敏感（MS检测灵敏度比NMR高）、仪器占地面积大（通常需要10～20m^2，而MS需要约2m^2）、费用昂贵，而且维修、保养成本很高等因素，导致越来越多的研究使用MS。使用NMR研究代谢组学还面临着数据采集和数据处理的局限性，即数据库和应用软件的使用受限。相比较大多数基于MS的技术都是二维分离技术，而且样品采集时间与NMR的速度一样，甚至更快；使用NMR最大可公开获得的光谱库涵盖的代谢物不到800种，而基于LC-MS/GC-MS光谱库涵盖代谢物为10000～20000种或更多；NMR研究代谢组学还面临没有低成本的试剂盒和简单的解决办法，而基于MS的代谢组学相关的试剂盒已经出现。

2.4 影响母乳代谢组的因素

已有多项研究结果显示，多种因素影响母乳代谢组的变异性，如母体因素包括遗传、乳母年龄、膳食、生活方式、表型、哺乳阶段以及疾病状态等影响母乳成分[23,24,34]。

2.4.1 胎龄和哺乳期对母乳代谢组的影响

早产被认为会对健康状况产生长期不良影响，已有人提出，代谢组学技术的导入可能有助于更好地理解这些影响[35]。已知早产儿的母乳成分与足月儿的母乳成分不同，即早产儿的母乳中总蛋白质、脂质、碳水化合物和能量水平较高。也有的调查结果显示两组母乳的蛋白质组也存在差异。目前大多数研究集中在早产和足月儿母乳中宏量营养素，而没有考虑微量营养素。尽管以往研究结果表明，母乳喂养对早产儿具有许多健康益处。然而仅用母乳并不能够满足早产儿的高营养素密度要求，其结果可能导致体重增加不足和营养缺乏。

母乳代谢组学可用于临床研究[3]，确定使早产儿取得最佳营养和追赶足月儿母乳代谢组。因此研究哺乳期乳母的母乳代谢组可以提供更多可用于指导临床低出生体重儿喂养的信息。已知胎儿成熟度和哺乳阶段影响母乳蛋白质、脂质和乳糖的量。然而，目前仍缺乏有关整个泌乳期间早产和足月儿母乳中代谢组变化方面的研究结果。Sundekilde 等[16]通过建立 NMR 光谱技术，测定早产儿（胎龄＜37 周，n=15）和足月儿（n=30）的母乳代谢组（持续到产后 14 周），分析胎龄和哺乳期对母乳代谢组的影响。结果显示，初乳、过渡乳和成熟乳中几种母乳代谢物浓度明显不同。初乳中岩藻糖基化寡糖以及寡糖成分含量最高，而成熟乳中含量降低。代谢物组分谱分析结果表明，与成熟母乳相比，足月儿的初乳中缬氨酸、亮氨酸、甜菜碱和肌酐水平有所增加；而与初乳相比，足月儿的成熟母乳中谷氨酸、辛酸和癸酸盐含量有所增加；早产儿的初乳中寡糖、柠檬酸和肌酐水平升高，而辛酸、癸酸、缬氨酸、亮氨酸、谷氨酸和泛酸的水平随产后时间的延长而升高。早产和足月儿的母乳中肉碱、辛酸、癸酸盐、泛酸盐、尿素、乳糖、寡糖、柠檬酸盐、磷酸胆碱、胆碱和甲酸盐的含量存在差异，早产儿母乳中柠檬酸盐、乳糖、磷酸胆碱含量显著高于足月儿的母乳；足月儿母乳中短链和中链脂肪酸的浓度高于早产儿母乳。这些研究结果显示了早产儿的母乳代谢组在产后 5 ～ 7 周内发生类似于足月儿母乳代谢组的变化，而与早产时的妊娠时间无关；而母乳代谢组学的特征差异与胎龄有关[21,22]。

2.4.2 特定地理位置对母乳代谢组的影响

虽然不同位置的母乳某些成分相对稳定，某些成分（如多不饱和脂肪酸）会随乳母的膳食而变化[36,37]，然而其他成分（如多胺[38]、低聚糖[39]和母乳中细菌[36]）因多种因素而有所不同。也有报道，分娩方式是母乳成分的调节因素，在不同国家以不同的方式发挥作用[36,38]。

Gómez-Gallego等[34]使用NMR技术比较了不同区域（中国北京、南非开普敦、芬兰西南地区、西班牙巴伦西亚）和不同分娩方式（阴道分娩或剖宫产）79例母乳代谢组学特征，确定与乳菌群的潜在相互关系。从分娩1个月的母乳中识别了68种代谢物，涉及氨基酸及其衍生物（23种），能量代谢物（7种），脂肪酸及其相关代谢物（10种），糖及其衍生物（18种），以及神经递质、生长因子和第二信使、维生素和核苷等。最丰富的代谢物是乳糖，其次是脂类，其中低密度脂蛋白（LDL）和极低密度脂蛋白（VLDL）的含量高，其次是HMOs和氨基酸。不同分娩方式影响不同地方的乳代谢产物分布，剖宫产对母乳代谢产物影响存在区域差异。没有发现乳糖和肌醇水平与地理位置和分娩方式有关，表明乳腺的严格调控能力[20]。产后第30天的样品显示，不同地区尿素的差异以及存在相对较高的变异，可能反映哺乳初期产后天数以及像乳制品、肉类摄入量或身体活动等外部因素的影响，乳腺的调节能力也有所不同。不同地理位置尿素成分的差异也可能反映了不同地理位置婴儿肠道菌群组成的变化[36,40,41]。母乳中脂肪含量的变异最大，受一天中不同时间、两次哺乳间隔、一次哺乳期间的采样点、泌乳阶段、乳母体重以及两个乳房的差异影响；乳母膳食或遗传因素可部分解释母乳中LDL和VLDL的差异[42]。

不同国家之间母乳中糖和低聚糖含量存在显著差异。3′-岩藻糖基乳糖（3′-FL）、乳糖-*N*-岩藻糖Ⅲ（LNFP Ⅲ）、乳糖-*N*-岩藻糖Ⅰ（LNFP Ⅰ）和2′-岩藻糖基乳糖（2′-FL）水平有显著区域差异。瑞典母乳中3′-FL含量比冈比亚农村地区的母乳高四倍，而二唾液酸内酯-*N*-四糖（disialyllacto-*N*-tetraose）含量则较低[39]。根据该项研究，剖宫产发生的母乳代谢组学特征性地理变异/变化可能涉及低聚糖保护活性的差异。

总之，种族、膳食、环境和生活方式可部分解释不同的NMR代谢组学的特征及其差异。膳食影响人类血、尿、组织和粪便上清液代谢组学的特征，可能对母乳的影响也有类似情形；母乳中存在复杂的细菌菌群与营养成分和代谢组分的变化有关[36, 38]。例如，通过核磁共振技术，在采集的产后一个月母乳样品中检测到68种代谢产物。其中碳水化合物、氨基酸、短链脂肪酸和其他代谢物的浓度反映了外部环境（即地理位置）；内部环境（如分娩方式）也影响代谢物的组分；各地健康乳母的母乳代谢物也不同。母乳中代谢物的变化与母乳中菌群组分有关，表明母乳成分之间存在复杂的相互关联。气候、生活方式、环境暴露、昼夜节律、种族、特定人群的变异和遗传学都会不同程度影响母乳中代谢物的组分。

2.4.3 疾病状态对母乳代谢组的影响

妊娠期糖尿病（GDM）是一种常见的妊娠并发症。GDM可增加发生不良妊娠结局的风险。因此GDM是否会影响泌乳期间母乳的组成引起人们普遍关注。Wen等[24]采用GC-MS技术测定了母乳中的代谢物，比较了重庆市患妊娠糖尿病（100例）与正常妊娠妇女（100例）的初乳、过渡乳和成熟乳的代谢组。从母乳样品中共识别了187种代谢物，包括4种烷烃、17种氨基酸衍生物、21种氨基酸、22种饱和脂肪酸、29种不饱和脂肪酸、8种TCA循环中间体、3种辅因子或维生素、3种酮酸及其衍生物、1种糖酵解中间体、43种有机酸和36种有机化合物。

2.4.3.1 不同哺乳阶段对母乳代谢物的影响

在妊娠糖尿病组与对照组中均观察到，初乳、过渡乳和成熟乳中识别的代谢产物不同。在正常妊娠中，识别出的59种（糖尿病组58种）代谢物是导致初乳、过渡乳和成熟乳代谢组学间差异的原因。与过渡乳和成熟乳相比，初乳中多数氨基酸及其衍生物数量增加，包括所有必需氨基酸；与过渡乳相比，初乳中7种不同饱和脂肪酸中有6种含量显著降低；初乳和过渡乳中己酸水平相当，而成熟乳中己酸水平升高；在13种不同的不饱和脂肪酸中，初乳中9种脂肪酸含量均较低，而初乳中3-甲基-2-氧代戊酸、丁二酸、乙基甲酯、4-甲基-2-氧杂戊酸、5-氰基-4-甲氧基氨基-7-苯基-庚-6-烯酸、甲酯、（*E*, *S*）-2-己酸含量高于过渡乳和成熟乳。成熟乳中肉豆蔻酸、油酸、顺式庚酸和5-氰基-4-甲氧基氨基-7-苯基-庚-6-烯酸低于过渡乳，而3-羟基癸酸、（*E*, *S*）-2-己酸含量高于过渡乳；与过渡乳和成熟乳相比，初乳中两种TCA循环中间体、2-氧代戊二酸和异柠檬酸的含量也较高，而柠檬酸和苹果酸的含量较低。在一类辅助因子和维生素中，成熟乳中烟酸水平略低，而过渡乳和成熟乳中NADP/NADPH含量略高于初乳。

2.4.3.2 GDM对母乳代谢组的改变

GDM组过渡乳中硬脂酸、十五烷酸、9-十七烷酸和花生酸的含量显著低于GDM初乳组，而这些脂肪酸在正常组的初乳和过渡乳间无显著差异；而且正常妊娠组的初乳与过渡乳的9,12-十八碳二烯酸、(*Z*, *Z*)-2-羟基-1-(羟甲基)乙酯和谷氨酰胺存在显著差异；而GDM组则没有。

2.4.3.3 GDM组母乳中大多数代谢物均降低

GDM组初乳代谢产物包括1种烷烃、1种氨基酸及其衍生物、甲酯和4种有机酸，含量显著低于正常对照组；GDM组过渡乳代谢产物包括2种氨基酸及其衍生物、甲酯、2种有机酸（羟基苯甲酸、丙二酸）和1个不饱和脂肪酸（9-庚二烯酸）降低，而GDM组中1个氨基酸（天冬酰胺）和1个TCA循环中间体（苹果酸）升高，这两组之间有21种代谢物存在显著差异。与正常对照组相比，GDM组代谢产物包括1个烷烃、1个氨基酸、3个氨基酸及其衍生物、6种有机酸、1种饱和脂肪酸、4种不饱和脂肪酸，含量显著降低，有4种代谢产物显著增加，包括1种烷烃、1种氨基酸（半胱氨酸）、1个饱和脂肪酸和1个TCA循环中间体（苹果酸）。健康乳母的母乳成分与GDM乳母的非常相似。从初乳到成熟乳，母乳成分的大部分差异都很小。GDM组的母乳中很多游离脂肪酸含量也显著低于对照组[24]。

2.4.3.4 应关注和深入研究GDM对母乳代谢物的影响

在哺乳的第一个月，母乳的代谢状况是动态的。初乳中含有较高水平的氨基酸，而成熟乳中含有较高的饱和脂肪酸和不饱和脂肪酸，这些对正常妊娠组和GDM组出生后第一个月新生儿的发育均是非常重要的。GDM组的母乳代谢组发生变化，尤其是初乳，这可能对子代的长期健康产生不利影响。

2.5 展望

迄今为止，有关母乳代谢组学的研究探讨了代谢组与乳母膳食、生活方式、疾病和表型之间的关系。整体上母乳代谢组学研究仍处于早期阶段，但是这些研究证明了MS与NMR技术应用于母乳代谢组学研究具有很大的潜能，可以增进人们对母乳成分异质性的了解。

（1）推动建立母乳代谢组学数据库　随着母乳相关代谢组学研究的不断深入和数据积累，应推动建立母乳代谢组学数据库，该数据库包含在特定条件下准确测量的代谢物浓度，可用于相关机制研究、指导母乳喂养、制定孕产妇和乳母的营养改善与干预措施/政策。

（2）开发多技术分析平台联合应用技术　以前关于母乳代谢组的研究主要应

用 MS 或 NMR 技术分析牛乳和母乳[3,21,22]。最近，一个应用 MS 和 NMR 技术联合的分析平台鉴定了母乳中 710 种代谢物[43]，重视和开发这样的联合技术平台有助于推动母乳代谢组学研究。

（3）研究母乳代谢组的变化趋势　最近的一项研究结果显示，在哺乳期的第一个月，某些母乳代谢物之间存在细微差异[1]，说明人类母乳成分的主要特征是其独特性和独创性，即使在哺乳期同一位女性中，母乳也不会具有相同的成分。母乳成分的动力学变化旨在确保满足母乳喂养儿的全部营养需求和调节免疫功能。因此，还需要设计良好的试验系统追踪和评价母乳成分的个体变异和哺乳阶段的变化以及影响因素。

（4）母乳代谢组研究成果的应用　母乳代谢组学的研究以及数据库的建立与完善[3,18]，将可用于分析外环境中有毒 / 有害物质进入母乳并影响其组成的机制，评估单一营养素如何影响母乳喂养儿的代谢调节 / 免疫功能以及营养素与有害成分的相互作用。这些数据可为修订婴幼儿喂养指南和食品安全国家标准提供科学依据，有助于解决那些不能用母乳喂养婴儿的代用品品质提升，改善这些婴幼儿的营养与健康状况；同时，母乳代谢组学在新生儿医学中的应用无疑为研究婴儿营养与健康之间的复杂关系提供了一种非常有前途的方法。

（董彩霞，荫士安）

参考文献

[1] Spevacek A R, Smilowitz J T, Chin E L, et al. Infant maturity at birth reveals minor differences in the maternal milk metabolome in the first month of lactation. J Nutr, 2015, 145(8): 1698-1708.

[2] Praticò G, Capuani G, Tomassini A, et al. Exploring human breast milk composition by NMR-based metabolomics. Nat Prod Res, 2014, 28(2): 95-101.

[3] Marincola F C, Dessi A, Corbu S, et al. Clinical impact of human breast milk metabolomics. Clin Chim Acta, 2015, 451(Pt A): 103-106.

[4] 付力立，江婧，淘金忠，等 . 基于代谢组学的乳汁中代谢物研究进展 . 动物营养学报，2019, 31(9): 4000-4007.

[5] Foroutan A, Goldansaz S A, Lipfert M, et al. Protocols for NMR Analysis in Livestock Metabolomics. Methods Mol Biol, 2019, 1996: 311-324.

[6] Slupsky C M. Metabolomics in human milk research. Nestle Nutr Inst Workshop Ser, 2019, 90: 179-190.

[7] Oliver S G, Winson M K, Kell D B, et al. Systematic functional analysis of the yeast genome. Trends Biotechnol, 1998, 16(9): 373-378.

[8] Cevallos-Cevallos J M, Reyes-De-Corcuera J I, Etxeberria E, et al. Metabolomic analysis in food science: a review. Trends Food Sci Techno, 2009, 20(11): 557-566.

[9] Onuh J O, Aluko R E. Metabolomics as a tool to study the mechanism of action of bioactive protein hydrolysates and peptides: A review of current literature. Trends Food Sci Techno, 2019, 91: 625-633.

[10] Rezzi S, Ramadan Z, Fay L B, et al. Nutritional metabonomics: applications and perspectives. J Proteome Res, 2007, 6(2): 513-525.

[11] Dessi A, Marincola F C, Pattumelli M G, et al. Investigation of the (1)H-NMR based urine metabolomic profiles of IUGR, LGA and AGA newborns on the first day of life. J Matern Fetal Neonatal Med, 2014, 27 (Suppl 2): s13-s19.

[12] Dorota G, Jacek N, Agata K W, et al. State of the art in sample preparation for human breast milk metabolomics - merits and limitations. Trends Analyt Chem, 2019, 114: 1-10.

[13] Patti G J, Yanes O, Siuzdak G. Innovation: Metabolomics: the apogee of the omics trilogy. Nat Rev Mol Cell Biol, 2012, 13(4): 263-269.

[14] Huynh J, Xiong G, Bentley-Lewis R. A systematic review of metabolite profiling in gestational diabetes mellitus. Diabetologia, 2014, 57(12): 2453-2464.

[15] Sundekilde U K, Frederiksen P D, Clausen M R, et al. Relationship between the metabolite profile and technological properties of bovine milk from two dairy breeds elucidated by NMR-based metabolomics. J Agric Food Chem, 2011, 59(13): 7360-7367.

[16] Sundekilde U K, Downey E, O'Mahony J A, et al. The effect of gestational and lactational age on the human milk metabolome. Nutrients, 2016, 8(5). doi: 10.3390/nu8050304.

[17] Wu J, Domellof M, Zivkovic A M, et al. NMR-based metabolite profiling of human milk: A pilot study of methods for investigating compositional changes during lactation. Biochem Biophys Res Commun, 2016, 469(3): 626-632.

[18] Ballard O, Morrow A L. Human milk composition: nutrients and bioactive factors. Pediatr Clin North Am, 2013, 7: 3154-3162.

[19] Sinanoglou V J, Cavouras D, Boutsikou T, et al. Factors affecting human colostrum fatty acid profile: A case study. PLoS One, 2017, 12(4):e0175817.

[20] Smilowitz J T, O'Sullivan A, Barile D, et al. The human milk metabolome reveals diverse oligosaccharide profiles. J Nutr, 2013, 143(11): 1709-1718.

[21] Marincola F C, Noto A, Caboni P, et al. A metabolomic study of preterm human and formula milk by high resolution NMR and GC/MS analysis: preliminary results. J Matern Fetal Neonatal Med, 2012, 25(Suppl 5):s62-s67.

[22] Longini M, Tataranno M L, Proietti F, et al. A metabolomic study of preterm and term human and formula milk by proton MRS analysis: preliminary results. J Matern Fetal Neonatal Med, 2014, 27(Suppl 2): s27-s33.

[23] Gay M C L, Koleva P T, Slupsky C M, et al. Worldwide variation in human milk metabolome: Indicators of breast physiology and maternal lifestyle? Nutrients, 2018, 10(9). doi: 10.3390/nu10091151.

[24] Wen L, Wu Y, Yang Y, et al. Gestational diabetes mellitus changes the metabolomes of human colostrum, transition milk and mature milk. Med Sci Monit, 2019, 25: 6128-6152.

[25] Villaseñor A, Garcia-Perez I, Garcia A, et al. Breast milk metabolome characterization in a single-phase extraction, multiplatform analytical approach. Anal Chem, 2014, 86(16): 8245-8252.

[26] Urbaniak C, McMillan A, Angelini M, et al. Effect of chemotherapy on the microbiota and metabolome of human milk, a case report. Microbiome, 2014, 2: 24. doi: 10.1186/2049-2618-2-24.

[27] Dettmer K, Aronov P A, Hammock B D. Mass spectrometry-based metabolomics. Mass Spectrom Rev, 2007, 26(1): 51-78.

[28] Laghi L, Picone G, Capozzi F. Nuclear magnetic resonance for foodomics beyond food analysis. Trends Analyt Chem, 2014, 59: 93-102.

[29] Wishart D S. Computational strategies for metabolite identification in metabolomics. Bioanalysis, 2009, 1(9): 1579-1596.

[30] Emwas A H, Roy R, McKay R T, et al. NMR spectroscopy for metabolomics research. Metabolites, 2019, 9(7). doi: 10.3390/metabo9070123.

[31] Wishart D S. NMR metabolomics: A look ahead. J Magn Reson, 2019, 306: 155-161.

[32] Dorothea M，Liang L. Applying quantitative metabolomics based on chemical isotope labeling LC-MS for detecting potential milk adulterant in human milk. Anal Chim Acta, 2018, 1001: 78-85.

[33] Li M, Kang S, Zheng Y, et al. Comparative metabolomics analysis of donkey colostrum and mature milk using ultra-high-performance liquid tandem chromatography quadrupole time-of-flight mass spectrometry. J Dairy Sci, 2020, 103(1): 992-1001.

[34] Gómez-Gallego C, Morales J M, Monleón D, et al. Human breast milk NMR metabolomic profile across specific geographical locations and its Association with the milk microbiota. Nutrients, 2018, 10(10): 1355. doi: 10.3390/nu10101355.

[35] Dessì A, Ottonello G, Fanos V. Physiopathology of intrauterine growth retardation: from classic data to metabolomics. J Matern Fetal Neonatal Med, 2012, 25(Suppl 5): s13-s18.

[36] Kumar H, du Toit E, Kulkarni A, et al. Distinct patterns in human milk microbiota and fatty acid profiles across specific geographic locations. Front Microbiol, 2016, 7: 1619. doi: 10.3389/fmicb.2016.01619.

[37] Yuhas R, Pramuk K, Lien E L. Human milk fatty acid composition from nine countries varies most in DH A. Lipids, 2006, 41(9): 851-858.

[38] Gómez-Gallego C, Kumar H, García-Mantrana I, et al. Breast milk polyamines and microbiota interactions: impact of mode of delivery and geographical location. Ann Nutr Metab, 2017, 70(3): 184-190.

[39] McGuire M K, Meehan C L, McGuire M A, et al. What's normal? Oligosaccharide concentrations and profiles in milk produced by healthy women vary geographically. Am J Clin Nutr, 2017, 105(5): 1086-1100.

[40] Kuang Y S, Li S H, Guo Y, et al. Composition of gut microbiota in infants in China and global comparison. Sci Rep, 2016, 6: 36666.

[41] Fallani M, Young D, Scott J, et al. Intestinal microbiota of 6-week-old infants across Europe: geographic influence beyond delivery mode, breast-feeding, and antibiotics. J Pediatr Gastroenterol Nutr, 2010, 51(1): 77-84.

[42] Garcia-Rios A, Perez-Martinez P, Mata P, et al. Polymorphism at the TRIB1 gene modulates plasma lipid levels: insight from the Spanish familial hypercholesterolemia cohort study. Nutr Metab Cardiovasc Dis, 2011, 21(12): 957-963.

[43] Andreas N J, Hyde M J, Gomez-Romero M, et al. Multiplatform characterization of dynamic changes in breast milk during lactation. Electrophoresis, 2015, 36(18): 2269-2285.

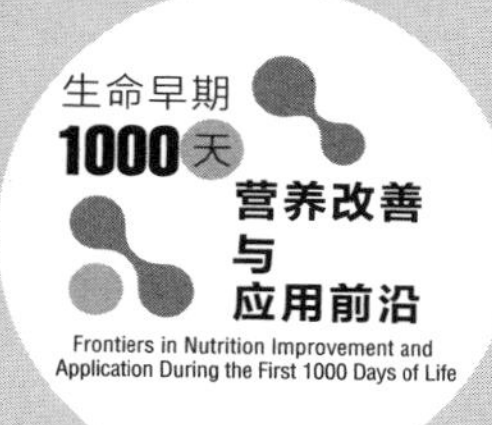

母乳成分分析方法

Analytical Methods for Human Milk Compositions

第3章

母乳蛋白质组学

母乳是新生儿和婴儿最理想的天然食物，除了含有喂养儿生长发育所必需的各种营养成分，还含有丰富的生物活性成分，在增强喂养儿抵抗感染性疾病的能力、促进组织器官发育和体格生长、启动和建立自身免疫系统和发育成熟、大脑发育、提高学习认知能力和社会行为等多方面发挥重要作用[1,2]。其中母乳的蛋白质及其组分（蛋白质组）是影响喂养儿生长发育的重要因素，而且母乳中大多数蛋白质及其组分有其特殊的营养特性，对婴儿免疫功能的启动、抗炎、抗菌以及肠道微生态环境的构建等发挥重要作用[3-7]。

3.1 概述

3.1.1 蛋白质组学的基本概念

蛋白质组学（proteomics）的概念首次提出是在1995年，被定义为对细胞、组织和器官的完整蛋白质组成和成分进行的大规模界定和分析。目前人们提到的蛋白质组学通常有两个层面的含义，首先是传统意义上，这个概念将对基因产物的大规模分析局限于蛋白质本身。其次也是含义更广的概念，把蛋白质的研究与基因产物的分析结合，如mRNA、基因组学的分析等。但不管如何界定，蛋白质组学的目标没有变，即通过综合的生物学视角研究细胞中所有的蛋白质及其组分，从而获得宏观层面的认知，而不是分开单独看待每一组分。

3.1.2 广义蛋白质组学的概念

含义更广的蛋白质组学往往包括了各个不同的研究领域，例如蛋白质与蛋白质间的相互作用、蛋白质的修饰、蛋白质的功能等。而研究蛋白质组学的主要目的，也是因为仅从基因层面上，很多生物信息是无法获取的。如决定细胞表现型的是蛋白质而不是基因。在医学和临床上，仅靠研究基因组，并不能解释清楚疾病的机理、细胞或机体组织的衰老以及环境的影响等问题。对致力于利用蛋白质组学进行药物筛选、作用机制与疾病靶点研究的生物化学研究者来说，只有通过研究蛋白质并且对于蛋白质的修饰进行定义，才能发现药物作用靶点[8]。

3.1.3 母乳蛋白质组学的概念

母乳蛋白质组学研究与蛋白质相关的领域，例如母乳中蛋白质与蛋白质间的相互作用、蛋白质的修饰、蛋白质的功能、多肽来源与种类以及糖蛋白和脂蛋白等对母乳喂养儿发育的近期影响与远期效应。母乳蛋白质组不仅由高度糖基化的蛋白质组成，还包括来源于乳腺内蛋白质产生的内源性肽、酶/蛋白酶、激素与类激素成分、糖蛋白等[9]。

3.1.4 母乳蛋白质组学的研究内容

母乳蛋白质组学是对于母乳蛋白质的种类和相对含量的分析研究，研究对象包括母乳中存在的各种蛋白质及其组分、酶类、糖蛋白和内源肽等；研究这些成分（如成百上千种不同蛋白质）在喂养儿的营养素吸收、转运、分布和利用以及促进生长、免疫防御、肠道功能成熟和认知发育等发挥的重要作用以及机制等[9]。例如，Liao 等[10, 11]采用 LC-MS 分析了母乳的乳清和酪蛋白胶束的蛋白质组学特性。在初乳或母乳的乳清部分识别了 115 个低分子量蛋白，其中 38 个以前没有报道过，而且分析了 12 个月内蛋白模式的差异；从酪蛋白胶束中识别了 82 个，其中 18 个乳清部分不存在，与酪蛋白胶束有关的 32 个蛋白以前也没有鉴别出。

3.2 母乳蛋白质组学的检测方法、种类和影响因素

随着蛋白质组学研究技术的发展及其在母乳研究中的应用，对母乳蛋白质的研究重点也由传统宏量营养素（如通过凯氏定氮计算蛋白质含量）的研究进入微量营养成分（蛋白质组分及其体内代谢途径）的研究。

3.2.1 母乳蛋白质组学的检测方法

目前蛋白质组学研究中常用的检测方法，先筛选母乳中乳蛋白的某一特征多肽，并以同位素标记特征多肽作为内标物，然后可采用液相色谱-质谱联用（LC-MS/MS）法进行测定[12]；也可以通过免疫亲和色谱技术，制备相应的蛋白质或多肽的单克隆抗体，利用基质辅助激光解吸电离飞行时间质谱（matrix-assisted laser desorption/ionization time of flight mass spectrometry, MALDI-TOF-MS）测定的方法[13]；采用聚丙烯酰胺凝胶电泳（SDS-PAGE）分离得到不同的蛋白质，用胰蛋白酶消化后采用液质联用（LC-MS/MS）分析肽段的方法[14]，也可以采用纳米级液质联用（nanoLC-MS/MS），即纳米的超高效液相色谱和 QTOF 质谱联用分析多肽[15]；采用蛋白质芯片阵列分析，用质谱辅助进行纯化，再用液质联用（LC-MS/MS）对于选定的靶向分子进行微测序等方法[16]，获得的数据经软件处理（数据库搜索）后，最终通过基因本体分析确定蛋白质或其不同的组分。

3.2.2 母乳不同种类蛋白质的组学研究

Elwakiel 等[17]分析了中国和荷兰收集的母乳乳清的蛋白质组学。实验用二喹啉甲酸（BCA）半定量法测得母乳中乳清类蛋白含量为 12 ～ 25g/L，其中免疫活性蛋白、转运蛋白和酶类是含量最高的几大类蛋白。从不同时间点收集的中国和

荷兰母乳中分别检测到了469种和200种蛋白质，在两国母乳共有的166种蛋白质中，共有约22%的蛋白质（37种）的泌乳期最初含量或变化趋势有差异，而且蛋白酶抑制剂与免疫活性蛋白有较强的相关性，其在母乳中的含量不同，这种蛋白质可能在消化过程中发挥作用，可能控制蛋白在婴儿肠道中的分解。

van Herwijnen等[14]进行了母乳外泌体的分离以及蛋白质组学研究。新鲜母乳样品经离心后去掉奶油层和细胞，将不含细胞和脂肪的乳上清液经−80℃储存后，不同离心条件下三次离心，每一次去掉细胞碎片和奶油层，最终将获得的上清液再次过夜离心，获得分离出的母乳外泌体以及高密度的复合物。将获得的母乳外泌体和高密度复合物经过聚丙烯酰胺凝胶电泳（SDS-PAGE）分离得到不同的蛋白质，将胶段剪切后用胰蛋白酶消化，采用液质联用（LC-MS/MS）分析肽段，用Mascot进行数据库搜索，最终通过基因本体分析确定蛋白质。

用类似的方法，Aslebagh等[15]从母乳库中取10例母乳样本进行蛋白质组学分析，通过蛋白表达是否被调控来评估患乳腺癌的风险。首先用Bradford方法测定蛋白含量，用SDS-PAGE分离蛋白质。剪切染色后的凝胶段，在胶段内用胰蛋白酶进行消化。样品经过清洗、处理、消化过夜后，再提取出多肽，用Zip-Tip反相色谱法除去污染物，被溶解后用纳米级液质联用（nanoLC-MS/MS），即纳米的超高效液相色谱和QTOF质谱联用分析多肽。数据经软件处理后，通过数据库检索并做基因本体分析。

母乳蛋白质组学的测定还常被应用于临床，用以鉴定疾病或特殊人群中，因为受到病症或特殊生理状态的影响，导致乳汁中分泌的特征蛋白组成的差异。如Atanassov等[16]认为肥胖母亲的母乳蛋白质组学与正常体重母乳的蛋白质组学有差异。该研究收集了26个肥胖母亲（而且其新生儿出生1月后增重延缓）的母乳，以及26个正常体重母亲的母乳。将去除脂质的乳样用表面增强的激光解吸/电离技术通过CM10和Q10蛋白质芯片阵列分析后，用质谱辅助进行纯化，再用液质联用（LC-MS/MS）对于选定的靶向分子进行微测序。最终确定了15个标志性的蛋白质，在肥胖与正常母亲的母乳中的表达水平体现了显著差异，其中7个在肥胖组表达过高，8个在正常组表达过高。

Chen等[18]检测了妊娠期甲状腺功能减退的8名乳母的初乳中乳清蛋白组学，并与正常乳母初乳中乳清蛋白组学进行比较。该研究用高分辨率液质联用方法（LC-MS/MS）检测出1055种蛋白质。通过TMT标记定量法确定了在妊娠期甲状腺功能减退乳母组和正常乳母组表达不同的44种蛋白质。其中15种在甲状腺功能减退组显著增高，29种显著降低；妊娠期甲状腺功能减退的母乳中有较少的代谢类蛋白和细胞结构蛋白，而免疫相关的蛋白含量则升高。

3.2.3 母乳蛋白质组学研究的影响因素

已知母乳成分受多种因素影响，例如乳母年龄、新生儿成熟程度、乳母膳食、健康状态以及哺乳期等[19, 20]。这些因素不同程度影响母乳中蛋白质及其组分的含量和比例，已知母乳中的蛋白质组分及每种蛋白质含量随不同哺乳期发生的变化[10,19,21]。总的来说，随泌乳期延长，母乳蛋白质含量降低，且乳清蛋白与酪蛋白的比例也发生变化。Zhang 等[22]收集了中国不同地区不同民族的母乳，来自云南、甘肃、新疆、内蒙古等地的汉族、白族、维吾尔族、藏族、蒙古族的母乳样品，发现母乳中蛋白质不同生理功能的分布，以及不同功能蛋白的相对强度总体上基本类似。母乳中相对含量较高的乳清类蛋白质有乳铁蛋白、乳清白蛋白、胆盐激活的脂肪酶、多聚免疫球蛋白受体、巨噬细胞甘露糖受体-1，在不同地域和民族的母乳中差别不大。一共检测发现的 693 种蛋白质中，有 34 种蛋白质随地域和民族有显著差异。由此可以看出，尽管为婴儿提供基本营养和保护作用的母乳蛋白质在不同地域和民族之间是类似的，但是某种蛋白质或其亚型存在显著差异，这可能与喂养儿的健康发育与成长息息相关。

3.3 乳脂肪球膜与外泌体的蛋白质组学研究

母乳中含有几种多功能的大分子成分，其中乳脂肪球膜（MFGM，母乳中负责包裹甘油三酯形成脂肪球的一类蛋白质）和酪蛋白胶束主要为新生儿提供营养，而乳清则含有能刺激新生儿免疫系统和肠道发育的成分。虽然已在母乳中发现外泌体，但其主要生理功能和组成尚待阐明。外泌体是细胞为了细胞通信而释放的微小囊体，其中含有脂质、核酸和蛋白质等成分。由于从母乳中分离外泌体较困难，因此有关母乳外泌体蛋白质组学的研究还较欠缺。van Herwijnen 等[14]使用液质联用（LC-MS/MS）分析了 7 个捐献母乳样本的外泌体蛋白质组成，发现了 1963 种不同的蛋白质，包括外泌体相关蛋白等 [如 CD-9、膜联蛋白（annexin）A5 以及脂筏蛋白 (flotillin)-1]，而不同捐献者间的蛋白质种类有较大重合性。研究者也将外泌体蛋白质与其他蛋白质组学结果进行比较，基于 38 个已发表的蛋白质组学研究汇总数据得到了总的母乳蛋白质组学，含有 2698 个独特的蛋白质。该研究发现的 633 个来自外泌体的蛋白质未曾在之前母乳研究中报道过。这些新的外泌体蛋白质包括可调节细胞生长和调控炎症信号通路的蛋白质，说明母乳外泌体可促进新生儿肠道与免疫系统的发育。

MFGM 蛋白通常对于加工过程很敏感。为研究 MFGM 的热稳定性，Ma 等[23]

将5例母乳与牛乳和山羊乳进行了比较，将样品经巴氏杀菌后测定蛋白质组学。首先用激光扫描共聚焦显微镜测定了MFGM的大小与微结构；再用SDS-PAGE测定了巴氏杀菌处理前后母乳、牛乳和山羊乳的蛋白质组成与含量变化，将蛋白质消化后，用非标定量技术对蛋白质组学进行鉴定。结果显示，巴氏杀菌并未影响这三种乳汁中乳脂肪球的大小分布。在母乳、牛乳和山羊乳的MFGM中，分别检测出1104、632和137种蛋白质。加热后显著受到影响的蛋白质主要与脂质合成和分泌以及免疫应答有关。这些蛋白质的变化在母乳、牛乳和山羊乳间也有差异。母乳和山羊乳MFGM蛋白比牛乳的MFGM蛋白对热更敏感。

Yang等[24]采集了60例健康母亲的初乳和成熟乳，并对其中MFGM蛋白进行蛋白质组学分析，而且与牛乳MFGM的蛋白质组学进行比较。样品经消化后，通过iTRAQ标记，并用强阳离子交换色谱进行分离，再用液质联用测定和数据库检索。检测出母乳和牛乳总共411种蛋白质，其中有232种蛋白质的表达显示了差异。差异蛋白质涉及的生理过程包括应激反应、定位以及免疫等。

3.4 多肽组学

母乳是一个复杂的体系，含有多种蛋白质和蛋白酶，对于婴儿可提供带生物活性的肽段物质。母乳中含有的肽具有抗炎和抑制微生物的作用，并可调控肠道的功能。Campanhon等[25]测定了12名未成年乳母的成熟乳蛋白质组学和肽组学，用电泳法与nLC-Q-TOF-MS/MS方法结合，以及用生物信息学手段进行数据分析，研究了脱乳脂后不同泌乳期母乳的蛋白质组学。该研究首先用Lowry方法测定总蛋白质含量，接着用SDS-PAGE以及消化后研究蛋白质的各组分，将胰蛋白酶消化后的多肽进行了纯化和浓缩。用纳米级液相色谱-电喷雾四极杆飞行时间质谱（nano-LC-ESI-Q/TOF），分析消化后肽段以及母乳中含有的游离肽段。最终测得424种蛋白质，有137种在不同泌乳期中都存在。大部分未成年母乳的肽段并不是来源于乳中的主要蛋白质。通过相关性研究发现母乳中的肽与新生儿免疫系统有关。

Gan等[26]用液质联用（LC-MS/MS）测定了母乳中天然存在的游离肽以及不同pH下蛋白质水解后得到的肽段。用高分辨率精确的轨道质谱测定不同pH下孵育前后母乳中天然存在的游离肽。该研究首先调节各组样品pH并孵育。为测定母乳样品中天然存在的游离肽，添加了蛋白酶抑制剂；设置了pH 2、pH 4和pH 5受试组，分别添加了适量盐酸，而且设置了未添加盐酸的pH 7组，将样品经过孵育、添加酸碱中和后离心，去掉脂肪和细胞，加入三氯乙酸（trichloroacetic acid, TCA）沉降蛋白质，离心后用C_{18}固态提取多肽，之后用液质联用测定多肽组成，通过数据库检索鉴别肽段。发现了5000多种肽，比较分析后发现74种肽在不同pH下能稳定存在，而8种肽仅适合于婴儿胃肠道的pH值（即pH 4或5）。乳蛋白的水解，包括β-酪蛋白、多聚免疫球蛋白受体、α-乳白蛋白等都与pH相关。

3.5 展望

虽然蛋白质组学技术在母乳蛋白质及相关疾病领域的应用研究取得了一些进展，但是由于母乳成分组成复杂、个体间变异大、相关可借鉴信息有限等，使得母乳蛋白质组学（蛋白质及其组分和代谢途径）、母乳糖蛋白质组学、内源肽以及对母乳喂养儿生长发育和免疫功能等影响的研究尚处在初期阶段，母乳中还含有很多具有生物活性的蛋白质组分亟待分离、鉴定。

由于已发表的各研究使用的分析方法，包括样品前处理过程等并不完全相同，而且目前关于蛋白质组学的检测仍无公认的分析方法，同时考虑到影响母乳蛋白质组学的其他多方面因素，导致各个研究之间结果的可比性仍需探讨。目前从母乳中或牛乳中，将单独的某个蛋白质和/或其不同的组分分离出来并研究其生理活性仍然是极其困难的，往往分离得到的是多种蛋白质的混合物，而且母乳中存在的大多数蛋白质不同组分含量极低。因此还需要开发和完善母乳蛋白质组学检测和数据处理方法，尤其对于那些低丰度的蛋白质组分的鉴别与定量是今后重点研究方向之一。

同时还需要推进对于不同蛋白质各组分各自生理功能的探索，尤其对于一些特殊状况的婴幼儿，如早产儿、低出生体重儿或蛋白过敏儿等，母乳中哪些蛋白质可能对于其生长发育与健康成长发挥怎样的作用，以及与这些特殊状况发生发展的关系等也值得深入探讨。

已知母乳蛋白质组呈现动态变化，而且从初乳到成熟乳的整个泌乳期都会随时间发生明显变化，因此需要研究母乳蛋白质组的变化与喂养儿健康状况之间的关系，以及乳母疾病（特别是乳腺炎）状况引起母乳蛋白质组可能发生的变化等[27]，这些研究结果将对改善生命最初1000天的营养与健康状况具有重要意义。

（王雯丹，董彩霞，荫士安）

参考文献

[1] Walker A. Breast milk as the gold standard for protective nutrients. J Pediatr, 2010, 156(Supple 2): s3-s7.

[2] Turfkruyer M, Verhasselt V. Breast milk and its impact on maturation of the neonatal immune system. Curr Opin Infect Dis, 2015, 28: 199-206.

[3] Lönnerdal B, Lien E L. Nutritional and physiologic significance of alphalactalbumin in infants. Am J Clin Nutr, 2003, 61: 295-305.

[4] Nongonierma A B, FitzGerald R J. The scientific evidence for the role of milk protein-derived bioactive peptides in humans: A Review. J Funct Foods, 2015, 17: 640-656.

[5] Shah N P. Effects of milk-derived bioactives: an overview. Br J Nutr, 2000, 84(Suppl 1):s3-s10.

[6] Lönnerdal B. Bioactive proteins in human milk: mechanisms of action. J Pediatr, 2010, 156(Suppl): s26-s30.

[7] Lönnerdal B. Bioactive proteins in human milk: health, nutrition, and implications for infant formulas. J Pediatr, 2016, 173(Suppl): s4-s9.

[8] Graves P R, Haystead T A. Molecular biologist's guide to proteomics. Microbiol Mol Biol Rev, 2002, 66(1): 39-63.

[9] Zhu J, Dingess K A. The functional power of the human milk proteome. Nutrients, 2019, 11(8): 1834.

[10] Liao Y, Alvarado R, Phinney B, et al. Proteomic characterization of human milk whey proteins during a twelve-month lactation period. J Proteome Res, 2011, 10: 1746-1754.

[11] Liao Y, Alvarado R, Phinney B, et al. Proteomic characterization of specific minor proteins in the human milk casein fraction. J Proteome Res, 2011, 10(12): 5409-5415.

[12] 陈启，赖世云，张京顺 . 利用超高效液相色谱串联三重四极杆质谱定量检测母乳中的 α- 乳白蛋白 . 食品安全质量检测学报，2014, 5(7): 2095-2100.

[13] 王静，王利红，高艳，等 . 母乳蛋白质组学研究 . 中国乳品工业，2009, 37(1): 4-9.

[14] van Herwijnen M J, Zonneveld M I, Goerdayal S, et al. Comprehensive proteomic analysis of human milk-derived extracellular vesicles unveils a novel functional proteome distinct from other milk components. Mol Cell Proteomics, 2016, 15(11): 3412-3423.

[15] Aslebagh R, Channaveerappa D, Arcaro K F, et al. Proteomics analysis of human breast milk to assess breast cancer risk. Electrophoresis, 2018, 39(4): 653-665.

[16] Atanassov C, Viallemonteil E, Lucas C, et al. Proteomic pattern of breast milk discriminates obese mothers with infants of delayed weight gain from normal-weight mothers with infants of normal weight gain. FEBS Open Bio, 2019, 9(4): 736-742.

[17] Elwakiel M, Boeren S, Hageman J A, et al. Variability of serum proteins in Chinese and dutch human milk during lactation. Nutrients, 2019, 11(3): 499.

[18] Chen L, Wang J, Jiang P, et al. Alteration of the colostrum whey proteome in mothers with gestational hypothyroidism. PLoS One, 2018, 13(10):e0205987.

[19] Field C J. The immunological components of human milk and their effect on immune development in infants. J Nutr, 2005, 135(1): 1-4.

[20] Hila M, Neamtu B, Neamtu M. The role of the bioactive factors in breast milk on the immune system of the infant. Acta Med Transilvanica, 2014, 19: 290-294.

[21] Gao X, McMahon R J, Woo J G, et al. Temporal changes in milk proteomes reveal developing milk functions. J Proteome Res, 2012, 11: 3897-3907.

[22] Zhang L, Ma Y, Yang Z, et al. Geography and ethnicity related variation in the Chinese human milk serum proteome. Food Funct, 2019, 10(12): 7818-7827.

[23] Ma Y, Zhang L, Wu Y, et al. Changes in milk fat globule membrane proteome after pasteurization in human, bovine and caprine species. Food Chem, 2019, 279: 209-215.

[24] Yang M, Cong M, Peng X, et al. Quantitative proteomic analysis of milk fat globule membrane (MFGM) proteins in human and bovine colostrum and mature milk samples through iTRAQ labeling. Food Funct,

2016, 7(5): 2438-2450.

[25] Campanhon I B, da Silva M R S, de Magalhaes M T Q, et al. Protective factors in mature human milk: a look into the proteome and peptidome of adolescent mothers' breast milk. Br J Nutr, 2019, 122(12): 1377-1385.

[26] Gan J, Robinson R C, Wang J, et al. Peptidomic profiling of human milk with LC-MS/MS reveals pH-specific proteolysis of milk proteins. Food Chem, 2019, 274: 766-774.

[27] Roncada P, Stipetic L H, Bonizzi L, et al. Proteomics as a tool to explore human milk in health and disease. J Proteomics, 2013, 88: 47-57.

母乳成分分析方法

Analytical Methods for Human Milk Compositions

第 4 章

母乳脂质组学

脂质主要指甘油三酯、磷脂和胆固醇及其酯，是人体的主要营养成分之一。脂质因其种类和化学结构不同，其所起的生物学作用也不同，如提供能量和储存能量、构成生物膜、提供必需脂肪酸、促进脂溶性维生素的吸收以及对机体的保护作用等。母乳脂质不仅是婴幼儿主要的营养素之一，提供婴幼儿所需的亚油酸、亚麻酸等必需脂肪酸，而且是主要的供能物质，提供总能量的 40% ~ 55%[1]；还是婴幼儿正常生理功能和合成某些生物活性成分的重要成分。母乳脂质组学（lipidomics）的研究则在于揭示母乳中存在的各种脂质及其组分对喂养儿和在生命活动中发挥的重要作用。

4.1 概述

目前已知乳脂含有数千种组分，就脂质组成而言可能是自然界中最复杂的物质。随着分析工具特别是高分辨率质谱仪的快速发展，过去二十年来在乳脂质种类的鉴定和定量方面取得了重大进展。脂质组学则是进展最快的之一。脂质组学这一概念最早由 Han 等[2] 于 2003 年提出。脂质组学是代谢组学的一个重要分支，是研究脂质代谢、细胞信号等问题的一个重要手段。脂质组学的研究机理是从系统生物学水平研究生物体内的所有脂质分子，进而推测其他与脂质作用的生物分子的变化，以揭示脂质在各种生命活动中发挥的重要作用以及作用机理[3]。

4.1.1 脂质组学的研究目标

主要包括三个方面：①确定生命体中所有脂质分子种类及其化学结构；②全面了解各种脂质的生理功能及其代谢调控机制和变化规律；③了解脂质在膜结构组成、基因表达、细胞信号转导等生理活动以及脂质在与其他生物大分子、细胞与细胞、细胞与病原体、细胞乃至生命体与环境变化等相互作用的复杂关系中的重要作用，进而揭示生命体或细胞的脂质组代谢及其调控的变化规律，为解释生命现象及控制营养相关慢性病的发生提供解决方案[4]。

4.1.2 脂质组学的研究内容

脂质组学研究的内容主要分为侧重点不同的三个方面：①分析鉴定脂质及其代谢物，通过改进脂质样品制备方法和发展新的分析鉴定技术，实现脂质及其代谢物快速而精确的分析和鉴定；②脂质生理功能及其代谢调控机理，利用脂质组学技术联合基因组学和蛋白质组学等技术，进行脂质功能与代谢调控研究并形成系统；③脂质代谢途径及网络，以脂质及其代谢物分析鉴定和脂质功能与代谢调控方面的工作为基础，整合代谢组学、蛋白质组学和基因组学的研究结果，从而建立、完善和绘制不同条件下的脂质代谢途径及网络[5]。

4.1.3 母乳脂质组学的概念

母乳脂质组学是研究母乳中含有的所有脂质分子的特性、含量、代谢途径以及对喂养儿生长发育与健康状况影响的一门新兴学科。其研究的内容包括脂质及其代谢物的分析鉴定、脂质功能和代谢调控、脂质代谢网络及途径等。母乳脂质组学研究是对母乳中所有的脂质进行全面系统的分析。主要是通过改进母乳脂质样品提取、分离方法和发展新的分析鉴定技术，特别是注重母乳脂质样品制备技术与先进仪器设备如质谱仪的联合应用，实现脂质的快速、高通量的分析鉴定，深入研究母乳的脂质组成。

4.2 脂质组学技术

脂质组学研究的技术主要包括脂质的提取、分离、分析鉴定以及相应的生物信息学技术。脂质组学的发展对分析技术提出了更高要求；同时分析技术的进步也对脂质组学研究的深入创造了条件。脂质组学的研究要着力解决三个方面的问题[4]：①如何将脂质从样品中尽可能多地提取出来；②如何将提取到的脂质进行精确的定性和定量分析；③如何综合利用生物信息学的手段建立满足脂质组学研究需要的数据库。

4.2.1 脂质的提取方法和分离技术

对于脂质的提取，主要是液液萃取（LLE）和固相萃取 (SPE) 两种方法。

（1）液液萃取法　提取脂质最经典的液液萃取方法是 Folch 法[6]。Bligh-Dyer（BD）法[7]是改良的 Folch 法，即在氯仿、甲醇混合液中加入水或乙酸等缓冲剂，使得极性脂和非极性脂能更好地分离，BD 法尤其适用于细胞悬液和组织匀浆中脂类的提取。另一种液液萃取方法是采用正己烷∶异丙醇（体积比，3∶2）作为提取溶剂[8]，与 Folch 法相比，此种方法毒性更小，但由于提取效率不高未被广泛应用。2012 年，Lofgren 等[9]用丁醇和甲醇来提取血浆中总脂，该法能够在 1h 内完成 96 个样本中脂质提取，并能很好分离甘油三酯（TG）、甘油二酯（DG）、磷脂（PL）、神经酰胺（CM）等。2013 年，Chen 等[10]用甲基叔丁基醚单一溶剂同时提取脂质及脂质代谢物，甲基叔丁基醚有超强的选择性，基质中的不溶物可以离心除去。近年来，无创检测技术日益成熟，2016 年，Jia 等[11]用甲醇提取出皮肤角质层中的 483 种鞘脂，而其中 193 种是潜在的区分不同年龄的标志物。此外，对于排泄物中脂质的提取，还存在提取步骤烦琐、低丰度脂质不易获取等局限，也在进一步开发中[12]。近年来还出现了一些提取速度快、效率高的新方法，如超声辅助液液萃取[13, 14]、超临界流体萃取[15]等，也开始应用于脂质提取。

（2）固相萃取法　固相萃取能很好地分离纯化和富集含量较低的脂质。边娟[16]采用 TiO_2/SiO_2 复合填料的固相萃取柱，快速高效地去除中性脂、游离脂肪酸，特异性地吸附磷脂。魏芳等[17]采用磁性纳米 Fe_3O_4 萃取材料，通过对其表面改性后，建立了基于新型磁固相萃取技术的痕量游离脂肪酸快速富集纯化及分析方法。吴琳等[18]将氧化镁复合弗罗里硅土填充的 Florisil 固相萃取柱对经 *sn*-1,3 专一性脂肪酶水解的藻油、微生物油脂、植物油、鱼油和海豹油的产物进行分离富集。Pérez-Palacios 等[19]用氨丙基修饰的 SPE 柱，实现了磷脂酰胆碱（PC）、磷脂酰乙醇胺（PE）、磷脂酰丝氨酸（PS）和磷脂酰肌醇（PI）四类磷脂的分离。Wang 等[20]采用氨丙基的硅胶基质 SPE 柱成功对大鼠肝脏脂质中的 PE 进行了纯化和富集。利用具有氧化锆涂层的 Hybrid SPE 萃取柱中的氧化锆与磷脂的磷酸根基团之间的路易斯酸碱作用，已成功地应用于生物样本中磷脂的纯化和富集[21]。Jia 等[22]采用硅胶固相萃取柱从海参中分离出脑苷脂（一种鞘糖脂），结合色谱质谱技术鉴定出 89 种脑苷脂，并分析了饱和脂肪酸和不饱和脂肪酸的比例及羟基脂肪酸的含量。

4.2.2　脂质的定性和定量测定技术

生物质谱技术是目前脂质组学研究的核心工具，主要分为直接进样质谱技术、色谱及色谱-质谱联用技术。色谱-质谱联用技术策略是利用不同的脂质提取方法分别提取不同种类的脂质，如脂肪酸类、甘油磷脂类、固醇类等，或根据不同脂质种类的极性差异，利用正相色谱在种类水平上将生物样本的脂质分为不同组分，如磷脂酰胆碱类（GPChos）、磷脂酰乙醇胺类（GPEtns）、鞘磷脂类（SM）以及心磷脂（cardiolipin，CL）等。然后利用反相色谱将组分中的脂质分子进一步分离，进而利用质谱进行定性、定量分析。“鸟枪法”技术策略通常采用直接进样，不需要经过色谱分离，直接对脂质提取物进行分析鉴定。其原理主要是源内分离，即根据脂质分子在不同 pH 值条件下带电倾向的差异，通过调整样品 pH 值，改变脂质分子的离子化倾向，并结合 ESI 正、负离子检测模式的切换，达到离子化过程中分开检测不同脂质分子的目的，最后利用串联质谱技术进行分析鉴定和定量。

4.2.2.1　直接进样质谱技术

直接进样质谱技术包括鸟枪法和基质辅助激光解吸电离质谱（MALDI-MS）。鸟枪脂质组学最早由 Han 和 Gross[2] 在 2003 年提出，该方法是根据脂质分子极性基团在不同 pH 下带电倾向不同，结合 ESI 源的正负离子切换模式，达到分离目的，分离后进行定性定量。鸟枪法结合化学衍生的方法不仅检测灵敏度明显提高，并能根据“轻 / 重”标记实现相对定量和绝对定量[23]。Wang 等[20]采用丙酮及氘带丙酮标记脑磷脂，结合质谱双中性丢失扫描对食用不同脂质膳食的大鼠肝脏组织中 45 种 PE 进行了定性和相对定量分析。Wang 等 [24] 用三甲基硅重氮甲烷将磷脂酰肌醇衍生后，能准确地分析小鼠脑部组织中磷脂酰肌醇分子中磷酸基的位置和脂肪酸链结构。Liu 等 [25] 采用 *N*, *N*-二乙基乙二胺（DEEA）为衍生试剂，成功对游离脂肪酸进行了衍生，提高了游离脂肪酸离子化效率，结合主成分分析，能区分不同工艺来源的冷榨菜籽油，并能够有效监控菜籽油中游离脂肪酸的含量变化。基质辅助激光解吸电离质谱源常与飞行时间质谱联用，进行脂质分析与质谱成像研究。Jackson 等 [26] 利用银纳米材料修饰的 MALDI 基质，对小鼠心脏中的脂质进行成像分析。在正离子模式下鉴定出 29 种脂类，在负离子模式下鉴定出 24 种脂类。

虽然直接进样质谱具有分析速度快的优势，但在分析基质复杂的生物样本（如母乳和婴儿配方食品）时，会产生明显的基质效应，研究已表明婴儿配方食品的基质会干扰分析结果。

4.2.2.2 色谱及色谱-质谱联用技术

结合色谱分离优势与质谱鉴定优势，能够有效降低其他组分（基质）可能对目标化合物产生的基质效应，同时复杂体系经色谱分离后进入质谱检测器，能提高质谱扫描数据的可靠性。

气相色谱（GC）常用于脂肪酸等小分子量脂质的组成分析 [27]。高温气相色谱固定相的出现，使得气相色谱分析高沸点化合物成为可能，但高温对不饱和脂肪酸含量相对较高的脂质具有破坏作用，因此不适合分析含有长链多不饱和脂肪酸的脂质。GC 还能有效分离脂肪酸同分异构体和不饱和脂肪酸双键的顺反结构，将不同极性气相色谱串联的全二维气相色谱法，是分析长链多不饱和脂肪酸的有效方法 [28]。

HPLC 封闭的环境能有效避免脂类降解，几乎所有类别的脂质分子均可通过高效液相色谱实现分离 [29]。正相色谱（NPLC）根据脂质头部基团极性的不同实现分离，适用于强极性脂类的分离，但由于流动相的强挥发性和强极性易引起保留时间的漂移，与质谱串联时不能很好地兼容，并会降低电喷雾电离源的雾化效率 [30]。

银离子高效液相色谱（Ag^+-HPLC）作为一种特殊的正相色谱，基于银离子与甘油三酯（TG）中不饱和脂肪酸双键之间形成的弱 π 络合吸附作用，将双键数和双键位置不同的 TG 分离。正相液相色谱常与反相液相色谱（RPLC）以互补的分离方式存在，RPLC 常用于分离含同一类头部极性基团而脂肪酰基链不同的脂质分子，适用于弱极性和中等极性脂质的分离，具有高选择性和分离重现性好等优势，是应用最多的脂质分离手段，但其对强极性脂质保留和选择性差，不利于极性脂的分析。使用 RPLC 色谱柱分析 TG 时，TG 的保留时间与 TG 的当量碳数（ECN）相关，保留强度与 ECN 值成正比，相同 ECN 值的 TG 不能在 RPLC 中实现很好的分离，且 RPLC 对于 TG 的位置异构体选择性差[31]。Christinat 等[32]用 RPLC-MS 成功分析了人血浆中的中长链游离脂肪酸、直链脂肪酸及含支链的异构体，并能分离 *n*-3 和 *n*-6 不饱和脂肪酸的双键位置异构体。

近年来，亲水作用色谱（HILIC）用于脂质分离，亲水作用色谱[33]使用的流动相与 RPLC 的流动相系统相似，但 HILIC 的分离顺序与 NPLC 相似，克服了 NPLC 法保留时间漂移的缺陷，重现性良好，并提高了色谱与质谱的兼容性。Zhu 等[34]利用 HILIC 二醇柱成功分离了血浆中的七大类磷脂。二维液相色谱能有效减少复杂生物样本中低丰度代谢物的未检出现象，并能有效区分同分异构体和同位素峰，分辨率和峰容量较一维色谱都有了很大改善，已广泛应用于脂质组学研究[35]。二维液相色谱联用有离线和在线两种模式，离线模式[23]可单独对每一维的色谱条件进行优化。在线模式[29,36,37]自动化程度高、重现性好、耗时短，但是由于分离时间短会使分辨率有所降低，且要兼顾色谱之间的兼容性。魏芳等[38]采用同时具有疏水相互作用和 π 络合作用的混合模式色谱柱构建了在线 / 离线单柱二维液相色谱高效分离系统，解决了传统二维液相色谱在线联用设备成本高及存在溶剂不兼容的问题，其中，在线单柱二维液相色谱系统采用混合梯度溶剂进行分离，一次进样即可完成 TGs 的快速分离鉴定，有效提高 TG 检测通量 5 ～ 10 倍；离线单柱二维液相色谱系统具有更高的峰容量和检测灵敏度，有效提高检测灵敏度 10 ～ 20 倍，解决了甘油三酯类复杂化合物检测通量低、灵敏度低的技术瓶颈问题。

4.2.2.3 脂质组生物信息学分析

随着脂质组学研究的发展，脂质及其代谢物标准品的设计和合成，脂质组信息和数据的协调分析，基因组学、蛋白质组学和脂质组学研究结果的整合，脂质代谢途径及其相关网络构建等均离不开相应的生物信息学技术系统。

质谱上获得的原始数据需要经过脂质鉴定、面积归一化及定量，才能统计分析并最终获得样品脂质组学信息。目前已有许多脂质组学的数据库被用于脂质组学研究。通过这些数据库能够查询脂质的结构、质谱信息、分类等。近年来，一些基于质谱数据分析的脂质组学分析软件被不断开发，并且具有数据输入、谱图过滤、峰值检测、色谱排列、标准化、可视化、多元统计分析和数据输出等功能。其中，美国 2003 年启动了“脂质代谢物和代谢途径研究策略（Lipid Maps）”项目，推出了 Lipid Maps 数据库，并将脂质划分为脂肪酸类、甘油酯类、甘油磷脂类、鞘脂类、胆固醇类、孕烯醇酮酯类、糖脂类和多聚乙烯类 8 大类进行研究和分析。日本脂质数据库项目，最早起始于 1989 年，主要目标是建立一个公开的、免费的脂质数据库（Lipid Bank），其中包含脂肪酸、甘油酯、鞘脂、固醇、维生素等6000余种天然脂质的命名、分子结构、光谱学信息和文献信息等。而其他的研究机构也纷纷推出了自己的研究成果。随着脂质组学的迅速发展，脂质组学数据库和软件的功能也将越来越完善。表4-1中列出了常见的用于脂质组学的数据库和数据处理软件。

表4-1　常用脂质组学数据库和数据处理软件

名称	国家	内容	网址
Lipid Maps	美国	4万多种生物相关的脂质结构、部分质谱信息及代谢通路信息以及与脂类相关的8500余种基因和蛋白质信息	https://www.lipidmaps.org/
Lipid Bank	日本	脂类分子结构、光谱信息、质谱信息	https://www.lipidbank.jp/
Lipid Library	英国	脂质性质、结构信息及生物学功能	https://lipidlibrary.aocs.org/
KEGG	日本	脂肪酸的合成和降解、胆固醇和磷脂的代谢途径	https://www.genome.jp/
LSMAD	中国	脂质质谱数据库	
Cyberlipid center	法国	脂质性质、结构信息及分析方法	
SOFA	德国	植物油及其脂质组成的信息	
HMDB	美国	超过40000个内源性代谢物以及与之相关的超过5000个蛋白质的液相色谱-质谱数据库，可超链接到其他数据库，可供搜索化合物结构和代谢路径相关信息	https://www.hmdb.ca/

4.3　母乳脂质组学的研究内容

母乳脂质组学研究是对母乳中所有的脂质进行全面系统分析，主要是通过改进母乳脂质样品的提取、分离方法和发展新的分析鉴定技术，特别是注重母乳脂质样品的制备技术与先进仪器设备如质谱联用等，实现脂质的快速、高通量的分析鉴定。然后在脂质组成基础上进行信息学分析，以了解乳母的膳食、健康状况，并预测或评估对婴儿营养状况与生长发育的影响。

4.3.1　母乳脂质组成与检测

脂质是一类不溶于水而能被乙醚、氯仿、苯等非极性有机溶剂抽提出的化合物。母乳中含有3%～5%的脂质，其中98%以上是甘油三酯（TG）；还含有约

0.8% 的磷脂（PL）和 0.5% 的胆固醇[39]，而极性脂质（如甘油磷脂和鞘脂）的含量很低（占乳脂的 0.5% ～ 1%）。

4.3.1.1 脂质提取方法

母乳脂质的提取方法主要分为碱提取法、酸水解法和氯仿-甲醇法。

（1）碱提取法　碱水解是在母乳样品中加入一定的氨水，将乳脂肪球膜破坏，再用乙醚和石油醚提取乳样的碱水解液，反复多次提取，收集乙醚和石油醚提取液，通过旋转蒸发仪或氮吹仪除去溶剂，得到母乳脂质提取物。该法是提取乳及乳制品脂质的常用方法，但该方法步骤烦琐，脂肪酸研究中已很少用。

（2）酸水解法　酸水解法是在乳样中加入硫酸溶液破坏脂肪球上的蛋白质脂肪球膜和乳胶性质，使包裹在脂肪球里的脂肪球游离出来，然后离心分离脂质和非脂质成分。由于脂质的密度小就会漂浮在上层，收集上层成分得到脂质提取物。由于没有使用有机溶剂提取，该法的脂质提取仍不够彻底，主要用于估测样品中脂质含量。

（3）氯仿-甲醇法　该提取方法是利用脂质在有机溶剂中的高溶解性提取脂质。先在乳样中加入一定比例提取液，使脂质充分溶解在有机溶剂中，再将有机溶剂蒸发或氮吹去除，得到脂质提取物。在 1957 年，Folch 等[6]首次提出用氯仿-甲醇提取液提取脂质的方法，Bligh 和 Dyer[7]在 Folch 的基础上进行了改进。目前，氯仿-甲醇法是脂质提取应用最多的方法，并得到不断改进。

张振[40]分别用了氨水-乙醇法、氯仿-甲醇法和氯仿-甲醇-超声法提取母乳中的脂质，发现氯仿-甲醇-超声法是母乳脂质提取的最理想方法，提取得率显著高于其他两种方法，能够最大限度地提取母乳脂质。因为乳中的脂质是以脂肪球的形式存在，利用氨水法不能快速破坏脂肪球膜，脂质分离慢；而采用超声辅助处理，可以产生强大的能量，这种能量不断地作用于人 MFGM 和乳中固形物，使得脂肪球膜破裂，进而脂质快速地游离出来并溶于氯仿-甲醇提取液中。

4.3.1.2 母乳脂质组成的特点

母乳脂质与牛乳脂质整体上含量并无太大差异，其组成如表 4-2 所示。但母乳中多不饱和脂肪酸，特别是亚油酸的含量较为丰富，还含有较多的卵磷脂和脑磷脂等，对婴儿大脑发育至关重要；而且各种脂肪酸之间存在很大差异。例如，母乳中 C_4 ～ C_{10} 的含量很少，C_{16} ～ C_{18} 的含量很多，主要是棕榈酸、硬脂酸、油酸和亚油酸等；而牛乳中 C_4 ～ C_{10} 的脂肪酸含量较多，这是因为牛的反刍胃中所含纤维和淀粉等被细菌分解而生成的挥发性脂肪酸所致。母乳中含有较多的不饱和脂肪酸，而牛乳中不饱和脂肪酸的含量比母乳中低很多，这可能是由于反刍胃中微生物的作用，使不饱和脂肪酸发生了加成反应。母乳的甘油三酯 *sn*-2 主要是 $C_{16:0}$，而牛乳的 $C_{16:0}$ 主要在甘油三酯的 *sn*-1 和 *sn*-3 位上。牛乳中含有较多的短链饱和脂肪酸，较少的 $C_{18:1}$，多不饱和脂肪酸含量低，而母乳中除了含有较多的 $C_{18:1}$，还含有较多的多不饱和脂肪酸，如二十二碳六烯酸（DHA）。

表 4-2　母乳与牛乳脂质组成[40]　单位：%

脂质名称	母乳	牛乳
甘油三酯	＞98	＞98
甘油二酯	痕量	0.3
甘油一酯	痕量	0.03
游离脂肪酸	痕量	0.1
磷脂	0.8 ～ 1.0	0.8
固醇	0.3～ 0.5	0.3
固醇酯	痕量	痕量

4.3.2　母乳脂肪酸组成与检测

根据脂肪酸的碳链长度不同可将其分为短链脂肪酸（SCFA）、中链脂肪酸（MCFA）和长链脂肪酸（LCFA）；根据饱和度的不同可分为饱和脂肪酸（SFA）、单不饱和脂肪酸（MUFA）和多不饱和脂肪酸（PUFA）。在多不饱和脂肪酸中，根据第一个双键距离甲基端位置和双键数量不同主要分为 *n*-3 系（α-亚麻酸、EPA、DHA 等）和 *n*-6 系（亚油酸、γ-亚麻酸和花生四烯酸等）；根据几何异构体的不同可分为顺式脂肪酸和反式脂肪酸，双键两侧的两个 H 原子位于碳链的同侧为顺式，位于异侧为反式脂肪酸。乳脂肪酸一般不能单独存在，大部分以甘油三酯形式存在，分析乳中脂肪酸时，需要将脂肪酸从乳中提取分离出来。国内外对脂肪酸的分析方法有很多，如常见的薄层色谱法、气相色谱法、高效液相色谱法、质谱法以及最近几年发展起来的傅里叶红外光谱法和核磁共振法等。这些分析方法适用范围不同，且各有优缺点。气相色谱是目前脂肪酸分析中最主要的方法，能够对大部分脂肪酸进行定性定量分析，也是分析乳中脂肪酸组成的最常用方法[41]。

张振[40]用 GC-MS 分析了中国人初乳、过渡乳和成熟乳脂肪酸含量的动态变化，初乳中总脂质含量较低，第 3 天的初乳仅含 2.3g/100mL，到过渡乳和成熟乳后明显增加，这与 Ehrenkranz 和 Fidler 的结果相似[42]。母乳脂质的这个特点可能是为了适应新生儿的生理需要，因为新生儿对脂质的消化吸收能力较差，随年龄增长，新生儿对脂质的消化吸收能力逐渐增强，母乳脂质含量也逐渐增加。从初乳、过渡乳到成熟乳各脂肪酸的百分含量随泌乳期的延长而发生变化。例如，SFA 在初乳中的百分含量最低，到过渡乳和成熟乳逐渐增加；然而 DHA 和 ARA 等 PUFA 在初乳中含量最高，之后含量逐渐降低。新生儿在出生时体内缺乏脂肪酸碳链延长酶和去饱和酶，使得 LA 和 ALA 衍生成 ARA 和 DHA 的能力较弱，因此自身合成 LCPUFA 较少，而初乳能够提供较多的 DHA 和 ARA 等 PUFA；随泌乳期的延长，新生儿体内的脂肪酸碳链延长酶和去饱和酶的活性逐渐成熟，自身合成 DHA 和 ARA 的能力日渐增强，故在过渡乳和成熟乳中的 DHA 和 ARA 含量逐渐降低。

不同国家和地区由于遗传、膳食和个体之间的差异，母乳中脂肪酸组成也有一定差别，如中国母乳甘油酯中 LA 和 ALA 含量明显高于国外报道的结果 [43, 44]，这可能与中国人食用植物性油脂较多有关。根据膳食调查数据，中国居民膳食的大豆油、玉米油和菜籽油等植物性油脂较多，这些植物油脂中 LA 的含量很高，因此，在中国母乳中检测出的 LA 含量也较高。有研究提示，中国母乳中 DHA 含量显著高于欧美等国家的母乳 DHA 含量，但低于日本和马来西亚等国家 [45]，这可能与欧美等国家食用动物性食物较多，而日本与马来西亚食用含 DHA 丰富的鱼类等海产品较多有关。

杨帆等 [46] 用 GC 法分析了母乳与牛乳中的脂肪酸组成，如表 4-3 所示。母乳和牛乳中都含较多的中链脂肪酸，但其他脂肪酸组成有较大差别。母乳饱和脂肪酸含量明显低于牛乳，其中母乳中 $C_{14:0}$、$C_{16:0}$ 和 $C_{18:0}$ 这几种主要的饱和脂肪酸含量都显著低于牛乳。而母乳中单不饱和脂肪酸及多不饱和脂肪酸含量均显著高于牛乳，特别是多不饱和脂肪酸；而且牛乳中 α-亚麻酸与亚油酸含量也显著低于母乳，牛乳中二十二碳六烯酸与二十碳五烯酸含量极低。张妞等 [47] 研究表明，牛羊乳中共轭亚油酸占总脂肪的 0.5% ～ 1.5%，反式脂肪酸（主要为 11*t*-18:1）占总脂肪的 1% ～ 3%。而母乳中共轭亚油酸约占总脂肪的 0.2% ～ 0.3%，反式脂肪酸主要为 11*t*-18:1 和 9*t*-18:1，约占总脂肪的 1.0% ～ 2.0%，与膳食的组成有关 [48]。

4.3.3 母乳甘油三酯组成与检测

母乳中甘油三酯的种类复杂，而且存在大量同分异构体，目前对于其进行分离鉴定仍较困难。主要的测定方法有：气相色谱法、反相液相色谱法、超高效液相色谱法等。

Breckenridge 等 [49] 曾尝试采用气液色谱（GLC）配备 FID 检测器测定动物乳中甘油三酯的组成，其出峰顺序是按照酰基碳原子数（CN）从小到大出峰，根据分离结果得到 CN 值鉴定甘油三酯，结果显示加拿大母乳中主要的甘油三酯类型

表 4-3　母乳与牛乳中脂肪酸组成比较①　　单位：%

脂肪酸	母乳	牛乳
$C_{4:0}$	ND②	1.85±1.01
$C_{6:0}$	ND②	1.54±0.86
$C_{8:0}$	0.16±0.04	0.96±0.53
$C_{10:0}$	1.23±0.31	3.11±0.87
$C_{11:0}$	ND②	0.32±0.15
$C_{12:1}$	4.73±1.51	3.36±1.01
$C_{13:0}$	ND②	0.15±0.11
$C_{14:0}$	3.39±1.19	11.27±2.73
$C_{15:0}$	0.09±0.03	1.12±0.28
$C_{16:0}$	20.11±1.96	30.11±8.32
$C_{17:0}$	0.25±0.10	0.72±0.23
$C_{18:0}$	5.07±0.75	13.61±4.57
$C_{20:0}$	0.16±0.03	0.15±0.09
$C_{21:0}$	ND②	0.51±0.26
$C_{22:0}$	ND②	0.02±0.01
$C_{23:0}$	0.14±0.09	0.07±0.05
$C_{24:0}$	ND②	0.002±0.002
$C_{14:1}$	0.05±0.01	0.93±0.27
$C_{15:1}$	0.14±0.08	ND②
$C_{16:1}$	1.69±0.62	1.37±0.25
$C_{17:1}$	0.12±0.02	0.20±0.12
$C_{18:1n\text{-}9t}$	0.02±0.02	0.60±0.39
$C_{18:1n\text{-}9c}$	33.41±7.13	25.16±3.71
$C_{20:1}$	0.37±0.06	0.05±0.04
$C_{18:1n\text{-}7t}$	ND②	0.07±0.05
$C_{18:1n\text{-}7c}$	25.31±3.94	2.53±0.38
$C_{20:3}$	0.38±0.05	0.06±0.04
$C_{20:4}$	0.31±0.06	0.12±0.07
α-$C_{18:1}$	2.13±0.58	0.22±0.09
$C_{20:5}$	0.03±0.01	ND②
$C_{22:6}$	0.31±0.09	ND②
饱和脂肪酸	35.21±4.36	68.89±10.18
单不饱和脂肪酸	36.15±7.17	28.25±4.36
多不饱和脂肪酸	29.09±4.67	2.89±0.54

① 引自杨帆等[46]，卫生研究，2017。

② ND，未检出。

为 C_{52}（39.0%）、C_{50}（17.6%）、C_{54}（16.4%）、C_{48}（9.0%）和 C_{46}（5.5%），酰基碳原子数最高为 C_{60}，最小为 C_{38}，但是其中具体的结构和含量还不清楚。Pons 等[50]用高效液相色谱-蒸发光散射检测器（HPLC-ELSD）分析了 47 例西班牙不同哺乳期母乳样品中的脂肪甘油三酯组成，共分离出 30 种甘油三酯，发现其中 OPO 和 OPL 的含量较高。在分析过程中，使用连接质谱检测器（MS）可提高检测结果的灵敏度、稳定性和重现性，在没有标准品的条件下，通过对特征碎片离子的分析得到分子结构，实现在没有标准品的情况下进行准确分析，且不同分子量的共流出物也能得到定性[51]。质谱与色谱联用的方式，已逐渐成为分离鉴定母乳脂肪甘油三酯成分的最有效手段之一。

Haddad 等[52]采用 NARP-HPLC 对 8 例意大利母乳样品中脂肪甘油三酯进行分离，并用 NARP-HPLC-MS（ESI 源）对甘油三酯进行鉴定，他们鉴定出 98 种甘油三酯。Zou 等[53]用 NARP-HPLC-ELSD 分析了丹麦不同哺乳期的样本，分离出 25 种甘油三酯组分，并用 Ag^{+}-HPLC 成功鉴定了 O-P-O/P-O-O 与 P-P-O/P-O-P。涂安琪[54]用 SFC-Q-TOF-MS 建立了植物油甘油三酯的分析方法，并经过调整用于母乳脂、牛乳和羊乳脂肪中甘油三酯的分析；在对母乳脂肪甘油三酯的分析中，分离出 64 个甘油三酯色谱峰，鉴定了绝大多数色谱峰中的甘油三酯。

母乳中脂肪酸的种类繁多，组成甘油三酯的成分也十分复杂，并且不同国家、地区和不同哺乳期的母乳甘油三酯种类和含量也都不同。涂安琪[54]测定了来自北京、湖北和四川地区 54 例母乳脂样品的甘油三酯，其含量最高的为 OPL（5.84% ～ 10.09%），其余含量超过 1% 的甘油三酯为 OPO、LPL、OLL、OSL、OPLa、LPLa、OLO、OPP、LPP、SPL、SPO、LSL、OPM、OML、OLaL、LPM、OLaO、OOO、OMO、OMLa、LLaL、OCaL、SPLa。夏袁[55]采用反相蒸发光液相色谱和超高效合相色谱配备四极杆-飞行时间串联质谱法，得到无锡地区 103 例母乳中 25 种甘油三酯含量，其中 OPL 含量最高，占甘油三酯 25% 左右，OPO 仅次于 OPL，含量约 16%。除了 OPL 和 OPO 之外，母乳脂肪中含量相对较高的甘油三酯为 OLL、PLL、MOL、POLa、PPO，平均含量大于 5%，其中过渡乳脂肪中 OLL 和 MOL 的含量显著高于初乳，而 PLL、POLa 和 PPO 则呈相反规律，初乳脂肪含量明显高于过渡乳脂肪。

母乳脂肪中含有的 OPO、OPL 等结构脂，不仅有利于改善婴儿的钙质吸收，降低钙质经粪便丢失，软化粪便，减少婴儿便秘和有利排便，还有助于脂肪的吸收利用，促进婴儿骨骼发育。中国母乳甘油三酯研究[55]结果显示，OPL 是含量最高的结构脂，这与国外相关的报道不同，如 Chiofalo 等[56]的结果显示母乳中 OPO 含量最高，这种差异可能与中国居民经膳食摄取较多的亚油酸型的植物油有关。Zou 等[53]在 45 例丹麦母乳中分离并鉴定了 22 种甘油三酯，其中含量较高的甘油三酯是OPO（21.52%）、OPL（16.93%）、OPLa+MMO（10.39%）、PPL（7.15%）和MLaO+POCa（6.65%）。Kim等[57]测定了美国母乳中甘油三酯的组成，利用高分辨率液相色谱法分离甘油三酯，ESI-MS对甘油三酯进行鉴定的结果显示，含量最高的甘油三酯是PPO（11.00mg/L）、OPL（10.14mg/L）、OPO（9.87mg/L）、SPL（9.87mg/L）和SPO（6.66mg/L），共鉴别出21种甘油三酯。

涂安琪[58]建立了超临界流体色谱-四极杆飞行时间质谱（SFC-Q-TOF-MS）联用技术，用于快速分离及识别牛奶与羊奶中复杂的甘油酯成分，共分离并识别了55种甘油三酯和16种甘油二酯。结果表明，牛奶脂与羊奶脂有相似的甘油三酯组成系列，但是甘油三酯相对含量差异较大，羊奶中不饱和脂肪酸构成的甘油三酯含量更高。其他哺乳动物乳脂甘油三酯组成与母乳有一定差别，奶牛、水牛以及山羊乳脂肪中含有大量中短碳链脂肪酸，因此由中短碳链脂肪酸组成的甘油三酯的含量相对较高[59,60]，而OPO等长碳链脂肪酸组成的甘油三酯含量较低，与母乳相比甘油三酯组成特点有较大不同。高希西[61]采用液质法测定了荷斯坦牛乳、娟姗牛乳、牦牛乳、羊乳和母乳的甘油三酯组成，观察到五种乳中含量大于5%（摩尔分数）的甘油三酯大多具有一个特点：两边长中间短，即*sn*-2位上为短链脂肪酸（$C_{4:0}$、$C_{6:0}$、$C_{8:0}$），*sn*-1,3位上为中长链脂肪酸（$C_{14:0}$、$C_{16:0}$），这一类甘油三酯在母乳中并未检测到；而母乳中三种主要的甘油三酯由$C_{16:0}$、$C_{18:1}$和$C_{18:2}$组成，这三种甘油三酯在其余动物乳中未检测到或含量较低（如表4-4所示）。表4-5列出了母乳中含量最高的10种甘油三酯。OPO、OPL、POP、LaPO、SPO、PLP、OOO、LPL、OLO和OMO，这十种甘油三酯的总含量约占总甘油三酯的60%。可以看出母乳中含量最高的这10种甘油三酯在其他动物乳中含量较低甚至未检出，说明母乳脂肪与其他动物乳脂肪在甘油三酯组成方面存在很大差异。表4-4和表4-5反映了不同乳中主要的TG及母乳中含量最高的10种TG。

表4-4 不同乳中主要的TG及其含量① 单位：%(摩尔分数)

动物乳	主要的TG（＞5%）②	合计
荷斯坦牛乳	16:0/4:0/16:0(13.74)、16:0/6:0/16:0(8.59)、14:0/4:0/16:0(5.50)	27.83
娟姗牛乳	16:0/4:0/16:0(17.56)、6:0/6:0/16:0(11.91)、4:0/18:0/16:0(6.94)、16:0/8:0/16:0(5.19)	41.60
牦牛乳	16:0/6:0/16:0(13.22)、14:0/4:0/16:0(7.31)、16:0/8:0/16:0(6.93)	27.46
羊乳	12:0/8:0/16:0(14.34)、16:0/4:0/16:0(14.09)	28.43
母乳	18:1/16:0/18:1(14.83)、18:1/16:0/18:2(9.44)、16:0/18:1/16:0(7.53)	31.80

① 引自高希西[61]，2016。

② 所述含量为摩尔分数。

表 4-5　母乳中含量最高的 10 种 TG 及其含量①②　　单位：%（摩尔分数）

TG	英文缩写	荷斯坦牛乳	娟姗牛乳	牦牛乳	羊乳	母乳
18:1/16:0/18:1	OPO	2.18	1.12	0.95	0.66	14.83
18:1/6:0/18:2	OPL	0.18	0.07	0.13	0.04	9.44
16:0/18:1/16:0	POP					7.53
12:0/16:0/18:1	LaPO					4.88
18:0/16:0/18:1	SPO	3.30	4.48	1.62		4.68
16:0/18:2/16:0	PLP				0.24	3.91
18:1/18:1/18:1	OOO	0.53	0.15	0.26		3.81
18:2/16:0/18:2	LPL					3.46
18:1/18:2/18:1	OLO					3.44
18:1/14:0/18:1	OMO	0.92	0.39	0.44	0.25	3.24
合计		7.11	6.21	3.40	1.19	59.22

① 引自高希西[61]，2016。
② 所述含量为摩尔分数。

4.3.4　母乳磷脂组成与检测

磷脂约占母乳中总脂质的 0.5% ～ 1.0%，是除了甘油三酯之外的母乳脂质中的重要组分之一。其中约 60% ～ 65% 的磷脂位于乳脂质球膜上，余下 35% ～ 40% 则在水相中与溶液中的蛋白质或膜片段相连[62,63]。附着于乳脂质球膜上的磷脂不仅可以保持脂质在母乳中的稳定性，而且在细胞信号传导和婴儿智力发育方面也发挥着重要作用。借助脂质组学分析方法，对母乳磷脂进行定性和定量分析，对于中国母乳脂质的研究具有重要意义。

高效液相色谱联用蒸发光散射检测器（HPLC-ELSD）常用于母乳磷脂的定性和定量分析[64]，但其仅能定性和定量磷脂的大类，很难触及磷脂子类的分析。使用液相色谱分析时，也有人运用荷电气溶胶检测器检测分析乳中的磷脂[65]，该方法与蒸发光散射检测器类似，只能检测到磷脂的大类，不能获得其分子结构信息，说明液相色谱对磷脂的分析仍有局限性。

液质联用技术是目前研究乳脂中磷脂组成较为先进的技术，目前大多应用于牛乳及其他乳制品的研究，Paola 等[66]运用亲水相互作用液相色谱联用飞行时间质谱的方式，定性分析牛乳和驴乳中的磷脂成分，鉴定出来包括磷脂酰乙醇胺（PE）、磷脂酰胆碱（PC）、鞘磷脂（SM）、磷脂酰丝氨酸（PS）、磷脂酰肌醇（PI）和溶血性磷脂酰胆碱（LPC）等在内的共计 22 种磷脂（包括甘油磷脂和鞘磷脂）。Liu 等[67]运用液质联用（LC-MS）的手段定性分析牛乳中 56 种磷脂。其中涉及磷脂酰丝氨酸（PS）8 种，鞘磷脂（SM）17 种，磷脂酰乙醇胺（PE）7 种，磷脂酰胆碱（PC）13 种，磷脂酰肌醇（PI）6 种，溶血性磷脂酰胆碱（LPC）5 种。还检测出乳糖苷神经酰胺（LacCer）10 种，半乳糖苷神经酰胺（GluCer）4 种。

目前，液质联用技术应用于母乳磷脂的研究主要集中在鞘磷脂方面。例如，Nina[68] 通过亲水相互作用液相色谱结合电喷雾电离串联质谱法（HILIC-HPLC-ESI-MS/MS），定量分析了 20 份母乳样品中鞘磷脂（SM）以及脂肪酸组成。结果显示，母乳中 SM 总量为 3.87 ～ 9.07 mg/100g，其中鞘氨醇碱是主要的鞘氨醇碱基，母乳中占鞘氨醇碱基的 83.6%，其次是 4,8-鞘氨二醇（占 7.2%）和 4-羟基鞘氨醇（占 5.7%）。主要的 SM 种类包括鞘氨醇和棕榈酸（14.9%）、硬脂酸（12.7%）、二十二烷酸（16.2%）和十四烯酸（15.0%）。而且还有研究发现，母乳 SM 的脂肪酸组成与母乳中总脂肪酸不同，并且脂肪酸在不同的鞘氨醇碱基之间分布也不一致。在何扬波 [4] 的研究中，采用超高效液相色谱联用质谱（UPLC-Triple-TOF-MS/MS）和气相色谱法（GC-FID）较全面分析了中国汉族母乳磷脂的种类与结构，该研究总计检出磷脂 62 种，略低于牛乳中检测出的磷脂种类总数 [69]。其中，PE 的种类比牛乳更丰富，而其他种类磷脂则低于牛乳。采用内标法进行相对定量的分析结果显示，母乳中的各类磷脂相对含量分别为 PC（38.12%）、PE（26.97%）、SM（29.54%）、PS（4.43%）和 PI（0.94%），Hundrieser[70] 等的研究结果与之基本一致。但也有研究发现，母乳中 PI 含量可达到 4.6% ～ 11.7%[63, 71]，该结果可能与泌乳期的动态变化有关。与牛乳相比，母乳中的 PC 和 PS 的相对含量更高，而 PE 的相对含量更低 [69]。表 4-6 列出了一些通过脂质组学检测到的母乳和牛乳中的磷脂组成。

表 4-6　母乳和牛乳中磷脂种类与相对含量的比较

磷脂种类	母乳①		牛乳②	
	种类	相对含量 /%	种类	相对含量 /%
磷脂酰胆碱（PC）	19	38.12	22	7.98
磷脂酰乙醇胺（PE）	25	26.97	17	56.60
磷脂酰丝氨酸（PS）	4	4.43	10	1.70
磷脂酰肌醇（PI）	5	0.94	7	1.33
鞘磷脂（SM）	9	29.54	12	32.39
总计	62	100.00	68	100.0

① 引自何扬波 [4]，2016。

② 引自曹雪等 [69]，2019。

4.3.5 母乳胆固醇组成与检测

胆固醇又称胆甾醇，是动物组织中类固醇激素，胆汁酸、维生素 D 的前体。通常可以采用高效液相色谱法、气相色谱法、比色法、超高效液相色谱法等方法测定胆固醇含量。如现行食品中胆固醇测定通常根据食品安全国家标准 GB 5009.128—2016，其中第一法和第二法分别为气相色谱法和液相色谱法，这两种方法均适用于测定乳及乳制品等各类动物性食品中的胆固醇；卓成飞等[72]对国标中皂化条件进行优化，得到了更适合测定母乳胆固醇的方法；曹宇彤[73]根据 AOAC 法对母乳中胆固醇皂化方法进行了优化，降低了分析所用母乳样本量。关于乳品中胆固醇的提取方法，主要在于优化样品的皂化条件以提高胆固醇的提取效率。虽然气相色谱法和液相色谱法是测定胆固醇的主要方法，但是随质谱技术的发展，色谱-质谱联用技术也逐渐用于胆固醇含量的测定。

曹宇彤[73]测定了东北地区母乳中胆固醇含量，随泌乳期的延长，胆固醇含量逐渐下降，成熟乳胆固醇含量基本稳定，初乳、过渡乳和成熟乳的胆固醇含量分别为 187.7 ～ 218.1mg/L（202.8mg/L±3.7mg/L）、145.0 ～ 184.8mg/L（171.2mg/L±3.2mg/L）和 103.7 ～ 142.0mg/L（124.0mg/L±3.1mg/L）。Boersma[74]分析的母乳中胆固醇含量结果也呈相似趋势，如初乳、过渡乳和成熟乳分别为 360mg/L±120mg/L、197mg/L±70mg/L 和 190mg/L±81mg/L，但是 Boersma 的研究结果则偏差过大，可能与检测方法不同有关。国外早期文献报道 2 ～ 16 周母乳总胆固醇含量范围为 9.7 ～ 11.0mg/100mL[75]，低于中国东北地区母乳的含量。不同母乳胆固醇含量的差异可能与泌乳期、个体差异、种族（遗传）、地区、膳食、采样方式和检测方法等因素有关。随哺乳期延长，母乳胆固醇含量从初乳 11.0 mg/100g 下降到成熟乳 9.4mg/100g[72]，牛乳胆固醇含量高于成熟的母乳，但是冲调后的婴儿配方奶粉与成熟母乳胆固醇含量基本接近。

4.4 展望

母乳脂质组学作为一门新兴学科还面临诸多挑战，包括母乳中脂质的定性与定量方法学研究、体内代谢过程、功能特性、生物学意义以及影响因素等。

（1）脂质组学研究方法学　尽管这方面的研究已有很多报道，但是关于母乳中各脂质组分的测定方法尚无统一可靠 / 公认的方法，包括样本制备方法、测试方法和条件，而且不同的研究使用不同的脂质制备和测定方法得到的结果也有很大差异，故也导致对结果解释的不同。

（2）高通量多组分微量方法学研究　由于获取代表性母乳样本的取样困难，需要进一步提高母乳脂质组学研究方法的检测限、灵敏度和准确度，以及降低取样量。

（3）母乳不同脂质对喂养儿代谢及功能的影响　母乳不同脂质在喂养儿体内

代谢途径及功能作用的研究甚少，这方面的工作还有待开展。如短链和中链脂肪酸对婴儿供能及健康的意义，ARA和DHA对神经系统发育及生长发育的影响，不同结构甘油三酯如OPO、OPL、LPL吸收及功能的差异，不同磷脂和胆固醇对生长发育的影响等。

（4）乳脂质生物学意义解读　脂质组学技术是对乳脂质测定的飞跃，可以同时测定出原来难以分辨的脂质构型，这些脂质对乳母反映什么生物学意义，是否反映乳母的健康状态、膳食组成、基因表型特点、民族遗传差异，是否预示母乳喂养对喂养儿发育、基因表型、肠道健康等作用重大，都值得深入探索。

（5）乳母膳食与母乳脂质组分的关系　母乳不同脂质与乳母膳食密切相关，乳母膳食如何通过影响母乳脂质进而影响喂养儿生长发育还有待于深入研究。

通过开展上述研究，将有助于我们更好地探索母乳中脂质组成、含量和比例等对喂养儿神经系统的成熟、学习认知功能、生长发育及健康的影响，同时也更有助于优化婴儿配方奶粉的组方，促进人工喂养儿的健康成长。

（邓泽元，李静）

参考文献

[1] Marín M C, Sanjurjo A, Rodrigo M A, et al. Long-chain polyunsaturated fatty acids in breast milk in La Plata, Argentina: Relationship with maternal nutritional status. Prostaglandins Leukot Essent Fatty Acids, 2005, 73(5): 355-360.

[2] Han X L, Gross R W. Global analyses of cellular lipidomes directly from crude extracts of biological samples by ESI mass spectrometry: a bridge to lipidomics. The J Lipid Res, 2003, 44(6): 1071-1079.

[3] Wenk M R. The emerging field of lipidomics. Nat Rev Drug Discov, 2005, 4(7): 594-610.

[4] 何扬波. 不同泌乳期中国汉族母乳磷脂组学及脂肪酸分析. 哈尔滨：东北农业大学，2016.

[5] 蔡潭溪，刘平生，杨福全，等. 脂质组学研究进展. 生物化学与生物物理进展，2010, 37(2): 121-128.

[6] Folch J, Lees M, Stanley G H S. A simple method for the isolation and purification of total lipids from animal tissue. J Biol Chem, 1957, 226(1): 497-509.

[7] Bligh E G, Dyer W J. A rapid method of total lipid extraction and purification. Can J Biochem Physiol, 1959, 37(8): 911-917.

[8] Hara A, Radin N S. Lipid extraction of tissues with a lowtoxicity solvent. Anal Biochem, 1978, 90(1): 420-426.

[9] Lofgren L, Stahlman M, Forsberg G B, et al. The Bume method: a novel automated chloroform-free 96-well total lipid extraction method for blood plasma. J Lipid Res, 2012, 53(8): 1690-1700.

[10] Chen S, Hoene M, Li J, et al. Simultaneous extraction of metabolome and lipidome with methyl tert-butyl ether from a single small tissue sample for ultra-high performance liquid chromatography/mass spectrometry. J Chromatogr A, 2013, 1298(13): 9-16.

[11] Jia Z X, Zhang J L, Shen C P, et al. Profile and quantification of human stratum corneum ceramides by normal-phase liquid chromatography coupled with dynamic multiple reaction monitoring of mass spectrometry: development of targeted lipidomic. Anal Bioanal Chem, 2016, 408(24): 6623-6636.

[12] Gregory K E, Bird S S, Gross V S, et al. Method development for fecal lipidomics profiling. Anal Chem, 2013, 85(2): 1114-1123.

[13] Orozco-Solano M, Ruiz-Jiménez J, Castro L D. Ultrasoundassisted extraction and derivatization of sterols and fatty alcohols from olive leaves and drupes prior to determination by gas chromatography-tandem mass spectrometry. J Chromatogr A, 2010, 1217(8): 1227-1235.

[14] Liu S L, Dong X Y, Wei F, et al. Ultrasonic pretreatment in lipase-catalyzed synthesis of structured lipids with high 1,3-dioleoyl-2-palmitoylglycerol content. Ultrason Sonochem, 2015, 23(23): 10010-10018.

[15] 刘坤 . 湿基南极磷虾中磷虾油的超临界 CO_2 萃取工艺研究 . 青岛：中国海洋大学，2014.

[16] 边娟 . TiO_2/SiO_2 复合固相萃取填料的研究及其在血清磷脂组学中的应用 . 上海：上海交通大学，2014.

[17] Wei F, Zhao Q, Lu X, et al. Rapid magnetic solid-phase extraction based on monodisperse magnetic single-crystal ferrite nanoparticles for the determination of free fatty acid content in edible oils. J Agric Food Chem, 2013, 61(1): 76-83.

[18] 吴琳，刘四磊，魏芳，等 . Florisil 固相萃取法联用气相色谱测定油脂中 sn-2 位脂肪酸 . 中国油料作物学报，2015, 37(2): 227-233.

[19] Pérez-Palacios T, Jorge Ruiz J, Teresa Antequera T. Improvement of a solid phase extraction method for separation of animal muscle phospholipid classes. Food Chem, 2007, 102(3): 875-879.

[20] Wang X, Fang W F, Xu J, et al. Profiling and relative quantification of phosphatidylethanolamine based on acetone stable isotope derivatization. Anal Chim Acta, 2016, 902: 142-153.

[21] Pucci V, Palma S D, Alfieri A, et al. A novel strategy for reducing phospholipids-based matrix effect in LC-ESI-MS bioanalysis by means of HybridSP E. J Pharm Biomed Anal, 2009, 50(5): 867-871.

[22] Jia Z X, Li S, Cong P, et al. High throughput analysis of cerebrosides from the sea cucumber pearsonothria graeffei by liquid chromatography-quadrupole-time-of-flight mass spectrometry. J Oleo Sci, 2015, 64(1): 51-60.

[23] Cífková E, Holcapek M, Lísa M. Nontargeted lipidomic characterization of porcine organs using hydrophilic interaction liquid chromatography and off-Line two-dimensional liquid chromatography-electrospray ionization mass spectrometry. Lipids, 2013, 48(9): 915-928.

[24] Wang C, Palavicini J P, Miao W, et al. Comprehensive and quantitative analysis of polyphosphoinositide species by shotgun lipidomics revealed their alterations in db/db mouse brain. Anal Chem, 2016, 88(24): 12137-12144.

[25] Liu M, Wei F, Guo P, et al. Free fatty acids profiling in cold-pressed rapeseed oil pretreated by microwave. Oil Crop Scientific, 2017, 2(2): 71-83.

[26] Jackson S N, Kathrine B, Ludovic M, et al. Imaging of lipids in rat heart by MALDIMS with silver nanoparticles. Anal Bioanal Chem, 2014, 406(5): 1377-1386.

[27] 刘亚东，宋秋，支潇，等 . 马奶和成熟母乳甘油三酯中脂肪酸组成及分布 . 食品工业科技，2012, 33(18): 171-173.

[28] Michaeljubeli R, Bleton J, Baillet-Guffroy A, et al. High-temperature gas chromatography-mass spectrometry for skin surface lipids profiling. J Lipid Res, 2011, 52(1): 143-151.

[29] Giera M, Ioan-Facsinay A, Toes R, et al. Lipid and lipid mediator profiling of human synovial fluid in rheumatoid arthritis patients by means of LC-MS/M S. Biochim Biophys Acta, 2012, 182(11): 1415-1424.

[30] Mangos T J, Jones K C, Foglia T A. Normal-phase high performance liquid chromatographic separation and characterization of short- and long-chain triacylglycerols. Chromatographia, 1999, 49(7-8): 363-368.

[31] Buchgraber M, Ulberth F, Emons H,et al. Triacylglycerol profiling by using chromatographic techniques. Eur J Lipid Sci Technol, 2004, 106(9): 621-648.

[32] Christinat N, Morin-Rivron D, Masoodi M. A high-throughput quantitative lipidomics analysis of non-esterified fatty acids in human plasma. J Proteome Res, 2016, 15(7): 2228-2235.

[33] 李瑞萍，袁琴，黄应平 . 硅胶色谱柱的亲水作用保留机理及其影响因素 . 色谱，2014, 32(7): 675-681.
[34] Zhu C, Dane A, Spijksma G, et al. An efficient hydrophilic interaction liquid chromatography separation of 7 phospholipid classes based on a diol column. J Chromatogr A, 2012, 1220(1): 26-34.
[35] Cajka T, Fiehn O. Comprehensive analysis of lipids in biological systems by liquid chromatography-mass spectrometry. Trends Analyt Chem, 2014, 61: 192-206.
[36] Sommer U, Herscovitz H, Welty F K, et al. LC-MS-based method for the qualitative and quantitative analysis of complex lipid mixtures. J Lipid Res, 2006, 47(4): 804-814.
[37] Hu J, Wei F, Dong X Y, et al. Characterization and quantification of triacylglycerols in peanut oil by off-line comprehensive two-dimensional liquid chromatography coupled with atmospheric pressure chemical ionization mass spectrometry. J Sep Sci, 2013, 36(2): 288-300.
[38] 魏芳，胡娜，董绪燕，等 . inventor 一种食用油中甘油三酯的单柱二维液相色谱 - 质谱分析方法及其应用 . CN103743851A[P], 2014.
[39] Jensen R G. Lipids in human milk. Lipids, 1999, 34(12): 1243-1271.
[40] 张振 . GC-MS 研究不同泌乳期中国母乳脂肪酸组成 . 哈尔滨：东北农业大学，2014.
[41] 方景泉，迟涛，王菁华，等 . 食品中脂肪酸分析方法的研究进展 . 中国乳品工业，2018, 46(09): 38-43.
[42] Ehrenkranz R A, Ackeman B A, Nelli C M. Total lipid content and fatty acid composition of preterm human milk. J Pediatr Gastroenterol Nutr, 1984, 3(5): 755-758.
[43] Bitman J, Wood D L, Hamosh M, et al. Comparison of the lipid composition of breast milk from mothers of term and preterm infants. Am J Clin Nutr, 1983, 38(2): 300-312.
[44] Luukkainen P, Salo M K, Nikkari T. Changes in the fatty acid composition of preterm and term human milk from l week to 6 months of lactation. J Pediatr Gastroenterol Nutr, 1994, 18(3): 355-360.
[45] Kneebone G M, Kneebone R, Gibson R A. Fatty acid composition of breast milk from three racial groups from Penang, Malaysia. Am J Clin Nutr, 1985, 41(4): 765-769.
[46] 杨帆，吴娟，郑颖 . 母乳、牛乳和配方奶粉中脂肪酸组成随泌乳期及婴幼儿不同阶段的变化 . 卫生研究，2017, 46(4): 579-584.
[47] 张妞，范亚苇，于化泓，等 . Ag^+-SPE/GC 测定食物中 trans16:1, trans18:1, trans18:2 和共轭亚油酸的含量 . 中国食品学报，2020, 20(9): 286-295.
[48] Li J, Fan Y, Zhang Z, et al. Evaluating the trans fatty acid, CL A, PUFA and erucic acid diversity in human milk from five regions in China. Lipids, 2009, 44(3): 257-271.
[49] Breckenridge W C, Kuksis A. Breckenridge W C, et al. Molecular weight distributions of milk fat triglycerides from seven species. J Lipid Res, 1967, 8(5): 473-478.
[50] Pons S M, Bargalló A C, Folgoso C C, et al. Triacylglycerol composition in colostrum, transitional and mature human milk. Eur J Clin Nutr, 2000, 54(12): 878-882.
[51] Nagai T, Gotoh N, Mizobe H, et al. Rapid separation of triacylglycerol positional isomers binding two saturated Fatty acids using octacocyl silylation column. J Oleo Sci, 2011, 60(7): 345-350.
[52] Haddad I, Mozzon M, Strabbioli R, et al. A comparative study of the composition of triacylglycerol molecular species in equine and human milks. Dairy Science & Technology, 2012, 92(1): 37-56.
[53] Zou X, Huang J, Jin Q, et al. Lipase-catalyzed synthesis of human milk fat substitutes from palm stearin in a continuous packed bed reactor. J Am Oil Chem Soc, 2012, 89(8): 1463-1472.
[54] 涂安琪 . 甘油酯成分测定在食用油真伪鉴别及乳品分析中的应用 . 北京：北京化工大学，2016.
[55] 夏袁 . 母乳脂化学组成及其影响因素的研究 . 无锡：江南大学，2015.
[56] Chiofalo B, Dugo P, Bonaccorsi I L, et al. Comparison of major lipid components in human and donkey milk: new perspectives for a hypoallergenic diet in humans. Immunopharmacol Immunotoxicol, 2011,

33(4): 633-644.

[57] Kim K M, Park T S, Shim S M. Optimization and validation of HRLC-MS method to identify and quantify triacylglycerol molecular species in human milk. Anal Methods, 2015, 7(10): 4362-4370.

[58] 涂安琪，杜振霞．超临界流体色谱-四极杆飞行时间质谱快速分析牛奶与羊奶中的甘油三酯组分．质谱学报，2017, 38(02): 217-226.

[59] Blasi F, Montesano D, de Angelis M, et al. Results of stereospecific analysis of triacylglycerol fraction from donkey, cow, ewe, goat and buffalo milk. J Food Compost Anal, 2007, 21(1): 1-7.

[60] Ruiz-Sala P, Hierro M T G, Martínez-Castro I, et al. Triglyceride composition of ewe, cow, and goat milk fat. J Am Oil Chem Soc, 1996, 73(3): 283-293.

[61] 高希西．乳脂肪甘油三酯分析及黄油分馏物组成与物化特性研究．沈阳：沈阳农业大学，2016.

[62] Huang T C, Kuksis A. A comparative study of the lipids of globule membrane and fat core and of the milk serum of cow. Lipids, 1967, 2(6): 453-460.

[63] Patton S, Keenan T W. The relationship of milk phospholipids to membranes of the secretory cell. Lipids, 1971, 6(1): 58-61.

[64] Francesca G, Cristina C H, Brigitte F, et al. Quantification of phospholipids classes in human milk. Lipids, 2013, 48(10): 1051-1058.

[65] Grzegorz K, Micek P, Czestaw W. A new liquid chromatography method with charge aerosol detector (CAD) for the determination of phospholipid classes. Application to milk phospholipids. Talanta, 2013, 105: 28-33.

[66] Paola D, Francesco C, Filomena C, et al. Determination of phospholipids in milk samples by means of hydrophilic interaction liquid chromatography coupled to evaporative light scattering and mass spectrometry detection. J Chromatogr A, 2011, 1218(37): 6476-6482.

[67] Liu Z, Moate P, Cocks B, et al. Comprehensive polar lipid identification and quantification in milk by liquid chromatography-mass spectrometry. J Chromatogr B Analyt Technol Biomed Life Sci, 2015, 978-979: 95-102.

[68] Nina B, Claudia S, Nana B, et al. Structural profiling and quantification of sphingomyelin in human breast milk by HPLC-MS/M S. J Agric Food Chem, 2011, 59(11): 6018-6024.

[69] 曹雪，任皓威，王筱迪，等．基于 UPLC-Triple-TOF-MS/MS 对巴氏杀菌乳中磷脂成分的分析．食品科学，2019, 4: 181-189.

[70] Hundrieser K, Clark R K. A method for separation and quantification of phospholipid classes in human milk. J Dairy Sci, 1988, 71(1): 61-67.

[71] Harzer G, Haug M, Dieterich I, et al. Changing patterns of human milk lipids in the course of the lactation and during the day. Am J Clin Nutr, 1983, 37(4): 612-621.

[72] 卓成飞，胡盛本，邓泽元．液态乳中胆固醇、7-脱氢胆固醇及 25-羟基胆固醇的同步测定方法．中国食品学报，2019, 19(4): 226-234.

[73] 曹宇彤．不同泌乳期中国汉族母乳类固醇组学分析．哈尔滨：东北农业大学，2016.

[74] Boersma E R, Offringa P J, Muskiet F A J, et al. Vitamin E, lipid fractions, and fatty acid composition of colostrum, transitional milk, and mature milk: an international comparative study. Am J Clin Nutr, 1991, 53(5): 1197-1204.

[75] Clark R M, Ferris A M, Fey M, et al. Changes in the lipids of human milk from 2 to 16 weeks postpartum. J Pediatr Gastroenterol Nutr, 1982, 1(3): 311-315.

第 5 章

母乳糖组学

糖类成分与蛋白质、脂类和核酸一样，是细胞的重要组成成分，不但是细胞的主要能量来源，而且在细胞的生物合成和细胞生命活动的调控中扮演重要角色。20 世纪末，伴随基因组学和蛋白质组学研究取得突破性进展，糖组学（glycomics）研究逐渐成为生命科学中又一新的前沿课题。

聚糖、DNA、蛋白质和脂质是细胞的四个主要成分。聚糖是最丰富多样的天然生物聚合物，通常由在细胞分泌途径（内质网和高尔基体）内新生蛋白质和脂质中添加的糖类组成。由于糖单体结构和糖之间结合的变化程度很大以及聚糖附着位点的变化，糖组复杂性超过蛋白质组几个数量级，包含庞大生物信息[1]，因此糖组学研究已成为继核酸、蛋白质之后探索生命奥秘的第三个里程碑。

5.1 概述

糖类成分根据分子大小可分为单糖、寡糖、多糖，大分子糖链可单独存在，但是在生物体内主要以糖缀合物的形式存在，如糖蛋白、蛋白聚糖和糖脂。最新出现的糖生物学、糖技术和糖组学已经阐明了碳水化合物在生物识别系统中的重要作用。例如，以糖复合物（糖脂、糖蛋白和蛋白聚糖）形式存在于细胞表面的碳水化合物在细胞通信、细胞增殖和分化、肿瘤转移、炎症反应或病毒感染中发挥关键作用。特别是作为细胞表面碳水化合物链末端残基存在的岩藻糖基化低聚糖和唾液酸参与了信号识别以及对配体、抗体、酶和微生物的附着。岩藻糖基化和唾液酸化的母乳寡糖（human milk oliogaccharides, HMOs）对婴儿肠道具有重要的益生和免疫调节作用，而且由岩藻糖基转移酶催化的高核心岩藻糖基化是母乳糖蛋白的基本特征[2]。

5.1.1 聚糖的概念

聚糖（glycans）或碳水化合物糖链是糖（寡糖和多糖）的共价组装体，以游离形式或与蛋白质或脂质以共价复合物的形式存在，在不同生物体以及不同组织、器官和细胞中显示出多种多样的聚糖结构。母乳富含聚糖，主要是乳糖和寡糖，分别占母乳的 6.8% 和 1%[3]。母乳中聚糖的其他来源包括单糖、黏蛋白、糖胺聚糖、糖蛋白、糖肽和糖脂。最初将含 2 ～ 10 个糖苷键聚合而成的化合物称为低聚糖。现在可以通过其特定的结构特征给予更恰当的定义，包括还原端的乳糖、*N*-乙酰基氨基葡萄糖胺和半乳糖交替的骨架，*N*-乙酰基氨基葡萄糖胺 β-1,6-半乳糖键的散在分支以及经常由岩藻糖、唾液酸或两者进行的末端修饰。根据是否存在唾液酸可以区别 HMOs 的两个主要家族，酸性 HMOs 含有唾液酸，而中性 HMOs 则没有[4]。

5.1.2 聚糖的作用

蛋白质-糖类是基因信息传递的延续和放大。人们已经认同聚糖是继核酸和蛋白质之后的第三类生物信息分子，也被认为是“DNA-mRNA-蛋白质”信息流的延续。因为丰富多样的聚糖存在于一切生命体的所有细胞中，与各种生命现象密切相关；基于存在价键连接及分支的异构体，使聚糖具有潜在的结构多样性，其复杂程度远高于核酸或蛋白质，而且充分的结构多样性是任何信息分子所必需的，可使细胞表面的聚糖发挥靶密码的功能，用于辨别进出细胞的信息和物质；聚糖具有重要的生物功能，如在细胞内可修饰蛋白质和脂类的结构，调控它们的功能；在细胞外环境参与免疫应答和免疫识别、感染和某些疾病等过程中的细胞识别，在细胞通信等生物过程中发挥核心作用[5]。聚糖也是母乳中存在的一类生物活性分子。聚糖在母乳中非常丰富，以游离HMOs或与蛋白质或脂质结合（约70%的母乳蛋白被糖基化）的形式存在，保护新生儿防止致病菌侵袭、促进婴儿肠道良好微生态环境的发育，调节肠道免疫系统发育等[6,7]。HMOs具有显著的结构多样性和复杂性，在母乳池中已确定了数百种低聚糖的结构[8]。

5.1.3 聚糖的多样化

聚糖的特点表现在聚糖合成没有模板指导，聚糖广泛分布在细胞中。细胞中组成聚糖的常见单糖包括甘露糖、唾液酸、半乳糖和*N*-乙酰葡萄糖胺等十几种，就是这些为数不多的单糖组分，在多种酶作用下，由不同的单糖数、分支结构以及糖苷键组成天文数字般的糖链结构，如同一个数据库，包含庞大的生物信息[1]。目前大多数研究的聚糖是从蛋白质分离出来的。聚糖包括糖蛋白、糖脂、蛋白聚糖中糖的部分。

① 糖基化是蛋白质和脂质的常见修饰，涉及非模版化的动态变化，且过程复杂[9]。糖蛋白通常有*N*-糖基化、*O*-糖基化、*C*-甘露糖糖基化和磷脂酰肌醇锚蛋白4种类型。动物糖蛋白的糖基化主要发生在肽链上的天冬酰胺、丝氨酸、苏氨酸、羟赖氨酸、羟脯氨酸的残基上。糖蛋白的糖链可以是直链或支链，糖基数目一般1～15个。生物体内糖链的结构模式有一定规律性，其中*N*-糖基化有三甘露糖核心结构，根据其他糖与之连接情况可分为高甘露糖型、复杂型和混合型三类。

② 糖脂则是通过糖的还原末端以糖苷键与脂类连接起来的化合物，通常包括4类，分别为分子中含有鞘氨醇或甘油酯的鞘糖脂、由磷酸多萜醇或类固醇衍生的糖脂。

③ 蛋白聚糖是以糖胺聚糖为主通过共价键与若干肽链连接的化合物。

5.1.4 糖缀合物的概念

细胞中的糖链多是糖缀合物（glycoconjugates，也称糖复合物）。这些复合物在细胞生命活动中具有重要生物学功能，而糖链则是它们发挥功能作用的关键分子。三大类分子（称为糖复合物）含有糖链（sugar chains）：糖蛋白、糖脂和蛋白聚糖。

① 糖蛋白是含有一种或多种共价结合糖的蛋白。

② 糖脂是含有一种或多种共价结合糖的脂质。

③ 蛋白聚糖是与特定蛋白质连接的糖胺聚糖的复合物。

糖胺聚糖是由重复二糖单元组成的聚合物，它们以前被称为黏多糖，包括硫酸软骨素、硫酸皮肤素、肝素、硫酸乙酰肝素、透明质酸和硫酸角质素。

5.1.5 糖组的概念

糖组是生物体或细胞中全部糖类的总和。糖组（glycome）研究是为了解一个生物体、一个器官或特定组织、某个细胞或细胞器在某一时期、某一空间环境或某一特定条件下所具有的整套糖链（聚糖），人体的糖组可分为糖蛋白糖组、蛋白聚糖糖组和糖脂糖组[10]；如果研究各组分的结构和功能，则分别称为结构糖组和功能糖组。糖链具有比核酸和肽链更大的潜在信息编码容量，6 种不同的氨基酸理论上可以形成 105 种不同的结构，而 6 种不同的单糖则可形成 1012 种不同结构。因此需要研究什么情况下会产生这样一套糖组，生物体是怎样产生这样一套糖组的，这套糖组有什么功能，这些功能又是怎样得以完成的。糖组学研究内容正是为了回答这些问题。

糖组描述了由碳水化合物链或聚糖组成的糖的完整库，这些糖链或聚糖以共价键与脂质或蛋白质分子连接。糖复合物是通过糖基化过程形成的，它们的聚糖序列、它们之间的连接及其长度可以不同。糖复合物的合成是一个动态过程，取决于酶、糖前体和细胞器结构的局部环境以及所涉及的细胞类型和细胞信号。与基因组和蛋白质组相比，糖组具有以下特点和重要性：

① 所有机体的所有细胞都被丰富的糖链所覆盖，这种构成反映了细胞不同的种类和状态；

② 自然界糖的种类较多，但是寡糖的组成糖种类仅有十几种，常见的只有葡萄糖（Glu）、乙酰葡萄糖胺（GlcNAc）、甘露糖（Man）、半乳糖（Gal）、乙酰半乳糖胺（GalNAc）、木糖（Xyl）、阿拉伯糖（Ara）等；

③ 聚糖如此高的复杂性取决于多变的键连接方式和分支方式，这些特点是其他的大生物分子所没有的。

5.1.6 糖组学的概念

糖组代表生物体 / 组织 / 细胞 / 蛋白质的完整糖谱，而糖组学则是要系统研究糖组，包括聚糖组（糖蛋白组、蛋白聚糖组和糖脂组）的分离与纯化、糖链组（糖蛋白糖链组、蛋白聚糖糖链组和糖脂糖链组）的分离、糖链的结构解析和定量以及糖链性质和功能。目前多数糖组学研究主要针对糖蛋白，涉及单个个体的全部糖蛋白结构分析，确定编码糖蛋白的基因和蛋白质糖基化的机制。糖组学需要解决基因信息，什么样的基因编码糖蛋白；糖基化的位点信息，可能糖基化的位点中实际被糖基化的位点；聚糖结构信息；功能信息，糖基化的功能等。以回答某个生物体的某种情况下为什么会产生这样一套糖组，在这种情况下生物体是怎样产生这样一套糖组的，这套糖组具有什么功能，而这种功能是怎样得以完成的。

糖组学是对生物体或细胞内糖链组成及其功能研究的一门新兴学科，研究糖链的表达、调控和生物学功能，也是基因组学的延伸，主要研究对象为聚糖，致力于定义聚糖在生物系统中的结构和功能。糖组惊人的复杂性（最低限度定义为在细胞或生物体中表达的聚糖库）使我们面临了许多挑战。质谱分析的进展以及遗传和细胞生物学研究的扩展正在试图解决这些问题。

糖组和糖组学是两个不同的概念。糖组是一个生物体在某种情况下所具有的全部糖的种类，而糖组学是对糖组（简单的糖类和聚糖）的综合分析、聚糖与蛋白质和脂质间的相互作用及功能的全面研究。糖组学与基因组学、转录组学、蛋白质组学以及微生物组学等同时出现，且密不可分。糖组学也可以看作是基因组学和蛋白质组学的延续（从基因型到表型）。

5.1.7 母乳糖组学的概念

母乳糖组学系研究母乳中糖链组成及其功能的一门新兴学科，包括乳腺内的表达、泌乳量和母乳成分分泌量的调控以及其生物学功能。研究的内容包括糖与糖之间、糖与蛋白质之间、糖与脂类之间、糖与核酸之间的联系和相互作用等。目前研究最多的是 HMOs。HMOs 是婴儿健康成长的重要营养来源。母乳中的寡聚糖有 200 多种，可定量分析的有 30 多种。HMOs 也可以与脂质或蛋白质结合的形式存在。与母乳中蛋白质结合的 *N*-和 *O*-链聚糖可以代表复杂碳水化合物的部分。母乳蛋白质上的糖链按连接方式可分成 3 种：

N-糖基化、*O*-糖基化和糖基磷脂酰肌醇（glycosylphosphatidylinositol, GPI）锚。根据与糖链的连接方式不同，蛋白质主要有 *N*-连接和 *O*-连接两种糖基化形式。*N*-糖基化常以 β-*N*-GlcNAc-Asn 为连接起点，与肽链的氨基酸序列有关，这种序列被称为天冬酰胺顺序子；Asn-X-Ser 或 Asn-X-Thr，X 代表除脯氨酸以外的氨基酸。*N*-糖基化是指糖链与肽链上天冬氨酸残基共价连接，形成一种糖基化修饰类型，其与蛋白质的合成密切相关。体液中的蛋白质多发生 *N*-糖基化修饰。*O*-糖基化存在

多种形式，但是都由一种或几种单糖与含羟基的氨基酸相连接，没有共同的核心结构，但是在 *O*-GalNAc 连接糖链中存在 4 种核心结构，即 Galβ3（GlcNAcβ6）GalNAcαSer/Thr（核心 1）、Galβ3GalNAcαSer/Thr（核心 2）、GlcNAcβ3 GalNAcαSer/Thr（核心 3）、GlcNAcβ6（β3）αSer/Thr（核心 4）。*O*-糖基化的组成比 *N*-糖链更为多变，主要存在于黏液蛋白、免疫球蛋白的分子上。

母乳糖链结构信息包括糖链的单糖组成、构型、糖苷键的连接位置和糖残基的序列分析等内容；糖蛋白糖链的结构分析包括糖蛋白的提取分离、糖链释放和糖链结构鉴定等多个步骤。

5.1.8 糖组学与其他组学的协同分析

仅研究糖组并不能了解糖组各组分如何产生以及它们的生物学意义，因此进行糖组学研究时，还需要考虑糖链产生和糖链作用的对象，即考虑同一生物体（细胞）中糖酶（糖基化转移酶、糖苷酶和磺基转移酶）和糖结合蛋白及与其相关基因在不同情况下的表达与调控，需要将糖组学研究与有关基因组学和蛋白质组学的研究内容结合起来。糖组学研究内容涉及解析糖蛋白和糖脂上的糖组，了解哪些糖类基因（糖基化转移酶、糖苷酶和磺基转移酶基因）编码糖链和糖类基因，如何调控糖链的合成以及糖基化通路，鉴定蛋白质在糖基化位点及每个位点上的糖链结构，研究与这些糖链相互作用的聚糖结合蛋白，分析糖类基因、糖蛋白糖链和与糖结合蛋白相互作用的关联性，以及建立和完善糖组学生物信息数据库。

5.2 母乳糖蛋白及其在疾病预防中的作用

超过 70% 的母乳中蛋白是被糖基化的。母乳糖蛋白是母乳的主要成分，而且这些糖蛋白的大小、结构和丰度各不相同。母乳糖蛋白可以从脱脂乳（由 60% 清蛋白和 40% 酪蛋白组成）和 MFGM 中检测到。乳清部分的糖蛋白（占总母乳蛋白百分数）包括 α-乳清蛋白（约 17%）、乳铁蛋白（约 17%）、sIgA（约 11%）、血清白蛋白（约 6%）、溶菌酶（约 5%）以及其他免疫球蛋白，如 IgG（＜ 1.0%）和 IgM（＜ 1.0%）。κ-酪蛋白是酪蛋白的主要糖基化形式，约占总酪蛋白的 25% 和总蛋白的 9%。母乳 MFGM 中蛋白质占总蛋白质的比例小于 5%[11]。至少部分归因于它们聚糖部分具有抗病作用的母乳糖蛋白，包括 sIgA、κ-酪蛋白、乳铁蛋白和来自 MFGM 的蛋白。

5.2.1 分泌型免疫球蛋白 A 的概念与作用

分泌型免疫球蛋白 A（sIgA）是母乳中的主要抗体部分，其作用是通过中和细菌、病毒和毒素，在保护人体许多脆弱上皮细胞中发挥重要作用。除了免疫特性，母乳 sIgA 通过修饰 sIgA 蛋白骨架的聚糖部分，为母乳喂养婴儿呈现抗病原活性的第二种形式。在 sIgA 上有两个已知的 *N*-糖基化位点在 Asn-263 和 Asn-459，这些位点携带大量带有末端 *N*-乙酰基神经氨酸（唾液酸；Neu5Ac）的复杂聚糖。*N*-乙酰氨基葡萄糖（GlcNAc）和甘露糖（Man）残基已知会形成病原体的潜在结合表位 [12]。

大量体外研究结果显示，多种 sIgA 聚糖能与可能威胁新生儿健康的病原体结合。来自人初乳的 sIgA 与大肠杆菌最常见的黏附细胞器（即 I 型菌毛）的甘露糖特异性凝集素结合，从而阻止了大肠杆菌对 HT-29（人类结肠上皮癌）细胞的附着。人初乳 sIgA 还可抑制胃病原体幽门螺杆菌与从人胃上皮组织分离的胃肠道黏膜细胞的结合。在这种情况下，sIgA 的抑制作用是基于细菌与免疫球蛋白上含岩藻糖聚糖表位的竞争性结合而产生的。采用酶法去除末端岩藻糖残基可降低 sIgA 对结合的抑制作用 [13]。相似地，sIgA 还可抑制艰难梭菌毒素 A（一种严重的抗生素相关性腹泻的病原）与仓鼠肠道刷状缘膜的结合，而 sIgA 的去糖基化则可降低它与毒素的结合能力 [14]。

上述体外结果显示，不同病原体用来与上皮细胞表面结合的聚糖表位具有多样性，这种现象可以被 sIgA 糖蛋白上同等范围的聚糖诱饵所抵消。然而，检查体内母乳 sIgA 的保护价值则要复杂得多。Cruz 等 [15] 的病例研究提供了一个案例，即母乳 sIgA 抗体在保护儿童免受大肠杆菌产生的热不稳定毒素影响方面的价值。感染了可产生毒素大肠杆菌的儿童，对于那些母乳中含有较高水平 sIgA 的婴儿无症状，而接受较低 sIgA 母乳的婴儿则患上肠胃炎。

5.2.2 乳铁蛋白的概念与作用

母乳乳铁蛋白是一种 80kDa 的糖蛋白，在两个主要的糖基化位点（Asn-138 和 Asn-479）上含有高度唾液酸化和岩藻糖基化的聚糖，而在 Asn-624 上也出现有限的糖基化。乳铁蛋白具有杀菌活性，部分归因于糖蛋白与铁结合的能力，这限制了微生物生长所必需微量元素铁的可利用性 [16]；母乳乳铁蛋白的聚糖部分在抑制病原体黏附方面也可能发挥作用。例如，已证明牛乳铁蛋白上的唾液酸残基可有效结合 Ca^{2+}，该离子似可以稳定细菌外膜上的 LPS，母乳铁蛋白的唾液酸部分非常可能以类似方式发挥作用 [17]；采用酶法去除乳铁蛋白末端的岩藻糖残基，导致鼠伤寒沙门氏菌黏附力显著增强，提示岩藻糖残基参与了乳铁蛋白对该特定细菌菌株的结合抑制。母乳糖蛋白及其在疾病预防中的作用（如抗菌、抗病毒）还可参见本书第 15 章。

Barboza 等 [18] 的工作揭示，在整个泌乳期乳铁蛋白的糖基化发生了巨大变化。初乳中的乳铁蛋白显示高水平的糖基化，此后哺乳的前两周总糖基化作用降低，相对应的是从初乳到成熟乳的转变。然而，在之后的整个哺乳期发生了岩藻糖基化的增加，对应于岩藻糖基转移酶基因的表达增加（通过 RNA 序列确定）。以前有人曾报道整个哺乳期母乳糖蛋白糖基化的变化 [19]。然而，对抗病体原活性的相应影响仍然是有待深入研究的领域。

5.2.3 κ-酪蛋白的概念与作用

尽管 β-酪蛋白是母乳中酪蛋白的最丰富形式（约占总酪蛋白的 75%），然而它不含已知的糖基化位点；而 κ-酪蛋白（约占总酪蛋白的 25%）在其分子 C 末端有七个 *O*-糖基化位点。κ-酪蛋白和 β-酪蛋白共同形成了胶束，含有儿童生长发育所必需的氨基酸和矿物质。然而，糖基化的 κ-酪蛋白可能是抗菌活性的主要贡献者。κ-酪蛋白一旦进入肠道就会被蛋白酶裂解，形成不溶性肽对 κ-酪蛋白和可溶性亲水性酪蛋白糖巨肽（glycomacropeptide，GMP）。

κ-酪蛋白预防婴儿肠道感染的保护性价值是多方面的。一方面，κ-酪蛋白，特别是酪蛋白糖巨肽可促进婴儿肠道中有益菌群的生长与定植，包括婴儿双歧杆菌和乳双歧杆菌，从而降低致病菌的定植；κ-酪蛋白可抑制病原体黏附到婴儿的肠道和呼吸道上皮细胞表面。例如，κ-酪蛋白可抑制氟异硫氰酸酯标记的幽门螺杆菌黏附到人胃黏膜，肺炎链球菌和流感嗜血杆菌黏附到人呼吸道上皮细胞，这种作用可能是通过模仿病原体结合位点的 κ-酪蛋白上 GlcNAc β3Gal 部分实现的。在 κ-酪蛋白存在情况下，还可以阻止口腔病原体变形链球菌与唾液包被的羟磷灰石的结合，这种相互作用依赖于母乳糖蛋白上存在的唾液酸残基 [20]。

5.2.4 乳脂肪球膜蛋白的概念与作用

母乳中许多 MFGM 蛋白是糖基化的形式，因此在膜的外表面存在多种多样的聚糖结合位点，可以充当病原体的诱饵并阻止其黏附到上皮细胞表面。可为病原体提供诱饵受体的人 MFGM 糖蛋白包括黏蛋白、胆汁刺激脂肪酶和乳黏附素。

5.2.4.1 黏蛋白

黏蛋白（mucins）是大分子量糖蛋白，其分子量为 200 ～ 2000kDa。黏蛋白是细胞外基质的主要成分，参与多种功能，包括保护上皮细胞免受病原体感染、调节细胞信号传导和转录等。黏蛋白保护人体许多上皮表面防止致病菌黏附，包括胃肠道和呼吸道[21]。

黏蛋白以两种形式存在，即分泌型黏蛋白和与膜结合的黏蛋白。MFGM 的黏蛋白则属于后一种形式，并且组成了膜结合区域，一个短的细胞质片段和高度广泛的 *O*-糖基化外部。它是一种 MFGM 黏蛋白的聚糖链，MFGM 黏蛋白的聚糖链被认为是诱饵，从口腔到最终消化道任何地方均可降低病原体附着到婴儿身体的上皮细胞。有证据表明，母乳喂养婴儿粪便中的黏蛋白可抵抗消化，这符合黏蛋白主要是去除病原体而非营养的重要功能。

在人 MFGM 中，已识别另外两种关键的黏蛋白，即黏蛋白 1（MUC1）和黏蛋白 4（MUC4），其中黏蛋白 1 是主要的，特别是其聚糖部分在病原体黏附中发挥的作用[22]。体外试验结果显示，来自人 MFGM 的 MUC1 和 MUC4 可抑制肠炎沙门氏菌鼠伤寒（SL1344）侵入人肠上皮细胞[23]。该研究中使用了两种上皮细胞系，一种源自人结肠直肠腺癌（Caco-2），另一种源自正常人胚胎小肠（FHs74 Int）。就形态、黏膜和酪氨酸激酶依赖的对母乳的反应而言，正常人胚胎小肠（FHs74 Int）细胞被认为比成年人癌症模型可以更好地代表不成熟的婴儿肠道。结果显示，细胞系之间几乎没有差异，MUC1 和 MUC4 在 150μg/mL（母乳中典型水平）浓度显著抑制 Caso-2 和 FHs74 Int 细胞的侵入，而且 MUC1 的抑制作用强于 MUC4。已有些试验证据支持母乳黏蛋白预防病毒性胃肠道感染的潜能。例如，唾液酸化母乳黏蛋白抑制轮状病毒在组织培养基中的复制，预防小鼠模型的轮状病毒胃肠炎；黏蛋白的去糖基化导致抗病毒活性丧失。含有分泌型和路易斯表征的黏蛋白也可阻断重组诺如病毒样颗粒与唾液的黏附[24]。

5.2.4.2 胆汁刺激脂肪酶

胆汁刺激脂肪酶（bile salt-stimulated lipase, BSSL）是母乳中发现的有助于脂肪消化的主要酶，由胰腺分泌的无活性酶，经肠道胆盐激活。新生儿和小婴儿仅分泌少量胰脂肪酶，因此母乳中 BSSL 有助于改善喂养儿的消化功能，直到消化系统发育成熟。母乳 BSSL 是一种高度糖基化的蛋白，具有类似黏蛋白 C 端区域含有 10 个潜在 *O*-连接糖基化位点，用含有岩藻糖、半乳糖、氨基葡萄糖、半乳糖胺和唾液酸的碳水化合物大量以 1∶3∶2∶1∶0.3 的摩尔比修饰[25]。已经证明 BSSL 的糖基化取决于母亲的血型表型和整个泌乳过程[26]。与哺乳后期相比，产后最初一个月的总糖基化更高，其中有大量的唾液酸残基。在整个泌乳期，包括路易斯 X 表位在内的岩藻糖基化结构的数目也增加。

母乳的许多潜在的抗病原特性也被归因于其中含有的 BSSL[27]。在一项早期研究中，发现了母乳中 BSSL 可杀死蓝氏贾第鞭毛虫。母乳 BSSL 可使贾第鞭毛虫滋养体肿胀和溶解。后来，具有分泌型血表型（具有功能性 *FUT2* 基因，可产生 α1-2 含 α-岩藻糖的聚糖）妇女的母乳中 BSSL 可抑制重组诺如病毒样颗粒黏附在唾液或合成的 H 型 1 寡糖上，表明连接有 α1-2 岩藻糖的残基可充当诱饵受体并阻止诺如病毒与胃肠道细胞的结合 [28]。还有人发现，BSSL 可抑制口腔病原体变形链球菌与唾液和唾液凝集素（gp340 糖蛋白）包被的羟基磷灰石结合 [29]。

5.2.4.3 乳黏附素

乳黏附素（lactadherin）是 MFGM 中与黏蛋白相关的唾液酸化糖蛋白，含 5 个 *N*-连接糖基化位点。乳黏附素为婴儿提供的抗病原特性主要与预防轮状病毒感染有关。Yolken 等 [30] 研究结果揭示，一种黏蛋白相关的 46kDa 糖蛋白（后来被称为乳黏附素）可抑制 MA-104 细胞（非洲绿猴肾）的轮状病毒感染，而且这种现象已在组织培养和小鼠试验中得到复制。化学水解唾液酸后，乳黏附素与轮状病毒的结合能力明显降低，提示唾液酸决定簇在相互作用中的作用。几年后，一项人类病例研究结果支持乳黏附素预防轮状病毒感染的作用 [31]。在 200 名来自墨西哥城的婴儿中，监测了轮状病毒感染发生率和相关症状，比较了母乳中乳黏附素含量。在受感染的婴儿中，那些用含有高含量乳黏附素母乳喂养的婴儿无症状，而用含有低含量乳黏附素母乳喂养的婴儿出现了严重腹泻 [32]。

5.3 母乳糖脂及其在疾病预防中的作用

母乳中的乳糖脂（milk glycolipids）主要是含唾液酸的糖鞘脂，被称为神经节苷脂，仅与 MFGM 有关。它们是由一个 18 碳鞘氨醇碱基和一个酰胺连接的酰基组成，形成一种聚糖附着的神经酰胺 [32]。该分子的神经酰胺部分是疏水的，嵌入 MFGM 的脂质双层中，而聚糖链暴露在外面。这种排列减少了构成上皮细胞膜部分病原体可以附着的糖脂。因此类似于母乳糖蛋白，MFGM 中的神经节苷脂是天然诱饵，可以防止病原体附着到婴儿的上皮细胞上，从而防止感染。母乳糖脂抑制病原体和 / 或其毒素黏附到人上皮细胞的试验，结果见表 5-1。

5.3.1 母乳中神经节苷脂含量与存在形式

人初乳和成熟乳均含有神经节苷脂，浓度［以脂质结合唾液酸（lipid bound sialic acid, LBSA）计］范围为（9.51±1.16）mg/L 到（9.07±1.15）mg/L [33]。人初

表 5-1　母乳糖脂抑制病原体和 / 或其毒素黏附到人上皮细胞的试验证据①

乳糖脂（结合表位）	作用靶向	实验证据	文献来源
GM1	ETEC	抑制与 Caco-2 细胞的结合，抑制率 80%	Idota 等 [36]
GM1	LT，霍乱弧菌霍乱毒素	抑制 LT 与 ELISA 板的结合，体外可降低霍乱毒素对兔肠袢的致腹泻作用	Laegreid 等 [37] Otnaess 等 [38]
GM1，GM2	VacA	Lyso-GM1 和 Lyso-GM2 中和 AZ-521 细胞的空泡活性	Wada 等 [39]
GM2	人 RSV	抑制 RSV 吸收进入细胞 HEp-2	Portelli 等 [40]
GM3	ETEC	抑制与 Caco-2 细胞的结合，抑制率 69%	Idota 等 [36]
GM1，GM2，GM3，Neu5Ac	空肠弯曲杆菌，单增李斯特菌，肠炎沙门氏菌，宋内志贺菌，幽门螺杆菌	抑制与 Caco-2 细胞的结合	Salcedo 等 [41]
GD3	ETEC	抑制与 Caco-2 细胞的结合，抑制率 16%	Idota 等 [36]
Gb3	痢疾志贺氏菌毒素	固相结合试验中与志贺毒素结合	Newburg 等 [42]
NeuAcα2-3Gal，NeuAcα2-6Gal	EV71	抑制 DLD-1 细胞的感染	Yang 等 [43]
硫酸化糖脂-硫化神经酰胺，硫化乳糖基	HIVgp120	在培养的人结肠和阴道上皮细胞中，抑制重组 HIV 表面糖蛋白 gp120 结合	Newburg 等 [42]

① 命名基于 Svennerholm，1963；改编自 Peterson 等 [44]，2013。

注：ETEC，产肠毒素大肠杆菌；Caco-2，人上皮结肠直肠腺癌；LT，大肠杆菌不耐热肠毒；VacA，幽门螺杆菌空泡毒素；RSV，呼吸道合胞病毒；AZ-521，人上皮性胃癌；HEp-2，人类上皮喉癌；DLD-1，人上皮直肠结肠腺癌；EV71，肠道病毒 71。

乳中主要神经节苷脂是 GD3（Neu5Acα2-8 Neu5Acα2-3 Galβ1-4 Glcβ1-1 神经酰胺，占总 LBSA 的 65%）[34]，而成熟乳中神经节苷脂主要是 GM3（Neu5Acα2-3 Galβ1-4 Glcβ1-1 神经酰胺），GM3 约占总神糖脂含量的 70%，GD3 约占 25%[35]。成熟母乳中含有少量糖脂成分，包括神经节苷脂 GM2［GalNAcβ1-4（Neu5Acα2-3）Galβ1-4Glcβ1-1 神经酰胺，约占 2%］和 GM1［Galβ1-3GalNAcβ1-4（Neu5Acα2-3）Galβ1-4Glcβ1-1 神经酰胺，约占 0.1%］，以及中性糖脂 Gb3（Galα1-4Galβ1-4 神经酰胺，约占 2%）。

5.3.2　母乳糖脂对胃肠道病原体黏附的影响

已有多项研究调查了母乳神经节苷脂对胃肠道病原体黏附的影响。GM1 可有效地抑制产肠毒素大肠杆菌对 Caco-2（人上皮结肠直肠腺癌）细胞的黏附（抑制率80%），其次是GM3（抑制率69%）和GD3（抑制率16%）[36,45]。GD3可抑制肠致病性大肠杆菌与Caco-2细胞的结合，然而值得注意的是，GD3末端的Neu5Ac α2-8Neu5Ac二糖也是S菌毛大肠杆菌优选结合的位点[46]。近来的一项研究结果显示，GM1、GM3、GD3和游离唾液酸（Neu5Ac）也能够抑制腹泻病原体空肠弯曲杆菌、幽门螺杆菌、单增李斯特菌、肠炎沙门氏菌血清型伤寒沙门氏菌和志贺氏菌黏附到Caco-2细胞[41]。特别是Neu5Ac显示了对这种结合的最大抑制作用，其次是GD3、GM1和GM3。

5.3.3 母乳糖脂对致病菌产生毒素的影响

母乳神经节苷脂还可以结合致病菌产生的毒素，从而防止在定植和腹泻病发生之前毒素诱导的细胞膜降解。例如，母乳GM1可抑制大肠杆菌热不稳定肠毒素与抗体包被的酶联免疫吸附测定板的体外结合，并且在兔肠的体内试验中可降低霍乱毒素的作用[37]。同样，中性母乳脂糖球蛋白神经酰胺（Gb3）可与痢疾志贺氏菌和肠出血性大肠杆菌的志贺毒素结合，这些毒素是威胁生命的溶血性尿毒症综合征的重要毒力因子[42]。在另一项研究中，多种牛神经节苷脂（GM1、GM2、GM3、GD1a、GD）可中和AZ-521细胞（人上皮胃癌）中幽门螺杆菌空泡毒素的活性[39]。使用Lyso-GM1和Lyso-GM2（不含脂肪酸链的神经节苷脂）也以剂量依赖性方式表现出中和毒素的作用，提示脂肪酸部分不是相互作用的重要因素，而是这些糖脂的寡糖类成分。由此预期，神经节苷脂的聚糖取代基的母乳当量对这些细菌具有类似的抑制作用。最近一项更详细的研究结果表明，志贺毒素是与糖脂结合。在天然系统中，糖脂并非孤立存在，而是有其他膜结合和游离因子（包括磷脂和胆固醇）的存在。

5.3.4 母乳糖脂对病毒活性的影响

母乳中的糖脂似也具有抑制病毒与细胞结合的活性。在细胞培养基中，GM2显示出抗人RSV病毒的活性。这种活性被认为是GM2与RSV结合的结果，该种方式可抑制病毒吸附到HEp-2（人类上皮喉癌）细胞，而不是由于GM2诱导的RSV脂质包膜的破坏。同样，具有Neu5Acα2-3Gal和Neu5Acα2-6Gal部分的唾液酸化母乳糖脂可预防DLD-1（人上皮结直肠腺癌）细胞的肠道病毒71（EV71）的感染[43]。肠病毒可引起婴儿手足口病，在许多亚洲国家常可引起致命性脑炎。与游离的HMOs和糖蛋白相比，关于母乳糖脂的抗病原特性方面的数据很少。可以预期，母乳中等价糖脂类的聚糖可能是有益的诱饵，可以有效地诱骗诱饵，以防止这些病原体黏附到人体的受体部位。需要注意的是，与母乳糖脂相比，非乳糖脂的鞘氨醇和脂肪酸部分的长度、羟基化程度和饱和度可能有所不同，反过来可能会影响所附着聚糖的表现。

5.4　母乳寡糖及其在疾病预防中的作用

母乳含有多种类型低聚糖和糖复合物。目前有关母乳的研究中一般可分成糖蛋白、糖脂和游离寡糖，并分别进行研究。功能上母乳糖组和游离寡糖的功能比较类似，迄今对HMO的研究最多。

母乳寡糖又称为HMO。母乳中HMO比例约8%，还含有约1%中性低聚糖和约0.1%酸性低聚糖，而牛乳中低聚糖含量甚微。HMO基本不能被婴儿肠黏膜消化，因此其糖的成分不能作为宏量营养素。HMO是一组在母乳中含量非常丰富，由超过150种不同寡糖组成的糖复合物，HMO具有极性高、缺少发色团、内容差异大、矩阵复杂、品种多、异构体多、结构复杂等特点。大部分研究聚焦在HMOs通过多种或者间接的方式调控婴儿肠道菌群，还有抗黏附抗菌剂、调节肠上皮细胞、免疫调节剂、白细胞功能和黏附的调节剂以及大脑发育营养素等作用。

5.4.1　母乳寡糖简介

长期以来，母乳喂养对新生儿的短期和长期健康具有深远的积极影响已达成共识，并被广泛接受。即使在最恶劣情况下，母亲自身的营养状况受到损害，母乳仍能为喂养儿提供对生长发育至关重要的所有维生素、营养成分和大分子。新生儿的宿主防御机制可分为非特异性（先天）或特异性（后天）[32]。非特异性机制无需事先接触微生物或其抗原的情况下即可有效。而HMO属于非特异性反应的一部分[47-49]，发挥免疫调节作用，包括HMO可抑制许多病毒和细菌病原体的生长和定植，抵御肠道病原微生物的感染、维持肠道微生态的平衡，同时还具有营养肠黏膜和调节免疫细胞之间的相互作用等重要功能[48,49]。HMO是一类复合糖，在母乳中含量很高（≥ 4g/L），可分为普通低聚糖和功能性低聚糖，HMO的组成与功能跟生理参数有关，包括哺乳母亲的分泌型和Lewis血型。

5.4.2　母乳糖组对共生菌的影响

分娩后不久，随着许多来自母乳的细菌在新生儿肠道中的定植，新生儿肠道微生物组开始发育。通过母乳喂养，可持续不断为喂养儿提供微生物。尽管已知有多种因素可不同程度影响新生儿和婴儿的肠道菌群[50]，然而母乳中HMOs仍被公认为是喂养儿肠道良好微生态环境建立的主要驱动力。母乳中HMOs仅约1%能被吸收进入循环系统，大部分到达远端肠道，在那里它们被共生细菌代谢。随着肠道氧气水平的降低，厌氧细菌，例如双歧杆菌和拟杆菌群逐渐建立。

HMOs被认为是能够丰富母乳喂养儿肠道菌群的特定生长因子。母乳喂养儿的肠道微生物菌群富含双歧杆菌和拟杆菌。已知某些拟杆菌通过黏蛋白利用途径消耗长链HMO，而许多双歧杆菌属细菌则消耗短链HMO[51]。从这一数据可以推断出长链HMO充当黏蛋白的模仿物，促进共生菌（如拟杆菌）的生长，它们可代谢这些分子。但是较短链的HMO在结构上与*O*-连接黏蛋白型聚糖和糖蛋白不同，这些分子可被某些特定种类双歧杆菌专门使用，它们不会代谢黏蛋白。总之，HMO既可选择能代谢HMO的双歧杆菌属细菌，又可选择可代谢黏蛋白的拟杆菌，HMOs促进共生细菌生长的相关内容汇总于表5-2。

表5-2 HMOs促进共生细菌的生长

共生菌	作用	参考文献
双歧杆菌，长双歧杆菌	母乳喂养儿粪便中发现的主要菌种	DiBartolomeo和Claud[52]
	其生长是通过利用HMOs作为唯一碳源	
	代谢母乳中发现的“小”的低聚糖	
短双歧杆菌，青春双歧杆菌	与成人肠道菌群相关的主要菌株	DiBartolomeo和Claud[52]
	在HMOs上无法有效生长	
脆弱拟杆菌，多形拟杆菌	在脆弱拟杆菌、多形拟杆菌存在情况下，HMOs可使黏蛋白降解途径上调	Marcobal等[53,54]
卵形芽孢杆菌，固醇芽孢杆菌	存在HMOs情况下，这两种菌没有显示生长	Marcobal等[53,54]
植物乳杆菌，嗜酸乳杆菌	不消化复杂的HMOs	Schwab和Ganzle[55]和Ganzle和Follador[56]
	代谢中性HMOs，如发酵乳糖、葡萄糖、*N*-乙酰氨基葡萄糖和岩藻糖	
罗伊氏乳杆菌，发酵乳杆菌，嗜热链球菌	不能代谢HMOs	Schwab和Ganzle[55]和Ganzle和Follador[56]

注：改编自Craft和Townsend[57]，2018。

5.4.3 HMOs介导的对致病菌的防御作用

与人工喂养方式相比，母乳喂养可降低喂养儿的腹泻、呼吸道感染、尿路感染、耳部感染、坏死性小肠结肠炎的发病率[58]。与这些研究结果相吻合的是，母乳喂养的新生儿肠道传染性致病菌定植也相对较低。母乳喂养的这些保护特性中许多可归因于母乳中存在的 HMOs 成分。例如 Li 等[59]的试验结果显示，补充 HMOs 可缩短轮状病毒感染的持续时间。轮状病毒是引起婴儿腹泻的主要原因之一。然而，大多数婴儿配方奶粉是基于牛乳，其所含有的低聚糖成分可忽略不计，而且牛乳低聚糖的结构不如 HMOs 复杂，缺乏多样化。因此使用婴儿配方奶粉喂养的婴儿无法获得母乳 HMOs 的保护作用。

广义上讲，HMOs 对喂养儿的保护作用可以分为两类。首先是由于共生细菌对 HMOs 的选择性代谢而产生的保护作用。由共生菌（如双歧杆菌）的选择性利用为这些菌种提供了与无法代谢 HMOs 病原体竞争上的优势。在 Miller 实验室的一项研究中，发现测试的 10 种肠杆菌科菌株不能在含有 HMOs 2′-岩藻糖基乳糖（2′-FL）、6-唾液酸乳糖（6′-SL）和乳酸-*N*-内四糖（LNnT）的培养基生长，其中包括数种大肠杆菌菌株和一种痢疾志贺氏菌。但是其中有些菌株能够在低聚半乳糖（GOS）以及单糖和双糖 HMOs 成分中生长[60]。由于这种选择性代谢结果，共生菌可以生长并战胜有害病原体；而且 HMOs 的代谢会产生短链脂肪酸（SCFA）。SCFA 又可降低肠道 pH 值，这进一步阻碍了许多病原菌的生长。

第二种保护机制则是与病原体更直接的相互作用，HMOs 通过充当病原体或诸如毒素的病原性毒力剂的可溶性诱饵受体发挥抗黏附抗菌剂作用。通过使 HMOs 与各种细胞表面聚糖受体相似，使病原体与 HMOs 结合而不是与细胞表面聚糖结合，从而阻止病原体与上皮细胞的结合，这通常是感染的第一步。这些结构上相似性使 HMOs 成为诸如病毒 HBGA 的天然诱饵[61]。Newburg 实验室对空肠弯曲杆菌也获得类似发现，其中 α1-2 岩藻糖基化的 HMOs 能够抑制对宿主的黏附[62]。针对多种细菌病原体 HMOs 提供的增强保护作用见表 5-3。

表 5-3　HMOs 促进对致病菌的抑制作用

细菌菌种	作用	HMOs	文献来源
鲍曼不动杆菌	抑制生长	汇总的 HMOs	Craft 和 Townsend[57]
空肠弯曲菌	抑制上皮细胞黏附	2′-FL	Yu 等[63]
	抑制炎症信号	其他 2-岩藻糖基化低聚糖	Ruiz-Palacios 等[62]
	降低弯曲杆菌引起的腹泻		Morrow 等[64]
白色念珠菌	抑制上皮细胞黏附	汇总的 HMOs	Gonia 等[65]
	干扰菌丝形态发生		
艰难梭菌	与外毒素 A（TcdA）和 B（TcdB）结合，防止毒素与细胞受体相互作用	岩藻糖基化的单体 HMOs（如 LNFP Ⅰ，LNFP Ⅲ）	Nguyen 等[66]
		酸性单体 HMOs（如 LST b 和 c），LNT，LNnH	

续表

细菌菌种	作用	HMOs	文献来源
粪肠球菌	与非HMO处理相比，减少万古霉素耐药的粪肠球菌定植的效果更快	岩藻糖基化HMO的混合物	Champion 等[67]
大肠杆菌	用于干扰UPEC引起细胞损伤的细胞内信号	酸性和中性HMOs混合物	El-Hawiet 等[68]，Lin 等[69]，Coppa 等[70]
	抑制UPEC黏附于上皮细胞	中性和酸性单体HMOs（如2′-FL，6′-SL，LNFP Ⅰ和Ⅱ）	Cravioto 等[71]
	抑制EPEC黏附于上皮细胞		Coppa 等[72]
	与不耐热肠毒素1（HLT）结合		
流感嗜血杆菌	抑制上皮细胞黏附	乳汁中大分子量组分	Andersson 等[73]
幽门螺杆菌	抑制上皮细胞黏附	酸性HMOs（如3′-SL和6′-SL）	Simon 等[74]
铜绿假单胞菌	抑制与上皮细胞的黏附	2′-FL和3-FL	Weichert 等[75]
	减少与肺细胞的黏附	3′-SL和6′-SL	
非乳链球菌	抑菌和抗生物膜（机制未确定）	中性HMO混合单体HMOs（如LNT和LNFP Ⅰ），汇总HMO	Ackerman 等[76]，Lin 等[77]
肺炎链球菌	对上皮细胞黏附的抑制作用	低和高分子量乳汁组分单体HMOs（如LNT）	Andersson 等[73]
痢疾志贺氏菌	与志贺毒素Stx2和Stx1B5结合	酸性和中性单体HMOs（如2′-FL，6′-SL，LNDFH Ⅰ，LNFP Ⅲ）	El-Hawiet 等[68]
沙门氏菌	抑制上皮细胞黏附	酸性和中性低分子量HMOs（如3-FL和6′-FL）	Coppa 等[70]
金黄色葡萄球菌	促进生长而无HMO代谢；作为增长刺激剂	汇总HMOs	Hunt 等[78]
	抑制生物膜		
诺如病毒	抑制与HBGA结合	唾液酸化HMOs（如3′-SL和6′-FL）	Schroten 等[79]，Koromyslova[61]
轮状病毒	抑制与上皮细胞黏附		Hester 等[80]

注：1. 改编自Craft和Townsend[57]，2018。

2. HBGA，组织血型抗原（histo-blood group antigen）。

5.5 糖复合物益生潜力以及产品的研发

尽管早在100多年前，人们就已认识到母乳控制着婴儿的肠道菌群组成，然而至今关于抗菌特性和作用方式仍知之甚少。一个世纪后，关于HMOs的抗菌活性和对菌群的作用方式仍有待确定。HMOs研究的最终目标将涉及合成可口服的HMOs作为新一代抗菌剂或膳食补充剂。

5.5.1 母乳糖复合物的益生潜力

已知母乳喂养有助于婴儿肠道有益微生物的发育，包括双歧杆菌和乳酸杆菌。这些“友好”细菌可帮助营养素的消化及阻止致病菌的附着和定植，为婴儿提供预防疾病和降低发生过敏风险的保护作用[81]。母乳喂养可促进婴儿有益肠道菌群的稳态发育，其中母乳中丰富的HMOs发挥了重要作用，它可作为这些有益菌（如双歧杆菌）的食物来源（作用底物），而且母乳中2′-岩藻糖基乳糖、乳酸-*N*-新四糖等HMOs也是母乳中第三大成分。最近研究揭示了微生物利用来自母乳糖蛋白的聚糖作为碳源的能力。细菌产生的胞外糖苷酶可切割蛋白质上的聚糖链，可能会产生游离的聚糖，已发现这些游离聚糖对HMOs抑制病原体黏附发挥重要作用。例如，双歧杆菌可以通过分泌内-*α*-*N*-乙酰半乳糖胺酶（endo-*α*-*N*-acetylgalactosaminidase）（仅限于去除Gal-GalNAc）和1,2-*α*-L-岩藻糖苷酶来利用黏蛋白*O*-连接的聚糖，并可以通过一种内-*β*-*N*-乙酰氨基葡萄糖苷酶（endo-β-*N*-acetylglucosaminidase）裂解乳铁蛋白和免疫球蛋白的*N*-聚糖[82]。

5.5.2 牛乳糖复合物的抗菌潜力

母乳是新生儿最好的食物来源，而牛奶来源的婴儿配方食品则是那些不能用母乳喂养儿的代用品。因为母乳中的聚糖结构是以游离低聚糖或糖复合物组分存在，也被认为是母乳的独有特征。越来越多的研究开始关注牛乳是否含有相似聚糖结构和相似的抗致病菌作用。与母乳相比，牛乳游离低聚糖含量的多样性更少［牛乳低聚糖（bovine milk oligosaccharides, BMOs）约为40种，而HMOs超过100种］，唾液酸化聚糖含量更高（BMOs约为70%，HMOs为10%～20%），更少的岩藻糖基化聚糖（BMOs约1%，而HMOs为50%～80%，取决于乳母血型）[83]。此外，BMOs含有*N*-羟甲基神经氨酸（占酸性BMOs总量的约7%），而母乳中则没有。HMOs具有显著的抗致病特性，但是BMOs对病原体的保护价值知之甚少；BMOs浓度（0.09～1.2g/L）明显低于HMOs（6～23g/L）[84,85]。牛乳中糖复合物以较高的丰度存在，并且就其聚糖结构和它们可能影响的抗病特性已引起人们高度关注。

Wilson等采用液相色谱串联质谱测定了母乳和牛乳MFGMs中的*N*-和*O*-连接的低聚糖。牛乳中存在单和双唾液酸化的核心1型*O*-连接寡糖（Galβ1-3GalNAcα1），而母乳的特征则具有更复杂的核心2型寡糖［Galβ1-3（GlcNAcβ1-6）GalNAcα1］，并且在C-3分支上唾液酸化，在C-6分支上有*N*-乙酰基乳糖胺单元上的H和Lewis型抗原决定簇。因此，母乳糖蛋白末端岩藻糖残基的存在是定义母乳的特征，而不是牛乳。Nwosu等[86]也分析了来自母乳和牛乳乳清糖蛋白的*N*-糖基化。尽管母乳和牛乳的甘露糖型结构的百分比分布相对较低且相似（约6%与约10%），但在乳清糖蛋白的中性和唾液酸化复合物（氢化物）*N*-聚糖结构上存在显著差异。同样，母乳乳清蛋白含有的岩藻糖基化结构（约75%）多于牛乳（约31%），而牛乳乳清蛋白含有的唾液酸化结构（约68%）则多于母乳（约57%），并且还含有少量*N*-甘氨酰神经氨酸（NeuGc，＜1%）。

上述研究结果提示，母乳和牛乳中的糖蛋白可能会因附着聚糖的浓度和类型的变化，提供不同程度的针对人病原体的保护作用，这些聚糖可能是以病原体黏附位点模拟物发挥作用。因此，认为牛乳糖复合物已经更具体地进化为保护小牛免受牛病原体的感染，而不是保护人类婴儿免受人类病原体的侵害也是合理的。迄今为止，很少有人研究直接比较人和牛的糖复合物对人类婴儿的保护特性。在一个实例中，与不含这种抗原的纯化牛乳κ-酪蛋白相比，母乳κ-酪蛋白上含有Le血型抗原的末端岩藻糖可更好地抑制幽门螺杆菌附着到健康成年人胃组织，该研究阐明了牛乳中岩藻糖缺乏的可能含义[87]。然而，取决于受体的结构，牛乳中唾液酸结构的增加可以更好地清除黏附于这些表位的其他病原体。例如，来自牛乳的大分子量黏蛋白样的成分能够通过唾液酸残基抑制幽门螺杆菌的血细胞凝集[88]；并且来自牛κ-酪蛋白的含唾液酸的GMP可抑制肠炎沙门氏菌和肠出血性大肠杆菌附着到Caco-2（人上皮结肠直肠腺癌）细胞，牛MUC1可抑制大肠杆菌和鼠伤寒沙门氏菌结合到Caco-2细胞[89]。另一项学龄前儿童的临床试验调查了每天服用100mg牛乳铁蛋白，并监测持续3个月期间的轮状病毒肠胃炎的发生率。虽然对照组和受试者之间轮状病毒感染的发生率相等，但是服用牛乳铁蛋白组儿童中呕吐和腹泻的频率及持续时间都有显著改善。

母乳和牛乳中含有相似的神经节苷脂，然而牛乳中总神经节苷脂的浓度［（3.98±0.25）mg LBSA/L］比母乳［（9.07±1.15）mg LBSA/L］要低得多；牛乳中GD3占主导地位，而母乳中GM3是主要的神经节苷脂[33]。迄今为止，牛乳糖脂的抗菌特性很少被研究。在一项研究中，比较了牛乳与母乳来源神经节苷脂对肠致病性大肠杆菌与 Caco-2 细胞结合的抑制活性，结果显示母乳神经节苷脂可抑制这种结合，而牛乳的神经节苷脂则没有，说明占主导地位的牛神经节苷脂 GD3 对这种病原体没有生物活性。与之相比较，产肠毒素的大肠杆菌与牛乳中的 GM3 和 GD3 结合并抑制细菌的血凝作用[90]。

5.5.3 母乳糖复合物研究的未来方向

随着聚糖分析方法不断发展以及病原体相互作用研究的深入，母乳糖复合物对感染的保护价值值得深入研究。最新研究涉及使用旨在更真实地遏制婴儿 / 病原体相互作用的实验模型，例如通过使用源自胎儿肠道细胞而不是成年癌的细胞系[23]，并通过研究体内也存在的其他成分的作用，例如胆固醇和其他糖复合物。糖复合物、寡糖和母乳中其他因素的混合作用对分析的挑战更大，发生相互作用的条件要求也面临更大挑战。

通过质谱分析和聚糖微阵列技术的进步，聚糖结构的分析技术日益成熟，为更详细地评估对相互作用至关重要的聚糖部分铺平了道路。此外，显微镜技术的进步促进了病原体附着设备的研究。已知在整个泌乳期，乳糖复合物发生了糖基化变化[18,22]。如何保护母乳喂养的婴儿防止病原体附着仍然是未来需要解决的一个问题。

母乳中修饰大分子的寡糖结构（岩藻糖基化寡糖和糖蛋白中的糖链）与牛乳中的不同，而且似乎非常适合抑制人类病原体的结合。今后需要进一步研究这种差异，可能会有所裨益；而且开发模仿天然母乳中存在保护因子的糖复合物补充剂已成为可能，在全球范围内抗生素耐药性发生率不断升高的背景下，针对婴儿和更广泛人群预防疾病的更为天然的机制将是需要优先考虑的课题。

5.6 糖组学的研究方法

糖不是基因的直接产物，而是在糖基转移酶催化下由多步形成糖苷键的特异反应合成的，这些反应因各种因素影响又不总能被完成，而且常常会有几种转移酶同时竞争同一个糖受体，因此合成的是非均一的多糖混合物，导致聚糖结构的多样性和复杂性。因此糖组学研究的技术关键是糖组的分离和富集以及糖结构的分析。对于糖链结构的解析，生物质谱、核磁共振、色谱技术、凝集素芯片等技术是重要的手段。下面简单介绍目前用于糖组学研究的技术。

5.6.1 糖捕捉法

在糖组学研究中，糖捕捉法（glyco-catch）已被用于糖蛋白的系统分析，通过与蛋白质组数据库结合使用，系统鉴定可能的糖蛋白和糖基化位点，也称为经典凝集素亲和色谱“糖捕获”方法。植物凝集素是一种非免疫来源、无酶活性且能与聚糖特异性结合的蛋白质，它像探针一样可捕获到混合物中的聚糖，为目标细胞、组织或机体的糖组学研究提供第一手资料。

简要的具体测定方法包括分离糖蛋白、消化蛋白质、糖肽分离、糖肽的分析和纯化、测定、数据处理等，之后还可以继续使用不同的凝集素柱进行第二次和第三次循环，捕集其他类型的糖肽，研究某个细胞和机体较全面的糖组学。需要指出的是，使用质谱技术分析糖组学，虽然可以获得糖链的精确结构，但是该方法对仪器和分析技术具有非常高的要求，而且操作人员要有丰富的分析经验。

5.6.2 微阵列技术

微阵列技术（microarray）系指在固相基质表面构建微型生物化学分析系统，以实现对生物分子的准确、快速、高通量的检测，即糖芯片。该技术集成了成千上万密集排列的探针分子，能够在短时间内分析大量的生物样品，快速准确获取样品中的多重信息，其检测效率比传统检测手段提高了成百上千倍。糖微阵列技术广泛用于糖结合蛋白的糖组分析，以对生物个体产生的全部蛋白聚糖结构进行系统鉴定与表征。该项技术是生物芯片的一种，将带有氨基的各种聚糖共价连接在包被有化学反应活性表面的玻璃芯片上，一块芯片可排列 200 种以上的不同糖结构，几乎覆盖了全部末端糖的主要类型，因为糖蛋白通常只能识别糖链中的最后几个末端糖残基，推测天然存在的末端序列约有 500 种，这种技术已成功用于糖结合蛋白的筛选和表征。

微阵列技术因其具有高通量、微型化和可进行自动化操作等特点，已在糖组学研究中发挥了一定作用。然而，目前可用于微阵列的糖数量仍十分有限（还不到估计的构成人聚糖的 10%），而且检测灵敏度还有待提高、样品标记过程相对较复杂、背景信号影响等技术难点，限制了该技术的推广应用。可喜的是鸟枪糖组学（shotgun glycomics）已被开发成为一种高通量技术，采用微量方法从天然来源样本中分离聚糖，可用于研究母乳的 HMOs 或聚糖 [91]。

5.6.3 化学选择糖印迹技术

基于蛋白聚糖中的寡糖从糖配体上释放出来后产生游离的还原末端，构成醛基或酮基糖，由于糖在碱性溶液中能够非常容易地与苯肼发生反应，形成稳定的本腙衍生物，糖可优先与肼基团反应，不需要催化剂或还原剂，而且反应条件温和。因此，即使有大量肽或氨基酸存在时，带有苯肼类似物功能基的试剂也优先与糖反应。基于这种化学优先选择的原则建立的糖组学研究方法即为化学选择糖印迹技术，可采用 MALDI-TOF 质谱或 MALDI-TOF/TOF 双质谱进行分析。

5.6.4 双消化并串联柱法

双消化并串联柱法也可用于分离糖肽，该方法快速灵敏。该方法的基本程序为使用序列特异性内切蛋白酶对 SDS-PAGE 分离后的糖蛋白进行凝胶内水解后，取少量蛋白水解物进行质谱分析，根据肽谱图或部分序列信息进行蛋白质的鉴定；将剩余的蛋白酶水解液中的大部分多肽裂解为小分子肽（＜ 5 个氨基酸），然后通过 PoroaR 微柱吸附水解物中的非糖基化肽，而糖肽则由于聚糖的亲水特性不被吸附，将柱上的非糖基化肽用洗脱剂洗脱后进行质谱分析测序，将不被吸附的糖肽部分再通过石墨粉微柱，洗去低分子量杂质后，即可用 30% 乙腈-0.2% 甲酸将糖肽洗脱下来，用质谱或双质谱测定分子量、氨基酸序列和部分聚糖结构。

5.7 展望

与基因组学和蛋白质组学相比，在研究聚糖结构与功能关系方面，糖组学的发展面临寻求开发分析仪器和生化工具以及生物读数的独特挑战。在化学结构和信息密度方面，聚糖比 DNA 和蛋白质更多样化。由于迄今可用于糖组研究的方法相对较少，致使糖组学研究还处于起步阶段。阻碍糖组学快速发展的主要是糖链本身结构的复杂性和研究技术与检测仪器的限制。

5.7.1 聚糖和聚糖结合蛋白的多样性研究

聚糖以简单和复杂的结构形式存在于成千上万的糖复合物中。长期以来，了解聚糖表达的因素及其分子和功能作用一直是个极具挑战性的难题；对聚糖类型和聚糖氨基酸键数量的了解仍在不断增加，糖蛋白、糖脂、糖胺聚糖和糖基磷脂酰肌醇（GPI）锚定的糖蛋白中聚糖的“核心结构”性质随着基因组学、蛋白质组学和质谱工具的发展，其发展速度惊人。蛋白质-聚糖相互作用的数量可能接近蛋白质-蛋白质和蛋白质-核酸相互作用的数量，而目前糖组学的进展尚不足以估计蛋白质-聚糖相互作用的数量。尽管该领域面临巨大挑战，但是该领域取得重大突破仅是时间问题。

5.7.2 糖蛋白的分离与检测技术

聚糖广泛分布在细胞中，所以从细胞或组织中分离得到的聚糖是各种结构聚糖的混合物；而且聚糖与蛋白质之间的相互作用是通过两者之间多价和强度不同的亲和力完成的。糖组学研究的首要问题是分离糖蛋白，植物凝集素色谱虽然可捕获不同的糖蛋白，但是还没有一种植物凝集素能吸附所有类型的糖蛋白。使用当前技术识别糖蛋白的基因效率较低，糖链的结构分析和共价键的确定也较困难，而且目前糖组学的研究方法几乎是静态的，而生物体糖基化过程是动态的，因此需要发展动态化的研究方法与技术。

蛋白质糖基化修饰是广泛存在于自然界的最重要的蛋白质翻译后修饰之一，超过半数的蛋白质在翻译后修饰过程中出现糖基化现象。然而，在蛋白质糖基化修饰的研究中，缺乏高效灵敏的糖组学分析技术，目前仍然面临可同时检测糖蛋白的氨基酸序列、糖基化位点和糖链结构的重要挑战。

5.7.3 糖链结构的测定

由于蛋白质上的糖链无论是连接方式、结构还是功能方面均复杂多样，通过糖链的分析，将有助于揭示蛋白质如何发挥各种生物学功能以及在自我识别微生物感染和免疫系统中糖链的作用[9]。然而，目前还没有一种技术可以快速、大量测定细胞中所有的糖链结构，现有的技术对糖蛋白的识别效率仍较低，对于较短的糖肽序列（＜ 6 个氨基酸）尚无法从基因组数据库中确定目的基因；虽然较长的糖肽（＞ 20 个氨基酸）可借鉴目的基因，但是数据库中有关糖基化位点的信息非常有限。近年来高精度质谱开始用于鉴定糖结构，但是糖链的结构分析和共价键的确定仍然是一种低通量的工作，制约了糖信息的获得。因此深入了解母乳聚糖的功能以及聚糖结构和构象的复杂性，代表了糖组学的挑战和前景，这已成为公认的需要重点研究聚糖科学的领域，就像基因组学和蛋白质组学分别专注于核酸和蛋白质一样。

5.7.4 HMOs 的抗菌活性及作用方式

需要研究 HMOs 通过什么方式以及如何选择让共生菌生长，同时抑制多种致病菌/病原体的生长，以及如何识别对HMOs敏感的病原体、使用HMOs作为膳食补充剂的可行性（营养学的合理性与必要性、使用的安全性）等问题。发展趋势取决于病原体，有研究认为HMOs可用于治疗当前的感染或预防感染。例如，可以将HMOs抗菌混合物提供给患传染性疾病高风险的儿童。然而，制约HMOs糖生物学领域研究的最大障碍是HMOs的有限可利用性，从乳品工业的乳制品中提取HMOs的资源十分有限，难以工业化生产，而采用生物工程生产HMOs的安全性和有效性仍有待系统评估。

5.7.5 糖组学研究方法的创新

糖组学是后基因组学的一个重要领域，许多生物信息都体现在丰富多样的糖复合物的形式，应用基因组-蛋白质组-糖组的概念来全面解释复杂生命的系统是完全必要的。与蛋白质和核酸不同，糖链不是经模板复制，而是由形式多样的各种酶催化合成，处理受酶基因表达的调控，还受酶活性的影响，即使在同种分子的同一糖基化位点的糖链结构也有差异，这可归因于多基因-多蛋白-多聚糖的关系，因此不能采用类似于PCR的方式作为均一产物对聚糖进行扩增，也不能直接用自动序列仪测序。目前人类和动物糖组中发现的聚糖微阵列缺乏完整的结构表述，因此缺少许多潜在重要的聚糖和聚糖决定簇，并且蛋白质与聚糖微阵列的结合不足可能只是表明相关聚糖配体的缺失。随着样品分离技术和相关仪器的发展，需要开发快速准确的糖组鉴定技术与方法。

尽管母乳糖组学中还存在诸多挑战，但随着对聚糖结构及其直接和间接功能了解的不断增长，通过跨多生物学学科的研究，未来的前景是光明的；质谱分析和其他测序方法的技术进步、聚糖合成、生物信息学以及对聚糖在发育、健康和疾病方面生物学作用的日益了解，也为糖组学的未来带来了希望，最终有可能将聚糖与核酸、蛋白质和脂质的组合进行系统性考量，将聚糖在生命体中的作用定位为生命所必需的大分子中的支柱。

（毕烨，董彩霞，王晖，荫士安）

参考文献

[1] Raman R, Raguram S, Venkataraman G, et al. Glycomics: an integrated systems approach to structure-function relationships of glycans. Nat Methods, 2005, 2(11): 817-824.

[2] Li M, Bai Y, Zhou J, et al. Core fucosylation of maternal milk N-glycan evokes B cell activation by selectively promoting the l-fucose metabolism of gut bifidobacterium spp. and lactobacillus spp. mBio, 2019, 10(2): e00128-19.

[3] Boehm G, Stahl B, Jelinek J, et al. Prebiotic carbohydrates in human milk and formulas. Acta Paediatr

Suppl, 2005, 94(449): 18-21.

[4] Newburg D S, Grave G. Recent advances in human milk glycobiology. Pediatr Res, 2014, 75(5): 675-679.

[5] Rillahan C D, Paulson J C. Glycan microarrays for decoding the glycome. Annu Rev Biochem, 2011, 80: 797-823.

[6] Kirmiz N, Robinson R C, Shah I M, et al. Milk glycans and their interaction with the infant-gut microbiota. Annu Rev Food Sci Technol, 2018, 9: 429-450.

[7] Xiao L, van De Worp W R, Stassen R, et al. Human milk oligosaccharides promote immune tolerance via direct interactions with human dendritic cells. Eur J Immunol, 2019, 49(7): 1001-1014.

[8] Ayechu-Muruzabal V, van Stigt A H, Mank M, et al. Diversity of human milk oligosaccharides and effects on early life immune development. Front Pediatr, 2018, 6: 239.

[9] Reily C, Stewart T J, Renfrow M B, et al. Glycosylation in health and disease. Nat Rev Nephrol, 2019, 15(6): 346-366.

[10] 曾菊，程肖蕊，周文霞，等．糖组学研究技术进展．中国药理学与毒理学杂志，2014, 28(6): 923-931.

[11] Cavaletto M, Giuffrida M G, Conti A. Milk fat globule membrane components--a proteomic approach. Adv Exp Med Biol, 2008, 606: 129-141.

[12] Arnold J N, Wormald M R, Sim R B, et al. The impact of glycosylation on the biological function and structure of human immunoglobulins. Annu Rev Immunol, 2007, 25: 21-50.

[13] Falk P, Roth K A, Boren T, et al. An in vitro adherence assay reveals that Helicobacter pylori exhibits cell lineage-specific tropism in the human gastric epithelium. Proc Natl Acad Sci USA, 1993, 90(5): 2035-2039.

[14] Dallas S D, Rolfe R D. Binding of Clostridium difficile toxin A to human milk secretory component. J Med Microbiol, 1998, 47(10): 879-888.

[15] Cruz J R, Gil L, Cano F. et al. Breast milk anti-Escherichia coli heat-labile toxin IgA antibodies protect against toxin-induced infantile diarrhea. Acta Paediatr Scand, 1988, 77(5): 658-662.

[16] Baker E N, Baker H M. Molecular structure, binding properties and dynamics of lactoferrin. Cell Mol Life Sci, 2005, 62(22): 2531-2539.

[17] Rossi P, Giansanti F, Boffi A, et al. Ca^{2+} binding to bovine lactoferrin enhances protein stability and influences the release of bacterial lipopolysaccharide. Biochem Cell Biol, 2002, 80(1): 41-48.

[18] Barboza M, Pinzon J, Wickramasinghe S, et al. Glycosylation of human milk lactoferrin exhibits dynamic changes during early lactation enhancing its role in pathogenic bacteria-host interactions. Mol Cell Proteomics, 2012, 11(6): M111 015248.

[19] Froehlich J W, Dodds E D, Barboza M, et al. Glycoprotein expression in human milk during lactation. J Agric Food Chem, 2010, 58(10): 6440-6448.

[20] Vacca-Smith A M, van Wuyckhuyse B C, Tabak L A, et al. The effect of milk and casein proteins on the adherence of Streptococcus mutans to saliva-coated hydroxyapatite. Arch Oral Biol, 1994, 39(12): 1063-1069.

[21] Hattrup C L, Gendler S J. Structure and function of the cell surface (tethered) mucins. Annu Rev Physiol, 2008, 70: 431-457.

[22] Wilson N L, Robinson L J, Donnet A, et al. Glycoproteomics of milk: differences in sugar epitopes on human and bovine milk fat globule membranes. J Proteome Res, 2008, 7(9): 3687-3696.

[23] Liu B, Yu Z, Chen C, et al. Human milk mucin 1 and mucin 4 inhibit Salmonella enterica serovar Typhimurium invasion of human intestinal epithelial cells in vitro. J Nutr, 2012, 142(8): 1504-1509.

[24] Jiang X, Huang P, Zhong W, et al. Human milk contains elements that block binding of noroviruses to

human histo-blood group antigens in saliva. J Infect Dis, 2004, 190(10): 1850-1859.
[25] Wang C S, Dashti A, Jackson K W, et al. Isolation and characterization of human milk bile salt-activated lipase C-tail fragment. Biochemistry, 1995, 34(33): 10639-10644.
[26] Wang M, Zhao Z, Zhao A, et al. Neutral human milk oligosaccharides are associated with multiple fixed and modifiable maternal and infant characteristics. Nutrients, 2020, 12(3): 826.
[27] Gillin F D, Reiner D S, Wang C S. Killing of giardia lamblia trophozoites by normal human milk. J Cell Biochem, 1983, 23(1-4): 47-56.
[28] Ruvoen-Clouet N, Mas E, Marionneau S, et al. Bile-salt-stimulated lipase and mucins from milk of "secretor" mothers inhibit the binding of Norwalk virus capsids to their carbohydrate ligands. Biochem J, 2006, 393(Pt 3): 627-634.
[29] Danielsson Niemi L, Hernell O, Johansson I. Human milk compounds inhibiting adhesion of mutans streptococci to host ligand-coated hydroxyapatite in vitro. Caries Res, 2009, 43(3): 171-178.
[30] Yolken R H, Peterson J A, Vonderfecht S L, et al. Human milk mucin inhibits rotavirus replication and prevents experimental gastroenteritis. J Clin Invest, 1992, 90(5): 1984-1991.
[31] Newburg D S, Peterson J A, Ruiz-Palacios G M, et al. Role of human-milk lactadherin in protection against symptomatic rotavirus infection. Lancet, 1998, 351(9110): 1160-1164.
[32] Newburg D S. Oligosaccharides and glycoconjugates in human milk: their role in host defense. J Mammary Gland Biol Neoplasia, 1996, 1(3): 271-283.
[33] Bode L, Beermann C, Mank M, et al. human and bovine milk gangliosides differ in their fatty acid composition. J Nutr, 2004, 134(11): 3016-3020.
[34] Takamizawa K, Iwamori M, Mutai M,et al. Selective changes in gangliosides of human milk during lactation: a molecular indicator for the period of lactation. Biochim Biophys Acta, 1986, 879(1): 73-77.
[35] Laegreid A, Otnaess A B, Fuglesang J. Human and bovine milk: comparison of ganglioside composition and enterotoxin-inhibitory activity. Pediatr Res, 1986, 20(5): 416-421.
[36] Idota T, Kawakami H. Inhibitory effects of milk gangliosides on the adhesion of Escherichia coli to human intestinal carcinoma cells. Biosci Biotechnol Biochem, 1995, 59(1): 69-72.
[37] Laegreid A, Kolsto Otnaess A B. Trace amounts of ganglioside GM1 in human milk inhibit enterotoxins from Vibrio cholerae and Escherichia coli. Life Sci, 1987, 40(1): 55-62.
[38] Otnaess A B, Laegreid A, Ertresvåg K. Inhibition of enterotoxin from Escherichia coli and Vibrio cholerae by gangliosides from human milk. Infect Immun, 1983, 40(2): 563-569.
[39] Wada A, Hasegawa M, Wong P F, et al. Direct binding of gangliosides to Helicobacter pylori vacuolating cytotoxin (VacA) neutralizes its toxin activity. Glycobiology, 2010, 20(6): 668-678.
[40] Portelli J, Gordon A, May J T. Effect of compounds with antibacterial activities in human milk on respiratory syncytial virus and cytomegalovirus in vitro. J Med Microbiol, 1998, 47(11): 1015-1018.
[41] Salcedo J, Barbera R, Matencio E, et al. Gangliosides and sialic acid effects upon newborn pathogenic bacteria adhesion: an in vitro study. Food Chem, 2013, 136(2): 726-734.
[42] Newburg D S, Chaturvedi P. Neutral glycolipids of human and bovine milk. Lipids, 1992, 27(11): 923-927.
[43] Yang B, Chuang H, Yang K D. Sialylated glycans as receptor and inhibitor of enterovirus 71 infection to DLD-1 intestinal cells. Virol J, 2009, 6: 141. doi: 10.1186/1743-422X-6-141.
[44] Peterson R, Cheah W Y, Grinyer J, et al. Glycoconjugates in human milk: protecting infants from disease. Glycobiology, 2013, 23(12): 1425-1438.
[45] Facinelli B, Marini E, Magi G, et al. Breast milk oligosaccharides: effects of 2′-fucosyllactose and

6′-sialyllactose on the adhesion of Escherichia coli and Salmonella fyris to Caco-2 cells. J Matern Fetal Neonatal Med, 2019, 32(17): 2950-2952.
[46] Hanisch F G, Hacker J, Schroten H. Specificity of S fimbriae on recombinant Escherichia coli: preferential binding to gangliosides expressing NeuGc alpha (2-3) Gal and NeuAc alpha (2-8) NeuAc. Infect Immun, 1993, 61(5): 2108-2115.
[47] Newburg D S, Morelli L. Human milk and infant intestinal mucosal glycans guide succession of the neonatal intestinal microbiota. Pediatr Res, 2015, 77(1-2): 115-120.
[48] Musilova S, Rada V, Vlkova E, et al. Beneficial effects of human milk oligosaccharides on gut microbiota. Benef Microbes, 2014, 5(3): 273-283.
[49] Liu B, Newburg D S. Human milk glycoproteins protect infants against human pathogens. Breastfeed Med, 2013, 8(4): 354-362.
[50] Praveen P, Jordan F, Priami C, et al. The role of breast-feeding in infant immune system: a systems perspective on the intestinal microbiome. Microbiome, 2015, 3: 41. doi: 10.1186/s40168-015-0104-7.
[51] LoCascio R G, Ninonuevo M R, Freeman S L, et al. Glycoprofiling of bifidobacterial consumption of human milk oligosaccharides demonstrates strain specific, preferential consumption of small chain glycans secreted in early human lactation. J Agric Food Chem, 2007, 55(22): 8914-8919.
[52] DiBartolomeo M E, Claud E. The developing microbiome of the preterm infant. Clin Ther, 2016, 38(4): 733-739.
[53] Marcobal A, Barboza M, Sonnenburg E D, et al. Bacteroides in the infant gut consume milk oligosaccharides via mucus-utilization pathways. Cell Host & Microbe, 2011, 10(5): 507-514.
[54] Marcobal A, Barboza M, Froehlich J W,et al. Consumption of human milk oligosaccharides by gut-related microbes. J Agric Food Chem, 2010, 58(9): 5334-5340.
[55] Schwab C, Ganzle M. Lactic acid bacteria fermentation of human milk oligosaccharide components, human milk oligosaccharides and galactooligosaccharides. FEMS Microbiol Lett, 2011, 315(2): 141-148.
[56] Gänzle M G, Follador R. Metabolism of oligosaccharides and starch in lactobacilli: a review. Front Microbiol, 2012, 3: 340. doi: 10.3389/fmicb.2012.00340.
[57] Craft K M, Townsend S D. The human milk glycome as a defense against infectious diseases: rationale, challenges, and opportunities. ACS Infect Dis, 2018, 4: 77-83.
[58] Bartick M, Stuebe A, Shealy K R, et al. Closing the quality gap: promoting evidence-based breastfeeding care in the hospital. Pediatr, 2009, 124(4): e793-802.
[59] Li M, Monaco M H, Wang M, et al. Human milk oligosaccharides shorten rotavirus-induced diarrhea and modulate piglet mucosal immunity and colonic microbiota. ISME J, 2014, 8(8): 1609-1620.
[60] Hoeflinger J L, Davis S R, Chow J, et al. In vitro impact of human milk oligosaccharides on Enterobacteriaceae growth. J Agric Food Chem, 2015, 63(12): 3295-3302.
[61] Koromyslova A, Tripathi S, Morozov V, et al. Human norovirus inhibition by a human milk oligosaccharide. Virology, 2017, 508: 81-89.
[62] Ruiz-Palacios G M, Cervantes L E, Ramos P, et al. Campylobacter jejuni binds intestinal H(O) antigen (Fuc alpha 1, 2Gal beta 1, 4GlcNAc), and fucosyloligosaccharides of human milk inhibit its binding and infection. J Biol Chem, 2003, 278(16): 14112-14120.
[63] Yu Z T, Nanthakumar N N, Newburg D S. The human milk oligosaccharide 2′-fucosyllactose quenches campylobacter jejuni-induced inflammation in human epithelial cells HEp-2 and HT-29 and in mouse intestinal mucosa. J Nutr, 2016, 146(10): 1980-1990.

[64] Morrow A L, Ruiz-Palacios G M, Altaye M, et al. Human milk oligosaccharides are associated with protection against diarrhea in breast-fed infants. J Pediatr, 2004, 145(3): 297-303.
[65] Gonia S, Tuepker M, Heisel T, et al. Human milk oligosaccharides inhibit candida albicans invasion of human premature intestinal epithelial cells. J Nutr, 2015, 145(9): 1992-1998.
[66] Nguyen T T, Kim J W, Park J S, et al. Identification of oligosaccharides in human milk bound onto the toxin A carbohydrate binding site of clostridium difficile. J Microbiol Biotechnol, 2016, 26(4): 659-665.
[67] Champion E, McConnell B, Dekany G (inventors). Mixtures of human milk oligosaccharides for treatment of bacterial infections 2016. Patent WO2016063262A1.
[68] El-Hawiet A, Kitova E N, Klassen J S. Recognition of human milk oligosaccharides by bacterial exotoxins. Glycobiology, 2015, 25(8): 845-854.
[69] Lin A E, Autran C A, Espanola S D, et al. Human milk oligosaccharides protect bladder epithelial cells against uropathogenic Escherichia coli invasion and cytotoxicity. J Infect Dis, 2014, 209(3): 389-398.
[70] Coppa G V, Zampini L, Galeazzi T, et al. Human milk oligosaccharides inhibit the adhesion to Caco-2 cells of diarrheal pathogens: Escherichia coli, Vibrio cholerae, and Salmonella fyris. Pediatr Res, 2006, 59(3): 377-382.
[71] Cravioto A, Tello A, Villafan H, et al. Inhibition of localized adhesion of enteropathogenic Escherichia coli to HEp-2 cells by immunoglobulin and oligosaccharide fractions of human colostrum and breast milk. J Infect Dis, 1991, 163(6): 1247-1255.
[72] Coppa G V, Gabrielli O, Giorgi P, et al. Preliminary study of breastfeeding and bacterial adhesion to uroepithelial cells. Lancet, 1990, 335(8689): 569-571.
[73] Andersson B, Porras O, Hanson L A, et al. Inhibition of attachment of Streptococcus pneumoniae and Haemophilus influenzae by human milk and receptor oligosaccharides. J Infect Dis, 1986, 153(2): 232-237.
[74] Simon P M, Goode P L, Mobasseri A, et al. Inhibition of Helicobacter pylori binding to gastrointestinal epithelial cells by sialic acid-containing oligosaccharides 750-757. Infect Immun, 1997, 65(2): 750-757.
[75] Weichert S, Jennewein S, Hufner E, et al. Bioengineered 2′-fucosyllactose and 3-fucosyllactose inhibit the adhesion of Pseudomonas aeruginosa and enteric pathogens to human intestinal and respiratory cell lines. Nutr Res, 2013, 33(10): 831-838.
[76] Ackerman D L, Doster R S, Weitkamp J H, et al. Human milk oligosaccharides exhibit antimicrobial and antibiofilm properties against group B streptococcus. ACS Infect Dis, 2017, 3(8): 595-605.
[77] Lin A E, Autran C A, Szyszka A, et al. Human milk oligosaccharides inhibit growth of group B Streptococcus. J Biol Chem, 2017, 292: 11243-11249.
[78] Hunt K M, Preuss J, Nissan C, et al. Human milk oligosaccharides promote the growth of staphylococci. Appl Environ Microbiol, 2012, 78(14): 4763-4770.
[79] Schroten H, Hanisch F G, Hansman G S. Human norovirus interactions with histo-blood group antigens and human milk oligosaccharides. J Virol, 2016, 90(13): 5855-5859.
[80] Hester S N, Chen X, Li M, et al. Human milk oligosaccharides inhibit rotavirus infectivity in vitro and in acutely infected piglets. Br J Nutr, 2013, 110(7): 1233-1242.
[81] Cukrowska B, Bierla J B, Zakrzewska M, et al. The relationship between the infant gut microbiota and allergy. The role of bifidobacterium breve and prebiotic oligosaccharides in the activation of anti-allergic mechanisms in early life. Nutrients, 2020, 12(4): 946.
[82] Garrido D, Nwosu C, Ruiz-Moyano S, et al. Endo-β-N-acetylglucosaminidases from infant gut-associated bifidobacteria release complex N-glycans from human milk glycoproteins. Mol Cell Proteomics, 2012,

11(9): 775-785.

[83] Tonon K M, de Morais M B, Vilhena Abrãoo A C F, et al. Maternal and infant factors associated with human milk oligosaccharides concentrations according to secretor and lewis phenotypes. Nutrients, 2019, 11(6): 1358.

[84] Barile D, Marotta M, Chu C, et al. Neutral and acidic oligosaccharides in Holstein-Friesian colostrum during the first 3 days of lactation measured by high performance liquid chromatography on a microfluidic chip and time-of-flight mass spectrometry. J Dairy Sci, 2010, 93(9): 3940-3949.

[85] Nakamura T, Kawase H, Kimura K, et al. Concentrations of sialyloligosaccharides in bovine colostrum and milk during the prepartum and early lactation. J Dairy Sci, 2003, 86(4): 1315-1320.

[86] Nwosu C C, Aldredge D L, Lee H, et al. Comparison of the human and bovine milk N-glycome via high-performance microfluidic chip liquid chromatography and tandem mass spectrometry. J Proteome Res, 2012, 11(5): 2912-2924.

[87] Stromqvist M, Falk P, Bergstrom S, et al. Human milk kappa-casein and inhibition of Helicobacter pylori adhesion to human gastric mucosa. J Pediatr Gastroenterol Nutr, 1995, 21(3): 288-296.

[88] Hirmo S, Kelm S, Iwersen M, et al. Inhibition of Helicobacter pylori sialic acid-specific haemagglutination by human gastrointestinal mucins and milk glycoproteins. FEMS Immunol Med Microbiol, 1998, 20(4): 275-281.

[89] Parker P, Sando L, Pearson R, et al. Bovine Muc1 inhibits binding of enteric bacteria to Caco-2 cells. Glycoconj J, 2010, 27(1): 89-97.

[90] Sanchez-Juanes F, Alonso J M, Zancada L, et al. Glycosphingolipids from bovine milk and milk fat globule membranes: a comparative study. Adhesion to enterotoxigenic Escherichia coli strains. Biol Chem, 2009, 390(1): 31-40.

[91] Smith D F, Cummings R D, Song X. History and future of shotgun glycomics. Biochem Soc Trans, 2019, 47(1): 1-11.

第6章

母乳微生物组学

母乳喂养对婴儿健康和免疫功能启动以及程序化均非常重要，不仅影响婴儿免疫系统发育，也是维持肠道功能和免疫稳态的必要条件[1,2]。母乳喂养可显著降低婴儿患坏死性小肠结肠炎、腹泻、过敏、炎症性肠病、糖尿病和肥胖等疾病的风险[3]。母乳中含有其自身的微生物菌群（母体微生物组），可能对母体的乳腺健康和婴儿细菌肠道定植、对病原体的防护、免疫系统的成熟和营养素消化等均具有重要意义[4]；而且婴儿肠道微生物逐步定植过程还会影响其物质代谢，这些又可能对以后健康的程序化产生持久影响[5,6]。

6.1 概述

6.1.1 微生物组学概念

大多数微生物生活在一个复杂的称为微生物群（microbiota）的群落中，由细菌、古细菌和真菌组成，也包括病毒和噬菌体。微生物组学（microbionomics）是在特定环境或生态系统中所有微生物及其遗传信息的组合，探寻微生物与微生物、微生物与宿主以及微生物与环境之间相互关系。微生物组学是揭示微生物多样性与人和生态稳定性之间关系的新兴学科。

6.1.2 母乳微生物组学概念

母乳中存在的细菌构成了母乳微生物组。母乳微生物组学（human breast milk microbiome）系采用现代分子生物学技术研究母乳中存在的微生物种类、数量和影响因素，以及通过母乳喂养过程对喂养儿免疫功能的启动、肠道免疫功能发育成熟及对营养与健康状况的近期影响和远期效应。

母乳是母乳喂养儿肠道细菌的主要来源[7-9]，母乳喂养儿出生后第一个月经母乳和乳晕皮肤分别摄取27.7%（±15.2%）和10.4%（±6.0%）的肠道细菌[10]。母体微生物组是影响喂养儿健康和肠道微生态的母体转移因子的重要决定因素[11,12]，为其提供特定信号指导免疫系统发育，也是婴儿微生物组发育不可缺少的重要条件[5,13,14]。

在一项汇总44项研究涵盖2655例妇女的3105份母乳样本的综述中[15]，有几个报告母乳的细菌多样性高于婴儿或其母亲的粪便；每项研究可检测到每种细菌分类标准的最大数量为58个门、133个类别、263个目、596个科、590个属、1300种细菌和3563个可操作分类单元。母乳可检出真菌、古细菌、真核和病毒DNA，最常见的细菌是葡萄球菌、乳酸链球菌、假单胞菌、双歧杆菌、棒状杆菌、肠球菌、不动杆菌、罗思氏菌属、角质杆菌、韦永氏菌和拟杆菌。母乳中微生物群落是受多种因素影响的复杂微生物组。

6.1.3 母乳中微生物多样性

母乳具有独特的微生物生态系统，而且母乳菌群与任何黏膜或粪便样品中的菌群均不相关，母乳菌群不是任何其他特定人类样本的亚种 [16]。母乳微生物多样性研究结果显示 [8,16-19]，母乳中常见的菌群是葡萄球菌属和链球菌属，其次是特定的乳酸菌。使用焦磷酸测序对母乳微生物组进行的首次研究证明，母乳细菌群落很复杂；母乳中不同菌种的数量和丰度个体间差异很大；每个个体的母乳样品中存在九个共同核心的菌群，包括链球菌、葡萄球菌、黏质沙雷氏菌、假单胞菌、棒状杆菌、拉氏菌、丙酸杆菌、鞘氨醇单胞菌属以及根瘤菌科 [20]。研究结果的不同可归因于不同的采样方法、分析处理规程以及 DNA 提取、具有较高细菌覆盖率特定引物的选择和测序平台等，因此将来需要建立更标准化的方法 [17,20,21]。最近一项健康母乳（n=10）的宏基因组和微生物组的研究中 [22]，通过与患有乳腺炎妇女的比较，健康核心微生物组包括葡萄球菌、链球菌、拟杆菌、费氏杆菌、瘤球菌、乳杆菌和丙酸杆菌属菌种和真菌、原生动物相关和病毒相关的序列，而患乳腺炎乳母的乳汁菌群主要是金黄色葡萄球菌。

6.1.4 母乳微生物组学研究目的

受检测设备和分析技术的制约，以往难以开展母乳微生物组学的研究，目前已具备深入开展这方面研究的条件。

（1）采用技术　目前可以采用 16S 和宏基因组测序、高通量培养、基因芯片、荧光原位杂交等技术开展母乳微生物组学研究。

（2）研究的内容　采用宏转录组、宏蛋白组、宏代谢组、基因芯片、同位素标记、单细胞测序等手段研究母乳中存在微生物的来源、种类和数量以及影响因素。

（3）技术路线　通过上述多组学与环境因子关联数据挖掘，通过移植试验（如无菌鼠验证肠道菌群的功能）等手段解决关注问题。随着上述分析技术的日趋成熟，母乳微生物组学的特点以及对母婴健康状况的影响将逐渐被揭示。

6.2 不同喂养方式对婴儿肠道微生物组的影响

与婴儿配方食品（奶粉）喂养的新生儿 / 婴儿相比，母乳及母乳中存在的微生物是产后启动新生儿肠道免疫功能和驱动新生儿肠道微生物定植的一个重要纽带 [8,23,24]，双歧杆菌和葡萄球菌属的特定母体肠道微生物经过母乳转运给婴儿 [25-27]，为喂养儿提供一种天然的保护，改善婴儿肠道微生物菌群的发育，提高以后对外环境的适应能力，降低发生腹泻和营养不良的风险。

6.2.1 母乳喂养与婴儿配方食品喂养对婴儿的肠道细菌菌群组成的影响

已有很多研究结果显示，母乳喂养婴儿和婴儿配方食品喂养婴儿有不同的细菌菌群，而且活性也有明显差异[3,28-31]。这可能影响婴儿对非传染性疾病的易感性，例如婴儿期和/或成人时期的变态反应性疾病和/或肥胖等。纯母乳喂养婴儿的肠道菌群多样性较低，双歧杆菌（和更多不同种类的双歧杆菌）、葡萄球菌和链球菌的相对丰度较高，而婴儿配方食品喂养婴儿的拟杆菌、梭状芽孢杆菌、肠杆菌、肠球菌和拉克斯藻的相对丰度较高[7]。

母乳菌群组成以及母乳喂养和婴儿配方食品喂养微生物组的比较，如图6-1所示。采用婴儿配方食品喂养的婴儿，其肠道菌群与母乳喂养儿明显不同，而且受其生存环境中微生态的影响，容易导致喂养儿发生肠道微生态环境失衡、菌群失调，患感染性和过敏性疾病的风险以及死亡率均明显增加[32-35]。

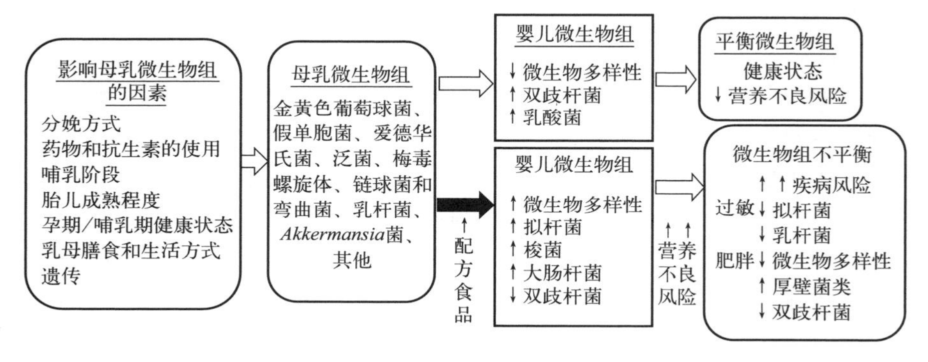

图6-1 母乳菌群组成以及母乳喂养和婴儿配方食品喂养微生物组的比较

（改编自Gomez-Gallego等[36]，2016）

6.2.2 微生物代谢组学的比较

Tannock等[37]比较了用山羊乳基婴儿配方食品、牛乳基婴儿配方食品或母乳喂养澳大利亚婴儿的粪便菌群组成。每组各30例婴儿，在婴儿2月龄时采取粪便样品，采用16srRNA基因序列焦磷酸测序技术分析粪便中总菌群序列，观察到母乳喂养婴儿的粪便代表性菌群组成与婴儿配方食品（牛乳或山羊乳基）喂养的婴儿显著不同，结果见表6-1，提示母乳喂养婴儿的粪便中双歧杆菌的丰度超过总菌群的10%，这与双歧杆菌科的最高总丰度有关。然而当双歧杆菌科的丰度较低时，毛螺菌科的丰度较高。

表 6-1　来自 13 个最具代表性细菌家族 16srRNA 基因序列平均丰度比较
（平均值 % ± SEM，n=30）

细菌家族	母乳喂养	山羊乳婴儿配方食品	牛乳婴儿配方食品
双歧杆菌科，Bifidobacteriaceae①②	61.36±6.28	46.19±5.86	40.99±5.16
唇形科，Lachnopiraceae①②	4.22±2.65	12.53±2.85	22.11±4.52
丹参科，Erysipelotrichaceae①②	0.21±0.15	13.63±2.90	7.99±2.34
肠杆菌科，Enterobacteriacene	8.22±2.40	5.12±1.33	4.42±1.14
红蝽菌科，Coriobacteriaceae	6.10±2.67	5.38±1.76	4.59±2.20
链球菌科，Streptococcaceae①	4.12±2.81	4.49±2.01	4.04±1.46
梭菌科，Clostridiaceae①	2.67±1.33	1.69±0.73	6.23±2.80
肠球菌科，Enterococcaceae①②	0.88±0.38	4.99±1.04	3.80±0.83
拟杆菌科，Bacteroidaceae①②	4.93±1.99	0.35±0.31	0.03±0.02
乳杆菌科，Lactobacillaceae①②	1.75±0.69	0.89±0.77	0.07±0.03
韦荣氏球菌科，Veillonellaceae	1.59±0.81	0.42±0.16	0.26±0.12
肽链球菌科，Peptostreptococcaceae①②	0.19±0.10	0.65±0.21	0.94±0.56
瘤胃菌科，Ruminacoccaceae	0.35±0.24	0.08±0.04	0.64±0.42

① 母乳喂养与牛乳婴儿配方食品比较，$P < 0.05$。

② 母乳喂养与山羊乳婴儿配方食品比较，$P < 0.05$。

注：改编自 Tannock 等 [37]，2013。

Madan 等 [31] 比较了剖宫产和婴儿配方食品补充喂养 6 周龄婴儿的肠道微生物组。选择的 102 例婴儿中，70 例自然分娩、32 例剖宫产；出生后 6 周龄时 70 例母乳喂养，26 例混合喂养，6 例完全婴儿配方食品喂养。采用 16srRNA 基因序列焦磷酸测序技术，分析了不同分娩方式与喂养方式婴儿粪便中 10 个最丰富细菌菌属的相对丰度。结果发现 6 周龄婴儿的肠道微生物组与分娩方式和喂养方式有关，且混合喂养婴儿的肠道微生物组趋于类似完全婴儿配方食品喂养的婴儿，结果见表 6-2。

表 6-2　不同分娩方式与喂养方式婴儿粪便中识别的 10 个最丰富细菌属相对丰度　单位：%

菌种	总计 n=102	自然分娩 n=70	剖宫产 n=32	完全母乳喂养 n=70	混合喂养 n=26	配方食品喂养 n=6
拟杆菌，*Bacteroides*	26.4	34.6	20.7	27.9	22.1	28.8
双歧杆菌，*Bifidobacterium*	22.5	23.3	17.4	25.5	16.8	11.4
链球菌，*Streptococcus*	13.8	12.1	14	11.7	18.7	16.9
丁酸梭菌，*Clostridium*	7.9	5.1	8.8	6.8	11.9	2.4
肠球菌，*Enterococcus*	5.7	4.3	8.7	4.8	6.1	14.6

续表

菌种	总计 n=102	自然分娩 n=70	剖宫产 n=32	完全母乳喂养 n=70	混合喂养 n=26	配方食品喂养 n=6
布劳特氏菌，*Blautia*	3.6	2.7	5.5	1.8	7.1	9.4
韦荣球菌，*Veillonella*	3.4	3.6	4.6	3.5	3.2	2.9
乳杆菌，*Lactobacillus*	3	2.5	4.2	3.4	2.8	0
金黄色葡萄球菌，*Staphylococcus*	2.6	1.6	3.4	3.3	1.2	0.1
动性球菌，*Planococcus*	2	1.4	2.9	1.5	3.3	2.6
其他菌种	0.1	8.8	9.8	9.8	6.8	10.9

注：改编自 Madan 等[31]，2016。

目前已有多项研究结果证明，与完全纯母乳喂养的婴儿相比，婴儿配方食品喂养或过早导入辅食，显著增加喂养儿以后发生肥胖风险，而且也有研究结果证明完全纯母乳喂养与婴儿配方食品喂养婴儿的肠道微生物组存在显著差异[28,29-31,37]。然而，未来还需要设计更完善的临床双盲随机对照试验，以确定婴儿肠道微生物组的差异对婴儿健康状况的近期与长期影响。

6.3 影响母乳微生物组的潜在因素

乳母的微生物环境影响其喂养儿的免疫发育，从而影响婴儿生命初期和晚期的健康状况以及对某些疾病的易感性。因此乳母微生物组被认为是影响儿童健康的母体转移因素的重要决定因素[11,12,15]。特定的围产期因素除了影响出生结局外，这些因素也会改变母乳喂养儿微生物组的发育。遗传因素、分娩方式、哺乳阶段、喂养方式、过量使用抗生素、膳食不均衡、卫生洁癖（不必要严格洁净）以及持续的压力 / 应激都会影响母体微生物组[15,38,39]。微生物菌群组成的变化和紊乱或微生物多样性或丰富度的降低被认为是罹患生活方式疾病的重要危险因素[6,40,41]。上述影响母体微生物组的因素均会不同程度影响母乳的微生物菌群组成。

6.3.1 分娩方式与喂养方式

分娩方式（自然分娩与剖宫产）影响母乳微生物菌群成分。正常分娩的产妇初乳及其以后的母乳中显示微生物菌群多样性和较高比例的双歧杆菌和乳酸杆菌属，而多项研究结果显示剖宫产的产妇母乳中的情况则相反[16,18,42]，尽管也有研究没有观察到这样微生物组分的差别[43]。

在 Moossavi 和 Azad[44] 的研究中，观察到母乳喂养方式（直接哺乳与用泵抽吸母乳后用奶瓶喂哺）与母乳微生物群组呈显著相关，这可能反映了用泵抽吸增加了外暴露，而直接哺乳则可减少外暴露，这两种情况下母乳的细菌多样性和组成略有不同。

6.3.2 胎儿发育成熟程度

母乳中微生物成分也受胎龄（胎儿发育成熟程度）的影响，即足月儿与早产儿的母乳中微生物组存在显著差异。在足月分娩的样品中，初乳中肠球菌的数量较少，而双歧杆菌属的数量较多[42]。

6.3.3 哺乳阶段

一天的不同时间、哺乳阶段都会不同程度影响母乳成分，而且个体间差异很大。初乳样品中的微生物多样性高于成熟母乳。哺乳期是影响母乳微生物的重要因素之一[16,20]。最初，主导微生物群是魏氏菌、白带菌、葡萄球菌、链球菌和乳球菌，之后的母乳中微生物群含有较多的韦永氏菌、细小杆菌、细毛病、乳杆菌、链球菌属，双歧杆菌和肠球菌属菌群的水平增加[16]。

6.3.4 抗生素的使用

同样明显的是，围产期使用抗生素或其他药物也会影响母体的微生物菌群，包括影响母乳微生物组以及乳酸杆菌、双歧杆菌和葡萄球菌的存在量，降低乳样中双歧杆菌、葡萄球菌以及真细菌属的丰度等[45]。

6.3.5 乳母的健康状况

母乳微生物组成分的变化与乳母的生理状态、膳食习惯与营养状况以及疾病（如肥胖、乳糜泻、人类免疫缺陷病毒阳性）有关[16,46-48]。乳母肥胖，其母乳中双歧杆菌属和细胞因子水平会发生变化，葡萄球菌属、瘦素和促炎性脂肪酸水平相应升高[46,49-51]，微生物多样性相应降低[16]。患乳糜泻的乳母其母乳中细胞因子、杆菌属和双歧杆菌属的水平降低[47]。与 HIV 阴性乳母的母乳相比，来自非洲 HIV 阳性乳母的母乳显示有较高的微生物多样性和较高的乳酸杆菌属[48]。

6.3.6 生存地理环境

地理位置（环境中微生物组）会不同程度影响母乳中微生物的构成，而且个体间差异较大[48]。例如，母乳微生物组分析结果显示，通常母乳中存在葡萄球菌和链球菌属以及乳酸菌菌株[16,19,23,24]，但是它们的相对数量和其他细菌的存在可能取决于生存的地理位置[21,22]。类似地，可能所有调节乳母皮肤、口腔、阴道和肠道微生物菌群的因素都潜在调节母乳微生物组。然而，需要来自不同地区代表性母乳样本的研究。

6.3.7 乳母膳食与营养状况

乳母的膳食习惯很可能调节肠道微生物组和影响母乳的营养成分，使母乳微生物组发生变化，但是报道的有关研究较少。曾有报道，当地食品和其他发酵食品与母婴微生物肠道及母乳中存在细菌具有共同微生物特征[52]。最近通过动物模型试验已证明，长链多不饱和脂肪酸可调节生命早期肠道微生物组的成分；乳母膳食影响母乳的微生物群落，尤其是怀孕期间的膳食影响肠道微生物群的形成。孕期补充益生菌和益生元可能影响母乳的微生物组。

近年还有人报告，分析的母乳样品中65%存在非营养性甜味剂（如糖精、三氯蔗糖和乙酰磺胺酸钾）[53]。上述数据提示，乳母膳食可能调节母乳中存在生物活性化合物和微生物。因此需要研究乳母膳食中营养素与母乳微生物组的相互作用，以及对婴儿健康的影响。

6.4 调节母乳微生物组的潜在意义

已知母乳中存在的主要细菌是链球菌、葡萄球菌、黏质沙雷氏菌、假单胞菌、棒状杆菌、罗尔斯通菌和丙酸杆菌属。膳食是可能改变肠道菌群的强有力的工具。

6.4.1 动物模型试验结果

动物模型试验中观察到与微生物群组成失衡有关的疾病风险。如日本的一项以猕猴为模型的研究结果显示[54]，孕期高脂肪膳食影响婴儿的微生物组成成分及活性、物质代谢与健康状况。因此，破译特定肠道细菌的贡献、促进营养和生活方式的改善，可能会开辟降低与微生物组成变化有关疾病风险的新的研究领域。

6.4.2 影响婴儿肠道益生菌定植

一项安慰剂对照研究表明，在怀孕和母乳喂养期间摄入益生菌可调节婴儿双歧杆菌定植，也可以调节母乳微生物组[55]。最近，已有学者提出围产期补充益生菌影响母乳中微生物组成，包括双歧杆菌和乳杆菌属菌，同时影响其他生物活性化合物（如母乳寡糖和乳铁蛋白）的含量。

6.4.3 益生菌的预防作用

已证明特定的益生菌菌株可有效预防和治疗生命早期的感染性疾病，且可降低高危人群中婴儿患湿疹的风险。有研究还发现，使用益生菌补充剂可影响阴道分娩妇女的母乳样品的菌群组成，而在剖宫产分娩妇女的乳样中没有发现显著差异，提示益生菌特异性依赖于分娩方式的调节。在生命早期 1500 天内使用特定益生菌研讨会的报告中，专家同意健康的围产期生活可降低生命后期感染和自身罹患免疫性疾病的风险[56]；通过母乳或婴儿配方食品中添加益生菌调整微生物菌群，有可能成为改善婴幼儿健康的重要干预措施[15]。

6.5 展望

新技术和检测仪器的进步增加了我们对母乳微生物群组成的了解，母乳微生物组学的研究已经引起人们普遍关注，而且也是今后重点研究方向。由于该学科尚处在早期阶段，还有巨大发展空间。

（1）母乳微生物组对喂养儿免疫功能的影响　随着母乳微生物组学相关数据的积累和分析手段的进步，将使我们有可能从非常复杂的母乳微生物菌群构成及变异中，了解母乳及母乳喂养对母乳喂养儿的影响，如新生儿免疫功能的启动、肠道发育和抵抗感染性疾病的能力等。

（2）母乳微生物组对喂养儿的远期健康效应　微生物组成成分的改变已被视为生活方式疾病发生发展的强大风险因素。因此需要设计良好的追踪研究，观察母乳喂养及母乳微生物组对喂养儿可能产生的远期健康效应（成年期营养相关慢性病发展轨迹和易感性），以探索每种不同种类的母乳细菌及其活力对喂养儿健康状况的影响。

（3）母乳微生物的来源及影响因素　仍需要开展更多的研究确定母乳中微生物的起源，例如来自母亲皮肤 / 衣服、吸吮期间婴儿的口腔负压以及母亲肠道到乳腺的迁移等。为了增加对母乳微生物组的了解，需深入研究不同地理区域、遗传背景、环境、营养与膳食条件下的母乳微生物组，以充分了解微生物组在提升婴儿健康方面的潜能。

（4）改善母乳微生物组的新实践　已有研究结果显示，多个围产期因素影响通过母乳从母亲向婴儿的微生物转移。因此孕中晚期和 / 或泌乳期可能为设计新的膳食改善或营养干预母乳微生物组提供了新目标，为调节母乳微生物菌群提供了营养干预工具，促进母乳喂养，同时还可能降低患非传染性疾病的风险。

近年还有人报告，分析的母乳样品中 65% 存在非营养性甜味剂 [53]。这些数据提示，乳母膳食可能调节母乳中存在生物活性化合物和微生物。因此还需要研究乳母膳食中营养成分与母乳微生物组的相互作用、添加人工合成成分对母乳微生物组以及对婴儿健康的影响。

（5）方法学研究　尽管目前很多母乳微生物研究采用分子生物学技术，然而该技术的应用也有其局限性。例如，由于细胞壁组成、DNA 提取方法和可能会导致高估或低估细菌计数的微生物 16S 基因拷贝数量，因此无法分析母乳微生物的生存能力以及可能高估或低估总细菌数。也有报道使用的提取试剂盒和试剂中存在 DNA 的污染 [17]。影响母乳微生物群组成的其他潜在因素包括采样方法、DNA 提取方法、测序平台、16S 细菌基因区域研究和 16S 数据库以及使用的生物信息学渠道。因此需要标准化的步骤和验证方法。同时高通量方法的分析成本依然偏高，应研究开发新的检测技术，提高分析的效率和准确性，降低分析成本，推动母乳微生物组学研究。

（董彩霞，王晖，荫士安）

参考文献

[1] Aaltonen J, Ojala T, Laitinen K, et al. Impact of maternal diet during pregnancy and breastfeeding on infant metabolic programming: a prospective randomized controlled study. Eur J Clin Nutr, 2011, 65(1): 10-19.

[2] Turfkruyer M, Verhasselt V. Breast milk and its impact on maturation of the neonatal immune system. Curr Opin Infect Dis, 2015, 28: 199-206.

[3] Valles Y, Artacho A, Pascual-Garcia A, et al. Microbial succession in the gut: directional trends of taxonomic and functional change in a birth cohort of Spanish infants. PLoS Genet, 2014, 10(6):e1004406.

[4] Sakwinska O, Bosco N. Host microbe interactions in the lactating mammary gland. Front Microbiol, 2019, 10: 1863. doi: 10.3389/fmicb.2019.01863.

[5] Hooper L V, Littman D R, Macpherson A J. Interactions between the microbiota and the immune system. Science, 2012, 336(6086): 1268-1273.

[6] Rodriguez J M, Murphy K, Stanton C, et al. The composition of the gut microbiota throughout life, with an emphasis on early life. Microb Ecol Health Dis, 2015, 26: 26050.

[7] Zimmermann P, Curtis N. Factors influencing the intestinal microbiome during the first year of life. Pediatr Infect Dis J, 2018, 37(12):e315-e335.

[8] Fernandez L, Langa S, Martin V, et al. The human milk microbiota: origin and potential roles in health and disease. Pharmacol Res, 2013, 69(1): 1-10.

[9] Jeurink P V, van Bergenhenegouwen J, Jimenez E, et al. Human milk: a source of more life than we imagine. Benef Microbes, 2013, 4(1): 17-30.

[10] Pannaraj P S, Li F, Cerini C, et al. Association between breast milk bacterial communities and establishment and development of the infant gut microbiome. JAMA Pediatr, 2017, 171(7): 647-654.

[11] Dunlop A L, Mulle J G, Ferranti E P, et al. Maternal microbiome and pregnancy outcomes that impact infant health: a review. Adv Neonatal Care, 2015, 15(6): 377-385.

[12] de Agüero M G, Ganal-Vonarburg S C, Fuhrer T, et al. The maternal microbiota drives early postnatal innate immune development. Science, 2016, 351(6279): 1296-1302.

[13] Bendiks M, Kopp M V. The relationship between advances in understanding the microbiome and the maturing hygiene hypothesis. Curr Allergy Asthma Rep, 2013, 13(5): 487-494.

[14] Ferretti P, Pasolli E, Tett A, et al. Mother-to-infant microbial transmission from different body sites shapes the developing infant gut microbiome. Cell Host Microbe, 2018, 24(1): 133-145 e5.

[15] Zimmermann P, Curtis N. Breast milk microbiota: a review of the factors that influence composition. J Infect, 2020, 81(1): 17-47.

[16] Cabrera-Rubio R, Collado M C, Laitinen K, et al. The human milk microbiome changes over lactation and is shaped by maternal weight and mode of delivery. Am J Clin Nutr, 2012, 96(3): 544-551.

[17] McGuire M K, McGuire M A. Human milk: mother nature's prototypical probiotic food? Adv Nutr, 2015, 6(1): 112-123.

[18] Cabrera-Rubio R, Mira-Pascual L, Mira A, et al. Impact of mode of delivery on the milk microbiota composition of healthy women. J Dev Orig Health Dis, 2016, 7(1): 54-60.

[19] Jost T, Lacroix C, Braegger C, et al. Assessment of bacterial diversity in breast milk using culture-dependent and culture-independent approaches. Br J Nutr, 2013, 110(7): 1253-1262.

[20] Hunt K M, Foster J A, Forney L J, et al. Characterization of the diversity and temporal stability of bacterial communities in human milk. PLoS ONE, 2011, 6:e21313.

[21] Sim K, Cox M J, Wopereis H, et al. Improved detection of bifidobacteria with optimised 16S rRNA-gene based pyrosequencing. PLoS One, 2012, 7(3):e32543.

[22] Jimenez E, de Andres J, Manrique M, et al. Metagenomic analysis of milk of healthy and mastitis-suffering women. J Hum Lact, 2015, 31(3): 406-415.

[23] Jost T, Lacroix C, Braegger C P, et al. Vertical mother-neonate transfer of maternal gut bacteria via breastfeeding. Environ Microbiol, 2014, 16(9): 2891-2904.

[24] Martín R, Langa S, Reviriego C, et al. Human milk is a source of lactic acid bacteria for the infant gut. J Pediatr, 2003, 143(6): 754-758.

[25] Makino H, Kushiro A, Ishikawa E, et al. Mother-to-infant transmission of intestinal bifidobacterial strains has an impact on the early development of vaginally delivered infant's microbiota. PLoS One, 2013, 8(11):e78331.

[26] Makino H, Martin R, Ishikawa E, et al. Multilocus sequence typing of bifidobacterial strains from infant's faeces and human milk: are bifidobacteria being sustainably shared during breastfeeding? Benef Microbes, 2015, 6(4): 563-572.

[27] Benito D, Lozano C, Jimenez E, et al. Characterization of staphylococcus aureus strains isolated from faeces of healthy neonates and potential mother-to-infant microbial transmission through breastfeeding.

FEMS Microbiol Ecol, 2015, 91(3) :fiv007. doi: 10.1093/femsec/fiv007.

[28] Roger L C, Costabile A, Holland D T, et al. Examination of faecal Bifidobacterium populations in breast- and formula-fed infants during the first 18 months of life. Microbiology, 2010, 156(Pt 11): 3329-3341.

[29] Azad M B, Konya T, Maughan H, et al. Gut microbiota of healthy Canadian infants: profiles by mode of delivery and infant diet at 4 months. CMAJ, 2013, 185(5): 385-394.

[30] O'Sullivan A, Farver M, Smilowitz J T. The influence of early infant-feeding practices on the intestinal microbiome and body composition in infants. Nutr Metab Insights, 2015, 8(Suppl 1): s1-s9.

[31] Madan J C, Hoen A G, Lundgren S N, et al. Association of cesarean delivery and formula supplementation with the intestinal microbiome of 6-week-old infants. JAMA Pediatr, 2016, 170(3): 212-219.

[32] Tromp I, Kiefte-de Jong J, Raat H, et al. Breastfeeding and the risk of respiratory tract infections after infancy: The Generation R Study. PLoS One, 2017, 12(2):e0172763.

[33] Munblit D, Verhasselt V. Allergy prevention by breastfeeding: possible mechanisms and evidence from human cohorts. Curr Opin Allergy Clin Immunol, 2016, 16(5): 427-433.

[34] Lamberti L M, Zakarija-Grkovic I, Fischer Walker C L, et al. Breastfeeding for reducing the risk of pneumonia morbidity and mortality in children under two: a systematic literature review and meta-analysis. BMC Public Health, 2013, 13 (Suppl 3): s18. doi: 10.1186/1471-2458-13-S3-S18.

[35] Lamberti L M, Fischer Walker C L, Noiman A, et al. Breastfeeding and the risk for diarrhea morbidity and mortality. BMC Public Health, 2011, 11 (Suppl 3): s15. doi: 10.1186/1471-2458-11-S3-S15.

[36] Gomez-Gallego C, Garcia-Mantrana I, Salminen S, et al. The human milk microbiome and factors influencing its composition and activity. Semin Fetal Neonatal Med, 2016, 21(6): 400-405.

[37] Tannock G W, Lawley B, Munro K, et al. Comparison of the compositions of the stool microbiotas of infants fed goat milk formula, cow milk-based formula, or breast milk. Appl Environ Microbiol, 2013, 79(9): 3040-3048.

[38] Moossavi S, Sepehri S, Robertson B, et al. composition and variation of the human milk microbiota are influenced by maternal and early-life factors. Cell Host Microbe, 2019, 25(2): 324-335 e4.

[39] Padilha M, Danneskiold-Samsøe N B, Brejnrod A, et al. The human milk Microbiota is modulated by maternal diet. Microorganisms, 2019, 7(11): 502.

[40] Marchesi J R, Adams D H, Fava F, et al. The gut microbiota and host health: a new clinical frontier. Gut, 2016, 65(2): 330-339.

[41] Derrien M, Alvarez A S, de Vos W M. The gut microbiota in the first decade of life. Trends Microbiol, 2019, 27(12): 997-1010.

[42] Hoashi M, Meche L, Mahal L K, et al. Human milk bacterial and glycosylation patterns differ by delivery mode. Reprod Sci, 2016, 23(7): 902-907.

[43] Urbaniak C, Angelini M, Gloor G B, et al. Human milk microbiota profiles in relation to birthing method, gestation and infant gender. Microbiome, 2016, 4: 1. doi: 10.1186/s40168-015-0145-y.

[44] Moossavi S, Azad M B. Origins of human milk microbiota: new evidence and arising questions. Gut Microbes, 2019, 12(1): 1667722. doi: 10.1080/19490976.2019.1667722.

[45] Urbaniak C, Cummins J, Brackstone M, et al. Microbiota of human breast tissue. Appl Environ Microbiol, 2014, 80(10): 3007-3014.

[46] Collado M C, Laitinen K, Salminen S, et al. Maternal weight and excessive weight gain during pregnancy modify the immunomodulatory potential of breast milk. Pediatr Res, 2012, 72(1): 77-85.

[47] Olivares M, Albrecht S, de Palma G, et al. Human milk composition differs in healthy mothers and

mothers with celiac disease. Eur J Nutr, 2015, 54(1): 119-128.

[48] Gonzalez R, Maldonado A, Martin V, et al. Breast milk and gut microbiota in African mothers and infants from an area of high HIV prevalence. PLoS One, 2013, 8(11):e80299.

[49] Patoula P, Matthan N, Sen S. Effects of maternal obesity on breastmilk composition and infant growth. FASEB J, 2014, 28(1): 247.7.

[50] Andreas N J, Kampmann B, Mehring Le-Doare K. Human breast milk: A review on its composition and bioactivity. Early Hum Dev, 2015, 91(11): 629-635.

[51] Panagos P G, Vishwanathan R, Penfield-Cyr A, et al. Breastmilk from obese mothers has pro-inflammatory properties and decreased neuroprotective factors. J Perinatol, 2016, 36(4): 284-290.

[52] Albesharat R, Ehrmann M A, Korakli M, et al. Phenotypic and genotypic analyses of lactic acid bacteria in local fermented food, breast milk and faeces of mothers and their babies. Syst Appl Microbiol, 2011, 34(2): 148-155.

[53] Sylvetsky A C, Gardner A L, Bauman V, et al. Nonnutritive sweeteners in breast milk. J Toxicol Environ Health A, 2015, 78(16): 1029-1032.

[54] Ma J, Prince A L, Bader D, et al. High-fat maternal diet during pregnancy persistently alters the offspring microbiome in a primate model. Nat Commun, 2014, 5: 3889. doi: 10.1038/ncomms4889.

[55] Gueimonde M, Sakata S, Kalliomaki M, et al. Effect of maternal consumption of lactobacillus GG on transfer and establishment of fecal bifidobacterial microbiota in neonates. J Pediatr Gastroenterol Nutr, 2006, 42(2): 166-170.

[56] Reid G, Kumar H, Khan A I, et al. The case in favour of probiotics before, during and after pregnancy: insights from the first 1,500 days. Benef Microbes, 2016, 7(3): 353-362.

母乳成分分析方法

Analytical Methods for Human Milk Compositions

第 7 章

母乳中蛋白质及其组分测定

目前国内对母乳蛋白含量的定量分析研究大多数还停留在总蛋白质含量的测定，即利用凯氏定氮法测定蛋白氮与非蛋白氮（NPN）；测定酪蛋白与乳清蛋白的含量。关于单一母乳中蛋白质的分离定量的研究则相当有限，主要采用的方法有反相色谱法、电泳法、离子交换色谱法和免疫化学法等。传统蛋白质测定方法主要采用凯氏定氮、凝胶电泳、等电聚焦、二维聚丙烯酰胺凝胶电泳、亲和色谱、HPLC 分离等方法。但是此类方法存在操作程序复杂、成本高、耗时长等缺点。

7.1 总蛋白质及其组分研究

7.1.1 总蛋白质含量

通常用凯氏定氮法测定样品的氮含量，然后乘以转换系数计算蛋白质的含量。由于其他动物乳汁中 NPN 所占比例较低（< 5%），通过测定总氮含量就可准确估计真实的蛋白质含量。然而，由于母乳中含有较高比例的 NPN，凯氏定氮法测定的结果常常会高估蛋白质含量[1]，例如 NPN 占总氮含量的 20% ～ 25%，使用氮含量乘以转换系数的结果明显高估了母乳的蛋白质含量。更准确的方法是测定总氮和 NPN 的含量，从总氮中减去 NPN 的含量，然后再乘以凯氏定氮的转换系数 6.25[2]。然而，这样将会稍微低估 TAA 的含量，因为在 NPN 组分中还包括了小的肽类和 FAA，但是这部分仅占总量的很少几个百分点。可能的方式是用氨基酸分析仪测定准确氨基酸含量和纯蛋白质（pure protein）含量（α-氨基氮）。有人推荐使用“校正的凯氏定氮法”获得的纯蛋白质含量与氨基酸分析仪的结果非常接近[2]。

7.1.2 不同蛋白质组分

虽然母乳中含有的蛋白质总量很重要，但是母乳中的蛋白质种类很多，而且个体间的变异很大，不同的蛋白质参与了多种复杂的生理功能。由于母乳中含有大量的蛋白质，完全基线分离的问题还有待解决，因此目前还很难对母乳中的不同蛋白质组分进行准确的分离定量。

（1）含量低且种类多　目前关于母乳蛋白质及其存在形式的研究仍处于初级阶段，大多数研究还是停留在总蛋白质层面，即利用凯氏定氮法或不同的沉淀方法，测定母乳中的总蛋白质、总酪蛋白和总乳清蛋白的含量。由于母乳中很多功能性蛋白质的含量很低，提取纯化的难度高，缺乏相应的标准品，严重制约了对这些单一蛋白质及其亚单位和功能的研究，使母乳中很多低丰度蛋白质的定量检测长期处于停滞状态。

（2）缺乏特异性检测方法　母乳中不同蛋白质组分检测方法的建立取决于诸多条件，首先需要提供高纯度标准品用于定性和定量分析，如免疫学方法需要纯净的母乳单一蛋白质用于制备抗体。由于母乳组成成分的复杂性，利用色谱法或电泳法难以将被测化合物与基质达到基线分离的程度，同时由于各种母乳蛋白质的理化性质非常接近，很难有效区分相似的蛋白质组分；而免疫化学法的原理是基于抗原-抗体的特异性结合反应，通过酶联免疫法、免疫比浊法等可对母乳中蛋白质进行定量分析，但是这些方法又会不可避免地发生交叉反应，可能导致结果出现假阳性，影响测定结果的准确性（系统偏高）。液相色谱法通常使用紫外检测器，含有芳香族氨基酸的蛋白质在280nm处显示特有的吸收波长，而其他大多数不含有芳香族氨基酸的蛋白质检测波长选择200nm，然而这两个波长的特异性并不高，尚无法区分不同的蛋白质组分，而且紫外检测器灵敏度低，难以满足母乳中微量蛋白质组分的定量检测。

7.1.3 蛋白质组分的方法学研究进展

陈启等[3]根据上述原理，筛选出合适的母乳α-乳白蛋白特异肽并用化学合成特异性多肽，利用UPLC-MS定性定量测定了母乳α-乳白蛋白含量，由于该方法使用了同位素标记的氨基酸合成内标，排除了酶解、分离和质谱离子化、样品基质等因素的干扰。近年来，具有高分辨率的傅里叶变换离子回旋共振质谱（FT-ICR-MS）与肽库配合使用，已经成为应用工具之一。FT-ICR-MS具有独特的裂解技术，电子捕获解离不仅可优先断裂S-S和N-C α键，还可以进行蛋白质修饰后的定位。在蛋白质与多肽的质谱分析中，质谱的准确性对测定结果有很大影响。FT-ICR-MS以高分辨率、高质量检测上限、高扫描速度、宽的动态范围、最佳的质量准确度等技术优势，广泛被应用于蛋白质的研究；采用HPLC/傅里叶变换离子回旋共振（FT-ICP）乳脂肪球膜（MFGM）和乳清蛋白组分纳流HPLC/傅里叶变换离子回旋共振（FT-ICP）质谱检测MFGM和乳清蛋白中的各组分，也可以克服电泳方法的局限性。

7.2 不同蛋白质组分测定方法

7.2.1 α-乳清蛋白的测定方法

目前用于α-乳清蛋白含量测定的常用方法有高效液相色谱法、免疫学方法或利用二者联合发展的新方法，以及反相色谱法、离子交换色谱法、电泳法、UPLC-MS定性定量的方法等[4-8]。高效液相色谱法已被证明是分析母乳中乳白蛋白的一种非常准确且结果可重复的方法[9]，适用于自动化测定，可在相对较短的时间内分析大量样品；也有的学者认为HPLC方法比较理想，而其他如免疫学方法等比HPLC法既费时又麻烦。UPLC-MS可用于母乳α-乳白蛋白的定性定量测定[10]。

由于缺乏相关的标准品 / 抗体，使 α-乳清蛋白含量及其组分检测方法的建立滞后。采用电泳、色谱法或其他检测方法等均需要高纯度标准品用于定性和定量；免疫学方法则需要纯净母乳单一蛋白质用于制备抗体。由于目前仍非常缺乏商品化的、单一母乳蛋白质标准品，严重制约上述检测方法的建立。

7.2.2 β-酪蛋白的测定方法

β-酪蛋白（β-casein）是母乳中重要的蛋白质组成成分，占母乳总蛋白的 27%，占母乳总酪蛋白含量的 68%[11]。在婴儿出生第一年，母乳中 β-酪蛋白含量变化范围 0.04 ～ 4.42g/L，平均值为 1.25g/L，中位数为 1.09g/L，约占总酪蛋白含量的 50% ～ 85%，随泌乳期的延长呈现下降趋势[12]。在 2016 年，Chen 等[13]报告使用超高效液相色谱-串联质谱技术测定 147 份母乳样品中 α-乳清蛋白和 β-酪蛋白的含量，在不同泌乳阶段其含量范围分别为 2.06 ～ 5.78g/kg 和 1.16 ～ 4.67g/kg。

通过比较常见哺乳动物乳汁中酪蛋白亚组分的构成[14]，母乳和马乳的酪蛋白组成较接近，它们都不含有 α_{s_2}-酪蛋白。从酪蛋白四个亚型组分的相对含量上看，母乳中 β-酪蛋白的含量相对较高，与马乳、驼乳、羊乳相似，结果如图 7-1 所示。

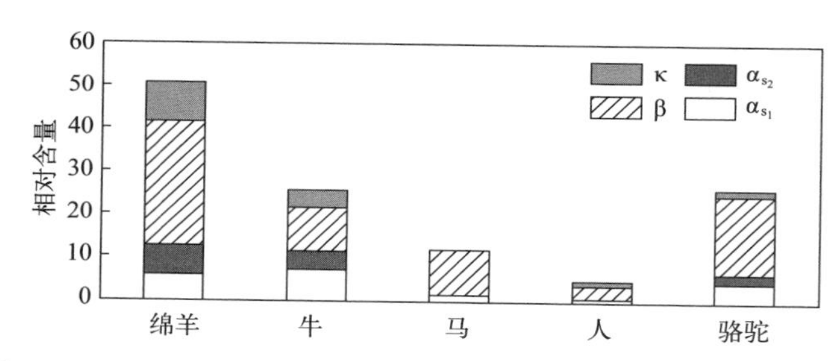

图 7-1 五个常见哺乳动物乳汁中酪蛋白四个亚组分的相对含量[14]

虽然母乳中 β-酪蛋白组分及其体内水解产物的种类和含量对喂养婴儿的生长发育很重要，但是由于种类多、大多数水解产物的含量低且个体间的差异很大、不同的组分参与的生理功能不同以及测定方法学的限制，目前开展的测定研究工作十分有限，还很难对母乳中不同 β-酪蛋白的组分进行准确分离定量。早期采用 ELISA 方法测定牛乳 β-酪蛋白含量，后来刘微等[15]采用色谱分离与 SDS-PAGE 电泳方法鉴定母乳和牛乳中的 β-酪蛋白。Enjapoori 等[16]采用液相色谱-串联质谱（LC-MS/MS）技术，测定母乳中天然存在的 β-酪蛋白及其衍生的 β-酪蛋白吗啡（β-casomorphin，BCM）肽。Chen 等[13]使用超高效液相色谱-串联质谱技术，同时定量测定母乳中 α-乳白蛋白和 β-酪蛋白，α-乳白蛋白和 β-酪蛋白的检测限分别为 8.0mg/100g 和 1.2mg/100g。随着蛋白质组学和肽组学的快速发展及检测仪器设备的进步，必将促进母乳中 β-酪蛋白组分和水解产物以及相关功能关系的研究。

7.2.3 乳肽的测定方法

检测内源肽的方法为肽组学。肽组学最初由 Schulz-Knappe 提出，指在明确的时间点对生物样品中蛋白质的低分子量部分进行系统、全面、定量和定性分析[17]，其中该低分子量部分主要包括具有生物活性的肽序列、蛋白质降解产物和小分子蛋白质[18]。近年来随着对肽组学认识的不断发展，对人乳内源肽的检测方法也随之变化。常见的进行多肽检测的方法主要采用 LC-MS/MS，即液相色谱串联质谱法应用于肽组学研究，该方法的使用目的为在复杂的混合物中检测出其中某些组分并确定该组分的结构。LC-MS/MS 通常应用在成分较为复杂的成分分析，通常选用胰蛋白酶对蛋白质进行酶解，然后用尿素将三级结构变性再用碘乙酰胺处理半胱氨酸。最后，用 LC-MS 肽质谱指纹区或 LC-MS/MS 串联质谱去推导各个多肽的序列[19-21]。但是在某些更为复杂情况下（如母乳内源肽的分析），即使用高分辨率质谱仪，其质量也可能发生重叠。所以在使用 LC-MS/MS 进行母乳内源肽测定过程中，可以首先使用 SDS-PAGE 凝胶电泳或 HPLC-SCX 对样品进行分离，之后使用 LC-MS/MS 方法进行高水平蛋白质鉴定。

随着检测方法的不断更新，如何在更少的总分析时间内能够定性定量完成母乳内源肽分析，可为母乳内源肽的研究提供更为高效的认知过程。母乳内源肽的成分较为复杂，从复杂的母乳样本中分离肽，需要特异且高效的样本提取方案。虽然母乳中的内源肽浓度较高[21]，但仍然需要与母乳中的其他含量丰富的成分加以分离。在进行母乳内源肽的肽组学分析过程中，建立优化的工作流程，以满足用相对较短时间在较大动态范围内识别大量的总肽以及相应的肽段；在分析母乳中内源肽时，通常用浓度 20% 的三氯乙酸（TCA）沉淀强酸性蛋白质[22-24]；接下来对样品进行碎片化处理过程中，经过碰撞诱导裂解（collision induced dissociation，CID）方法处理样品，最终检测出总肽含量并识别出最多的独特肽段。在不断探索肽组学方法研究内源肽的过程中，目前相比较能够在较短合理时间范围内对内源肽进行更多定性、定量研究的工作流程是利用 20% 三氯乙酸沉淀蛋白质并提取，通过 CID 片段化进行液相色谱串联色谱法分析。这个方法结合较为简单的工作流程，可以在较短时间内鉴定出较大数量的独特肽段。同时该方法对于肽的提取和技术复制，以及针对不同泌乳阶段（即不同蛋白质浓度）样品的检测结果的再现性很高。该方法可以在 18h 总分析时间内，定性、定量检测 4000 种母乳内源肽。同时在绘制肽图谱的过程中，应用 PepEx 程序可以将肽谱强度映射到覆盖图，提高了高丰度多肽的可检测性。PepEx 程序用来描绘母乳内源肽谱图的同时，也揭示了肽的释放来自母蛋白中的特定区域 [22]。

上述结果提示，随着检测技术的不断发展，从用凯氏定氮法测定蛋白质中氮含量，到用 UPLC-MS 法定性定量测定母乳中 α-乳清蛋白含量，再到采用高分辨质谱仪（如傅里叶变换离子回旋共振质谱，FT-ICR-MS）的使用，使蛋白质组学的研究进展到肽组学研究，在结合高效且准确的工作流程分析方法的基础上，母乳内源肽的种类和数量，在母乳成分的研究过程中得以不断地被发现。简化且高效的工作流程，可以实现在较短的时间内对大量母乳样品进行分析，将有助于人们更清楚地了解母乳内源肽的变化以及与生理功能或营养学作用的关系。

7.2.4 乳铁蛋白的测定方法

目前乳铁蛋白的测定方法主要有吸附色谱法、离子交换色谱法、亲和色谱法、固定化单系抗体法和超滤法等，大致可归纳为如下几类：一是需要借助于抗体的方法，如酶联免疫吸附法（ELISA）、放射免疫扩散法（RID）及免疫扩散法（ID）；二是根据不同分子结构的物质对电磁辐射选择性吸收的方法，如分光光度法；三是测定离子迁移速度的方法，如毛细管电泳技术（HPCE）；四是根据分子量的差异分离物质的方法，如高效液相色谱法（HPLC）、超高效液相色谱-质谱联用（UPLC-MS）。

7.2.4.1 分光光度法

分光光度法（spectrophotometry）是基于不同分子结构的物质对电磁辐射选择性吸收而建立的方法。卢蓉蓉等 [25] 用分光光度法测定乳铁蛋白，采用纯度为 90% 的乳铁蛋白溶液，在 400 ～ 700nm 下扫描，475nm 波长产生特征吸收峰。乳铁蛋白分离纯化后，收集到的各部分中乳铁蛋白得到富集。对纯化后收集的各部分分别测 A_{475} 值，并同时用 ELISA 测定其中乳铁蛋白含量，分析分离纯化后的产品，分光光度法与 ELISA 法之间具有一定的相关性，但是准确性不十分理想，但可利用这种方法快速估算样品中乳铁蛋白含量，便于工厂中分离纯化过程的在线检测。该方法快速简便，但准确性稍差，适用于测定分离纯化后的乳铁蛋白。

7.2.4.2 酶联免疫吸附法

酶联免疫吸附法（enzyme-linked immunosorbent assay, ELISA）是将抗原、抗体特异性反应和酶的高效催化作用有机结合起来的一种新颖、快速、适用的免疫学分析方法，也是目前测定乳铁蛋白的常用方法之一。单炯 [26] 等用 ELISA 法分别测定了初乳、过渡乳和成熟乳样本中乳铁蛋白含量，三组之间差异显著（$P < 0.01$）。王燕平等[27]建立了一种ELISA的检测方法，摸索了ELISA的工作条件，为研制人乳铁蛋白检测试剂盒提供了依据。

7.2.4.3 HPLC和UPLC-MS

HPLC法是依据被测组分在固定相与流动相之间的吸附能力、分配系数、离子交换作用或分子尺寸大小的差异进行分离，是一种非免疫学方法。许宁等[28]应用反相高效液相色谱法分离测定牛乳铁蛋白含量。色谱条件为：Vydac C_4 色谱柱（250mm×4.6mm,5μm），柱温为25℃，检测波长为220nm，流动相A为0.1%三氟乙酸（TFA）水溶液，B为乙腈-水-TFA（95∶5∶0.1），梯度洗脱，流速为1.0mL/min。此法操作简便，精密度好，结果准确可靠，最低检测限为0.1mg/L。Yang等[29]报道使用UPLC/MS测定不同哺乳阶段母乳中乳铁蛋白含量。

7.2.4.4 高效毛细管电泳法

高效毛细管电泳法（high performance capillary electrophoresis，HPCE）的基本原理是根据在电场作用下离子迁移速度不同的原理，对组分进行分离和分析。HPCE是近年来发展起来的一种分离、分析技术，它是凝胶电泳技术的发展，是高效液相色谱分析的补充。许宁[30]用HPCE测定乳铁蛋白：熔融石英毛细管柱67cm（有效长度55cm）×50μm；运行缓冲液为33mmol/L，磷酸二氢钾为10mmol/L，磷酸溶液（pH 2.5）；压力进样6.9kPa×5s；运行电压25kV；检测波长214nm；毛细管柱温为25℃。乳铁蛋白进样浓度在100.0～600.0mg/L范围内线性关系良好（r=0.9995），最低检测限为25mg/L。

7.2.4.5 放射免疫扩散法

放射免疫扩散法（radial immunodiffusion, RID）是利用放射性核素灵敏度高和抗原抗体免疫反应特异性强的特点而建立起来的一种超微量分析方法。乳铁蛋白与抗血清具有特异性的免疫反应，经过一系列染色、脱色和清洗后可以测量到反应沉淀带，该沉淀带的直径与参与反应的抗原、抗体浓度成正比，利用该特性可检测乳铁蛋白的含量[31]。放射免疫扩散法的检测范围有限、准确度不高且存在一定的放射危害，故应用不是很广泛。

7.2.4.6 免疫扩散法

免疫扩散法（immunodiffusion assay）的操作，将混有抗乳铁蛋白抗体的琼脂糖倾入平板，凝冻后打一些小孔，接入乳铁蛋白样品。随着抗原呈放射形扩散，在以小孔为中心的环状区域形成抗原-抗体反应沉淀带，沉淀带在RID染色液的作用下被染色，环的直径与抗原（乳铁蛋白）的浓度成正比，通过标准曲线，可以测出样品的乳铁蛋白浓度。但是免疫扩散法的检测范围有限，而且定量的准确度不高，操作烦琐，仅能实现在一定乳铁蛋白浓度范围内的定性检测。

7.2.5 免疫球蛋白的测定方法

报告的免疫球蛋白含量的测定方法很多，包括免疫扩散法、免疫比浊法、紫外-可见光分光光度法、ELISA、火箭免疫电泳法、颗粒荧光检测法、表面离子共振免疫分析法、定量放免测定法等。

7.2.5.1 免疫扩散法

免疫扩散法是将待检抗原滴于含有相应抗体的琼脂板小孔中，经一定时间扩散后，形成乳白色沉淀环，在一定浓度范围内，抗原含量与沉淀环的直径成正比。该方法可分为单向免疫扩散法（SRID）和琼脂糖双向免疫扩散法（AGP）。

（1）单向免疫扩散法　该方法是早期用于检测人IgG含量的常用方法，现在可用于测定IgA和IgM。原理为：在一定条件下，人IgG、IgA和IgM与相应抗体血清在凝胶中产生沉淀环的大小与相应的抗原含量成正比。通常的操作是将待测血清或乳样均匀混合于液态的琼脂或琼脂糖胶内，打孔，加样，37℃孵育24h，用游标卡尺测定扩散环的直径大小，根据同时操作的不同浓度IgG标准品绘制的标准曲线，可以查出样品中IgG含量。该方法操作简便，无需特殊仪器，成本较低，选择性强，灵敏度较高，检出量为10～20mg/L。

（2）琼脂糖双向免疫扩散法　琼脂糖双向免疫扩散法（AGP）是将可溶性抗原与已知可溶性抗体分别加入相邻的琼脂糖凝胶板上的小孔内，在电解质存在情况下让它们相互向对方扩散。当两者在最适当比例处相遇时，即可形成一条清晰沉淀线，根据检品IgG最大稀释度与已知标准IgG最大稀释度之比，计算出待测乳样的IgG含量。该方法特异性强，具有准确、简便、费用低等优点。但是免疫扩散法的准确度受扩散环或沉淀线清晰度及测量误差的影响较大，准确度和灵敏度较低，劳动强度大，耗时较长（24h以上），影响测定结果的因素较多。

7.2.5.2 免疫比浊法

免疫比浊法于20世纪70年代由Ritcltic首次提出，发展至今已成为临床检测免疫球蛋白的主要方法。其原理是抗原抗体在特殊缓冲液中快速形成抗原抗体复合物，使反应液出现浊度。当反应液中保持抗体过量时，形成的复合物随抗原量的增加而增加，反应液的浊度亦随之增加，与一系列的标准品相比较，可计算出样品中待检物质的含量。免疫比浊法可分为透射比浊法和散射比浊法，可用于测定 IgG、IgA 和 IgM 的含量。透射比浊法（ITM）的原理是基于抗原抗体结合形成的免疫复合物，当存在的抗体过量情况下，抗原越多，形成的浊度越大，在 340nm 处出现最佳吸收峰，溶液透过光的量可用全自动生化仪测定；而散射比浊法的原理是根据溶液对光散射的程度判定待测样品中抗原的含量。透射比浊法和散射比浊法检测结果的偏差随样品 IgG 浓度的升高而增大。李多孚等[32]利用这两种方法检测不同 IgG 浓度的人血清，发现当 IgG 浓度高于 35g/L 时，相对误差达 10% 以上。散射比浊法灵敏度和准确度优于透射比浊法，但散射比浊法因其所需仪器及试剂价格较高，实验成本也较高；而免疫乳胶比浊法由于使用乳胶颗粒作为载体，增大了浊度粒子体积，具有较高的检测灵敏度，可用于检测 IgG 含量较低的样品。免疫比浊法的优点是操作简单、快速、准确、重复性好、标本用量少等。

7.2.5.3 酶联免疫吸附法

ELISA 是免疫反应和酶催化显色反应相结合的一种免疫诊断技术。基于此技术制成的 ELISA 试剂盒已广泛应用于各类临床免疫学检测。ELISA 试剂盒是将有免疫活性的抗原或抗体结合在固体载体上（一般为塑胶孔盘），使待测物与之发生免疫反应，配合酶催化的显色反应显示是否存在目标物，在一定条件下显色深浅与待测物中抗原或抗体的含量成正比。该方法系基于可用于测定抗体，也可用于检测抗原的原理，有以下三种类型的常用方法。

（1）双抗体夹心法　双抗体夹心法（sandwich）常用于测定抗原，即将已知抗体吸附于固相载体中，加入待检样本（含相应抗原）与之结合，温育后洗涤，加入酶标。由于夹心法分别以两种抗体对样品中的抗原进行两次特异性识别，因此选择性较高，一般应用于定量检测各种蛋白质等大分子抗原。

（2）间接法　该法是测定抗体最常用的方法，将已知抗原吸附于固相载体中，加入待检样本（含相应抗体）与之结合。经洗涤后，加入酶标抗原球蛋白抗体（酶标抗体）和底物后进行测定。由于该方法用于检测抗体，需要用高纯度抗原提高选择性。

（3）竞争法　竞争法（competitive）可用于抗原和半抗原的定量测定，也可用于测定抗体。以测定抗原为例，将特异性抗体吸附于固相载体，加入待测抗原和一定量酶标已知抗原，使二者竞争与固相抗体结合；经洗涤分离后，结合于固相的酶标抗原与待测抗原含量呈负相关。竞争法是一种较少用到的 ELISA 检测方法，一般用于检测小分子抗原。

ELISA 试剂盒的灵敏度高，选择性好，使用方便快速，适用于临床大批量样本的检测。该方法目前多应用于特异性 IgG 的检测。该方法的缺点是操作复杂、耗时长、费用高。

7.2.5.4 火箭免疫电泳法

火箭免疫电泳法（EIA）是抗原在电场力作用下向前移动，当抗原通过含有一定量单一抗体的琼脂凝胶时，形成抗原抗体复合物，达到合适比例时即沉淀下来。因抗体迁移率低，而抗原随电泳向前移动，因而使抗原、抗体形成圆锥形的沉淀峰。在一定浓度范围内，峰的高度和抗原的浓度成正比。该法操作简单、快速，特异性强；缺点是存在一次实验能检测的样品数量少，劳动强度大，耗时长。

7.2.5.5 颗粒荧光检测法

颗粒荧光检测法（PCFIAP）是利用捕捉性抗体或抗原与亚微粒紧密结合，而这种结合抗体（或抗原）的微粒应是抗原（或抗体）的特异性吸附剂。由于颗粒的布朗运动和大的表面积，如果样本中含有这种待测成分（抗原或抗体），就会快速与颗粒表面的抗体（或抗原）结合。预先确定好孵化时间，然后将特异性荧光分子标记的抗体加入平板孔内，在避光下平板孵育。反应完成后，真空抽滤和洗涤平板孔，反应颗粒被浓缩到抽滤膜上，复杂的荧光颗粒物质与抗原的浓度成正相关，可采用荧光光度法测定。该法操作简单，灵敏度高（可检出 IgG 最低浓度为 5g/L），准确度高，再现性好，整个分析时间短于 ELISA。

7.2.5.6 表面离子共振免疫分析法

表面离子共振免疫分析法（SPR-immunoassay）是利用光学生物传感器或电化学信号传导器使抗原和抗体发生反应，然后用 SPR 的光学生物传感技术检测抗原和抗体的吸附反应，由此进行定量。这种方法是一种直接的、无需标记的定量分析，首先用缓冲溶液稀释乳样，分析条件包括配体的固定、流速、时间、再生等都是最优化的。工作量程为 15 ～ 1000μg/L，检测灵敏度为 0.08g/L。仪器检测相对标准偏差为 0.47%。该方法准确性高，不仅可用于检测初乳中的免疫球蛋白，还可以检测常乳及婴幼儿配方乳粉中免疫球蛋白的含量。

7.2.5.7 其他测定方法

除以上几种方法外，还有紫外-可见光分光光度法、色谱法、低分辨核磁共振法、定量放免测定（quantitative radial immunoassay）法等多种测定蛋白质变性的方法。紫外-可见光分光光度法适用于检测 IgG 纯度较高的样品；核磁共振法只能用于纯品检测；色谱法较费时，操作复杂、费用较高。20 世纪 80 年代出现的化学发光技术避免了其他技术的缺点，不仅灵敏度高，而且其检测试剂中无放射性和致癌性，具有广泛应用前景。也可以使用试剂盒（Bio-Rad）测定母乳中 IgA、IgG 和 IgM 的含量[33]。

7.2.6 骨桥蛋白的测定方法

关于母乳中骨桥蛋白（OPN）含量的测定方法学研究十分有限。目前测定乳汁中 OPN 含量的方法主要是采用商品化 ELISA 试剂盒，该方法可用于测定母乳、牛乳和婴儿配方食品的 OPN 含量[34-39]，有的研究也采用蛋白免疫印迹法（Western Blot）[37, 39]。

Bissonnette 等[40]通过蛋白质组学技术与免疫印迹技术研究发现，牛乳 OPN 有 2 种分子，其中分子量 60kDa 的 OPN 不是选择性剪接的产物，40kDa 蛋白似乎是全长 60kDa 的截短的次磷酸化变体，高度磷酸化。在牛乳骨桥蛋白的分离纯化研究中，孙婕等[41]采用离子交换色谱、疏水色谱、透析等分离纯化，然后用 SDS-PAGE 电泳、免疫印迹技术鉴定骨桥蛋白。

7.2.7 乳脂肪球膜蛋白组学的测定方法

MFGM 蛋白是母乳中含量较少的一类残留在脂类中的蛋白质（约占乳汁总蛋白质含量的 1% ～ 4%），作为包裹乳脂肪球（甘油三酯）膜整体组成的一部分[42]。MFGM 蛋白由不同的蛋白质组成，包括黏蛋白-1（mucin）、乳黏素（lactadherin）、嗜酪蛋白（butyrophilin）和乳铁蛋白等，其中蛋白质含量约 60%，脂类含量约 30%，还含有 1% ～ 2% 的低分子量蛋白。Yang 等[43]采用 iTRAQ 蛋白质组学方法从 MFGM 中鉴别和定量了 520 种蛋白质；另一采用了相同组学方法的研究中，从母乳及牛乳的乳脂肪球膜蛋白中识别出 411 种蛋白质[44]。乳脂肪球膜中有些蛋白被证明具有生物活性或功能，主要功能为抗菌、抗病毒作用，参与营养素的吸收，并在新生儿的许多细胞反应过程和防御机制中发挥重要作用[45]。

7.3 氨基酸含量测定方法

目前常用的母乳氨基酸分析方法主要有气相色谱法、高效液相色谱法、色谱质谱联用法和氨基酸自动分析法，及各种检测系统的不同技术组合，如离子交换色谱氨基酸分析仪（ion exchange chromatography amino acid analyzer）、毛细管电泳-

荧光（capillary electrophoresis-fluorescence）、液相色谱-紫外、液相色谱-荧光、气相色谱-质谱联用仪和液相色谱-质谱联用仪等。这些方法都可以用于检测出母乳中常见的氨基酸，其中色谱质谱联用法是近年来新兴的分析方法，主要用于母乳中游离氨基酸的检测。不同方法检测氨基酸的种类、检测的最低值以及它们的优缺点列于表 7-1，最低检测限值分别为 3.8μmol/L[46]、1.4μmol/L[47]、2.5μmol/L 和 0.05μmol/L[48]，其中以超高效液相色谱电喷雾电离串联质谱技术（ultra-high performance liquid chromatography electrospray ionization tandem mass spectrometry, UPLC-ESI-MS/MS）用于测定乳汁中 FAA，使用 50μL 微量样品，可以测定大多数 FAA，最低检出限达 0.05pmol/μL[49]。

表 7-1　不同方法测定母乳氨基酸含量的比较 [50, 51]

方法	检测的氨基酸种类	检测的最低值 /（μmol/L）	优点	缺点
氨基酸自动分析法	赖氨酸、苏氨酸、亮氨酸、缬氨酸、异亮氨酸、组氨酸、甲硫氨酸、苯丙氨酸、牛磺酸、谷氨酸、精氨酸、丙氨酸、丝氨酸、天冬氨酸、脯氨酸、甘氨酸、酪氨酸、半胱氨酸、胱氨酸、色氨酸	3.8	稳定性高、灵敏度高、预处理简单、自动化程度高	进样检测时间较长、购买维护成本高、会破坏氨基酸的固有结果
气相色谱法	赖氨酸、苏氨酸、亮氨酸、缬氨酸、异亮氨酸、组氨酸、甲硫氨酸、苯丙氨酸、牛磺酸、谷氨酸、精氨酸、丙氨酸、丝氨酸、天冬氨酸、脯氨酸、甘氨酸、酪氨酸、半胱氨酸、胱氨酸、色氨酸	1.4	灵敏度高、分离时间短	专一性差、检测种类少、衍生反应干扰多
高效液相色谱法	苏氨酸、亮氨酸、缬氨酸、异亮氨酸、组氨酸、甲硫氨酸、苯丙氨酸、牛磺酸、谷氨酸、精氨酸、丙氨酸、丝氨酸、天冬氨酸、脯氨酸、甘氨酸、半胱氨酸、色氨酸	2.5	分离效果好、分析时间短、各氨基酸无杂质干扰	灵敏度略低
色谱质谱联用法	苏氨酸、缬氨酸、蛋氨酸、异亮氨酸、亮氨酸、苯丙氨酸、组氨酸、赖氨酸、色氨酸、天冬氨酸、丝氨酸、谷氨酸、谷氨酰胺、甘氨酸、丙氨酸、酪氨酸、精氨酸、脯氨酸、牛磺酸	0.05	分析时间短、检测范围广、不需要衍生化处理、定性定量准确度高、选择性高、灵敏度高	需要使用两个仪器，操作步骤较多

7.3.1 氨基酸自动分析法

氨基酸自动分析法使用氨基酸自动分析仪（茚三酮柱后衍生离子交换色谱仪）来测定包括母乳在内的食品中氨基酸，适用于酸水解氨基酸的测定，其原理是蛋白质经盐酸水解成为游离氨基酸，经过离子交换柱分离以后与茚三酮溶液产生颜色反应，再通过可见光分光光度检测器测定氨基酸的含量。

该方法成熟稳定，结果可靠，样品制备比较简单且重现性好，适用于大量常规样品的检测。从20世纪80年代开始，不同学者先后报道了采用氨基酸自动分析仪测定不同哺乳期母乳的氨基酸含量[46, 52-56]，可以检测出20种氨基酸成分，其缺点是检测灵敏度不如HPLC法和气相色谱法（表7-1），需要专用的仪器，购买维护成本高，分析时间长，且会破坏氨基酸的固有结果[57, 58]。

7.3.2 高效液相色谱法

与氨基酸自动分析仪的柱后衍生法相比较，高效液相色谱法具有分离效果好、分析时间短、各氨基酸无杂质干扰的优点，已广泛应用于母乳氨基酸含量的测定，在使用时通常需要进行衍生化反应，通过在氨基酸结构中加入紫外吸收基团，以满足液相色谱仪检测器的灵敏度要求，衍生方式有柱前衍生法和柱后衍生法[57-59]。

从20世纪80年代开始，HPLC法已广泛应用于母乳中氨基酸含量的检测，如1988年何志谦和林敬本[60]、1989年Pamblanco等[61]、1994年Davis等[47]、1998年Darragh等[48]、2000年Agostoni等[53]、2008年徐丽等[54]、2008年Elmastas等[62]和2013年Klein等[63]先后报道采用HPLC法测定母乳或不同哺乳期母乳中氨基酸的含量，Sánchez等[50]用HPLC串联二级质谱测定了母乳中氨基酸含量，发现初乳中必需氨基酸与非必需氨基酸的比例高于成熟乳，但成熟乳中TAA含量与初乳相比翻倍。目前的研究结果显示，此法可检测出20种氨基酸，检测灵敏度高于氨基酸自动分析法。

GB 5009.169—2016食品安全国家标准规定了我国食品中牛磺酸的测定，第一法是用邻苯二甲醛（OPA）柱后衍生法，用荧光检测器进行检测，外标法定量。第二法是用丹磺酰氯柱前衍生法，用紫外检测器或荧光检测器检测，外标法定量。柱前衍生高效液相色谱法准确性高，灵敏度也高于氨基酸自动分析法，分析速度快，并不会破坏氨基酸的固有结果，同时适用于特殊氨基酸如含磷氨基酸的分析。而柱后衍生通常使用邻苯二甲醛试剂（OPA），但其分析柱容易被样品污染，分析时间长且灵敏度低，试剂必须变成中性才能检测[57]，实际中已较少使用。

7.3.3 气相色谱法

在使用气相色谱法时，由于氨基酸通常含有氨基、羧基和羟基等不易挥发的极性基团，因此通常需要将其衍生化为易挥发的非极性化合物，便于分离。常用的衍生试剂有三氟乙酰（TFA）、五氟丙酰（PFP）、正丙醇、七氟丁酰（HFB）和异丙醇等[57]。该方法的优点是分离时间短、灵敏度高，并且可以和质谱联用，缺点是衍生反应干扰多，专一性比较差，且能检测出的氨基酸种类少[57]。目前气相色谱法作为测定氨基酸及牛磺酸含量的方法国内外已得到广泛应用[55, 64]。

7.3.4 色谱质谱联用法

液相色谱与质谱联用技术无需进行衍生化处理，能够节省样品制备时间和分析时间，且定性和定量准确度高，速度快，灵敏度高，通常适用于检测各种游离氨基酸[50]。

（任向楠，李静，杨振宇，邓泽元，荫士安）

参考文献

[1] Donovan S M, Lönnerdal B. Isolation of the nonprotein nitrogen fraction from human milk by gel-filtration chromatography and its separation by fast protein liquid chromatography. Am J Clin Nutr, 1989, 50(1): 53-57.

[2] Lönnerdal B, Forsum E, Hambraeus L. A longitudinal study of the protein, nitrogen, and lactose contents of human milk from Swedish well-nourished mothers. Am J Clin Nutr, 1976, 29(10): 1127-1133.

[3] 陈启，赖世云，张京顺，等 . 利用超高效液相色谱串联三重四极杆质谱定量检测人乳中的α-乳白蛋白 . 食品安全质量检测学报，2014, 5(7): 2095-2100.

[4] Kunz C, Lönnerdal B. Human-milk proteins: analysis of casein and casein subunits by anion-exchange chromatography, gel electrophoresis, and specific staining methods. Am J Clin Nutr, 1990, 51(1): 37-46.

[5] Ferreira I M. Chromatographic separation and quantification of major human milk proteins. J Liq Chromatogr R T, 2007, 30(4): 499-507.

[6] Ng-Kwai-Hang K, Kroeker E. Rapid separation and quantification of major caseins and whey proteins of bovine milk by polyacrylamide gel electrophoresis. J Dairy Sci, 1984, 67(12): 3052-3056.

[7] Chtourou A, Brignon G, Ribadeau-Dumas B. Quantification of β-casein in human milk. J Dairy Res, 1985, 52(2): 239-247.

[8] Gridneva Z, Tie W J, Rea A, et al. Human milk casein and whey protein and infant body composition over the first 12 months of lactation. Nutrients, 2018, 10(9) : 1332. doi: 10.3390/nu10091332..

[9] Santos L H, Ferreira I M. Quantification of alpha-lactalbumin in human milk: method validation and application. Anal Biochem, 2007, 362(2): 293-295.

[10] 王杰，许丽丽，任一平，等 . 中国城乡乳母不同泌乳阶段母乳蛋白质组分含量的研究 . 营养学报，2021, 43(4): 328-333.

[11] Layman D K, Lönnerdal B, Fernstrom J D. Applications for alpha-lactalbumin in human nutrition. Nutr

Rev, 2018, 76(6): 444-460.
[12] Liao Y, Weber D, Xu W, et al. Absolute quantification of human milk caseins and the whey/casein ratio during the first year of lactation. J Proteome Res, 2017, 16(11): 4113-4121.
[13] Chen Q, Zhang J, Ke X, et al. Simultaneous quantification of alpha-lactalbumin and beta-casein in human milk using ultra-performance liquid chromatography with tandem mass spectrometry based on their signature peptides and winged isotope internal standards. Biochim Biophys Acta, 2016, 1864(9): 1122-1127.
[14] McSwenney P L H, Fox P F. Chemistry of the casein. New York: Springer Science Business Media, 2013.
[15] 刘微，李萌，任皓威，等 . 荧光、紫外和红外光谱分析人乳和牛乳 β-酪蛋白的功能和构向差异 . 光谱学与光谱分析，2014, 34(12): 3281-3287.
[16] Enjapoori A K, Kukuljan S, Dwyer K M, et al. In vivo endogenous proteolysis yielding beta-casein derived bioactive beta-casomorphin peptides in human breast milk for infant nutrition. Nutrition, 2019, 57: 259-267.
[17] Schulz-Knappe P, Schrader M, Zucht H D. The peptidomics concept. Comb Chem High Throughput Screen, 2005, 8(8): 697-704.
[18] Su M Y, Broadhurst M, Liu C P, et al. Comparative analysis of human milk and infant formula derived peptides following *in vitro* digestion. Food Chem, 2017, 221: 1895-1903.
[19] Tsopmo A, Romanowski A, Banda L, et al. Novel anti-oxidative peptides from enzymatic digestion of human milk. Food Chem, 2011, 126(3): 1138-1143.
[20] Wysocki V H, Resing K A, Zhang Q, et al. Mass spectrometry of peptides and proteins. Methods, 2005, 35(3): 211-222.
[21] Dallas D C, Smink C J, Robinson R C, et al. Endogenous human milk peptide release is greater after preterm birth than term birth. J Nutr, 2015, 145(3): 425-433.
[22] Guerrero A, Dallas D C, Contreras S, et al. Mechanistic peptidomics: factors that dictate specificity in the formation of endogenous peptides in human milk. Mol Cell Proteomics, 2014, 13(12): 3343-3351.
[23] Ferranti P, Traisci M V, Picariello G, et al. Casein proteolysis in human milk: tracing the pattern of casein breakdown and the formation of potential bioactive peptides. J Dairy Res, 2004, 71(1): 74-87.
[24] Dallas D C, Guerrero A, Khaldi N, et al. Extensive in vivo human milk peptidomics reveals specific proteolysis yielding protective antimicrobial peptides. J Proteome Res, 2013, 12(5): 2295-2304.
[25] 卢蓉蓉，许时婴，王璋 . 乳铁蛋白测定方法比较 . 中国乳品工业，2002, 30(5): 123-125.
[26] 单炯，王晓丽，陈夏芳，等 . 人乳中乳铁蛋白含量的初步检测分析 . 临床儿科杂志，2011, 29(6): 549-551.
[27] 王燕平，陆小冬 . 人乳中乳铁蛋白 ELISA 检测方法的研究 . 乳业科学技术，2009, 3(5): 221-223.
[28] 许宁，李士敏，吴筱丹，等 . 牛乳铁蛋白的反相高效液相色谱法含量测定 . 药物分析杂志，2004, 24(1): 49-51.
[29] Yang Z, Jiang R, Chen Q, et al. Concentration of lactoferrin in human milk and its variation during lactation in different chinese populations. Nutrients, 2018, 10(9): 1235.
[30] 许宁 . 高效毛细管电泳法测定牛乳铁蛋白的含量 . 中国医院药物学杂志，2005, 25(4): 296-297.
[31] Bennett R M, Mohla C. A solid-phase radioimmunoassay for the measurement of lactoferrin in human plasma: variations with age, sex, and disease. J Lab Clin Med, 1976, 88(1): 156-166.
[32] 李多孚，谭树民，成渝 . 两种免疫比浊法测定血清免疫球蛋白的对比研究 . 检验医学与临床，2006, 3(5): 241-243.
[33] Ruiz L, Espinosa-Martos I, Garcia-Carral C, et al. What's normal? immune profiling of human milk from healthy women living in different geographical and socioeconomic settings. Front Immunol, 2017, 8: 696.

[34] Schack L, Lange A, Kelsen J, et al. Considerable variation in the concentration of osteopontin in human milk, bovine milk, and infant formulas. J Dairy Sci, 2009, 92(11): 5378-5385.
[35] Bruun S, Jacobsen L N, Ze X, et al. Osteopontin levels in human milk vary across countries and within lactation period: data from a multicenter study. J Pediatr Gastroenterol Nutr, 2018, 67(2): 250-256.
[36] Butler W T. The nature and significance of osteopontin. Connect Tissue Res, 1989, 23(2-3): 123-136.
[37] Nemir M, Bhattacharyya D, Li X, et al. Targeted inhibition of osteopontin expression in the mammary gland causes abnormal morphogenesis and lactation deficiency. J Biol Chem, 2000, 275(2): 969-976.
[38] Jiang R, Lönnerdal B. Osteopontin in human milk and infant formula affects infant plasma osteopontin concentrations. Pediatr Res, 2019, 85(4): 502-505.
[39] Jiang R, Prell C, Lönnerdal B. Milk osteopontin promotes brain development by up-regulating osteopontin in the brain in early life. FASEB J, 2019, 33(2): 1681-1694.
[40] Bissonnette N, Dudemaine P L, Thibault C, et al. Proteomic analysis and immunodetection of the bovine milk osteopontin isoforms. J Dairy Sci, 2012, 95(2): 567-579.
[41] 孙婕，尹国友 . 牛乳骨桥蛋白的分离纯化及初步鉴定 . 食品工业科技，2008, 29(10): 130-132.
[42] Lönnerdal B, Woodhouse L R, Glazier C. Compartmentalization and quantitation of protein in human milk. J Nutr, 1987, 117(8): 1385-1395.
[43] Yang Y, Zheng N, Zhao X, et al. Proteomic characterization and comparison of mammalian milk fat globule proteomes by iTRAQ analysis. J Proteomics, 2015, 116: 34-43.
[44] Yang M, Cong M, Peng X, et al. Quantitative proteomic analysis of milk fat globule membrane (MFGM) proteins in human and bovine colostrum and mature milk samples through iTRAQ labeling. Food Funct, 2016, 7(5): 2438-2450.
[45] Cavaletto M, Giuffrida M G, Conti A. The proteomic approach to analysis of human milk fat globule membrane. Clin Chim Acta, 2004, 347(1-2): 41-48.
[46] Harzer G, Franzke V, Bindels J G. Human milk nonprotein nitrogen components: changing patterns of free amino acids and urea in the course of early lactation. Am J Clin Nutr, 1984, 40(2): 303-309.
[47] Davis T A, Nguyen H V, Garcia-Bravo R, et al. Amino acid composition of human milk is not unique. J Nutr, 1994, 124(7): 1126-1132.
[48] Darragh A J, Moughan P J. The amino acid composition of human milk corrected for amino acid digestibility. Br J Nutr, 1998, 80(1): 25-34.
[49] Roucher V F, Desnots E, Nael C, et al. Use of UPLC-ESI-MS/MS to quantitate free amino acid concentrations in micro-samples of mammalian milk. Springerplus, 2013, 2: 622.
[50] Sánchez C L, Cubero J, Sánchez J, et al. Screening for human milk amino acids by HPLC-ESI-MS/MS. Food Analytical Methods, 2011, 5(2): 312-318.
[51] 荫士安 . 人乳成分——存在形式、含量、功能、检测方法 . 北京：化学工业出版社，2016.
[52] Atkinson S A, Anderson G H, Bryan M H. Human milk: comparison of the nitrogen composition in milk from mothers of premature and full-term infants. Am J Clin Nutr, 1980, 33(4): 811-815.
[53] Agostoni C, Carratu B, Boniglia C, et al. Free amino acid content in standard infant formulas: comparison with human milk. J Am Coll Nutr, 2000, 19(4): 434-438.
[54] 徐丽，杜彦山，马健，等 . 河北省某地区母乳氨基酸与脂肪酸含量调查 . 食品科技，2008, (33): 231-233.
[55] 丁永胜，牟世芬 . 氨基酸的分析方法及其应用进展 . 色谱，2004, 22(3):210-215.
[56] 张兰威，周晓红 . 人乳早期乳汁中蛋白质，氨基酸组成与牛乳的对比分析 . 中国乳品工业，1997,

25(3): 39-41.
[57] 任向楠，荫士安，杨晓光，等 . 人乳中氨基酸的含量及分析方法研究进展 . 氨基酸和生物资源，2013, 35(3): 63-67.
[58] 李爽，陈启，蔡明明，等 . 液相色谱法与氨基酸分析仪法测定人乳中水解氨基酸的比较研究 . 食品安全质量检测学报，2014, 5(7): 2073-2079.
[59] Jonathan D. HPLC determination of total tryptophan in infant formula and adult/pediatric nutritional formula following enzymatic hydrolysis, multilaboratory testing study: final action 2017.03. J AOAC Int, 2019, 102(5): 1567-1573.
[60] 何志谦，林敬本 . 广东地区母乳的氨基酸含量 . 营养学报，1988, 10(2): 145-149.
[61] Pamblanco M, Portoles M, Paredes C, et al. Free amino acids in preterm and term milk from mothers delivering appropriate- or small-for-gestational-age infants. Am J Clin Nutr, 1989, 50(4): 778-781.
[62] Elmastas M, Kehaee E E, Keles M S, et al. Analysis of free amino acids and protein contents of mature human milk from Turkish mothers. Analytical Letters, 2008, 41: 725-735.
[63] Klein K, Bancher-Todesca D, Graf T, et al. Concentration of free amino acids in human milk of women with gestational diabetes mellitus and healthy women. Breastfeed Med, 2013, 8(1): 111-115.
[64] 汪雨龙，李晓庆，李秀娟 . 液液微萃取 / 固相微萃取-气相色谱法检测柑橘中 16 种游离氨基酸 . 食品工业科技，2022, 44(12): 287-292.

母乳成分分析方法

Analytical Methods for Human Milk Compositions

第 8 章

母乳中脂质及其组分测定

母乳中存在的脂质（脂类）主要包括甘油三酯（TG）、胆固醇、磷脂和脂溶性维生素。母乳中脂质是以脂肪球的形式存在的，直径为 4 ~ 5μm，由 TG 和胆固醇酯等非极性核心和极性的磷脂、胆固醇、酶、蛋白质和糖蛋白等组成[1]。

8.1 脂质的概念

8.1.1 脂肪

母乳中脂肪的含量，通常采用脂溶剂萃取后称重的方法进行测定（Folch 法）。近来随着快速检测方法的开发与应用，母乳中脂肪含量也可以用中红外线光谱法进行测定。母乳中脂肪含量变异较大（20 ～ 60g/L）[2]。通过脂溶剂萃取获得的脂肪，经分离和酯化后，可采用气相色谱、气相色谱-质谱联用、液相色谱等分析技术测定母乳中的脂肪酸含量[3]。

8.1.2 磷脂

由于磷脂具有亲水性和疏水性的双重特点，对其进行定量测定存在一定的难度。常用的定量分析方法有：薄层色谱法，^{31}P 核磁共振法（^{31}P NMR）和 HPLC 法（配蒸发光散射检测器）（HPLC-ELSD）等[1]。

8.1.3 胆固醇

母乳中胆固醇含量的测定可采用光谱法、气相色谱法、傅里叶变换红外光谱（FTIR）和衰减全反射傅里叶变换红外光谱技术等方法[4]。

8.1.4 神经酸

神经酸即二十四碳一烯酸，是母乳中天然存在的一种超长链单不饱和脂肪酸，有促进婴儿大脑髓鞘发育的功能[5-8]。有报道其含量测定以二十三烷酸（23∶0）为内标，用气相色谱进行定量测定。方法线性相关系数 0.9944，检出限为 1.34 ～ 3.25μg/mL, 定量限为 3.11 ～ 5.36μg/mL，加标回收率为 95% ～ 103%，保留时间精密度低于 0.01%，峰面积精密度为 0.02% ～ 0.18%，可满足定量分析要求。

8.1.5 反式脂肪酸

反式脂肪酸（*trans*-fatty acids,TFAs）是一类包含一个或多个反式构型双键的不饱和脂类化合物。主要源于工业中植物油氢化过程和反刍动物的生物氢化过程。通过膳食摄入的 TFAs 可影响孕产妇体脂及产妇母乳脂成分，通过胎盘或母乳影响婴幼儿健康。目前检测 TFAs 的方法包括红外吸收光谱法（IR）、毛细管电泳法（CE）、银离子高效液相色谱法（Ag^+-HPLC）、反相高效液相色谱法（RP-HPLC）、银离子薄层色谱法（Ag^+-TLC）、气相色谱法（GC）、气相色谱-质谱联用法（GC-MS）等。Ag^+-色谱法一般只用于 GC 分析之前的样品净化步骤；IR 法有简便、快速（仅需 5min）的优点，但缺点是只能获得 TFAs 总量，无法获知单个 TFAs 的详细信息。因此目前广泛用于食品中 TFAs 的分析方法主要是 GC 法，而关于母乳与乳制品等样品中 TFAs 的研究报道较少。

由于 TFAs 组成复杂，标准品种类有限，传统的 GC 法很难判别一些未知的色谱峰，而 GC-MS 则有明显优势。有研究探索了采用碱水解法提取乳脂，用三氟化硼甲酯化，GC-MS 进行定性，内标法定量。与 GC-FID 法相比，定性准确，但是仍存在脂肪酸本底的干扰。故母乳中反式脂肪酸的测定还需要完善固相萃取柱预分离技术[9]。

8.2 母乳脂质的提取方法

8.2.1 碱水解法

碱水解法是在母乳样品中加入一定的氨水，将乳脂肪球膜破坏，再用乙醚和石油醚提取乳样的碱水解液，反复多次提取，收集乙醚和石油醚提取液，通过旋转蒸发仪或氮吹仪除去溶剂，得到母乳脂质提取物[10]。该法是提取乳及乳制品的脂质的常用方法，但该方法步骤烦琐，在脂肪酸研究中国内外已很少使用此方法。

8.2.2 酸水解法

酸水解法是在乳样中加入硫酸溶液破坏脂肪球上的蛋白质脂肪球膜和乳胶性质，使包裹在脂肪球里的脂肪球游离出来，然后离心分离脂质和非脂质成分。由于脂质的密度小就会漂浮在上层，收集上层成分就能得到脂质提取物。由于母乳脂质中含有一定量的磷脂，水解条件下磷脂几乎完全分解为脂肪酸和碱，从而将导致提取过程中磷脂成分的损失[11]。

8.2.3 氯仿–甲醇法

氯仿-甲醇法适合测定结合态脂类含量比较高，特别是磷脂含量较高的样品。相对于酸水解法，氯仿-甲醇法能够有效缩短试验周期，具有较高的精密度和较好的重复性[11]。该提取方法是利用脂质在有机溶剂中的高溶解性提取脂质。先在乳样中加入一定比例提取液，使脂质充分溶解在有机溶剂中，再将有机溶剂蒸发或氮吹去除，得到脂质提取物[10]。目前有研究发现氯仿-甲醇-超声法的提取率更高，通过利用超声波辅助的原理使得脂肪球膜破裂，进而脂质快速地游离出来并溶于氯仿-甲醇提取液中，被认为是目前最理想的母乳脂质提取方法。

8.3 母乳脂质分析方法

8.3.1 母乳脂肪酸的分析方法

国内外对脂肪酸的分析方法有很多，常见的如薄层色谱法、气相色谱法、高效液相色谱法、质谱法以及最近几年发展起来的傅里叶红外光谱法和核磁共振法等。这些分析方法适用范围不同，各有优缺点。其中气相色谱法是目前脂肪酸分析中最主要的方法，它能够对大部分脂肪酸进行定性定量分析，也是分析母乳中脂肪酸组成的最常用方法。

8.3.2 母乳甘油三酯的分析方法

母乳甘油三酯的结构对于婴幼儿的脂肪消化吸收有重要影响。甘油三酯的种类复杂，而且存在大量同分异构体，分离分析的难度较高。

分析母乳脂中甘油三酯，首先需要提取甘油三酯，采用的方法主要是液液萃取法（LLE）、薄层色谱法（TLC）以及固相萃取法（SPE）。液液萃取法中最经典的方法是 Folch 法[12]，而 Bligh-Dyer（BD）法[13]是改良的 Folch 法，即在氯仿、甲醇混合液中加入水或乙酸等缓冲剂，使得能够更好地分离极性脂和非极性脂，尤其适用于细胞悬液和组织匀浆中脂类的提取。薄层色谱法是采用硅胶 G 作为吸附剂，正己烷、乙醚和乙酸（或者甲酸）作为流动相实现甘油三酯的提取[14]。SPE 柱的方法是目前脂质提取采用最多的方法，采用氨丙基的硅胶基质 SPE 柱，以高产率和纯度将脂质混合物分离。该方法比目前可用的方法更经济（在材料和时间方面）和快速，能很好地分离纯化和富集含量较低的脂质[15]。

对于母乳脂中甘油三酯的分离方法有气相色谱法、反相液相色谱法、超高效液相色谱法等。其中非水反相高效液相色谱（RP-HPLC）是测定母乳脂中甘油三酯最常用的液相方法，RP-HPLC 分析甘油三酯的出峰按照碳原子当量数的大小依次洗脱；银离子高效液相色谱法是分离母乳脂中甘油三酯同分异构体最有效的色谱方法[16]，根据甘油三酯组成脂肪酸的不饱和程度的不同而得到分离，甘油三酯分子中双键数量越多，保留时间越长；高温气相色谱法分析甘油三酯的稳定性高、准确性好，但只适用于脂肪酸饱和度较高的样品；超临界流体色谱（SFC）是气相色谱和高效液相色谱的重要补充技术，流动相是液化气体（通常是 CO_2），SFC 使用与 GC 类似的色谱柱，如果添加改性剂可以实现更好的分辨率，将甘油三酯同分异构体进行分离和鉴定。

在母乳脂中甘油三酯的测定中，蒸发光散射检测器（ELSD）是一种通用型的质量检测器，其对于甘油三酯的灵敏度显著高于紫外检测器和折光检测器，是目前测定母乳脂中甘油三酯最常用的检测器；质谱（MS）与其他色谱技术的联用（如 GC-MS、HPLC-MS），可显著提高甘油三酯分析的灵敏度和准确度[14]。常用的其他质谱仪还有四极杆飞行时间质谱（Q-TOF/MS）。

8.3.3 母乳磷脂的分析方法

母乳中的磷脂约有 60% ～ 65% 位于乳脂肪球膜上，余下 35% ～ 40% 则在水相中与溶液中的蛋白或膜片段相连。母乳磷脂大致由甘油磷脂和鞘磷脂两类组成，主要的甘油磷脂有磷脂酰胆碱（PC）、磷脂酰乙醇胺（PE）、磷脂酰丝氨酸（PS）、磷脂酰肌醇（PI）和鞘磷脂（SM）。鞘磷脂（SM）不含甘油，含鞘氨醇或二氢鞘氨醇，是由脂肪酸和鞘氨醇的氨基通过酰氨键连接而成的。

目前对于乳制品中磷脂总含量的测定主要有称重法、比色法、紫外分光光度法和红外光谱法等。对磷脂不同组分的分离和测定的方法有薄层色谱法（TLC）、核磁共振磷谱法（^{31}P NMR）、高效液相色谱法（HPLC）以及超高效液相色谱联用质谱（UPLC-MS）等[17]。

8.3.4 母乳胆固醇的分析方法

胆固醇往往嵌入乳脂肪球膜的磷脂膜中以稳定乳脂肪球的外层双层膜，部分母乳中的胆固醇会与脂肪酸（如油酸、亚油酸、亚麻酸等）结合形成胆固醇酯。通常可以采用光谱法、傅里叶变换红外光谱法、高效液相色谱法、气相色谱法、比色法、超高效液相色谱法等方法测定胆固醇含量，其中超高效液相色谱-高分辨质谱（UPLC-HRMS）技术可对母乳中胆固醇和胆固醇酯进行系统性定性定量分析[18]。

8.3.5 母乳脂质组学分析方法

母乳脂质组学是研究母乳中含有的所有脂质分子的特性、含量、代谢途径以及对喂养儿生长发育与健康状况影响的一门新兴学科。其研究的内容包括脂质及其代谢物的分析鉴定、脂质功能和代谢调控、脂质代谢网络及途径等。主要是通过改进母乳脂质样品的提取、分离方法和发展新的分析鉴定技术，特别是注重母乳脂质样品制备技术与先进仪器设备如质谱仪的联合应用，实现脂质的快速、高通量的分析鉴定。

为了增大研究的覆盖面，脂质组学的分析方法越来越向多元化发展。目前有液相色谱-质谱联用（LC-MS）、气相色谱-质谱联用（GC-MS）、毛细管电泳-质谱联用（CE-MS）、核磁共振（NMR）、TLC、电喷雾电离质谱（ESI-MS）、基质辅助激光解吸附飞行时间质谱（MALDI-TOF-MS）等方法，后两种方法又被称为软电离质谱技术[19, 20]。

当前最常用的两种甘油磷脂鉴定和定量的方法是“鸟枪法”（shotgun lipidomics）和 LC-MS 法。二者在分析手段联用方面是最为有效的分析方法。现在，“鸟枪法”还广泛利用基于微流体的自动纳升电喷雾电离（nanospray）以进行低容量样本的检测，避免了液相色谱法中固有的样品残留问题，对识别和定量约 90% 的磷脂都有很好的效果。超高效液相色谱（UPLC）与 ESI 联用可以解决单纯的质谱分析法存在的同量异位素无法分离和离子抑制等问题。Lísa 等[21]采用了一种新方法，使用离线二维-亲水液相色谱（HILIC）、反相高效液相色谱-电喷雾电离联用（RPHPLC-ESI）和大气压化学电离（APCI）质谱，一次性地分离出了 19 种极性各不相同的脂质。

脂质组学的研究涵盖范围广泛，目前使用的分析方法中，任何一种都不能完整地检测出所有的脂质。然而，通过不同分析方法的联用，能较好地克服单一技术的局限性[20]。

8.3.6 乳脂肪球膜的提取及成分测定

乳脂肪球（milk fat globule，MFG）的核心为非极性酯（如甘油三酯）、视黄酯和胆甾醇酯等，外面由 3 层膜包裹，膜由磷脂、蛋白质、黏多糖等物质组成，称为乳脂肪球膜（MFGM）。MFGM 中包含的极性脂质具有疏水尾部和一个亲水头部基团，具有两性性质，在很大程度上可以对膜的乳化能力起作用，可被看成是天然有效的乳化剂。同时 MFGM 具有保护脂肪球防止其聚集和退化的功能[22]。

8.3.6.1 乳脂肪球膜的提取

常用的 MFGM 制备方法有离心浓缩、膜过滤以及超临界流体萃取等方法，其中超临界流体萃取法是建立在膜过滤基础之上的，且主要针对 MFGM 极性脂质的分离。

离心浓缩技术主要是利用脂肪球和水连续相间的密度差异分离出乳脂肪球，将得到的乳脂肪球在搅拌器中搅拌，破坏乳脂肪球结构，从中释放 MFGM 成分，收集得到酪乳，并将熔化的黄油颗粒加入同体积蒸馏水中，离心分离回收黄油乳清。最后将酪乳和黄油乳清混合并高速离心得到 MFGM 悬浮液，再次高速离心并冷冻干燥即得到 MFGM 颗粒。离心浓缩技术制备 MFGM 操作简单，但是得率不高[23]。

膜过滤方法中切向流过滤（tangential flow filtration, TFF）是实验室规模制备 MFGM 普遍采用的技术，通过尺寸排除将胶体颗粒从悬浮液中分离出来。该方法制备 MFGM 利用了 MFGM 片段与酪蛋白胶束、乳清蛋白尺寸的差异，又利用合适的膜孔径，在合适的跨膜压力、温度等条件下将 MFGM 富集液中的杂质分离出去，得到较纯的 MFGM 物质[24]。

8.3.6.2 乳脂肪球膜成分的测定

蛋白质质量分数的测定可采用凯氏定氮法（GB 5009.5—2016）；氨基酸含量的测定可参照张华等[25]的方法；酸水解法、碱水解法和氯仿-甲醇法可用于总脂质的测定；高效液相色谱法、薄层色谱法以及核磁共振磷谱法为常用测定磷脂的方法；用等质量的半乳糖和甘露糖的混合物作为标准品测定多糖含量，并在 490nm 下测量吸光度以绘制标准曲线，将样品的吸光度代入标准曲线以求出多糖含量；可采用电感耦合等离子体发射光谱法（ICP-OES）测定 MFGM 中 10 种微量元素的含量；采用高温灼烧法测定 MFGM 中灰分含量（GB 5009.4—2016）。

未来对 MFGM 的进一步分析需要依托于一些领域的高新技术，如蛋白互作分析技术、蛋白质碎片分析、质谱分析、染色体组及蛋白质组学技术等，这些科技的发展有助于分离鉴定 MFGM 中的复杂组分，使人们对 MFGM 蛋白有更加充分的了解[26]。

8.4 中链脂肪酸的测定方法

中碳链脂肪酸的测定方法主要有气相色谱法、气相色谱-质谱联用和薄层色谱法，其中以气相色谱法最为常用。

8.4.1 气相色谱法

气相色谱以气体作为流动相，用固体吸附剂或液体作为固定相，通过脂肪酸之间的碳链长度不同以及饱和度不同，从而根据气相和固定相的分配系数不同进行分离。由于脂肪酸类成分多是以甘油脂肪酸酯的形式存在，因此样品需经过甲酯化处理以提高挥发性，还可以改善色谱峰形状。固定相是影响气相色谱分离效果的重要因素之一，由于固定相对各脂肪酸组分的吸附或溶解能力不同，因此各种脂肪酸在色谱柱中的运行速度也不同，经过一定的柱长后，不同碳链长度、不同饱和度的脂肪酸达到完全分离，经检测器（常用火焰离子化检测器）的信号转换后得到脂肪酸含量的检测结果。

提高气相色谱法中不同脂肪酸分离度的方法有：程序升温的优化、固定相的选择、色谱柱柱长选择等。对于 MCFA 的检测可以采用国标气相色谱法 GB 5009.168—2016，该方法可以检测 37 种脂肪酸，包括各种 MCFA，在该方法中，各种不同结构的脂肪酸出峰顺序为：SCFA 比 LCFA 先出峰、碳链长度相同的脂肪酸中饱和脂肪酸比不饱和脂肪酸先出峰、反式脂肪酸比其同分异构的顺式脂肪酸先出峰。碳原子数为 6 ～ 12 的脂肪酸检测结果即为 MCFA 组成。

8.4.2 气相色谱-质谱联用

气相色谱-质谱联用方法可用于检测脂肪酸的组成，其原理为不同脂肪酸经气相色谱分离为单一组分，各组分依次进入质谱检测器，经过电离产生不同荷质比的离子，通过质量分析器进行分离，经过检测器的检测形成质谱图。气相色谱质谱联用的优点是检测灵敏度高、可对未知组分进行检测。例如，2007 年，吴惠勤等 [27] 研究了脂肪酸的色谱保留时间规律与质谱特征，不同链长脂肪酸的同系物及异构体的气相色谱出峰顺序，可得到其保留时间规律；研究了不同脂肪酸的质谱断裂规律，可完成 39 种不同结构的脂肪酸定性、定量分析，用于 MCFA 的检测。

Sokol 等 [28] 开发了一种气相色谱（GC）与鸟枪脂质组学（shotgun lipidomics routine termed MS/MS）联用分析脂肪酸组成、脂分子结构、脂肪酸含量的方法。基于质谱的鸟枪脂质组学是一种定量单个分子脂质种类并确定其脂肪酸组成的替代策略 [29, 30]。鸟枪脂质组学意味着将脂质提取物稀释后直接注入质谱仪，无需预先进行色谱分离，而脂质种类的鉴定依靠精确测定的质量和 / 或结构特异性离子片段的检测。这种定向高通量检测技术 [28, 31]，提供了高达 4 个数量级的广泛动态量化范围，具有很高的分析灵敏度和特异性 [32, 33]。

8.4.3 薄层色谱法

薄层色谱法是一种吸附薄层色谱分离法，利用各成分对同一吸附剂吸附能力的不同，使移动相（溶剂）流过固定相（吸附剂）的过程中，连续地产生吸附、解吸附、再吸附、再解吸附，从而达到各成分互相分离的目的。薄层色谱法主要用于游离脂肪酸、单甘酯、甘油二酯以及甘油三酯的分离，对于不同结构的脂肪酸分离效果较差甚至不能分离。对于 MCFA 的检测，可根据 MCFA 在 TG 上的分布位置进行。传统测定脂肪酸在 TG 位置分布的方法：经胰脂酶水解后的 2 位脂肪酸单甘酯、游离脂肪酸通过薄层色谱法进行分离，再将分离出来的 2 位脂肪酸单甘酯及游离脂肪酸分别进行甲酯化并采用气相色谱检测，可检测出 1,3 位脂肪酸的种类及含量以及 2 位脂肪酸的组成及含量，得到 MCFA 在 TG 上的位置分布。

（杨振宇，李静，石羽杰，苏红文，邓泽元）

参考文献

[1] Giuffrida F, Cruz-Hernandez C, Fluck B, et al. Quantification of phospholipids classes in human milk. Lipids, 2013, 48(10): 1051-1058.

[2] Innis S M. Impact of maternal diet on human milk composition and neurological development of infants. Am J Clin Nutr, 2014, 99(3): s734-s741.

[3] Bligh E G, Dyer W J. A rapid method of total lipid extraction and purification. Can J Biochem Physiol, 1959, 37(8): 911-917.

[4] Kamelska A M, Pietrzak-Fiecko R, Bryl K. Variation of the cholesterol content in breast milk during 10 days collection at early stages of lactation. Acta Biochim Pol, 2012, 59(2): 243-247.

[5] Sala-Vila A, Castellote A I, Rodriguez-Palmero M, et al. Lipid composition in human breast milk from Granada (Spain): changes during lactation. Nutrition, 2005, 21(4): 467-473.

[6] Peng Y M, Zhang T Y, Wang Q, et al. Fatty acid composition in breast milk and serum phospholipids of healthy term Chinese infants during first 6 weeks of life. Acta Paediatr, 2007, 96(11): 1640-1645.

[7] Sánchez-Hernández S, Esteban-Muñoz A, Giménez-Martinez R, et al. A comparison of changes in the fatty acid profile of human milk of spanish lactating women during the first month of lactation using gas chromatography-mass spectrometry. A comparison with infant formulas. Nutrients, 2019, 11(12) : 3055. doi: 10.3390/nu11123055.

[8] Li Q, Chen J, Yu X, et al. A mini review of nervonic acid: Source, production, and biological functions. Food Chem, 2019, 301: 125286. doi: 10.1016/j.foodchem.2019.125286.

[9] 林麒，李国波，葛品，等 . 气相色谱 - 质谱联用法检测母乳脂肪中反式脂肪酸 . 色谱，2016, 34(5): 520-527.

[10] 张振 . GC-MS 研究不同泌乳期中国人乳脂肪酸组成 . 哈尔滨：东北农业大学，2014.

[11] 吴鸿敏，王文特，任雪梅，等 . 氯仿 - 甲醇法和酸水解法测定禽蛋中脂肪的方法比较 . 食品安全质量检测学报，2020, 11(20): 7472-7475.

[12] Folch J, Lees M, Stanley G H S. A simple method for the isolation and purification of total lipides from animal tissues. Journal of Biological Chemistry, 1957, 226(1): 497-509.

[13] Bligh E G, Dyer W J. A rapid method of total lipid extraction and purification. Canadian journal of biochemistry and physiology, 1959, 37(8): 911-917.

[14] 韦伟，张星河，金青哲，等 . 人乳脂中甘油三酯分析方法及组成的研究进展 . 中国油脂，2017, 42(12): 35-39.

[15] Kaluzny M A, Duncan L A, Merritt M V, et al. Rapid separation of lipid classes in high-yield and purity using bonded phase columns. Journal of Lipid Research, 1985, 26(1): 135-140.

[16] 韦伟，屠海云，王红青，等 . Silver-ion HPLC 测定 1,3-二油酸-2-棕榈酸三酰甘油的含量 . 中国粮油学报，2014, 29(1): 105-109, 115.

[17] 梁雪，田芳，蔡小堃，等 . 高效液相色谱 - 蒸发光散射法测定母乳及牛乳中 5 种磷脂质量浓度 . 中国乳品工业，2021, 49(7): 52-56.

[18] 张淑红，王龙琼，丁德胜，等 . 母乳中胆固醇及胆固醇酯分布规律研究 . 食品与发酵工业，2023, 49(2): 218-225.

[19] 何扬波 . 不同泌乳期中国汉族人乳磷脂组学及脂肪酸分析 . 哈尔滨：东北农业大学，2016.

[20] 陈宇欢，李静，范亚苇，等 . 脂质组学及其在营养与健康研究中的应用研究进展 . 食品科学，2014, 35(15): 272-276.

[21] Lísa M, Cífková E, Holčapek M. Lipidomic profiling of biological tissues using off-line two-dimensional high-performance liquid chromatography-mass spectrometry. J Chromatogr A, 2011, 1218(31): 5146-5156.

[22] 唐海珊 . MFGM 和 MFGM 组分的乳化特性及其对面包抗老化机理的研究 . 哈尔滨：哈尔滨工业大学，2017.

[23] Holzmüller W, Müller M, Himbert D, et al. Impact of cream washing on fat globules and milk fat globule membrane proteins. Int Dairy J, 2016, 59: 52-61.

[24] 王吉栋，郑远荣，刘振民，等 . 乳脂肪球膜制备方法及其乳化特性的研究进展 . 食品与发酵工业，2021, 47(17): 290-298.

[25] 张华，杨鑫，张英春，等 . 玉米蛋白中可溶性蛋白水解氨基酸组成的测定 . 中国粮油学报，2007, 22(6): 19-22.

[26] El-Loly M. Composition, properties and nutritional aspects of milk fat globule membrane - a review. Polish Journal of Food and Nutrition Sciences, 2011, 61(1): 3486.

[27] 吴惠勤，黄晓兰，林晓珊，等 . 脂肪酸的色谱保留时间规律与质谱特征研究及其在食品分析中的应用 . 分析化学，2007, 35(7): 998-1003.

[28] Tarasov K, Stefanko A, Casanovas A, et al. High-content screening of yeast mutant libraries by shotgun lipidomics. Mol Biosyst, 2014, 10(6): 1364-1376.

[29] Han X, Gross R W. Shotgun lipidomics: electrospray ionization mass spectrometric analysis and quantitation of cellular lipidomes directly from crude extracts of biological samples. Mass Spectrometry Reviews, 2005, 24(3): 367-412.

[30] Shevchenko A, Simons K. Lipidomics: coming to grips with lipid diversity. Nature Reviews Molocular Cell Biology, 2010, 11(8): 593-598.

[31] Heiskanen L A, Suoniemi M, Ta H X, et al. Long-term performance and stability of molecular shotgun lipidomic analysis of human plasma samples. Analytical Chemistry, 2013, 85(18): 8757-8763.

[32] Ejsing C S, Sampaio J L, Surendranath V, et al. Global analysis of the yeast lipidome by quantitative shotgun mass spectrometry. Proc Natl Acad Sci U S A, 2009, 106(7): 2136-2141.

[33] StaHlman M, Ejsing C S, Tarasov K, et al. High-throughput shotgun lipidomics by quadrupole time-of-flight mass spectrometry. J Chromatogr B Analyt Technol Biomed Life Sci, 2009, 877(26): 2664-2672.

第9章

母乳中碳水化合物及其组分测定

母乳中碳水化合物以乳糖为主，还含有少量葡萄糖、半乳糖、糖胺、含氮低聚糖（寡糖）等。乳糖系双糖，由葡萄糖和半乳糖在乳腺泡细胞中合成，摄入的乳糖在肠道中被乳糖酶分解，部分未被分解的乳糖进入大肠，被双歧杆菌酵解成乳酸和醋酸，使粪便呈酸性，不利于致病菌的生长。乳糖还能够促进某些矿物质（如钙、镁）的吸收。

9.1 碳水化合物的概念及测定方法

母乳中主要的碳水化合物是乳糖，被认为是母乳中宏量营养素的最主要成分，也是人们研究最早影响母乳恒定渗透压的主要乳成分[1]。由于母乳中其他的碳水化合物以糖复合物（如糖脂、糖蛋白等）的形式存在，以往的方法难以分离和定量，一直被忽略。从20世纪70年代开始用HPLC分析糖，由于分辨率低、柱平衡时间长、易受污染、试剂消耗等因素，制约了该方法的应用；进入80年代，高效阴离子交换色谱脉冲安培检测法（HPAEC-PAD）成功用于糖的分析。近20年，随着分析方法学与检测设备的发展，毛细管电泳技术具有快速、灵敏、高分辨率和需要样品少等特点，已经广泛用于母乳中碳水化合物的定量分析，能够准确分离和定量测定大部分糖复合物，使得这些糖组（尤其是寡糖类，即低聚糖类）生物学功能开始引起人们广泛关注。目前国内外对母乳中总碳水化合物的方法学研究较少，已报道的很多研究主要是母乳中乳糖和低聚糖的含量。

9.1.1 总碳水化合物的测定

用于母乳碳水化合物含量的测定方法主要有化学法、HPLC法、高效阴离子交换色谱法（或与质谱联用）、气相色谱法等。已发表文献中母乳总碳水化合物含量采用如下几种方法：①计算法，应用较为普遍，得出大致含量，但得不出不同碳水化合物组分，如Miris等母乳成分分析仪；②采用直接法（苯酚-硫酸法测定）或间接法测定，同样是不能分析不同碳水化合物组分；③采用LC-MS/MS测定母乳中乳糖和其他单糖成分，采用HPLC、HPAEC-RED、GC法测定低聚糖组分和其他碳水化合物的组分。

以往报告的大多数母乳中总碳水化合物含量通常采用减重法估算[2-4]。例如，目前很多商品化母乳成分分析仪提供的碳水化合物含量数据是计算的；钱继红等[2]计算上海地区乳母的过渡乳总碳水化合物浓度为77.70g/kg±9.48g/kg，Maas等[3]和江蕙芸等[4]计算的过渡乳和成熟乳的总碳水化合物含量分别为71.71g/kg±5.45g/kg和77.15g/kg±6.33g/kg。

9.1.2 乳糖的测定

最早结晶法用于测定母乳乳糖含量，但本质上不能进行定量分析。另一种经典方法是减重法：从母乳的干重中减去蛋白质、脂质和灰分的重量进行估计。然而，由于母乳中大量的糖基化（约 20g/L）会过高地估计乳糖含量（平均 68g/L）。与糖的还原端直接化学反应，可产生通过分光光度法测量的特定发色团，增加测定的特异性，但是其他碳水化合物的还原末端会产生虚假的发色团。在向乳中添加 β-半乳糖苷酶（乳糖酶）之前和之后测量的游离单糖，特异性将乳糖裂解成游离葡萄糖和半乳糖，虽然增加了酶促反应的特异性，但具有两种测量方法的综合误差。过去还有采用改良的 Dahlquist 比色法，现在也可使用商品试剂盒测定（检测范围 2 ～ 10mg/mL），也有采用色谱法。

目前母乳中乳糖的检测常用方法有红外母乳成分快速分析法、化学法、HPLC、薄层色谱法等。其中母乳成分快速分析法是近年来新发展的快速分析方法，而其他方法为经典实验室方法，应用较为广泛。采用化学法、色谱法（如离子色谱法）等不同方法获得的不同泌乳期母乳中乳糖含量的比较见表 9-1 和表 9-2。乳糖的色谱分离，然后进行各种类型的检测，本质上是最准确的分析策略。使用 HPLC，Butte 和 Calloway[5] 发现乳糖水平略低于其他方法测量的结果。现行的 HPLC 方法系在 Coppa 等 [6] 方法基础上不断进行改良，可同时定量测量母乳中单糖、乳糖和总低聚糖的含量。

表 9-1　不同泌乳期母乳中乳糖、葡萄糖和果糖含量变化①

碳水化合物	单位	1 个月	6 个月	平均含量
乳糖	g/dL	7.8±0.8	7.5±0.7	7.6±0.6
葡萄糖	μg/mL	263.6±87.5	246.8±76.8	255.2±75.3
果糖	μg/mL	7.2±0.8	7.5±0.7	7.6±0.6

① 改编自 Goran 等 [7]，2017。

注：结果以平均值 ± 标准差表示。

表 9-2　母乳中乳糖含量及测定方法　　单位：g/L

作者	测定方法	初乳	过渡乳	成熟乳
Lauber[8], Mitoulas[9], Nommsen[10]	化学法	—①	—①	70.68±4.47
Lönnerdal 等 [11]，张兰威等 [12]	自动分析仪	68.42±2.66	71.30±2.39	76.60±3.73
Maas 等 [3]	酶法	—①	55.42±6.33	59.11±4.56
Gopal 等 [13]	HPLC	55	—①	68
Thurl 等 [14]	比色法	—①	56.90	—①
范丽等 [15]	酶法和 HPLC	—①	66.47±3.91	—①
侯艳梅 [16]	乳成分分析仪	—①	52.95±3.28	—①
蔡明明 [17]	离子色谱法	—①	—①	66.1（54.0 ～ 73.7）

①“—”没有数据。

9.1.3 单糖的测定

以往很少有关于母乳中果糖含量的报道，主要基于母乳不含有果糖的早期研究[18]。Goran 等[7]应用 LC-MS/MS 分析了母乳中乳糖和果糖成分（表 9-1），不需要对果糖和乳糖进行衍生化，用 GC-MS（气相色谱-质谱）定量果糖有时会由于衍生化不完全而高估测定结果[19]；使用葡萄糖氧化酶方法测定母乳中的葡萄糖。

9.2 低聚糖 / 寡糖的概念及测定方法

母乳寡糖（HMOs）是母乳中第三大固体组分（也称为母乳低聚糖），初乳中含量较高，具有抵御肠道病原微生物感染、维持肠道微生态平衡、营养小肠黏膜和调节免疫细胞之间的相互作用等功能[20, 21]。因此研究 HMOs 可为母乳喂养及应用，特别是婴幼儿配方乳粉及婴幼儿营养品的研发提供依据。

由于母乳中 HMOs 的分子结构复杂多样[22]，具有生物活性的寡糖种类相当多，且大多数含量低；大多数 HMOs 带有分支结构。鉴于 HMOs 的检测需要高灵敏度、可重现性、高通量，要求的分析技术能在复杂的生物体系中鉴别特定结构的同分异构体，目前还没有成熟的检测方法用于分析母乳中的 HMOs 组分。

以往的研究中，也有采用总碳水化合物减去乳糖估计总 HMOs 浓度的方法，这种计算方法没有测量或计入葡萄糖和半乳糖的含量[23]，这是由于母乳中这两个成分浓度很低无法测定的缘故。目前主要的检测方法包括：核磁共振波谱法（NMR）、高效液相色谱法（HPLC）、荧光标记后用 HPLC 进行分离的方法[24]、高效阴离子交换色谱法（HPAEC）、毛细管电泳法（CE）等[25]。以下比较了 HMOs 检测的主要方法（色谱分析与电泳技术）以及各自的特点。

9.2.1 色谱分析技术

在初期，作为一种常见、操作简单且适用性广的方法，直接的高效液相色谱-紫外检测法（HPLC-UV）常用于分析检测 HMO，但该方法需要被测物质有发光或产生荧光的原子或基团，而 HMO 常常缺乏这样的发光或荧光原子或基团，这导致了只有特定结构和带有一定基团的 HMO 可在一定条件下被检测到，如酸性的或带有唾液酸基团的 HMO。并且 HMO 带有的基团数量及其结构都可能影响该方法的测定结果。因此与毛细管电泳法类似，通常在上柱测试前需要对 HMO 进行衍生化反应，带上发光或荧光的基团再进行检测。通过低聚糖衍生化法引入额外的电荷，可改善分辨的精度，这对分析中性 HMO 是很重要的[25]。

对未经衍生化低聚糖的分析和几种同分异构体的分离，常用方法是 HPAEC-PAD，但该方法首先需对样品进行前处理，去除蛋白质、脂肪、维生素等，其次还需要对系统进行校准和用外部标准进行调试，因此该方法非常耗时，而且无法得到确定性结果，通常要与 NMR 和 / 或质谱联用进行结构分析。此外，亲水相互作用色谱（HILIC）和气相色谱 GC 等也被用于 HMO 的检测[25]。

9.2.2 电泳技术

毛细管电泳在分离极性分子方面具备一定优势，这种方法采用的电泳柱成本较低，对于检测样本与实验试剂缓冲液的需要量较小，可以实现快速和辨识程度较高的分离，操作简单，可对复杂体系中的单一物质进行准确定量。在一定电场作用下，该方法通过一个狭窄的充有导电缓冲液的毛细管柱进行分离。待分离物质在电场中的运动取决于其电荷、电荷与分子量的比值、缓冲系统（pH 与离子强度）、电压、温度、毛细管的长度与直径，以及毛细管壁的材质等。毛细管区带电泳（CZE）常被用作未衍生化或标记了的酸性或中性 HMO 的分析检测[25]。

9.2.3 多种检测技术的联合应用

目前用于母乳寡糖检测的几种主流方法中，色谱与电泳法主要用于 HMO 的组分分析和定量，核磁共振法主要用于结构分析。这些方法在敏感度、精度方面都有所欠缺。衍生化法可通过添加负电荷提高分离的精度，并通过与质谱在“在线状态”联用来提高分析灵敏度[25]。German 等[26]报道，通过 HPLC-Chip TOF/MS 技术，可常规描绘母乳寡糖的分布轮廓。这种分析手段用了整合的微流控芯片技术，与高准确性的飞行时间质谱分析仪结合，可以使不同母乳样本中 HMOs 的常规分布轮廓得以呈现。

通过将高效阴离子交换色谱法 HPAEC、高效液相色谱法 HPLC 与衍生化技术结合，可用于鉴别检测 HMOs；而使用液相色谱与高分辨率质谱联合的测定方法，已发现了约 200 种带有 3 ～ 22 个单糖的独特 HMOs 结构[26]。

9.2.4 可检测的低聚糖

目前关于母乳 HMO 的分析尚无标准检测方法，各研究报道的 HMOs 含量可借鉴参考，但互相之间数据的可比性仍需探讨。已发表的可检测母乳中低聚糖的种类从几种到22种不等。

9.3　核磁共振代谢组学

近年来，核磁共振代谢组学（nuclear magnetic resonance metabolomics）被应用于母乳中碳水化合物及其代谢物（如多种低聚糖、岩藻糖、半乳糖、葡萄糖、乳糖、麦芽糖、蔗糖、*N*-乙酰氨基葡萄糖）等成分的定性和定量分析[27]，观察到婴儿配方食品的这些成分与HBM不同，而且母乳中的这些成分随着哺乳期的变化而呈现动态变化，提示在新生儿营养方面可能会有不同的结果。

9.4　展望

母乳中含有丰富的碳水化合物，对婴儿的生长发育有重要意义。目前的研究仅限于测定母乳中典型低聚糖的含量（约20多种），而母乳中含有多达1000种低聚糖，有些低聚糖的分子量很大，其标准样品难以获取，现有的方法还很难对其进行定量。母乳中还存在多种未知的低聚糖，它们可能具有某种特殊的生理功能，尚需要深入研究[28]。

母乳中碳水化合物的测定方法主要有化学法、HPLC、高效阴离子交换色谱法、气相色谱法等，每种方法都有其不同的特点，报告的检测结果也因方法不同而有差异，难以相互之间进行比较。从已发表文献分析，高效阴离子交换色谱法的准确度、操作性、灵敏度等方面均优于其他方法，它与质谱联合是低聚糖分析的发展趋势。

（任向楠，杨振宇，荫士安）

参考文献

[1] Martin C R, Ling P R, Blackburn G L. Review of infant feeding: key features of breast milk and infant formula. Nutrients, 2016, 8(5): 279. doi: 10.3390/nu8050279.

[2] 钱继红，吴圣楣，张伟利. 上海地区母乳中三大营养素含量分析. 实用儿科临床杂志，2002, 17(3): 243-245.

[3] Maas Y G, Gerritsen J, Hart A A, et al. Development of macronutrient composition of very preterm human milk. Br J Nutr, 1998, 80(1): 35-40.

[4] 江蕙芸，陈红慧，王艳华. 南宁市母乳乳汁中营养素含量分析. 广西医科大学学报，2005, 22(5): 690-692.

[5] Butte N F, Calloway D H. Evaluation of lactational performance of Navajo women. Am J Clin Nutr, 1981, 34(10): 2210-2215.

[6] Coppa G V, Gabrielli O, Pierani P, et al. Changes in carbohydrate composition in human milk over 4 months of lactation. Pediatrics, 1993, 91(3): 637-641.

[7] Goran M I, Martin A A, Alderete T L, et al. Fructose in breast milk is positively associated with infant body composition at 6 months of age. Nutrients, 2017, 9(2) : 146. doi: 10.3390/nu9020146.

[8] Lauber E, Reinhardt M. Studies on the quality of breast milk during 23 months of lactation in a rural community of the Ivory Coast. Am J Clin Nutr, 1979, 32(5): 1159-1173.

[9] Mitoulas L R, Kent J C, Cox D B, et al. Variation in fat, lactose and protein in human milk over 24 h and throughout the first year of lactation. Br J Nutr, 2002, 88(1): 29-37.

[10] Nommsen L A, Lovelady C A, Heinig M J, et al. Determinants of energy, protein, lipid, and lactose concentrations in human milk during the first 12 mo of lactation: the DARLING Study. Am J Clin Nutr, 1991, 53(2): 457-465.

[11] Lönnerdal B, Forsum E, Gebre-Medhin M, et al. Breast milk composition in Ethiopian and Swedish mothers. Ⅱ. Lactose, nitrogen, and protein contents. Am J Clin Nutr, 1976, 29(10): 1134-1141.

[12] 张兰威，周晓红，肖玲，等．人乳营养成分及其变化．营养学报，1997, 19: 366-369.

[13] Gopal P K, Gill H S. Oligosaccharides and glycoconjugates in bovine milk and colostrum. Br J Nutr, 2000, 84 (Suppl 1):s69-s74.

[14] Thurl S, Munzert M, Henker J, et al. Variation of human milk oligosaccharides in relation to milk groups and lactational periods. Br J Nutr, 2010, 104(9): 1261-1271.

[15] 范丽，徐勇，连之娜，等．高效阴离子交换色谱 - 脉冲安培检测法定量测定低聚木糖样品中的低聚木糖．色谱，2011, 29(1): 75-78.

[16] 侯艳梅，于珊，郑晓霞．济南市 240 例乳母乳汁成分分析．中国妇幼保健杂志，2008, 23(2): 241-243.

[17] 蔡明明，陈启，李爽，等．离子色谱法测定人乳中乳糖．食品安全质量学报，2014, 5(7): 2054-2058.

[18] Jenness R. The composition of human milk. Semin Perinatol, 1979, 3(3): 225-239.

[19] Scano P, Murgia A, Demuru M, et al. Metabolite profiles of formula milk compared to breast milk. Food Res Int, 2016, 87: 76-82.

[20] Kuntz S, Rudloff S, Kunz C. Oligosaccharides from human milk influence growth-related characteristics of intestinally transformed and non-transformed intestinal cells. Br J Nutr, 2008, 99(3): 462-471.

[21] Macfarlane G T, Steed H, Macfarlane S. Bacterial metabolism and health-related effects of galacto-oligosaccharides and other prebiotics. J Appl Microbiol, 2008, 104(2): 305-344.

[22] Ninonuevo M R, Park Y, Yin H, et al. A strategy for annotating the human milk glycome. J Agric Food Chem, 2006, 54(20): 7471-7480.

[23] Gridneva Z, Rea A, Tie W J, et al. Carbohydrates in human milk and body composition of term infants during the first 12 months of lactation. Nutrients, 2019, 11(7): 1472. doi: 10.3390/nu11071472.

[24] Kunz C, Kuntz S, Rudloff S. Bioactivity of human milk oligosaccharides. in: food oligosaccharides: production, analysis and bioactivity. Edited by Moreno F J, Sanz M L: John Wiley & Sons, Ltd., 2014: 1-20.

[25] Mantovani V, Galeotti F, Maccari F, et al. Recent advances on separation and characterization of human milk oligosaccharides. Electrophoresis, 2016, 37(11): 1514-1524.

[26] German J B, Freeman S L, Lebrilla C B, et al. Human milk oligosaccharides: evolution, structures and bioselectivity as substrates for intestinal bacteria. Nestle Nutr Workshop Ser Pediatr Program, 2008, 62: 205-218; discussion 218-222.

[27] Garwolinska D, Hewelt-Belka W, Kot-Wasik A, et al. Nuclear magnetic resonance metabolomics reveals

qualitative and quantitative differences in the composition of Human Breast Milk and Milk Formulas. Nutrients, 2020, 12(4) : 921. doi: 10.3390/nu12040921.
[28] 任向楠，杨晓光，杨振宇，等 . 人乳中低聚糖的含量及其常用分析方法的研究进展 . 中国食品卫生杂志，2015, 27(2): 200-204.

第10章 母乳中微量生物活性成分测定

母乳除了能满足喂养儿的生长发育营养需求，母乳中还含有多种微量生物活性成分，如核苷和核苷酸、多种免疫球蛋白、补体成分和溶菌酶、唾液酸、激素和类激素成分、丰富的细胞成分和细胞因子、微小核糖核酸（microRNA 或 miRNA）等参与机体的免疫调节、器官与功能的发育成熟等。

10.1 核苷和核苷酸

准确测定母乳中核酸、核苷酸和核苷的浓度以及存在形式，对评价其在婴儿营养中的作用是必不可少的。早期的测量结果是非特异性的，或仅仅测量总核酸组分中一部分或游离核苷和核苷酸。迄今，准确测量母乳中全部聚核糖核苷酸含量以及存在形式的研究甚少。

10.1.1 核苷和核苷酸的测定方法

早期母乳中核苷酸的定量分析，需要消耗大量乳样（通常 100 ～ 1000mL），分析耗时，分析过程中暴露于阳光和空气还可能导致某些化合物被分解。母乳中存在的核苷酸是非常不稳定的化合物。由于母乳中含有将嘌呤核苷酸转化成尿酸所必需的完整酶系列，采样后保存过程中 5′-CMP 和 5′-UMP 可部分转化成胞苷和鸟苷，5′-GMP 和 5′-AMP 可部分被转化成鸟嘌呤和尿酸 [1]。

在测定方法学研究方面，虽然纸色谱和薄层色谱法可以实现快速分析，然而不能获得相关化合物的高分辨率，定量操作（程序）不可能对浓度微小变化进行可靠的测定，这种方法也不适合于大样品分析。随着快速和灵敏测量技术的出现，如 HPLC 用于定量测定生物样品中这些化合物 [2, 3]，可以同时测定母乳中的核苷和核苷酸的组分 [4]。除了采用 HPLC 测定母乳中核苷酸和核苷含量，还可采用酶法、毛细管电泳、毛细管电泳-电感耦合等离子体质谱和毛细管电色谱等方法 [2, 5-8]。反相离子对色谱法（IP-RPC）是目前最常用于核苷酸和核苷分离的技术，可获得非常好的分辨率，适用于大多数核苷酸的最佳分离，已经用于乳制品中核苷酸和核苷的测定 [9, 10]。

10.1.2 游离核苷和核苷酸的测定方法

早期发表的数据大多数是测定母乳中游离核苷和核苷酸的含量。首先是制备去蛋白质母乳萃取物，用三氯乙酸（TCA）或高氯酸（PCA）或其他酸沉淀蛋白，离心后取上清液可用不同方法进行定量分析，如离子交换色谱（ion-exchange chromatography）、纸色谱（paper chromatography）、酶法、HPLC 等。最近 Mateos-Vivas 等 [11] 提出一种测定母乳中游离单核苷酸的简单、有效和绿色分析法，使用毛细管电泳-电喷雾质谱（capillary electrophoresis-electrospray mass spectrometry）分离和同时定量测定，没有观察到基质的干扰，检测限量为 0.08 ～ 0.13μg/mL，定量限 0.26 ～ 0.43μg/mL，实验室间的重复性和再现性均很好。

10.1.3 总的潜在可利用核苷（TPAN）

测定母乳中游离核苷酸和核苷的量并不能说明聚核苷酸、核蛋白或核苷酸/核苷的衍生物。例如，Leach 等[12] 通过测定母乳中 TPAN，证实母乳中可被婴儿利用的总核苷酸量被低估超过 50%，因此提出了测定母乳中 TPAN 的方法，即乳样经核酸酶、焦磷酸酶和细菌来源的碱性磷酸酶酶解，包括：

① 天然游离核苷和其他来源核苷，乳样中的 RNA、加合物、游离核苷酸和游离核苷经上述 3 种酶作用产生的游离核苷；

② 来自含核苷加合物的核苷，乳样经核酸酶和磷酸酶水解产生的核苷；

③ 核苷酸衍生的核苷，乳样仅用磷酸酶水解；

④ 核苷酸衍生的核苷，无酶水解过程。

采用该方法可测量母乳中所有主要来源的核糖核苷酸，即那些潜在可被吸收利用和代谢的核糖核苷，包括游离核苷以及衍生于核苷酸和核苷酸聚合物的核苷。

10.2 补体成分

补体的测定方法有总补体溶血活性测定和补体成分含量（如 C3、C4、C1q 等）测定。补体活性测定用免疫溶血法，含量测定用单向扩散法。检测补体的方法可分为功能测定（通常以溶血功能为代表）和免疫原性测定两类，后者多使用琼脂扩散法或免疫浊度法进行定量。

10.2.1 总补体溶血活性测定

总补体溶血活性（CH_{50}）的测定，用于测定补体传统活化途径 Cp 的溶血活性，可分为两类，即经典的 Mayer CH_{50} 溶血法和用标准血清的溶血活性法。C1 ～ C9 任何一个成分缺陷均可导致 CH_{50} 降低。多个研究对其进行改良，有基于 Mayer 法改良的试管法和微量快速法。补体旁路活化途径的溶血活性（AP-H_{50}）测定，获得结果可以反映参与旁路的成分，包括补体 C3、C5 ～ C9 和 D、B、P、H、I 因子的活性，以及 β_{IH}、C3 灭活剂、备解素等组分的活性。CH_{50} 和 AP-H_{50} 是应用悬液或琼脂胶体中的抗体致敏羊红细胞（CH_{50}）或不致敏的兔红细胞（AP_{50}）与实验样品孵育后，经补体介导红细胞溶解，释放血红蛋白，通过分光光度计测定血红蛋白量。20 世纪 80 年代后期，发现 C1q 样分子甘露聚糖结合凝集素（mannan-binding lectin, MBL）通过 C1r、C1s 可激活经典途径，被称为补体激活的第三途径“凝集素途径”[13, 14]。Mayer CH_{50} 操作烦琐，对实验条件要求较苛刻，而且受反应介质中离子强度、pH、抗体（溶血素）量、致敏作用、反应时间、温度及反应物总量的影响。半自动和自动化分析方法的实现和逐步完善，使测定方法更加简便易于操作。

10.2.2 补体成分含量测定

检测补体成分的方法包括放射免疫扩散法、火箭免疫电泳法、交叉免疫电泳法、比浊法、放射免疫测定法（RIA）以及酶联免疫吸附法（ELISA）等。后三种测定方法操作技术较简单，可以对样本进行批量分析。相比之下，火箭免疫电泳法的分析效果则较差。

（1）B 因子　可采用单向琼脂免疫扩散法、速率散射比浊法或火箭免疫电泳法测定，可用溶血试验测定 B 因子活性。C1q 测定，C1q 是补体 C1 的重要成分，单向琼脂扩散法测定补体 C1q 含量。

（2）补体 C3 与 C5　常用溶血法和免疫化学法测定；用单向（环状）免疫扩散法（RID）、火箭免疫电泳法（RIE）或免疫比浊法测定补体 C3 含量，方法需要抗 C3 血清；补体 C3 裂解产物（C3SP）的测定，采用 RID 及 RIE 可精确测定 C3d 的含量，但是需要抗 C3d 血清；双向免疫电泳法操作较烦琐，敏感性不高，对流免疫电泳法（CIE）操作简便、快速、敏感，不需要抗 C3d 血清。可采用单向免疫扩散法、双层火箭免疫电泳法、对流免疫电泳法、交叉免疫电泳法、免疫固相电泳法等测定补体 C3 裂解产物（C3SP）。用火箭免疫电泳法测定 C5。

（3）补体 C4　用溶血法测定溶血活性，单向琼脂扩散法测定含量。测定方法同补体 C3，但是需要抗 C4 血清。补体 C4 的测定方法有单向免疫扩散法、免疫比浊法；可以采用火箭免疫电泳法、交叉免疫电泳法、免疫固相电泳法测定补体 C4 裂解产物（C4SP）。

10.2.3 补体成分测定的经典方法

透射比浊法和散射比浊法是检测补体的经典方法，同时测定 C3、C4 的结果显示两个方法的相关性良好 [15]，获得的结果具有可比性。散射比浊法是一种微量、快速、自动化检测体液中特定蛋白质成分的免疫化学分析技术，该技术是将免疫测定与散射比浊法的原理相结合而设计的一种快速免疫测定法，主要用于对体液中特定蛋白成分的测定；而透射比浊法在最近的10年间更受欢迎，逐渐替代了散射比浊法，适用于用常规的临床化学分析仪进行测定，因为该方法在以下几点做了改进。①应用乳胶增强颗粒技术。将抗体通过吸附或化学连接方式结合在颗粒上，大颗粒乳胶包被高反应性抗体，可提高分析灵敏度，如C反应蛋白；小颗粒乳胶包被低反应性抗体，通过扩展其检测范围提高其灵敏度，如IgA、IgM。②做多点校准并用非线性拟合。用多点已知浓度并且呈微小间隔的校准品，将标准曲线拟合成接近真实的反应曲线。③由于免疫复合物、免疫球蛋白聚集、脂蛋白以及胆红素或游离血红蛋白等都可对光散射或光透射分析结果产生干扰，而免疫透射比浊法所采用的全自动生化分析仪可联合应用双波长检测，样本自动稀释，与样本空白对照检测，有助于最小化这些因素对检测结果的影响。因此，免疫透射比浊法的抗干扰能力较强。

10.3 唾液酸

母乳中唾液酸有游离和结合两种形式，后者通常以低聚糖、糖脂（glycolipids）或者糖蛋白（glycoproteins）的形式存在，如9-*O*-乙酰-*N*-乙酰神经氨酸（9-*O*-acetylated-*N*-acetylneuraminic acid，Neu5, 9Ac）。*N*-羟乙酰神经氨酸（*N*-glycolylneuraminic acid, Neu5Ge）。脱氨基神经氨酸（deaminoneuraminic acid, Kdn）。*O*-硫酸唾液酸（*O*-sulfated sialic acid, SiaS）以及2-、低聚和多聚唾液酸（diSia/oligoSia/polySia）。

10.3.1 唾液酸的传统检测方法

最初是采用传统比色法测定唾液酸总量，但是这些早期分析方法并不能区分结合形式和游离形式的唾液酸，这些方法大多需要经过水解步骤，即在显色标记和定量之前将唾液酸从结合形式转变为游离形式再进行测定。这些方法相对烦琐，耗时耗力，分析成本高，精密度也较低。也有些研究使用商品试剂盒，采用酶联免疫吸附法测定SA含量[16, 17]。

10.3.2 色谱与质谱法

越来越多的研究使用高效阴离子交换色谱脉冲安培检测法、荧光超高效液相色谱法、紫外高效液相色谱法、电喷雾-碰撞诱导解离串联质谱法等测定母乳唾液酸的精细结构序列特征。例如，Rohrer 等[18]将高效阴离子交换色谱脉冲安培检测法（HPAEC-PAD）引入唾液酸含量的测定，该方法已被应用于分析牛乳唾液酸[19]；Hurum 和 Rohrer[20]比较了 HPAEC-PAD 和荧光超高效液相色谱（UPLC）法测定婴儿配方食品中唾液酸（Neu5Ac 和 Neu5Ge）的效果，证明两方法均可用于测定婴儿配方食品中的唾液酸，总体测定 HPAEC-PAD 速度快（5min）[21]，而 UPLC 方法更灵敏，但是两者的测定效果均受样本基质的影响，因此需要考虑分析前的样本前处理过程和制备方式。Martin 等[22]在分析物经离子交换净化和衍生化后，采用选择性更高的高效液相色谱（HPLC）结合荧光检测器法测定婴儿配方奶粉中的 Neu5Ac 和 Neu5Ge 含量，但这种方法涉及的分析步骤较多。Sørensen[23]使用高效液相色谱与质谱联用方法（LC-ESI-MS/MS）测定婴儿配方乳粉中唾液酸（*N*-乙酰神经氨酸和 *N*-羟乙酰神经氨酸）含量，简化了分析程序，使测定结果选择性和准确度均得到提高。也可以通过优化建立多孔性石墨化碳色谱分离方法，分离制备多个 SHMO 单体，利用电喷雾-碰撞诱导解离串联质谱法（ESI-CID-MSn）测定唾液酸的精细结构序列，实现 HMOs 中唾液酸化母乳寡糖（SHMOs）的有效分离。

10.4 其他微量成分

10.4.1 母乳 microRNA 或 miRNA

母乳中 miRNA 及其组分的定量方法包括 Illumina RNA seq, 50bp, single-end reads；Illumina RNA seq, 36bp, single-end reads；MicroRNA microarray；Qaigen 生产的 miScript Assay（incl. 714 miRNA）等。上述方法使用的母乳组分不同，例如 Illumina RNA seq，使用 exoquick 富集细胞外囊泡或脂类部分[24-26]；MicroRNA microarray 使用脱脂、无细胞和无碎片乳[27, 28]。

Alsaweed 等[29]使用 8 种市售试剂盒的三种不同方法，测试母乳的脂质、脱脂和细胞部分中提取总 RNA 和 miRNA 的效率。每个部分产生不同浓度的 RNA 和 miRNA，其中细胞和脂质部分含量最高，脱脂乳中含量最低。基于色谱柱的无酚方法是所有三种乳样部分中最有效的提取方法。每个部分使用三个推荐的提取试剂盒通过 qPCR 在三个部分中表达并验证了两个 miRNA。在脱脂脂质乳部分，针对这些 miRNA 鉴定出高表达水平。这些结果提示，在着手进行这一领域研究前，应仔细考虑如何制备母乳样品和选择什么样的前处理方法等。Reif 等[30]使用 qPCR 研究了牛乳和母乳来源外泌体缓解动物模型结肠炎的效果。

10.4.2 溶菌酶

已报告的乳汁中溶菌酶定量分析方法有如下几种，快速蛋白液相色谱法（fast protein chromatography）[31]、聚丙烯酰胺凝胶电泳（polyacrylamide gel electrophoresis）[32]、酶活性测定（enzyme activity assessment）[33] 以及免疫测定（immunoassay）[34, 35] 等。目前报道的人体液中溶菌酶含量的免疫化学定量分析常用方法有免疫电泳法、琼脂扩散法、琼脂糖火箭电泳法、比色法、放射免疫法、酶联免疫吸附法、经典免疫比浊法和共振散射法等，不同方法各有其优缺点。然而，大多数这些方法缺乏灵敏度和所需要样品的前处理，有的方法孵化时间过长。

目前最常用于测定溶菌酶的方法存在一些局限性和缺点：检测下限通常免疫电泳法 50mg/L，酶法 1 ～ 5mg/L，传统的免疫比浊法 1mg/L，样品需要进行预处理；生物体液中可能存在影响溶菌酶酶活性的因素；孵化时间过长，有的方法需要 18h；使用放射性同位素的限制；基于非竞争性抗原-抗体反应的免疫测定法中可能遇到的抗原过量引起的低估风险。

在我国，溶菌酶的定量检测参照 2005 年《中华人民共和国药典》的比浊法，其给出的酶单位定义为：在 25℃、pH 值为 6.2 的条件下，于 450nm 处每分钟引起溶酶小球菌体溶液吸光度下降 0.001 所需要的酶量为一个酶活力单位（U）。此法应用最广泛，但其存在灵敏度低、线性范围窄（6.67 ～ 83.34U/mL）、变异系数达 20% 等缺点。

10.4.3 细胞因子

由于母乳中细胞因子的种类很多，含量较低，变异范围相当大，目前关于细胞因子测定的系统方法学比较性研究和已发表相关论文甚少。已开发了许多商品化试剂盒用于测定乳汁中细胞因子。例如，商品化 ELISA 试剂盒可用于测定 VEGF、HGF 和 EGF，典型的产品最低检测量分别为＜ 5ng/L、＜ 40ng/L 和＜ 1ng/L[36, 37]。采用 Millipore 含有 20 种细胞因子、趋化因子和生长因子抗体的商品多重试剂盒，用 Luminex 仪器测定细胞因子，使用样品量仅 50μL，可检测的细胞因子包括 IL-1α、IL-1β、IL-2、IL-4、IL-5、IL-6、IL-7、IL-8、IL-10、IL-12p70、IL-13、IL-15、IL-17、Ip10、TNF-α、INF-γ、MCP1、粒细胞-单核细胞集落刺激因子（granulocyte-monocyte colony-stimulating factor，GMCSF）等[38]。

免疫测定如 ELISA 试验和放射免疫法或定量生物测定，已被广泛用于测定无细胞乳样部分细胞因子。应用特异性单克隆抗体及免疫荧光标记方法，染色细胞因子分泌细胞胞浆内的细胞因子，从细胞水平研究母乳中细胞因子分泌细胞的分泌能力[39]。采用竞争性放射免疫测定法（RIA）和柱色谱法测定 IL-6。

10.4.4 激素及类激素成分

测定母乳中常见的生长发育相关激素、甲状腺素等激素含量的商品试剂盒已经较为成熟，目前应用较为广泛，主要是基于放射免疫或酶联免疫吸附原理制备的试剂盒可供选择。高灵敏度和可靠的 LC-MS/MS 技术可用于母乳中皮质醇和可的松的精确测量。

母乳中雌激素含量测定方法有免疫化学发光分析（ICMA）、酶联免疫吸附测定（enzyme linked immunosorbent assay，ELISA）、放射免疫组织分析（RIA）、气相色谱-质谱 / 质谱分析（GC-MS/MS）、液相色谱-质谱 / 质谱分析（LC-MS/MS）、自动在线固相萃取（SPE）-高效液相色谱（HPLC）、超高效液相色谱-串联质谱（UPLC-MS/MS）等。2016 年曹宇彤等[40]建立了提取和检测母乳中 3 种雌激素的超高效液相色谱-串联质谱（UPLC-MS/MS）分析方法，优化了样品前处理技术和色谱质谱条件。该法线性关系良好（R^2=0.99）、准确度和精密度良好，RSD 在 2.07% ～ 3.92% 之间，方法的检出限在 0.19 ～ 0.25ng/mL 之间，同其他方法相比一致或更低。所建方法已成功应用于母乳样品的检测。曹劲松和李意[41]利用超高效液相色谱-串联质谱（UPLC-MS/MS）测定了母乳中雌激素含量，人初乳中雌酮 + 雌三醇含量为 4 ～ 5ng/mL, 雌二醇为 0.5ng/mL，第 5 天即接近成熟乳的浓度；而相比较的牛初乳中 17α-E2（无活性形式）含量为 17β-E2（活性形式）的 1.3 ～ 2.0 倍。Liu 等[42]使用 SPE-HPLC 方法测定了牛奶中五种激素（雌三醇、醋酸泼尼松、氢化可的松、己二烯雌酚和雌酮）的含量，样品前处理简单，且省时；雌三醇、醋酸泼尼松、氢化可的松、己二烯雌酚和雌酮的检出限（limit of detection，LOD）分别为 0.023μg/mL、0.005μg/mL、0.006μg/mL、0.004μg/mL 和 0.054mg/mL。

（董彩霞，荫士安）

参考文献

[1] Thorell L, Sjoberg L B, Hernell O. Nucleotides in human milk: sources and metabolism by the newborn infant. Pediatr Res, 1996, 40(6): 845-852.

[2] Gill B D, Indyk H E. Determination of nucleotides and nucleosides in milks and pediatric formulas: a review. J AOAC Int, 2007, 90(5): 1354-1364.

[3] Gill B D, Indyk H E, Manley-Harris M. Analysis of nucleosides and nucleotides in infant formula by liquid chromatography-tandem mass spectrometry. Anal Bioanal Chem, 2013, 405(15): 5311-5319.

[4] Sugawara M, Sato N, Nakano T, et al. Profile of nucleotides and nucleosides of human milk. J Nutr Sci Vitaminol (Tokyo), 1995, 41(4): 409-418.

[5] Gil A, Sanchez-Medina F. Acid-soluble nucleotides of human milk at different stages of lactation. J Dairy Res, 1982, 49(2): 301-307.
[6] Qurishi R, Kaulich M, Muller C E. Fast, efficient capillary electrophoresis method for measuring nucleotide degradation and metabolism. J Chromatogr A, 2002, 952(1-2): 275-281.
[7] Yeh C F, Jiang S J. Determination of monophosphate nucleotides by capillary electrophoresis inductively coupled plasma mass spectrometry. Analyst, 2002, 127(10): 1324-1327.
[8] Ohyama K, Fujimoto E, Wada M, et al. Investigation of a novel mixed-mode stationary phase for capillary electrochromatography. Part Ⅲ: Separation of nucleosides and nucleic acid bases on sulfonated naphthalimido-modified silyl silica gel. J Sep Sci, 2005, 28(8): 767-773.
[9] 杨大进，方从容，马兰，等．婴幼儿配方奶粉中核苷酸含量的测定方法研究．中国食品卫生杂志，2003, 15(6): 496-499.
[10] 许彬，张仕华．反相离子对色谱法测定奶粉中核苷酸质量浓度．中国乳品工业，2012, 40(4): 45-47.
[11] Mateos-Vivas M, Rodriguez-Gonzalo E, Dominguez-Alvarez J, et al. Analysis of free nucleotide monophosphates in human milk and effect of pasteurisation or high-pressure processing on their contents by capillary electrophoresis coupled to mass spectrometry. Food Chem, 2015, 174: 348-355.
[12] Leach J L, Baxter J H, Molitor B E, et al. Total potentially available nucleosides of human milk by stage of lactation. Am J Clin Nutr, 1995, 61(6): 1224-1230.
[13] Ikeda K, Sannoh T, Kawasaki N, et al. Serum lectin with known structure activates complement through the classical pathway. J Biol Chem, 1987, 262(16): 7451-7454.
[14] Schweinle J E, Ezekowitz R A, Tenner A J, et al. Human mannose-binding protein activates the alternative complement pathway and enhances serum bactericidal activity on a mannose-rich isolate of Salmonella. J Clin Invest, 1989, 84(6): 1821-1829.
[15] 曾华，罗玲，何桂儿，等．透射比浊法和散射比浊法测定免疫球蛋白和补体的评价．国际检验医学杂志，2013, 34(20): 2733-2734.
[16] 阮莉莉，华春珍，洪理泉．不同阶段母乳中唾液酸和铁水平分析．营养学报，2015, 37(1): 84-87.
[17] 邵志莉，吴尤佳，徐美玉．母乳唾液酸与足月婴儿早期智能发育关系的研究．南通大学学报（医学版），2014, 34(2): 104-107.
[18] Rohrer J S. Analyzing sialic acids using high-performance anion-exchange chromatography with pulsed amperometric detection. Anal Biochem, 2000, 283(1): 3-9.
[19] 唐坤甜，梁立娜，蔡亚岐，等．高效阴离子交换色谱-脉冲安培检测法测定牛乳及制品中的唾液酸．分析化学（Fen xi hua xue) 研究简报，2008, 36(11): 1535-1538.
[20] Hurum D C, Rohrer J S. Determination of sialic acids in infant formula by chromatographic methods: a comparison of high-performance anion-exchange chromatography with pulsed amperometric detection and ultra-high-performance liquid chromatography methods. J Dairy Sci, 2012, 95(3): 1152-1161.
[21] Hurum D C, Rohrer J S. Five-minute glycoprotein sialic acid determination by high-performance anion exchange chromatography with pulsed amperometric detection. Anal Biochem, 2011, 419(1): 67-69.
[22] Martin M J, Vazquez E, Rueda R. Application of a sensitive fluorometric HPLC assay to determine the sialic acid content of infant formulas. Anal Bioanal Chem, 2007, 387(8): 2943-2949.
[23] Sørensen L K. Determination of sialic acids in infant formula by liquid chromatography tandem mass spectrometry. Biomed Chromatogr, 2010, 24(11): 1208-1212.
[24] Simpson M R, Brede G, Johansen J, et al. Human breast milk miRNA, maternal probiotic supplementation and atopic dermatitis in offspring. PLoS One, 2015, 10(12): e0143496.

[25] Zhou Q, Li M, Wang X, et al. Immune-related microRNAs are abundant in breast milk exosomes. Int J Biol Sci, 2012, 8(1): 118-123.

[26] Munch E M, Harris R A, Mohammad M, et al. Transcriptome profiling of microRNA by Next-Gen deep sequencing reveals known and novel miRNA species in the lipid fraction of human breast milk. PLoS One, 2013, 8(2): e50564.

[27] Kosaka N, Izumi H, Sekine K, et al. microRNA as a new immune-regulatory agent in breast milk. Silence, 2010, 1(1): 7.

[28] Weber J A, Baxter D H, Zhang S, et al. The microRNA spectrum in 12 body fluids. Clin Chem, 2010, 56(11): 1733-1741.

[29] Alsaweed M, Hepworth A R, Lefevre C, et al. Human milk microRNA and total RNA differ depending on milk fractionation. J Cell Biochem, 2015, 116(10): 2397-2407.

[30] Reif S, Elbaum-Shiff Y, Koroukhov N, et al. Cow and human milk-derived exosomes ameliorate colitis in DSS murine model. Nutrients, 2020, 12(9): 2589. doi: 10.3390/nu12092589.

[31] Ekstrand B, Bjorck L. Fast protein liquid chromatography of antibacterial components in milk. Lactoperoxidase, lactoferrin and lysozyme. J Chromatogr, 1986, 358(2): 429-433.

[32] Sanchez-Pozo A, Lopez J, Pita M L, et al. Changes in the protein fractions of human milk during lactation. Ann Nutr Metab, 1986, 30(1): 15-20.

[33] Miranda R, Saravia N G, Ackerman R, et al. Effect of maternal nutritional status on immunological substances in human colostrum and milk. Am J Clin Nutr, 1983, 37(4): 632-640.

[34] Goldman A S, Garza C, Nichols B L, et al. Immunologic factors in human milk during the first year of lactation. J Pediatr, 1982, 100(4): 563-567.

[35] Hennart P F, Brasseur D J, Delogne-Desnoeck J B, et al. Lysozyme, lactoferrin, and secretory immunoglobulin A content in breast milk: influence of duration of lactation, nutrition status, prolactin status, and parity of mother. Am J Clin Nutr, 1991, 53(1): 32-39.

[36] Kobata R, Tsukahara H, Ohshima Y, et al. High levels of growth factors in human breast milk. Early Hum Dev, 2008, 84(1): 67-69.

[37] Chang C J, Chao J C. Effect of human milk and epidermal growth factor on growth of human intestinal Caco-2 cells. J Pediatr Gastroenterol Nutr, 2002, 34(4): 394-401.

[38] Groer M W, Shelton M M. Exercise is associated with elevated proinflammatory cytokines in human milk. J Obstet Gynecol Neonatal Nurs, 2009, 38(1): 35-41.

[39] Skansen-Saphir U, Lindfors A, Andersson U. Cytokine production in mononuclear cells of human milk studied at the single-cell level. Pediatr Res, 1993, 34(2): 213-216.

[40] 曹宇彤，任皓威，刘宁 . 超高效液相色谱-串联质谱分析人乳中的 3 种雌激素 . 中国乳品工业，2016, 44(9): 52-55.

[41] 曹劲松，李意 . 初乳、常乳及其制品中的雌性激素 . 中国乳品工业，2005, 33(9): 4-8.

[42] Liu K, Kang K, Li N, et al. Simultaneous determination of five hormones in milk by automated online solid-phase extraction coupled to high-performance liquid chromatography. J AOAC Int, 2019, 103(1): 265-271.

第11章

母乳成分快速分析仪的应用

世界卫生组织（WHO）建议，婴儿应在出生后的头六个月内纯母乳喂养，并在六个月至两岁或更长时间内继续母乳喂养的同时及时合理添加辅助食品[1,2]。母乳中的宏量营养素（蛋白质、脂肪和碳水化合物）是估算婴儿和哺乳期妇女这些营养素需求量的常用基础数据。

然而，以往母乳中宏量营养素含量的测定是采用经典的传统方法，测定周期较长，不能很快获得测定结果，制约了现场或临床应用。近年已开发出多种母乳成分快速分析仪。最早是由瑞典 Miris 公司开发的母乳成分快速分析仪，其原理是采用中红外透射光谱法，同时开展了一些前期比较性研究，并与传统分析方法进行了比较[3-7]。该方法是一种光谱技术，适用于分析碳水化合物、脂肪和蛋白质，可进一步用于计算母乳中能量和总固形物。最近用于母乳成分快速分析的仪器取得了快速发展，且种类逐渐增多，产品声称的可测定的项目也逐渐增加。

11.1 母乳成分快速分析仪的概念

母乳成分快速分析仪的开发初衷主要是用于早产儿母乳的强化（基于母乳成分的测定结果，设计母乳强化剂的添加量），而且似乎对早产儿取得适宜的生长发育至关重要。然而，虽然 Miris 类的母乳成分分析仪（HMA）可方便迅速测定母乳中多种宏量营养素和固形物的含量，但是其测量结果仍不能与传统经典方法完全媲美，而且还需要基于与传统方法比较并进行适当校正，以避免系统误差[7,8]。

目前市场上母乳成分快速分析仪主要有中红外母乳成分分析仪、超声母乳成分分析仪、脉冲母乳成分分析仪等。其主要工作原理是基于中红外透射光谱、超声、脉冲等，在特定波长处或脉冲检测到透射的红外波长或信号。该方法适用于分析碳水化合物、脂肪和蛋白质，可进一步用于计算母乳中的总能量和总固形物等。通常这样的仪器可测定的指标为 5 ～ 10 项不等。最开始用于临床儿科保健，医生根据快速分析仪测定的早产 / 低出生体重儿的母乳中能量和营养素的含量，基于体重和月龄段婴儿的能量和营养素需要量，计算需要添加母乳强化剂的量。

11.2 母乳成分快速分析仪测定结果与传统方法的比较

已有若干研究比较了母乳成分快速分析仪（Miris）与传统经典方法的测定结果，但是所获得结果并不完全一致[4-8]。在报告的研究中，大多数使用的是母乳分析仪（human milk analyser, HMA，瑞典 Miris 开发），而且测定的是冷冻母乳样品。在不同实验室针对这些冷冻样品的不同的均质化方法，如涡旋或超声均质化、持续时间不同以及样本量大小等，均可能会影响比较结果，导致测定结果的偏倚[4]。因此比较性研究应有一定的样本量，而且应与传统经典测定方法进行比较。Zhu 等[7]通过使用电动泵采集乳母一侧乳房全部母乳，系统比较了 Miris 母乳成分分析仪与参考方法（经典国标方法）测定母乳中宏量营养素含量。比较结果见表 11-1。

11.2.1 相关性分析

使用 HMA 测得的蛋白质、脂肪和总固体含量与参考方法测得的含量显著相关相关系数分别为 0.88、0.93 和 0.78，$P < 0.001$，两种方法测定的乳糖含量无显著相关（r=0.10，P=0.30，n=100）。

表 11-1　母乳成分分析仪（HMA）与参考方法测定母乳中宏量营养素含量的比较

营养素	n	化学法	HMA	差值	相关系数	差值 /%
蛋白质	99	1.2±0.3	1.0±0.4	0.16①	0.88①	13
脂肪	89	3.2±1.4	3.7±1.5	−0.45①	0.93①	14
乳糖	100	6.7±0.4	6.6±0.4	0.05	0.10	1
总固形物	37	12.3±1.4	12.2±1.7	0.09	0.78①	1

① $P < 0.0001$。

注：引自 Zhu 等[7]，2017。HMA，母乳成分分析仪。含量以平均值 ±SD 表示，单位为 g/100mL。

11.2.2　蛋白质含量测定的比较

使用参考方法（微量凯氏定氮法）测得的母乳样本平均蛋白质含量显著高于 HMA 方法（1.2g/100mL 与 1.0g/100mL，$P < 0.001$），使用 HMA 方法获得的母乳蛋白质水平低约 13%（0.16g/100mL）。这可能与母乳的总氮中 15% ～ 24% 为非蛋白质氮，似可以解释其中的一些差异[9, 10]；已有多项比较性研究获得相似结果，即采用 HMA 方法将低估母乳蛋白质含量[4, 5]，然而也有研究报告使用 HMA 高估了蛋白质水平 0.2g/100mL[6]。造成这些研究之间差异可能是由于使用了不同的蛋白质含量化学定量方法[4-6]。

11.2.3　脂肪含量测定的比较

使用参考方法测定的母乳样本平均脂肪含量显著低于 HMA 方法测定的结果，平均脂肪含量分别为 3.2g/100mL 与 3.7g/100mL，$P < 0.001$，HMA 测得的脂肪含量高约 14%（高估脂肪浓度 0.45g/100mL），这与 Casadio 等[3]报告的结果相似。然而，也有比较性研究结果显示没有显著差异[4]，这可能与选择的参考方法有关（如不同的前处理、脂肪酸的提取和酯化过程不同）。

11.2.4　乳糖含量测定的比较

两种方法测定的乳糖含量平均值相差 0.05g/100mL（$P > 0.05$），两方法间的差异约为参考值的 1%；相关分析结果显示，这两种方法测定结果无相关性，这两种方法测定的乳糖范围在 5.5 ～ 7.5g/100mL 时，在低乳糖浓度 HPAEC 测量值小于 HMA，在高乳糖浓度 HPAEC 测量值大于 HMA，这与之前报告的结果相似[4, 5]，这样的差异可能与母乳中存在高浓度低聚糖有关，因为 HMA 可能无法区分游离乳糖与寡糖中的乳糖[4]。

11.2.5 总固形物含量测定的比较

两种方法测定的母乳中总固形物含量无差异（12.3g/100mL 与 12.2g/100mL，$P > 0.05$）；母乳中总固形物含量在 9.6 ～ 15.5g/100mL 范围内。

总之，基于参考方法（传统经典方法）获得的结果，通过校准 HMA 现场测定的结果（基于表 11-1 中数据），包括蛋白质和脂肪，两个方法获得的结果具有可比性，使 HMA 现场测定结果的准确度和精密度在可以接受范围。

11.3 HMA 的应用

母乳是一种复杂且高度可变的液体，在婴儿营养、健康和生长发育中发挥重要作用。母乳（包括成分和体积）的动态变化（不同个体和同一个体内均存在）与喂养儿的生长发育相适应。因此越来越多的研究关注母乳营养成分组成及变化趋势对喂养儿的影响，其中母乳成分分析常常是营养研究范围和深度的制约因素。HMA 的合理应用可在某种程度上解决一些限制瓶颈（如现场应用和及时报告检测结果）。

11.3.1 适用范围

目前比较成熟的 HMA 适用于测定母乳中宏量营养素（蛋白质、脂肪和碳水化合物）含量，并由此数据计算能量和总固形物。尽管还有些仪器的适用范围扩展到可测定母乳中某些矿物元素等更多成分，然而其测定结果的专一性、准确性和检出限还有待进行科学评估，声称可测定的种类越多，则需要验证的问题越多。

HMA 尤其适合营养学家开展现场新鲜母乳样品的宏量营养成分研究、临床新生儿 / 儿科医生快速评估早产 / 低出生体重儿的母乳中宏量营养素和能量，制定这些特殊医学状况婴儿的喂养计划。

11.3.2 临床应用

对于早产儿 / 低出生体重儿的喂养（尤其是极低出生体重儿），通常是在母乳喂养基础上，添加适量母乳强化剂，以满足这些婴儿的能量和营养需求。HMA 能帮助临床医生及时了解这些婴儿的母乳中宏量营养素和可提供的能量，判断需要添加母乳强化剂和添加的剂量，并根据喂养期间母乳中这些宏量营养成分和能量的变化及婴儿体重增长情况，适时调整母乳强化剂的使用量[3-6]。

11.3.3 现场调查

母乳成分快速分析仪可以快速获得母乳中宏量营养素和能量的结果，注入母乳样品后约 1min 内即可获得分析结果[11, 12]，适用于现场调查。无需复杂的实验室设施和器皿、可避免实验室中冷冻和融化母乳样品的过程以及可快速进行测定是其主要优点，只需要少量母乳（每个单次测量需要 2 ～ 3mL），可同时测定碳水化合物、脂肪和蛋白质含量。

11.3.4 需要注意的问题

11.3.4.1 不能用于评价母乳质量的优劣

需要特别强调指出，母乳成分快速分析不宜作为儿科或儿童保健门诊的常规测定项目，也不可以用一次或几次测定的健康乳母母乳中某种营养素含量评价其母乳营养状况的优与劣，因为母乳中能量和营养素的含量一直处在动态变化中，波动很大、影响因素很多，而且目前国际上没有公认的母乳中营养成分标准或正常值！尽管一些仪器测定结果通常显示某一或某些指标的“正常值”范围，这些数值通常是基于有限数量母乳样本测定结果推算的，并不能反映真实的正常值！

11.3.4.2 测定样本应使用新鲜母乳

目前这些快速 HMA 需要使用新鲜母乳样品现场测定，还仅限于母乳中宏量营养素含量和某些物理参数的测定，即使一次单样测定使用 2 ～ 3mL 母乳，耗费的母乳量仍然很多，通常不适合测定初乳样品。选择新鲜母乳样本现场测定，可获得较好的可重复结果，经过适当校正的数值与传统参考方法具有可比性[7]。

11.3.4.3 冷藏和冷冻母乳样品的使用

新鲜的母乳样品是母乳成分分析仪测定的最理想样品。对于那些冷藏和冷冻的母乳样品，会出现脂肪贴壁和蛋白质沉淀，冻融和均质化过程将会直接影响测定结果，而且对红外测量原理的影响更大。目前常见的均质化方法（如涡旋和超声均质化，持续时间不同）难以避免测定值偏低（蛋白质含量尤为突出），使用专用的母乳均质化仪器可使母乳样品达到充分均质化，可降低上述影响[4,5]。

总之，在母乳成分相关的现场工作中，可以使用 HMA 用于分析新鲜母乳中宏量营养素（脂肪、蛋白质和碳水化合物）以及计算能量和总固形物的含量。然而，由于个别情况下某个仪器可能存在系统误差（出厂设置问题），建议使用前（尤其科研项目）应与参考方法进行比较，必要时可使用确定的转换系数进行校正，以提高使用 HMA 测量脂肪和蛋白质含量的准确性；现场使用过程中，需要经常对检测仪器进行校准[8]。

（朱梅，杨振宇，荫士安）

参考文献

[1] World Health Organization. The optimal duration of exclusive breastfeeding. Report of an Expert Consultation//World Health Organization, editor. Geneva, Switzerland, 2001.

[2] World Health Organization & Unicef. Global strategy for infant and young child feeding//World Health Organization, editor. Geneva, Switzerland, 2003.

[3] Casadio Y S, Williams T M, Lai C T, et al. Evaluation of a mid-infrared analyzer for the determination of the macronutrient composition of human milk. J Hum Lact, 2010, 26(4): 376-383.

[4] Fusch G, Rochow N, Choi A, et al. Rapid measurement of macronutrients in breast milk: How reliable are infrared milk analyzers? Clin Nutr, 2015, 34(3): 465-476.

[5] Silvestre D, Fraga M, Gormaz M, et al. Comparison of mid-infrared transmission spectroscopy with biochemical methods for the determination of macronutrients in human milk. Matern Child Nutr, 2014, 10(3): 373-382.

[6] Menjo A, Mizuno K, Murase M, et al. Bedside analysis of human milk for adjustable nutrition strategy. Acta Paediatr, 2009, 98(2): 380-384.

[7] Zhu M, Yang Z, Ren Y, et al. Comparison of macronutrient contents in human milk measured using mid-infrared human milk analyser in a field study *vs* chemical reference methods. Materm Child Nutr, 2017, 13(1): 1-9.

[8] Billard H, Simon L, Desnots E, et al. Calibration adjustment of the mid-infrared analyzer for an accurate determination of the macronutrient composition of human milk. J Hum Lact, 2016, 32(3):NP19-27.

[9] Dupont C. Protein requirements during the first year of life. Am J Clin Nutr, 2003, 77(6): s1544-s1549.

[10] Choi A, Fusch G, Rochow N, et al. Establishment of micromethods for macronutrient contents analysis in breast milk. Matern Child Nutr, 2015, 11(4): 761-772.

[11] Chang Y C, Chen C H, Lin M C. The macronutrients in human milk change after storage in various containers. Pediatr Neonatol, 2012, 53(3): 205-209.

[12] Miller E M, Aiello M O, Fujita M, et al. Field and laboratory methods in human milk research. Am J Hum Biol, 2013, 25(1): 1-11.

第 12 章

母乳中细菌检测方法

生命最初 1000 天是定植和构建肠道微生物群的关键时期。在此期间，婴儿肠道菌群处在动态构建快速进化的过程中，肠道菌群不稳定，受多种因素影响。例如，分娩方式、喂养方式、营养状况和抗生素应用等[1-4]。其中喂养方式是婴儿肠道微生物群定植和更替的重要因素[5]，母乳喂养有助于喂养儿肠道免疫功能的启动和建立良好的生态环境。母乳是一种复杂的动态流体，除了富含多种营养和非营养性生物活性因子，满足喂养儿营养和生长发育需求外[6]，还含有多种共生菌和潜在的益生菌群落，可以定植在婴儿胃肠道[7, 8]，在维持婴儿良好健康状况和后续的生长发育中发挥重要作用[9, 10]。例如，微生物群参与有助于婴儿生长发育的代谢过程，包括获得能量[11]、合成某些维生素[10]、调节免疫系统以及通过肠-脑 /脑-肠轴影响肠内和中枢神经系统的发育与成熟[12, 13]。

然而，目前对母乳菌群的研究仍处于初期，早期的检测方法是用传统培养基将获取的母乳样品进行培养和分离。然而，由于绝大多数现场取得来自人体样品中微生物无法直接进行体外人工培养，因此在 DNA 测序技术，特别是宏基因组技术成熟之前，人们无法确定母乳中微生物的菌落组成，更谈不上研究菌落的多样性和稳定性。归功于近十年来新一代测序技术的进步，人们对体内微生物群落组成的理解取得显著进展。目前用于鉴别母乳中微生物的常用方法有培养基筛选法和不依赖培养基的方法。

12.1 传统培养基法与不依赖培养基法的比较

（1）传统的培养基筛选法　这是最常用于母乳中微生物分离的方法，优点是可以得到分离的菌株进行菌株鉴定和计数，还可以对菌株开展进一步研究，但是操作复杂、耗时，而且该方法的检测结果一定程度上取决于母乳样本的新鲜程度，如果存在交通不便和样品转运不及时的情况，则不能使用这种方法。

（2）不依赖培养基法　即分子生物学分析方法，近年来被用于母乳微生物的测定，该方法可使用冷冻保存的母乳样本（甚至保存很长时间的样本），并可直接分析母乳中微生物 DNA 的多样性，从而获得微生物的种类与构成。不依赖培养基的方法操作简单快速，但无法分离得到细菌菌株。

上述用于母乳中微生物检测的分析方法各有特点，如传统的培养基筛选法可分离得到相应的菌株并可对菌株做进一步深入研究，而分子生物学的方法分析快速、简便。因此，选择何种方法取决于研究目的。在 2015 年前，使用不基于培养基技术（如 PCR 等）检测母乳菌群组成的研究相对较少，近年来 PCR 技术已逐渐成为检测母乳菌群的主流技术。

12.2 分子生物学分析方法的应用

宏基因组技术的成熟催生了2008年前后展开的人类宏基因组研究计划（human microbiome project, HMP）。该计划为微生物菌落生态学的复兴奠定了坚实技术基础。例如，在 Hunt 等 [14] 的宏基因组测序研究中，收集并分析了 16 位哺乳期妇女的 47 份母乳样本，提供了较为全面的母乳中细菌菌群测序数据。目前 PCR-DGGE/TGGE、实时定量 PCR（qPCR）和 454 焦磷酸测序等分子生物学方法已被用于分析母乳中微生物种类与构成。

（1）PCR-DGGE/TGGE　利用 PCR-DGGE/TGGE 分析，根据数据库的比对结果可分析母乳中微生物的种属及其亚种，Martin 等 [15] 用 PCR-DGGE 分析了母乳中细菌多样性，从 4 个母乳样品中共检出 20 多种细菌，如人葡萄球菌、表皮葡萄球菌、唾液链球菌、轻型链球菌、乳酸乳球菌、植物乳酸杆菌、不动杆菌属和韦永氏球菌属等。然而采用 qPCR 却只能分析出复杂样品内某一群微生物及数量，如用该方法，Martin 等 [16] 分析了母乳中总细菌和双歧杆菌的数量，比较了母乳和婴儿粪便细菌组成的差异，Collado 等 [17] 分析母乳中细菌菌落的多样性。

由于 454 焦磷酸测序具有高通量、快速、准确和灵敏度高等特点，已被应用于多种微生物种类的分析，例如 Hunt 等 [14] 用该方法首次证明母乳中存在沙雷氏菌属（*Serratia*）、罗尔斯通菌属（*Ralstonia*）和鞘氨醇单胞菌属（*Sphingomonas*）。

（2）qPCR　由于 qPCR 需要依赖标准曲线来定量，而且会造成较低丰度的 DNA 定量的不精准，Qian 等 [18] 比较了用数字微滴式（droplet digital）PCR 和 qPCR 检测中国母乳中的乳酸菌和双歧杆菌，发现不需要校正标准的数字微滴式 PCR 的检出限比另一种方法提升了十多倍，而且两种技术的检测结果有较好的相关性和一致性。

（3）应用实例　黄卫强等 [19] 应用荧光定量 PCR 技术和基于 16S rDNA V1-V3 可变区的宏基因组测序技术，研究了广西壮族自治区、江苏省、河北省和黑龙江省四个地区 60 名志愿者产妇提供的母乳样品中微生物群落的结构和多样性。在门的水平上，鉴定出 35 个菌门，其中变形菌门（62.79%）、硬壁菌门（26.84%）、放线菌门（5.96%）和拟杆菌门（3.96%）的含量占到测序序列总数的 99.55%；属的水平上鉴定出 608 个细菌属；基于荧光定量 PCR 的 6 个常见菌属定量结果显示，肠杆菌属、假单胞菌属、链球菌属、葡萄球菌属、乳杆菌属和双歧杆菌属进行了定量分析，每毫升母乳中的基因拷贝数取对数分别为 5.01±1.01、4.27±1.18、5.59±1.31、4.37±1.25、3.45±0.56 和 3.53±0.23；通过基于地理位置、母乳类型和分娩方式三大因素对母乳样品进行微生物群落 α 和 β 多样性的差异性分析，尽管生活在不同地理位置和采用不同分娩方式的志愿者母乳中微生物多样性存在差异，但统计学没有显著性；而在初乳和成熟乳两种不同类型母乳中的微生物多样性存在显著差异。

宏基因组测序的应用推动了母乳微生物组学的研究。与使用传统培养基法不同的 16S rRNA 可变区对母乳微生物组研究的最新系统评价得出结论，链球菌和葡萄球菌是母乳中最主要的菌属 [20, 21]；而且与婴儿的粪便或口腔生态系统相比，母乳微生物组生态系统在细菌种类方面更加多样化 [22]；母乳菌群与婴儿肠道菌群密切相关，存在菌群垂直传递的情况，例如，吕临征等 [23] 对中国东北地区母乳及婴儿肠道菌群关系的研究结果提示，母乳中主要菌科为肠杆菌科、莫拉氏菌科、葡萄球菌科和链球菌科；而母乳喂养儿粪便中主要为肠杆菌科和双歧杆菌科，母乳对婴儿肠道菌群的平均贡献率为 44.90%[23]；婴儿出生后第 1 个月，母乳中的菌群在婴儿肠道中出现的概率最大，其中出生后第一天的贡献率约为 50%[24, 25]，1 岁时婴儿肠道来自母乳菌群的贡献率仍约为 20%[24]。

基因组学、环境基因组、转录组学、蛋白质组学、代谢组学等组学方法用于母乳和乳腺中微生物的研究也在进行中，毫无疑问，这些研究结果将有助于更好地了解母乳中存在的微生物种类和多样性。这些不基于培养的、高通量分子手段的应用，使得人们得以探究之前并不广为人知的母乳微生物组学[26]。近年来越来越多的研究弃用了传统的培养基方法而采用分子学手段，如16S rRNA基因测序检测母乳微生物群。随着组学研究的不断深入发展，未来将会有更多的组学技术被用来研究母乳中的微生物[27]。

12.3 展望

在母乳喂养儿的早期免疫功能的启动和肠道发育成熟方面，母乳中存在的细菌和组成多样性发挥了重要作用，也是今后需要深入研究的重点领域。目前的研究存在一定的局限性，比如Moossavi与Azad[28]指出，母乳微生物研究多数是横断面的观察性研究，且基于16S rRNA扩增测序，这种方法在测量较低生物量的样品（如乳样）时，易受到试剂污染的影响，且不能鉴别细菌是否存活。建议从下面几个方向研究母乳微生物菌群以及与喂养儿健康状况的关系。

① 母乳中存在细菌的存活率、活性与功能的鉴定；还需要应用适宜的实验设计和动物模型深入评估母乳微生物的起源，特别是要区分分泌的母乳以及分泌后已经被婴儿摄入的母乳间微生物组成的差异。

② 不同泌乳期母乳中细菌菌群丰度和多样性的变化及其影响因素，尤其需要研究哪些可能是决定因素。

③ 微生物中其他成分（如比细菌更可能垂直传播的病毒）以及可能有重要健康意义的真菌在母乳中的含量。

④ 母乳微生物组成与母亲和婴儿免疫系统交互影响的评价，以及这些微生物如何影响喂养儿的健康状况。

⑤ 通过系统的实验方法和恰当的试验模型（体内与体外）研究母乳微生物的功能作用。

最后，还需要研究母乳中微生物组成多样性对早产儿/低出生体重儿肠道微生态和免疫功能启动与成熟的影响。Beghetti等[29]指出，早产儿暴露在一个较大风险的环境中，即生命早期易患严重感染，可能有短期或长期的不良后果，而且母乳对他们的健康发挥重要的积极影响。对于那些无法接受到自己母亲的母乳或量不能满足需要时（存在微生物量不够），选择捐赠母乳可能也是理想的喂养方式。然而，关于捐赠母乳对早产儿肠道菌群的影响，以及母乳微生物菌群对喂养儿的潜在功能方面还所知甚少，因此需要研究母乳中微生物对早产儿的临床喂养是否会产生积极影响。母乳库中的捐赠母乳经过巴氏杀菌处理后存在的灭活益生菌可能具有潜在生理功能；这里还需要研究和评价母乳微生物组成的健康标准。通过这些深入的研究，揭示在这个人生关键阶段（生命早期1000天）母亲-微生物-婴儿之间的相互作用、母乳微生物群的功能以及对母婴健康状况的近期影响与远期效应。

（王雯丹，董彩霞，荫士安）

参考文献

[1] Hesla H M, Stenius F, Jaderlund L, et al. Impact of lifestyle on the gut microbiota of healthy infants and their mothers-the ALADDIN birth cohort. FEMS Microbiol Ecol, 2014, 90(3): 791-801.

[2] Tun H M, Bridgman S L, Chari R, et al. Roles of birth mode and infant gut microbiota in intergenerational transmission of overweight and obesity from mother to offspring. JAMA Pediatr, 2018, 172(4): 368-377.

[3] Madan J C, Hoen A G, Lundgren S N, et al. Association of cesarean delivery and formula supplementation with the intestinal microbiome of 6-week-old infants. JAMA Pediatr, 2016, 170(3): 212-219.

[4] 方圆，李玭，武微，等 . 分娩方式对北京地区持续母乳喂养的34周龄婴儿肠道菌群影响 . 微生物学报，2021, 61(11): 3642-3652.

[5] Stewart C J, Ajami N J, O'Brien J L, et al. Temporal development of the gut microbiome in early childhood from the TEDDY study. Nature, 2018, 562(7728): 583-588.

[6] Andreas N J, Kampmann B, Mehring Le-Doare K. Human breast milk: A review on its composition and bioactivity. Early Hum Dev, 2015, 91(11): 629-635.

[7] Boudry G, Charton E, Le Huerou-Luron I, et al. The relationship between breast milk components and the infant gut microbiota. Front Nutr, 2021, 8: 629740.

[8] McGuire M K, McGuire M A. Got bacteria? The astounding, yet not-so-surprising, microbiome of human milk. Curr Opin Biotechnol, 2017, 44: 63-68.

[9] McGuire M K, McGuire M A. Human milk: mother nature's prototypical probiotic food? Adv Nutr, 2015, 6(1): 112-123.

[10] Kho Z Y, Lal S K. The human gut microbiome - A potential controller of wellness and disease. Front Microbiol, 2018, 9: 1835. doi: 10.3389/fmicb.2018.01835.

[11] Cani P D, Delzenne N M. The role of the gut microbiota in energy metabolism and metabolic disease. Curr Pharm Des, 2009, 15(13): 1546-1558.

[12] Carabotti M, Scirocco A, Maselli M A, et al. The gut-brain axis: interactions between enteric microbiota, central and enteric nervous systems. Ann Gastroenterol, 2015, 28(2): 203-209.

[13] Ajeeb T T, Gonzalez E, Solomons N W, et al. Human milk microbial species are associated with infant head-circumference during early and late lactation in Guatemalan mother-infant dyads. Front Microbiol, 2022, 13: 908845. doi: 10.3389/fmicb.2022.908845.

[14] Hunt K M, Foster J A, Forney L J, et al. Characterization of the diversity and temporal stability of bacterial communities in human milk. PLoS One, 2011, 6(6): e21313.

[15] Martin R, Jimenez E, Heilig H, et al. Isolation of bifidobacteria from breast milk and assessment of the bifidobacterial population by PCR-denaturing gradient gel electrophoresis and quantitative real-time PCR. Appl Environ Microbiol, 2009, 75(4): 965-969.

[16] Martin V, Maldonado-Barragan A, Moles L, et al. Sharing of bacterial strains between breast milk and infant feces. J Hum Lact, 2012, 28(1): 36-44.

[17] Collado M C, Delgado S, Maldonado A, et al. Assessment of the bacterial diversity of breast milk of

healthy women by quantitative real-time PC R. Lett Appl Microbiol, 2009, 48(5): 523-528.
[18] Qian L, Song H, Cai W. Determination of bifidobacterium and lactobacillus in breast milk of healthy women by digital PCR. Benef Microbes, 2016, 7(4): 559-569.
[19] 黄卫强，张和平 . 中国四个地区人母乳中微生物多样性研究 . 呼和浩特：内蒙古农业大学 ; 2015.
[20] Fitzstevens J L, Smith K C, Hagadorn J I, et al. Systematic review of the human milk microbiota. Nutr Clin Pract, 2017, 32(3): 354-364.
[21] Sakwinska O, Bosco N. Host microbe interactions in the lactating mammary gland. Front Microbiol, 2019, 10: 1863. doi: 10.3389/fmicb.2019.01863.
[22] Biagi E, Quercia S, Aceti A, et al. The bacterial ecosystem of mother's milk and infant's mouth and gut. Front Microbiol, 2017, 8: 1214. doi: 10.3389/fmicb.2017.01214.
[23] 吕临征，张兰威，张萌，等 . 母乳及婴儿粪便菌群分析及功能菌株筛选 . 食品安全质量检测学报，2022, 13(6): 1818-1825.
[24] Pannaraj P S, Li F, Cerini C, et al. Association between breast milk bacterial communities and establishment and development of the infant gut microbiome. JAMA Pediatr, 2017, 171(7): 647-654.
[25] Korpela K, Costea P, Coelho L P, et al. Selective maternal seeding and environment shape the human gut microbiome. Genome Res, 2018, 28(4): 561-568.
[26] LeMay-Nedjelski L, Copeland J, Wang P W, et al. Methods and strategies to examine the human breastmilk microbiome. Methods Mol Biol, 2018, 1849: 63-86.
[27] Fernandez L, Langa S, Martin V, et al. The human milk microbiota: origin and potential roles in health and disease. Pharmacol Res, 2013, 69(1): 1-10.
[28] Moossavi S, Azad M B. Origins of human milk microbiota: new evidence and arising questions. Gut Microbes, 2020, 12(1): 1667722. doi: 10.1080/19490976.2019.
[29] Beghetti I, Biagi E, Martini S, et al. Human milk's hidden gift: Implications of the milk microbiome for preterm infants'health. Nutrients, 2019, 11(12) : 2944. doi: 10.3390/nu11122944.

第13章

母乳的物理特性

母乳是一种极其复杂的液体，其特征是由三个物理相的液体组成，即稀的乳液（dilute emulsion）、胶体分散液（colloidal dispersion）和溶液（solution）。通过低速离心可以将乳液分成液体的和水相（脱脂）的部分，每一部分都有其特征成分。用超速离心，可将酪蛋白微胶粒（casein micelles）沉淀，分离出某些其他的蛋白质，如母乳中的溶菌酶（lysozyme）、乳铁蛋白（lactoferrin），剩下的上清液则是一种纯溶液。全面了解母乳的物理特性，在乳成分研究方面有助于选择正确的乳样采集方法、储存容器和条件以及分析的前处理过程等，以获得准确的分析结果。

13.1 感官特征

母乳的感官特性包括特有的气味、颜色与稠度、味道、口感等，适合于喂养新生儿，因此母乳应该是人生的第一口食物。

13.1.1 气味

母乳具有特有的气味，可能是新生儿能识别母体和母乳的信号，出生后尽早开始母婴的皮肤接触、尽早开奶（让新生儿开始吸吮乳房），有助于促进成功的母乳喂养[1-6]。母乳的气味可以降低婴儿的痛感。有研究比较了在给婴儿足跟采血前3min至采血后9min的时间内，闻母乳和闻婴儿配方奶的两组婴儿的痛感指数和唾液皮质醇浓度，结果发现，闻母乳的婴儿痛感指数显著低于闻婴儿配方奶的婴儿（5.4分和9分，$P < 0.001$），闻婴儿配方奶婴儿的唾液皮质醇浓度显著高于闻母乳的婴儿（25.3nmol/L和17.7nmol/L，$P < 0.001$），说明母乳气味有镇痛效果[7,8]。

初乳脂肪和挥发性物质含量高，奶腥味重。成熟乳中也含有挥发性脂肪酸、烃类及其他挥发性物质，使母乳有特殊的香味。人工采取的母乳样品容易吸收环境中的各种气味，因此母乳保存过程中要密闭、避光，避免受外环境气味的影响[9,10]。

储存不当的母乳由于脂肪氧化而产生具有特殊酸败味的脂肪氧化物和自由脂肪酸。4℃储存1～3d的母乳，气味物质的浓度也会发生显著变化[11]。

母乳气味受母亲的膳食影响。乳母摄入气味特殊的食物可能会影响母乳气味。有研究表明，母亲饮酒30min至1h后，母乳的酒精浓度和气味达到峰值，然后逐渐下降；婴儿吸吮频次增加但是吃到的母乳量却减少[12]。乳母摄入大蒜后，2h蒜味在母乳中浓度达最大值，婴儿吸吮时间更长，频次也更多[13]。

13.1.2 味道

母乳的味道主要包括甜、咸、酸、苦和腥味。初乳的咸味和腥味较成熟乳重，成熟乳的苦味和酸味增加[14]。

（1）甜味　成熟母乳中含有丰富的乳糖使其带有甜味，甜度相当于1.53g蔗糖/100mL，前奶和后奶的甜度没有显著变化[15]，母乳中的碳水化合物含量与甜度呈正相关。

（2）咸味　母乳中含钠和氯离子，使母乳略带咸味[9]。

（3）腥味　母乳含有特殊的奶腥味，前段奶比较稀薄，腥味较后段奶弱，奶腥味与谷氨酸含量呈正相关。

（4）苦味　乳母食用苦味食品（如某些苦涩蔬菜）可能使前奶有苦味，但对后奶没有影响，这也可能使母乳喂养的孩子逐渐学会接受苦涩的蔬菜，因此有助于养成健康的膳食习惯[15]。然而，乳母膳食中含有苦味的食物和饮料如何影响其分泌母乳的感官特性尚不清楚。

患乳腺炎时可使母乳的钠、谷氨酸和鸟苷一磷酸的含量增加，母乳的咸味和腥味升高。这些母乳味道的改变，可能导致婴儿拒绝吸吮[14]。母乳的味道受母亲膳食中味道物质的影响。酒精、大蒜素、茴香、芹菜、苦菜、甜菜等多种气味物质可以进入到母乳中[16]。已有的研究结果提示，母亲的膳食越丰富，母乳中含有的芳香类成分越多，母乳喂养的婴儿不容易发生挑食现象，也更愿意尝试新食物[17]。母乳味道成分影响婴儿的食物选择，如哺乳期间母亲饮用胡萝卜汁，婴儿后期可能更容易接受含胡萝卜的辅食[18]。

13.1.3　颜色、稠度、口感

初乳的颜色（color）呈橙黄色（可能与乳脂肪球富含类胡萝卜素有关）、黏稠状，是分娩后最初 7d 内产生的母乳，过去民间常称其为“血乳”；成熟乳呈白色或乳白色、黏稠度（consistency）较初乳低。与成熟乳相比，初乳含有更丰富的蛋白质组分、低聚糖类、铁、维生素、抗体等有益于健康的成分，是新生儿最珍贵的食物。初乳的黏度特高，同次哺乳期间前段奶稀薄呈水样，后段奶浓郁富含脂肪。

13.2　渗透压

有关母乳成分的研究，人们更多关注的是母乳中营养成分或功效成分的含量及其动态变化趋势，而对于母乳渗透压（osmolality or osmotic pressure）及其营养学意义的研究甚少。婴儿时期长期给予高渗透压（≥ 300mOsmol/kgH_2O）的食物，不仅增加肾脏负荷并产生不良影响，而且还将增加婴儿患高钠血症和高氮质血症的风险，被认为是诱发婴儿坏死性结肠炎的重要因素[19, 20]。

13.2.1　正常值

渗透压是反映一定体积溶液中溶解溶质颗粒总数的指标。渗透压是指不能透过半透膜的溶质对水的吸引力，由单位容积内溶质颗粒的数目所决定，单位用 Osmol/kg 或 Osmol/L 表述。人体的半透膜包括细胞膜和毛细血管壁，细胞膜可以让水自由通过，但钠、钾等小分子晶体不能通过，毛细血管可以让水、钠、钾等通过，而不能让胶体分子自由通过。人体的渗透压由晶体渗透压和胶体渗透压构成。其中晶体渗透压由体液中的钠、氯、钾、钙等离子及葡萄糖等小分子晶体物质产生，而胶体渗透压是由蛋白质、脂类等高分子胶体物质产生。晶体渗透压是晶体物质对水的吸引力，是细胞内外水分子移动的动力；而胶体渗透压主要是蛋白质对水的吸引力，是血管内外水分移动的动力。

母乳的渗透压与血液的渗透压接近，相对较恒定，这是因为正常母乳中溶解的物质主要是乳糖，且其含量变异相当小。母乳的渗透压取决于母乳中溶解颗粒的总数，这一点与冰点和沸点相同，而且母乳渗透压与冰点成比例。用于测定冰点的仪器可以测定渗透压。血浆渗透压约 300mOsmol/kg，母乳渗透压为 260 ～ 300mOsmol/kg[20, 21]；Sauret 等 [22] 研究结果显示，早产儿（妊娠期 29 ～ 31 周）的母乳渗透压（均值 ±SD）为（298±4）mOsmol/kg，即使新鲜母乳 4℃保存（或巴氏处理后）24h 渗透压也没有明显变化（301mOsmol/kg±6mOsmol/kg 与 303.0mOsmol/kg±10.3mOsmol/kg）。通常用肾负荷描述乳制品对肾脏的负担，根据钠、氯、钾和蛋白质含量进行计算，各种乳类的潜在肾负荷分别为：母乳 93mOsmol/L，乳基婴儿配方食品 135mOsmol/L，豆基婴儿配方食品 165mOsmol/L，全脂牛乳 308mOsmol/L，脱脂牛乳 326mOsmol/L[9]。

13.2.2 营养学意义

由于溶质要通过肾脏排泄，因此母乳渗透压高会增加新生儿、婴幼儿肾脏排泄负荷，影响肾脏和肠道功能。有报道称，食用了高渗透压母乳（＞ 300mOsmol/kg）的婴儿，其尿液中肾小球损伤标志物微量白蛋白和尿液视黄醇结合蛋白含量显著高于对照组，证明高渗母乳对婴儿肾脏有损伤 [19]。高渗透压食品（如婴儿配方乳粉）含有高浓度溶质颗粒，被认为可能是导致坏死性小肠结肠炎的原因，因为肠内基质的高渗透压可能会减慢胃排空 [23]。乳母低盐膳食有助于母乳维持较低的渗透压，降低婴儿的代谢负担。

高渗透压乳制品造成婴儿肾脏负荷增加已得到广泛证实。有研究比较了母乳喂养和牛乳喂养的婴儿尿液渗透压，母乳喂养婴儿的平均尿液渗透压为 151mOsmol/kg，低渗透压牛乳制品（＜ 231.79mOsmol/kg）喂养婴儿的平均尿液渗透压为 180mOsmol/kg，而高渗透牛乳制品（＞ 231.79mOsmol/kg）喂养婴儿的平均尿液渗透压为 286mOsmol/kg[24]。另一项研究测定了母乳与牛乳的肾负荷，母乳的肾负荷为110mOsmol/kg，牛乳的肾负荷为170mOsmol/kg[2]。上述研究结果均证明，牛乳对婴儿的肾脏潜在负荷高于母乳。因此，不宜将牛乳直接作为婴幼儿的唯一食物，避免增加肾脏负担。现在工业化生产的婴儿配方食品，已尽可能将渗透压控制在与母乳相似的水平。根据产品中含有的钠、氯、钾和蛋白质的量，可以计算潜在的肾溶质负荷。

13.2.3 影响渗透压的因素

影响母乳渗透压的因素包括水分、蛋白质、脂肪、碳水化合物、可溶性膳食纤维、维生素和微量元素（如钾和钠等）的含量。母乳的渗透压主要取决于母乳中所含有的电解质（如钠、钾等）和糖分两大类溶质。乳母的膳食钾、铁、叶酸摄入量与渗透压呈正相关，而维生素 B_2、维生素C、维生素E、硒、锰摄入量与渗透压呈负相关[19, 20]。

13.3 电导率

电导率（electrical conductivity, EC）被定义为溶液的电阻测量值，以欧姆的倒数（mho）表示，用于评价母乳的总离子含量。对母乳电导率贡献最大的是钠离子、钾离子和氯离子的浓度。

13.3.1 正常值

文献报道的母乳电导率值为 410×10^{-5}mho/cm，变化范围为150～675mho/cm，电导率测量值的变异范围很大[9]。如在不同哺乳阶段（初乳、过渡乳和成熟乳）和每天不同哺乳时间（早、中、晚）的测量值可能有较大差异，例如，根据Kermack和Miller[25]的测定结果，62名乳母哺乳前后段的母乳电导率，喂奶前段的母乳为 219×10^{-5}mho/cm±8.29mho/cm，喂奶后段母乳为 231×10^{-5}mho/cm±0.07 mho/cm，喂奶前后段的 Cl^- 含量分别为75.20mg/100mL±6.13mg/100mL和67.70mg/100mL±5.12mg/100mL。早中晚母乳的电导率，表现为采自奶量不足乳母样品的电导率显著高于奶量充足的样品，第1个月和2～5个月乳样分析的结果相似；奶量充足的情况下，早中晚母乳的电导率差异不明显，而奶量不足时，早中晚母乳的电导率差异明显；随哺乳阶段的延长，母乳电导率呈逐渐降低趋势，相应的 Cl^- 浓度也呈逐渐降低趋势；母乳量不足的乳样电导率和 Cl^- 浓度的变异范围较大。

13.3.2 营养学意义

因为钠和氯的含量随乳腺炎程度而增加。自 20 世纪 90 年代，牛乳电阻率的测量已经被作为乳腺炎的试验性筛查指标 [26]。如果奶牛患有乳腺炎（临床或亚临床感染），牛乳中 Na^+ 和 Cl^-的浓度增加，由于感染导致牛乳的电导率升高，而且电导率与乳腺炎的严重程度呈显著正相关 [27, 28]。

在母乳成分研究中，可以采取测定乳样中钠离子含量或电导率排除患乳腺炎的乳母。大多数医院的实验室都很容易测定母乳的钠离子含量或电导率，有助于排除偶发性或慢性乳腺炎。如果不能测定钠含量，也可以用电导率测量代替钠浓度。正常母乳的电导率为 2.5 ～ 3.5mmho/cm，相对应的离子强度为 24 ～ 32mmol/L[29]。产后 7d，任何母乳样品的钠离子浓度超过 20mmol/L 或电导率超过 6mmho/cm，就应考虑存在乳腺炎的可能 [30]。

13.3.3 影响电导率的因素

已有人提出泌乳量对电导率的影响。通常采自乳母奶量充足的乳样电导率显著低于奶量不足的乳样，母乳中 Na^+、K^+ 和 Cl^-含量被认为是影响电导率的主要因素 [31]。

13.4 其他物理参数

乳汁的其他物理参数包括冰点与沸点（freezing point and boiling point）、密度（density）、表面张力（surface tension）、分散性（dispersion）、颜色与稠度（color and consistency）、pH 值和酸度（pH and acidity）、气味与滋味（smell and taste）等 [9]。然而，目前关于乳汁这些物理特性的研究主要限于牛乳或山羊乳，因为这些参数与乳品加工过程以及产品的质量控制有关，而有关母乳这些参数的研究报道甚少。

13.4.1 冰点与沸点

由于乳汁中溶解了很多的成分，所以乳汁的冰点（freezing point）低于纯水。测量冰点已经被用于测定牛乳中是否加了水。与渗透压一样，冰点是稳定的。乳汁中冰点的主要贡献是乳糖和氯离子。因为冰点与渗透压呈正比，并且取决于所溶解的颗粒数量，这两个指标可以用相同的仪器进行测量。同样由于乳汁中溶解的成分，乳汁的沸点也高于纯水。

目前文献中缺少有关母乳冰点与沸点（boiling point）的数值，报告的山羊乳和牛乳的冰点分别为−0.582℃和−0.552℃；牛乳的沸点为100.17℃[9]。

13.4.2 密度

密度是物质单位体积的质量。乳汁中添加水将会降低密度。乳制品行业使用特殊的液体比重计（hydrometer）或乳汁检测仪（lactometer），测定密度和总固体含量。如果测量时的乳样温度不是20℃，则需要进行校正。乳汁检测仪也可用于测定母乳的密度。母乳的密度为1.031g/mL，而相比较的山羊乳和牛乳分别为1.033（1.031 ～ 1.037）g/mL 和 1.030（1.021 ～ 1.037）g/mL[9]。

13.4.3 表面张力

表面张力（surface tension）被定义为由于分子引力不均衡产生的沿液体表面作用于任一界线上的张力，通常以 dyn/cm（$1dyn/cm=10^{-3}N/m$）表示[9]。目前还缺少有关母乳表面张力的研究数据，山羊乳和牛乳的表面张力分别为 $52dynes/cm^2$ 和 $52.8dynes/cm^2$。牛乳或山羊乳表面张力的数据用于乳制品的生产加工，允许表面活性成分的变化和脂肪分解过程中释放脂肪酸，并用于测量牛乳起泡的倾向。表面张力是物质的特性，其大小与温度和界面两相物质的性质有关。

13.4.4 分散性

乳汁是极其复杂的生物体液，在物理构成上，以水为分散剂，其他各种成分为分散质，分别以不同的状态分散在水中，构成三个物理系，即乳化系［脂肪及脂溶性维生素等脂类物质以脂肪球的形式分散于乳中，脂肪球直径为 100 ～ 10000nm，脂肪球为脂解酶以及其他黏附成分提供巨大的比表面积（$500cm^2/mL$）］、胶体分散系（colloidal dispersion）（蛋白质等大分子物质分散于乳中，微粒直径 1 ～ 100nm）和真溶液（乳中的乳糖、水溶性盐类、水溶性维生素等分子或离子分散于乳中，微粒直径小于 1nm）。低速离心可破坏乳化相，使母乳分离为脂层和水层。超速离心使酪蛋白和其他一些蛋白质（如溶菌酶）沉淀，其上清液成为真溶液。此外，还有少量气体溶于乳中，经搅动后可呈现泡沫状态[9]。刚挤出存放的乳汁加温后，轻轻摇匀有助于乳汁不同物理相的离散，使乳汁状态与新鲜乳汁状态近似。

13.4.5 pH 值和酸度

乳汁 pH 值通常是在体外进行测量，由于二氧化碳释放到环境空气中，测定的结果高于乳腺内的乳汁 pH 值。母乳 pH 值约为 7.2，略高于牛乳 6.6，接近人体血液 7.35 ～ 7.45。与新鲜母乳相比，4℃保存 96h、−20℃保存 30 天或−70℃保存 90 天可导致母乳 pH 值显著降低[32-34]。牛乳的 pH 值是立即测定的，测定牛乳 pH 值的过程需要去除其中溶解的气体。很少有人测定母乳的 pH 值。

新鲜的母乳挤出后放置一段时间，pH 值呈逐渐降低的趋势，如 4℃冰箱存放 48h 后 pH 值降低至 6.8，4℃放置 72h 后 pH 值降低至 6.6，−20℃存放 30 天后 pH 值为 6.8，−70℃存放 90 天后 pH 值为 6.6。冷冻可以抑制大部分微生物的生长和繁殖，冷冻条件下的 pH 值降低可能与脂肪分解为游离脂肪酸有关，因为解冻和升温后的样品 pH 值显著降低，而游离脂肪酸含量增加[21, 35]。

因储存不当而酸败的母乳中含有大量的有害微生物，严重威胁婴儿健康。通过测定酸度，可以判定母乳的新鲜程度。存放温度对母乳的保质期有重要影响。新鲜母乳存放在 20℃条件下，变质速度较快，只能存放 5 ～ 6h；在 4℃条件下，可存放 3 ～ 5 天；在−18℃下，可存放 4 个月左右。母乳冷冻（−18℃）时间越长，酸度越高。

关于牛乳的物理特性已经进行了较全面的评价，这是由这些参数在乳制品产业化方面（如加工和纯度评价等）的重要性所决定的。由于直接喂哺母乳给新生儿和婴儿，故对其物理参数的关注、研究与了解甚少。

（王杰，荫士安）

参考文献

[1] Marlier L, Schaal B, Soussignan R. Neonatal responsiveness to the odor of amniotic and lacteal fluids: a test of perinatal chemosensory continuity. Child Dev, 1998, 69(3): 611-623.

[2] Marlier L, Schaal B. Human newborns prefer human milk: conspecific milk odor is attractive without postnatal exposure. Child Dev, 2005, 76(1): 155-168.

[3] Loos H M, Reger D, Schaal B. The odour of human milk: Its chemical variability and detection by newborns. Physiol Behav, 2019, 199: 88-99.

[4] Mizuno K, Mizuno N, Shinohara T, et al. Mother-infant skin-to-skin contact after delivery results in early recognition of own mother's milk odour. Acta Paediatr, 2004, 93(12): 1640-1645.

[5] Cantrill R M, Creedy D K, Cooke M, et al. Effective suckling in relation to naked maternal-infant body contact in the first hour of life: an observation study. BMC Pregnancy & Childbirth, 2014, 14(1): 10.1186/1471-2393-1114-1120.

[6] Aghdas K, Talat K, Sepideh B. Effect of immediate and continuous mother-infant skin-to-skin contact on breastfeeding self-efficacy of primiparous women: a randomised control trial. Women Birth, 2014, 27(1): 37-40.

[7] Nishitani S, Miyamura T, Tagawa M, et al. The calming effect of a maternal breast milk odor on the human newborn infant. Neurosci Res, 2009, 63(1): 66-71.
[8] Badiee Z, Asghari M, Mohammadizadeh M. The calming effect of maternal breast milk odor on premature infants. Pediatr Neonatol, 2013, 54(5): 322-325.
[9] Neville M, Jensen R G. The physical properties of human and bovine milks. San Diego: Academic Press, 1995.
[10] Kuklenyik Z, Bryant X A, Needham L L, et al. SPE/SPME-GC/MS approach for measuring musk compounds in serum and breast milk. J Chromatogr B Analyt Technol Biomed Life Sci, 2007, 858(1-2): 177-183.
[11] Kirsch F, Beauchamp J, Buettner A. Time-dependent aroma changes in breast milk after oral intake of a pharmacological preparation containing 1,8-cineole. Clin Nutr, 2012, 31(5): 682-692.
[12] Mennella J A, Beauchamp G K. The transfer of alcohol to human milk. Effects on flavor and the infant's behavior. N Engl J Med, 1991, 325(14): 981-985.
[13] Mennella J A, Beauchamp G K. Maternal diet alters the sensory qualities of human milk and the nursling's behavior. Pediatrics, 1991, 88(4): 737-744.
[14] Yoshida M, Shinohara H, Sugiyama T, et al. Taste of milk from inflamed breasts of breastfeeding mothers with mastitis evaluated using a tastesensor. Breastfeed Med, 2014, 9(2): 92-97.
[15] Mastorakou D, Ruark A, Weenen H, et al. Sensory characteristics of human milk: Association between mothers' diet and milk for bitter taste. J Dairy Sci, 2019, 102(2): 1116-1130.
[16] Forestell C A. Flavor perception and preference development in human infants. Ann Nutr Metab, 2017, 70(Suppl 3): s17-s25.
[17] Galloway A T, Lee Y, Birch L L. Predictors and consequences of food neophobia and pickiness in young girls. J Am Diet Assoc, 2003, 103(6): 692-698.
[18] Mennella J A, Daniels L M, Reiter A R. Learning to like vegetables during breastfeeding: a randomized clinical trial of lactating mothers and infants. Am J Clin Nutr, 2017, 106(1): 67-76.
[19] 杜志敏，孟涛，林智．高渗透压母乳与等渗透压母乳喂养婴儿尿液 mA1b、RBP 的比较．实用医技杂志，2006, 13(2): 211-212.
[20] 王双佳，韦力仁，李永进，等．乳母膳食营养素摄入量与母乳渗透压的关系研究．中国食物营养，2012, 18(7): 74-78.
[21] 谢恩萍，步军，李擎，等．不同保存条件对母乳的影响．临床儿科杂志，2012, 30(3): 212-215.
[22] Sauret A, Andro-Garcon M C, Chauvel J, et al. Osmolality of a fortified human preterm milk: The effect of fortifier dosage, gestational age, lactation stage, and hospital practices. Arch Pediatr, 2018, 25(7): 411-415.
[23] Pearson F, Johnson M F, Leaf A A. Milk osmolality: does it matter? Arch Dis Child Fetal Neonatal Ed, 2013, 98(2):F166-169.
[24] 汪宏良，朱志敏．乳液肾负荷与尿液渗透压的关系探讨．现代检验医学杂志，2007, 22(6): 101.
[25] Kermack W O, Miller R A. Electrical conductivity and chloride content of women's milk. Part 2. The effect of factors relating to lactation. Arch Dis Child, 1951, 26(128): 320-324.
[26] Hamann J, Zecconi A. Evalation of the electrical conductivity of milk as a mastitis indicator. Brussels, Belgium, 1998.
[27] Kitchen B J. Review of the progress of dairy science: bovine mastitis: milk compositional changes and related diagnostic tests. J Dairy Res, 1981, 48(1): 167-188.
[28] Norberg E, Hogeveen H, Korsgaard I R, et al. Electrical conductivity of milk: ability to predict mastitis status. J Dairy Sci, 2004, 87(4): 1099-1107.
[29] Allen J C, Neville M C. Ionized calcium in human milk determined with a calcium-selective electrode. Clin

Chem, 1983, 29(5): 858-861.

[30] Neville M C, Allen J C, Archer P C, et al. Studies in human lactation: milk volume and nutrient composition during weaning and lactogenesis. Am J Clin Nutr, 1991, 54(1): 81-92.

[31] Kermack W O, Miller R A. The electrical conductivity and chloride content of women's milk. Part Ⅰ: Methods and practical application. Arch Dis Child, 1951, 26(127): 265-269.

[32] Ghoshal B, Lahiri S, Kar K, et al. Changes in biochemical contents of expressed breast milk on refrigerator storage. Indian Pediatr, 2012, 49(10): 836-837.

[33] Slutzah M, Codipilly C N, Potak D, et al. Refrigerator storage of expressed human milk in the neonatal intensive care unit. J Pediatr, 2010, 156(1): 26-28.

[34] Marin M L, Arroyo R, Jimenez E, et al. Cold storage of human milk: effect on its bacterial composition. J Pediatr Gastroenterol Nutr, 2009, 49(3): 343-348.

[35] Handa D, Ahrabi A F, Codipilly C N, et al. Do thawing and warming affect the integrity of human milk? J Perinatol, 2014, 34(11): 863-866.

第 14 章

母乳中 α-乳白蛋白含量测定

母乳中的蛋白质含量约为 1% ~ 2%[1-4]。它可以分为乳清蛋白以及酪蛋白，其比例约为 6∶4（初乳为 8∶2 或更高）[5]。α-乳白蛋白是母乳中的主要乳清蛋白，占母乳含量的 0.25% 左右。它能作为载物与钙、镁、锰、钠、钾以及锌结合 [6-8]。Pellegrini 等 [9] 对牛 α-乳白蛋白的研究发现，其水解产物还具有抗菌作用。而牛乳中乳清蛋白与酪蛋白的比例约为 2∶8[10]，而且乳清中的蛋白质主要由 α-乳白蛋白与 β-酪蛋白构成。所以在调制以牛乳为基质的婴儿配方乳粉时，需要将其蛋白质比例，尤其是 α-乳白蛋白含量，调节至类似母乳的比例，以利于喂养儿的消化吸收。

现阶段国内外对母乳中蛋白质的定量分析研究主要停留在总蛋白含量的测定方面，利用凯氏定氮法检测蛋白氮与非蛋白氮[11, 12]，以及酪蛋白和乳清蛋白的含量[13]。而对单一蛋白质的定量研究并不多，主要采取的检测方法为反相色谱法[14]、离子交换色谱法[15]、电泳法[15, 16]以及免疫学方法等[17]。单一蛋白质检测方法匮乏的原因是多方面的。上述电泳以及色谱等方法均需要提供高纯度的标准品进行定性以及定量分析，免疫学方法需要纯净的母乳单一蛋白质用于制备抗体。鉴于商品化的单一母乳蛋白质标准品难以得到，也就难以建立相关的检测方法。母乳中营养物质组成复杂，利用色谱以及电泳法也难以将被测化合物与基质达到基线分离；由于各种母乳蛋白质的理化性质十分接近，无法有效区分相似蛋白质组分[5]；利用免疫学方法不可避免地会产生交叉反应，对检测结果会造成影响。上述仪器法的检测均采用紫外 280nm 检测，该波长对所有的蛋白质均有吸收，无法通过检测器对不同种类的蛋白质进行区分；同时紫外检测器的灵敏度低，检出限约为 10μg/mL[15]。

Zhang 等[18]、Lutter 等[19]和 Heick 等[20]尝试利用蛋白质组学与液质联用技术分别对牛乳、花生等蛋白质进行分析。他们将蛋白质酶切成多肽，根据现有的数据库从中筛选出特异性多肽用于测定。但是这些方法依然在定量准确度、标准品和内标设计等方面存在问题。

基于上面介绍的检测原理，本章重点论述如何筛选出合适的人 α-乳白蛋白特异肽用于母乳中乳白蛋白的定性与定量检测。同时人工合成高纯度的该特异多肽作为标准品，使用同位素标记的氨基酸合成内标，排除了酶解、分离和质谱离子化、样品基质等干扰问题，从而建立一套新型的基于多肽的标准品体系，满足无蛋白质标准品情况下进行准确定量检测的需要。

14.1 乳白蛋白测定的材料与方法

14.1.1 试剂

碳酸氢铵，二硫苏糖醇（DTT），碘代乙酰胺（IAA），乙酸，甲酸，乙腈，碳、氮全同位素标记的亮氨酸（L*）购自美国 Sigma-Aldrich 公司，重组猪胰蛋白酶购自上海雅心生物技术有限公司。

标准物与内标：特异肽 CELSQLLK（纯度≥ 98%，水分≤ 1%），同位素特异肽 CELSQL*L*K，内标 AKQFTKCELSQL*L*KDIDGYGGIA，由上海强耀公司合成。其中带 * 的氨基酸为碳、氮全同位素标记的氨基酸。

14.1.2 仪器工作条件

（1）超高效液相色谱（UPLC）参数　液相色谱仪：Acquity Ultra Performance LC（美国 Waters 公司）；色谱柱：BEH 300 C_{18}［100mm×2.1mm（i.d.），1.7μm，美国 Waters 公司］；柱温：40℃；样品室温度：4℃；进样体积：5μL；流动相 A：含 0.1% 甲酸的水溶液；流动相 B：含 0.1% 甲酸的乙腈溶液；流速：0.3mL/min；梯度洗脱条件：在 5min 内将流动相 B 含量从 3% 提升至 32%。

（2）三重四极杆质谱（MS）参数　质谱仪：TQ-S MS Xevo（美国 Waters 公司），带 ESI 源。毛细管电压：3.0kV；脱溶剂温度：500℃；脱溶剂气流量：900L/min；锥孔反吹气流量：150L/h；碰撞室压力：3.0×10^{-3}mbar（1bar=100kPa）；低端分辨率 1：2.5V；高端分辨率 1：15.0V；离子能量 1：0.5；低端分辨率 2：2.8V；高端分辨率 2：15.0V；离子能量 2：1.0；离子源温度：150℃；提取器电压：3.0V；入口透镜电压：0.5V；出口电压：0.5V；碰撞梯度：1.0；多离子反应监测（MRM）参数见表 14-1。

表 14-1　MRM 参数

多肽序列	母离子（*m/z*）	锥孔电压 /V	子离子（*m/z*）	碰撞能量 /eV	裂解方式
CELSQLLK	495.8	15	290.1①	18	b2
			588.5	18	y5
			701.8	18	y6
CELSQL*L*K	502.8	15	290.1①	18	b2
			602.5	18	y5
			715.8	18	y6

① 标记的子离子为定量子离子。

14.1.3 标准曲线溶液的配制

分别将特异肽 CELSQLLK 和同位素特异肽 CELSQL*L*K 用水溶解，再配制成浓度为 0.1μmol/L、0.6μmol/L、1.2μmol/L、1.8μmol/L、2.4μmol/L、3.0μmol/L 的特异肽标准曲线溶液，与 1.5μmol/L 的同位素特异肽溶液。由于实验所合成的特异肽和同位素特异肽含有半胱氨酸 C，需在进样前破坏分子间的潜在二硫键，并使其烷基化，故取 20μL 的标准曲线溶液，加入 10μL 同位素特异肽溶液、10μL 的 50 mmol/L DTT 溶液与 945μL 水，在 55℃水浴锅中反应 30min。待冷却后加入 10μL 的 150 mmol/L IAA 溶液，在暗处室温静置 30 min。最后加入 5μL 甲酸溶液，待测。

14.1.4 母乳酶解

将母乳按 1∶100 的比例用水稀释，经充分混匀后，取 20μL 母乳稀释液，加入 10μL 内标溶液（1.5μmol/L），10μL 的 50 mmol/L DTT 溶液与 835μL 水，在 55℃水浴锅中反应 30min。待冷却后加入 10μL 的 150mmol/L IAA 溶液，在暗处室温静置 30min。加入 100μL 500mmol/L 的碳酸氢铵缓冲液与 10μL 200μg/mL 的碱性胰蛋白酶，在 37℃水浴锅中反应 2h。最后加入 5μL 甲酸溶液终止反应，用 0.22μm 微孔滤膜过滤，待测。

14.2 乳白蛋白测定的结果与讨论

14.2.1 特异性多肽的选择

本章选择碱性胰蛋白酶作为酶切工具，利用其高度专一性，水解精氨酸与赖氨酸羧基端的肽键。通过 Uniprot 数据库（www.uniprot.org）里 PeptideMass 工具分析，α-乳白蛋白理论上可以通过酶解分别获得 14 条长短不一的多肽产物，其中有 5 个多肽序列的氨基酸数量少于 5 个，不具有足够的特异性，故不做进一步分析。在剩余的 9 条理论多肽中，搜索到其中的 8 条多肽，分别是 FLDDDITDDIMCAK、GIDYWLAHK、LEQWLCEK、NICDISCDK、CELSQLLK、SSQVPQSR、ALCTEK 和 ILDIK。未搜索到的多肽序列含有 45 个多肽，可能是由于该序列过长，其色谱分辨率过低而未测得。通过单离子扫描模式（SIR）与 MRM 方式对各个多肽的响应值进行评估，最终选择了色谱分离过程中无干扰、响应值最高的 CELSQLLK 多肽作为 α-乳白蛋白的特异性多肽（见图 14-1）。通过 Uniprot 数据库的 BLAST 分析工具对母乳中 β-酪蛋白等全部已知蛋白质的比对分析，未在其他蛋白质中发现本肽段的存在。因此，分析中所选择的多肽具有高度特异性。

作为一般经典的分析方法，通常会使用高纯度的蛋白质作为标准品，用以定量检测样品中目标蛋白质含量。在缺乏高纯度蛋白质标准品的情况下，无法建立对应的检测方法。通过化学方法合成了特异性多肽标准品，同时购买了商品化的人 α-乳白蛋白（纯度≥ 85%，经 SDS-PAGE 分离纯化提取），分别利用内标法配制标准曲线。多肽标准曲线的斜率为 1.121±0.029（n=3），蛋白质标准曲线斜率为 1.143±0.031（n=3），两者在统计学上无显著性差异（$P > 0.05$）。故由此推断，可利用多肽 CELSQLLK 替代 α-乳白蛋白标准品建立标准曲线。

至今为止，人 α-乳白蛋白是唯一可获得商品化的母乳蛋白，其他的母乳蛋白，

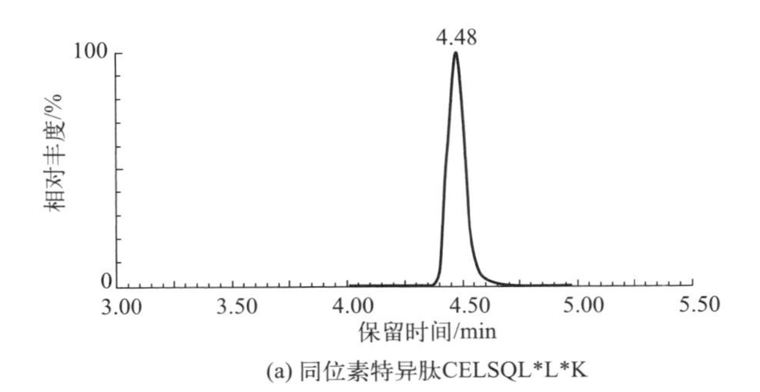

(a) 同位素特异肽CELSQL*L*K

4.48
100
相对丰度/%
0
3.00 3.50 4.00 4.50 5.00 5.50
保留时间/min

(b) 特异肽CELSQLLK

图 14-1　母乳样品中 α-乳白蛋白特异肽及其同位素特异肽色谱图

例如 β-酪蛋白、α_{s_1}-酪蛋白、乳铁蛋白等至今均无商品化的蛋白质标准品。采用多肽标准曲线替代蛋白质标准曲线，结果表明可解决蛋白质标准品缺乏的定量难题，有助于扩大检测范围。

14.2.2　内标的选择

在应用 UPLC-MS 法检测多肽时，多肽的响应值受到基质以及参与反应化学试剂的影响，导致响应信号增益或抑制。介于上述问题，通过人工合成同位素特异肽 CELSQL*L*K，其中 L* 代表同位素 ^{13}C、^{15}N 全同位素标记的亮氨酸［^{13}C，^{15}N］-Leucine。该同位素特异肽的理化性质与目标多肽完全一致，所表现出来的色、质谱行为也一致（见图 14-1），能校正由基质效应所带来的检测响应值波动。

此外，在上述同位素特异肽 CELSQL*L*K 的基础上，按照蛋白质氨基酸序列，分别沿该肽的 C 端与 N 端各延长若干个氨基酸，设计并合成了作为同位素内标使用的长肽段：AKQFTKCELSQL*L*KDIDGYGGIA。将该肽段作为内标，在预处理之前加入被测样品中，经酶解等预处理过程后会产生等摩尔浓度的同位素特异肽 CELSQL*L*K。该内标不但能随基质效应所致的检测响应值而波动，还能校正复杂样品基质对酶解过程造成的干扰，并可用于指示蛋白质被酶解的程度。

14.2.3 方法学验证

通过一系列方法学实验验证上述方法的准确性与可靠性。其中标准曲线通过人工合成的特异肽与同位素特异肽配制而成。在 10 ～ 200nmol/L 线性范围内的回归方程 y=1.254x+0.0194，相关系数 R^2 为 0.993，满足检测需求。

方法检出限，通过低浓度标准品溶液计算获得。配制 2 nmol/L 的标准品溶液，进样分析后获得其信噪比，以 10 倍信噪比为定量限，乘以蛋白质的分子量与稀释倍数，计算得到方法的检出限为 8.0mg/100g。

日内精密度通过重复平行处理 11 份相同样品获得，其日内精密度为 4.12%。日间精密度通过每天重复平行处理 5 份相同样品，重复 4 天实验后获得，其日间精密度为 5.22%。加标回收率通过在样品中加入特异肽来实现。特异肽的加入量分别为样品中蛋白质的本底摩尔浓度的 1.5 倍、1 倍与 0.5 倍，作为高、中、低浓度加标，结果见表 14-2，加标回收率在 93.17% ～ 104.84% 之间。

表 14-2　加标回收率

编号	低浓度加标 /%	中浓度加标 /%	高浓度加标 /%
1	102.85	98.04	102.36
2	100.99	95.92	100.93
3	99.44	101.24	102.13
4	104.84	97.67	103.01
5	104.14	93.17	101.90
总计	102.45±4.22	97.21±3.97	102.07±4.79

14.2.4 母乳样品含量以及与市售婴儿配方乳粉的比较

共检测全国范围内采集的 149 例产妇产后 1 周、2 周与 6 周的母乳样品，共 447 份（横断面），利用建立的上述方法分析了这些母乳中 α-乳白蛋白含量，结果如图 14-2 所示。

结果显示，产后 1 周、2 周和 6 周的母乳中 α-乳白蛋白含量中间值分别为 358.8mg/100g、344.0mg/100g、281.4mg/100g。虽然有部分极大或极小的检测结果出现，但大多数母乳中 α-乳白蛋白含量依然集中在 300 ～ 450mg/100g 范围内。α-乳白蛋白含量在整个泌乳期呈递减趋势。

利用 Zhang 等 [18] 报道的市售婴儿配方乳粉的牛 α-乳白蛋白的含量检测结果，按照推荐的冲调方式，即乳粉与水比例为 1∶7，将检测结果推算液体乳中的牛

α-乳白蛋白含量，结果见图 14-2。配方乳粉中的 α-乳白蛋白含量显著低于各阶段的母乳中 α-乳白蛋白（$P < 0.01$）。这是由于纯 α-乳白蛋白粉价格昂贵，产量少，配方乳粉中一般通过牛乳粉和牛乳清粉调节各蛋白质的含量，而乳清粉中含有大量的 β-乳球蛋白，最终导致无法在维持低总蛋白含量的基础上提高 α-乳白蛋白含量。同时在中国乃至世界范围内缺少权威的母乳 α-乳白蛋白的定量检测方法与含量数据库，使得各配方乳粉生产厂家缺乏有力的数据支持。这也可能是导致配方乳粉中 α-乳白蛋白含量偏低的原因之一。

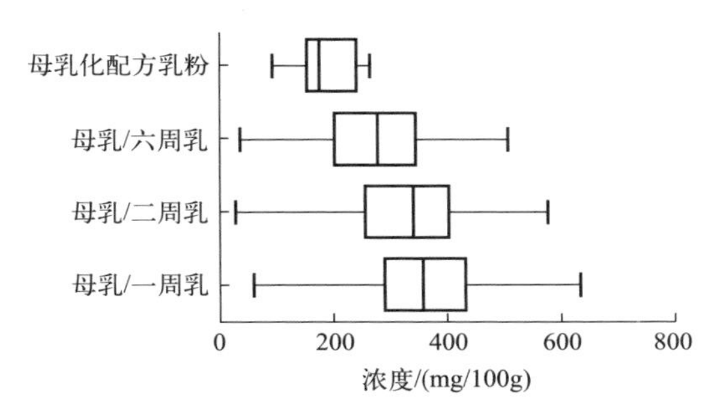

图 14-2　母乳样品中 α-乳白蛋白含量以及与婴儿配方乳粉的比较

14.3　结论

本章设计并合成了 α-乳白蛋白的特异肽、同位素特异肽和同位素内标，解决了蛋白质定量分析过程中，酶切与质谱检测易受基质效应干扰的问题；并通过一系列方法学验证，实验证明上述方法具有高准确度、灵敏度、稳定性和特异性，适宜不同阶段母乳的 α-乳白蛋白定量分析。

通过建立一套基于多肽的标准品体系，为蛋白质定量研究工作者提供了一种蛋白质定量研究的新思路，扩展了检测范围，使蛋白质定量分析不必受到标准品缺乏的限制。

通过对 447 份不同泌乳阶段的母乳中 α-乳白蛋白含量的分析，为婴幼儿配方食品的品质提升，尤其是适合中国婴幼儿特点的配方乳粉研发提供科学依据。

（陈启，赖世云，张京顺，任一平）

参考文献

[1] Bauer J, Gerss J. Longitudinal analysis of macronutrients and minerals in human milk produced by mothers of preterm infants. Clin Nutr, 2011, 30(2): 215-220.

[2] Michaelsen K F, Skafte L, Badsberg J H, et al. Variation in macronutrients in human bank milk: influencing factors and implications for human milk banking. J Pediatr Gastr Nutr, 1990, 11(2): 229-239.
[3] Wojcik K Y, Rechtman D J, Lee M L, et al. Macronutrient analysis of a nationwide sample of donor breast milk. J Am Diet Assoc, 2009, 109(1): 137-140.
[4] Yamawaki N, Yamada M, Kan-no T, et al. Macronutrient, mineral and trace element composition of breast milk from Japanese women. J Trace Elem Med Bio, 2005, 19(2): 171-181.
[5] Committee on Nutritional Status During Pregnancy and Lactation. Nutrition during lactation. Washington D.C.: National Academies Press, 1991.
[6] Lönnerdal B, Glazier C. Calcium binding by alpha-lactalbumin in human milk and bovine milk. J Nutr, 1985, 115(9): 1209-1216.
[7] Ren J, Stuart D I, Acharya K. Alpha-lactalbumin possesses a distinct zinc binding site. J Bio Chem, 1993, 268(26): 19292-19298.
[8] Permyakov E A, Morozova L A, Burstein E A. Cation binding effects on the pH, thermal and urea denaturation transitions in α-lactalbumin. Biophys Chem, 1985, 21(1): 21-31.
[9] Pellegrini A, Thomas U, Bramaz N, et al. Isolation and identification of three bactericidal domains in the bovine α-lactalbumin molecule. BBA-Gen Subjects, 1999, 1426(3): 439-448.
[10] Roginski H, Fuquay J W, Fox P F, et al. Encyclopedia of dairy sciences. Amsterdam: Academic Press, 2011.
[11] Rudloff S, Kunz C. Protein and nonprotein nitrogen components in human milk, bovine milk, and infant formula: quantitative and qualitative aspects in infant nutrition. J Pediatr Gastr Nutr, 1997, 24(3): 328-344.
[12] Atkinson S, Anderson G, Bryan M. Human milk: comparison of the nitrogen composition in milk from mothers of premature and full-term infants. Am J Clin Nutr, 1980, 33(4): 811-815.
[13] Kunz C, Lönnerdal B. Re-evaluation of the whey protein/casein ratio of human milk. Acta Paediatr, 1992, 81(2): 107-112.
[14] Ferreira I M. Chromatographic separation and quantification of major human milk proteins. J Liq Chromatogr R T, 2007,30(4): 499-507.
[15] Kunz C, Lönnerdal B. Human-milk proteins: analysis of casein and casein subunits by anion-exchange chromatography, gelelectrophoresis, and specific staining methods. Am J Clin Nutr, 1990, 51(1): 37-46.
[16] Ng-Kwai-Hang K, Kroeker E. Rapid separation and quantification of major caseins and whey proteins of bovine milk by polyacrylamide gel electrophoresis. J Dairy Sci, 1984, 67(12): 3052-3056.
[17] Chtourou A, Brignon G, Ribadeau-Dumas B. Quantification of β-casein in human milk. J Dairy Res, 1985, 52(2): 239-247.
[18] Zhang J, Lai S, Zhang Y, et al. Multiple reaction monitoring-based determination of bovine α-lactalbumin in infant for mulas and whey protein concentrates by ultra-high performance liquid chromatography-tandem mass spectrometry using tryptic signature peptides and synthetic peptide standards. Anal Chim Acta, 2012, 727: 47-53.
[19] Lutter P, Parisod V, Weymuth H. Development and validation of a method for the quantification of milk proteins in food products based on liquid chromatography with mass spectrometric detection. J AOAC Int, 2011, 94: 1043-1059.
[20] Heick J, Fischer M, Pöpping B. First screening method for the simultaneous detection of seven allergens by liquid chromatography mass spectrometry. J Chromatogr A, 2011, 1218: 938-943.

第 15 章

母乳中乳铁蛋白含量测定

乳铁蛋白是一种非血基质并与铁结合的糖蛋白[1]。每摩尔乳铁蛋白可在碳酸盐或碳酸氢根离子的存在下可逆地结合两摩尔三价铁原子[2]。乳铁蛋白被认为有着重要的防御作用，显示出多种多样的生物活性，包括抗菌活性、抗病毒活性、抗氧化活性、免疫调节和调节细胞增长等，并结合和抑制如脂多糖和葡糖胺聚糖等几种生物活性化合物[3-5]。人、牛和山羊等哺乳动物的乳汁中都含有不同浓度的乳铁蛋白，与其他物种相比，母乳中的乳铁蛋白含量显著地高于其他乳汁[6]。不同母乳中的乳铁蛋白含量差异较大，受到泌乳阶段、母亲的个体差异、母亲的孕期等因素影响[7-9]。而母乳是新生儿最好的食物来源[8]，出于营养评估的考虑和婴幼儿配方奶粉品质提升的需求，有必要建立一种准确而快速地检测母乳中乳铁蛋白含量的分析方法。

目前，对乳铁蛋白质的直接定量检测方法主要分为免疫学方法和非免疫学方法。免疫学方法主要包括免疫比浊法[10]、酶联免疫法[11]、免疫传感器法[12]，非免疫学方法包括液相色谱法[13]和毛细管电泳法[14]。免疫学方法灵敏度较高，但定量准确性较差，重现性较差，同时可能由于蛋白的变性导致假阴性的出现。液相法通常使用UV检测器，在280nm波长下大部分蛋白质均有吸收，而常用的反相色谱柱无法对蛋白质进行高效的基线分离，导致待测蛋白质受基质干扰较为严重，方法选择性差，灵敏度低。而毛细管电泳法由于光程较短，所以灵敏度较液相色谱法更低，并且存在重复性低的缺点。近年来，利用LC-MS在SIR模式下对乳及乳制品中的蛋白质直接定量的高灵敏度方法逐渐增多[15-17]。该方法使用电喷雾源，使待测蛋白质呈多电荷电离形态分布。由于蛋白质多电荷的分布情况与流动相及基质的缓冲体系相关，容易受到基质影响，造成检测结果偏差。同时由于缺乏商品化的母乳蛋白标准物质，使得上述方法的应用范围受到限制。

通过胰蛋白酶特异酶切技术结合LC-MS检测特异肽段从而达到定量蛋白的方法已经得到应用[18, 19]。Zhang等[19]发表了利用该方法检测乳制品中的牛乳铁蛋白。此类方法通过选择合成特异性肽段作为生物标记物，因此解决了标准品和内标缺乏的问题，并具有高灵敏度，高特异性，同时能够检测变性蛋白和非变性蛋白，达到较高的准确度。但目前没有文献报道利用该方法检测母乳中的乳铁蛋白。

下面介绍的方法采用胰蛋白酶对人的乳铁蛋白进行特异酶切，筛选蛋白特异肽段作为生物标记物。通过合成该特异肽段作为标准品，同时合成延长的同位素特异肽段作为内标，在LC-MS/MS上建立定量检测方法。通过定量检测该特异肽从而换算出实际母乳样品中含有的乳铁蛋白含量。对该方法的回收率、精密度等进行验证。最后对一批母乳样品进行检测，对检测结果进行了分析和讨论。

15.1 乳铁蛋白测定的材料与方法

15.1.1 化学试剂

碳酸氢铵（NH_4HCO_3）、二硫苏糖醇（DTT）、碘代乙酰胺（IAA）和盐酸（HCl，37%）购自Sigma-Aldrich（St. Louis，MO，USA）。乙腈（ACN）和甲酸（FA）购自Merck（Darmstadt，Germany）。所有使用的试剂均为分析级或HPLC级。测序级修饰胰蛋白酶购自上海亚信生物科技有限公司（中国上海）。所有化学试剂均使用超纯水制备，无需进一步纯化。在所有实验过程中，超纯水均通过Milli-Q Gradient A 10水净化系统（Millipore，Bedford，MA，USA）获得。

15.1.2 母乳样品采集

母乳样本来自中国北京市足月婴儿（> 36 周）的母亲。怀疑感染或有吸烟史的母亲被排除在外。以无菌方式使用手动抽吸泵采集乳样。

共收集了 26 份初乳样品（产后第 1 天到第 7 天）、41 份过渡乳样品（从第 8 天到第 16 天）和 43 份成熟乳样品（第 17 天到第 330 天）。所有样品均保持冷冻（−20℃）直至分析。

母乳样品的采集通过了相关医学伦理委员会的批准，每个乳母都签署了受试者知情同意书。

15.1.3 合成肽标准品

特征肽 VPSHAVVAR（对应于母乳乳铁蛋白的 269 ～ 277 号氨基酸残基）、稳定同位素标记的特征肽 VPSHAV*V*AR（V*、Val-OH-$^{13}C_5$、^{15}N）和内标 FKDCHLARVPSHAV*V*ARSVNGKE 由 China Peptides Co., Ltd. 合成。所有肽标准品相对纯度均大于 95%。

15.1.4 前处理方法

准确称取约 0.02g 母乳（精确至 0.0001g）于 10mL 容量瓶中，用水定容至刻度。

精确量取 100μL 稀释液，与 100μL 2μmol/L 同位素内标肽溶液、665μL 水和 10μL 100mmol/L 二硫苏糖醇溶液混合后，于 70℃水浴锅中反应 30min，取出后加入 10μL 300mmol/L 碘代乙酰胺溶液，摇匀，室温避光静置 30min，加入 100μL 碳酸氢铵溶液和 10μL 胰蛋白酶溶液，于 37℃水浴锅中反应 30min，加入 5μL 甲酸，摇匀，用 0.22μm 滤膜过滤，待进样。

15.1.5 液相色谱条件

液相色谱仪 : Acquity Ultra Performance LC（美国 Waters 公司）；色谱柱：BEH 300 C_{18}［100mm×2.1mm（i.d.），1.7μm，美国 Waters 公司］；柱温：40℃ ；样品温度：10℃ ；进样体积：5μL ；流速：0.3mL/min ；流动相 A ：含 0.1% 甲酸的水溶液；流动相 B ：含 0.1% 甲酸的乙腈溶液；梯度洗脱：0 ～ 5min、3% ～ 32% B，5 ～ 5.1min、32% ～ 100% B，5.1 ～ 6.1min、100% B，6.1 ～ 6.2min、100% ～ 3% B，6.2 ～ 8min、3% B。

15.1.6 质谱条件

质谱仪：TQ MS Xevo（美国 Waters 公司）；电离模式：ESI+；毛细管电压：3.5kV；脱溶剂温度：500℃；脱溶剂气流量：800L/min；锥孔反吹气流量：150L/h；碰撞室压力：3.0×10^{-3}mbar；低端分辨率 1：2.5V；高端分辨率 1：15.0V；离子能量 1：0.5；低端分辨率 2：2.8V；高端分辨率 2：15.0V；离子能量 2：1.0；离子源温度：150℃；提取器电压：3.0V；入口透镜电压：0.5V；出口电压：0.5V；碰撞梯度：1.0；MRM 参数参见表 15-1。

表 15-1 质谱 MRM 参数

多肽序列	母离子（*m/z*）	锥孔电压 /V	子离子（*m/z*）	裂解方式	碰撞能量 /eV
VPSHAVVAR	312.30	15	326.60	y6	13
			418.70①	y8	10
VPSHAV*V*AR	316.30	15	333.10	y6	13
			424.60①	y8	10
DGAGDVAFIR	510.89	25	172.90①	b1	25
			506.10	y4	20
EDAIWNLLR	565.42	25	515.20	y4	20
			701.30①	y5	18
THYYAVAVVK	575.85	25	239.05①	b2	20
			912.20	y8	20
YLGPQYVAGITNLK	769.08	30	645.40	y6	30
			716.10①	y7	25

① 定量子离子。

15.1.7 方法学验证

方法学验证考察了特异性、线性、灵敏度、回收率和精密度（日内和日间）。灵敏度通过 LOD 和 LOQ 的考察来验证，LOD 和 LOQ 分别为样品基质前处理后检测得到信噪比为 1∶3 和 1∶10 的浓度值。特异性的考察通过分别进样标准多肽、母乳通过胰蛋白酶酶解前和酶解后的样品进行验证。线性通过配制浓度水平在 160 ～ 1600nmol/L 的标准多肽加同位素内标定量考察。回收率通过在母乳中分别加入低、中、高三个水平浓度的标准多肽进行验证。日内精密度通过在一天内分别处理 11 份低、中和高浓度的母乳样品的检测值 RSD 值进行验证，日间精密度通过同一份样品连续处理 7 天检测计算 RSD。

15.2 乳铁蛋白测定的结果与讨论

15.2.1 母乳乳铁蛋白的特征肽和内标

通过选择碱性胰蛋白酶作为酶切工具，利用其高度专一性，水解精氨酸与赖氨酸羧基端的肽键。通过 Uniprot 数据库（www.uniprot.org）里 PeptideMass 工具分析得到母乳乳铁蛋白理论上可得到 52 条酶切肽段。量取 100μL 母乳、765μL 水与 10μL 100mmol/L 二硫苏糖醇溶液混合后，于 70℃水浴锅中反应 30min，取出后加入 10μL 300mmol/L 碘代乙酰胺溶液，摇匀，室温避光静置 30min，加入 100μL 碳酸氢铵溶液和 10μL 胰蛋白酶溶液，于 37℃水浴锅中反应 16h，加入 5μL 甲酸，摇匀，用 0.22μm 滤膜过滤，使用 UPLC-Q-TOF 检测分析，结合分析结果和数据库比对，一共得到长短不一的酶解肽段 26 条，多肽覆盖率达到 53.55%。当多肽中含有半胱氨酸和蛋氨酸时，多肽在反应过程中容易被氧化，因此这些肽段不适宜作为候选多肽。当肽段长度小于 7 个氨基酸时，无法在 Uniprot 数据库中通过 blast 工具进行特异性分析；而出于对多肽合成技术限制和合成成本的考虑，一般选择的多肽长度不超过 14 个氨基酸。结合上述条件，筛选剩余 9 条多肽，最终选择了响应值较高的五条多肽（见表 15-1）作为候选特异肽，分别为 VPSHAVVAR、THYYAVAVVK、EDAIWNLLR、DGAGDVAFIR 和 YLGPQYVAGITNLK，建立 MRM 方法。

15.2.2 靶向特征肽的选择

使用同一母乳样品，在稀释 100 倍后，按照上述方法进行前处理，同时将酶解时间改变为 15min、30min、1h、2h、3h、4h、5h、6h、7h、8h，以验证选择多肽的酶解效率。为了确保蛋白质的完全水解，将一个样品用相同的方法进行处理后酶解过夜（16h），并以此样品中各个候选特异肽的峰面积作为 100%，计算其在不同酶解时间下的酶解效率。如图 15-1 所示，不同候选特异肽的酶解效率有着显著性的差别，VPSHAVVAR 的酶解速度最快，在 15min 内即可完全酶解；THYYAVAVVK 次之，1h 内即可保证完全酶解；DGAGDVAFIR 则需要至少 5h；而 EDAIWNLLR 和 YLGPQYVAGITNLK 需要更长的酶解时间，超过了 8h。乳铁蛋白的分子量较大，由 703 个氨基酸残基组成，并且具有复杂的多级结构。虽然在前处理过程中使用了 DTT 和 IAA 破坏了蛋白的二硫键，使它呈现松散的结构，但它的其他结构，主要指由氢键、范德华力等构成的二级结构仅通过加热方式部分改变，导致酶切位点的暴露程度不一，不同位置的酶解难易程度仍旧有较大差别。DGAGDVAFIR、EDAIWNLLR 和 YLGPQYVAGITNLK 需要在胰蛋白酶将暴露在外的酶解位点作用完毕后，才能对其进行有效的酶切。从酶切效率角度考虑，仅 VPSHAVVAR 和 THYYAVAVVK 这两条多肽适宜作为特异肽。最终从中选择了响应值最高的 VPSHAVVAR 作为特异肽（图 15-2）。

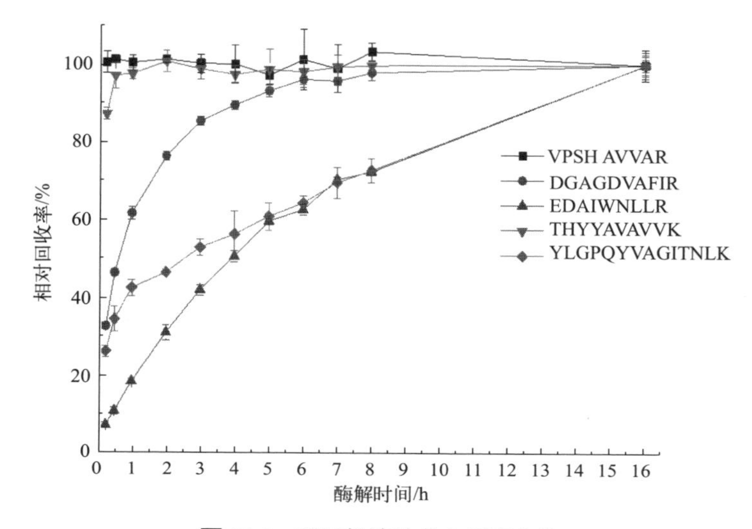

图 15-1　不同候选肽的水解度曲线

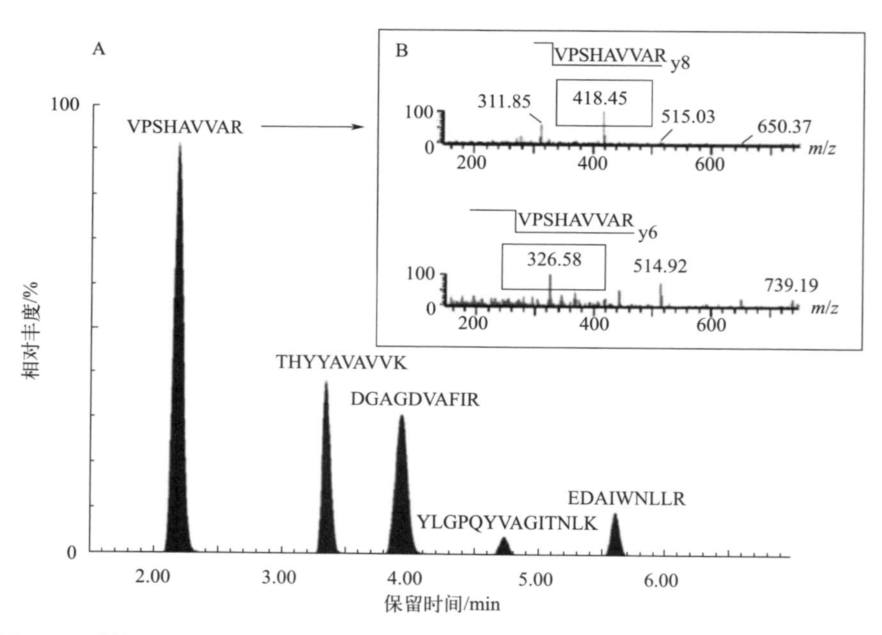

图 15-2　制备后母乳中候选肽定量通道（A）和特征肽 VPSHAVVAR（B）的碎裂模式

15.2.3 前处理方法的优化

通常，DTT 溶液的浓度为 0.5 ～ 5.0mmol/L，并且在小于 60℃的环境中还原二硫键[18-20]。但乳铁蛋白作为一种与铁结合的糖蛋白，结构较为紧密，因此较低的还原温度无法完全破坏蛋白的空间结构，使二硫键无法完全暴露和破坏，为胰蛋白酶酶切造成困难。

因此设计了一套 DTT 浓度和还原温度的正交实验来优化还原反应条件。其中 DTT 浓度分别为 50mmol/L、100mmol/L、250mmol/L 和 500mmol/L，还原反应的温度为 60℃、70℃、80℃、90℃，IAA 溶液的浓度也须与 DTT 溶液保持一致，并且加入的体积为 DTT 溶液的三倍，保证游离的二硫键均被烷基化以及 DTT 溶液不会对后续的酶解过程产生影响。其余反应条件与 15.1.4 所述条件相同，结果见图 15-3。由结果可知，当处于 50℃时，随着 DTT 浓度增加，乳铁蛋白检测值略微有所增加，在该温度下，乳铁蛋白中的二硫键难以完全暴露，故通过增加 DTT 有利于二硫键的暴露。当温度逐渐升高时，乳铁蛋白的检测值大幅增加，这说明温度是影响还原反应的主要因素。当温度增加到 80℃时，检测值达到最高，此时随着 DTT 浓度增高，对乳铁蛋白的检测值产生基质抑制的作用。而当温度达到 90℃时，50mmol/L DTT 处理下的乳铁蛋白测得值与 80℃相比没有显著性差异（$P > 0.05$），但平行样品间的标准偏差略有增加，这可能是由于高温导致多肽的分解所致。故最佳还原反应条件为 80℃条件下加入浓度为 50mmol/L 的 DTT。

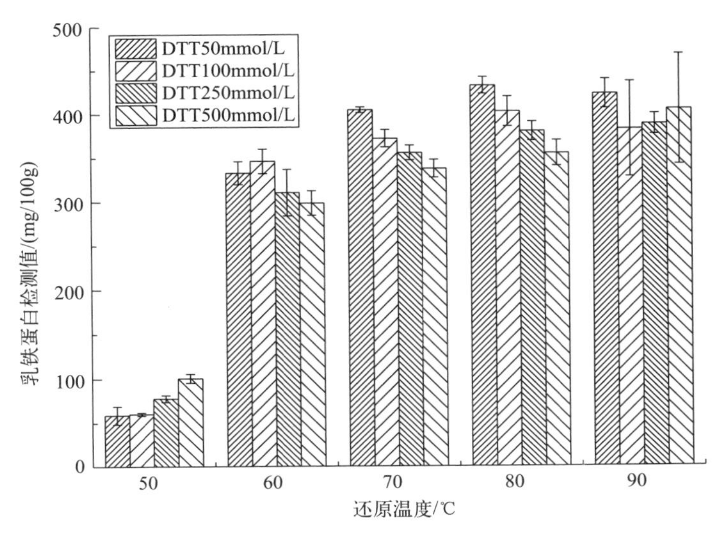

图 15-3 还原反应中 DTT 浓度和温度的最佳参数

15.2.4 方法学验证

15.2.4.1 特异性

通过对 www.uniprot.org 数据库的比对，发现所选择的特异肽 VPSHAVVAR 不存在于母乳中的其他蛋白质中，并通过比较同位素特异肽稀释的标准多肽和酶解后的样品的色谱图来验证方法的特异性。在酶解的样品色谱图中，目标峰和同位素峰的保留时间均为（2.27±0.05）min，并且无基质干扰，见图 15-4。在未酶解的母乳样品中，在该保留时间不出现色谱峰。这些结果表明在母乳基质中该保留时间对多肽标准品无干扰。

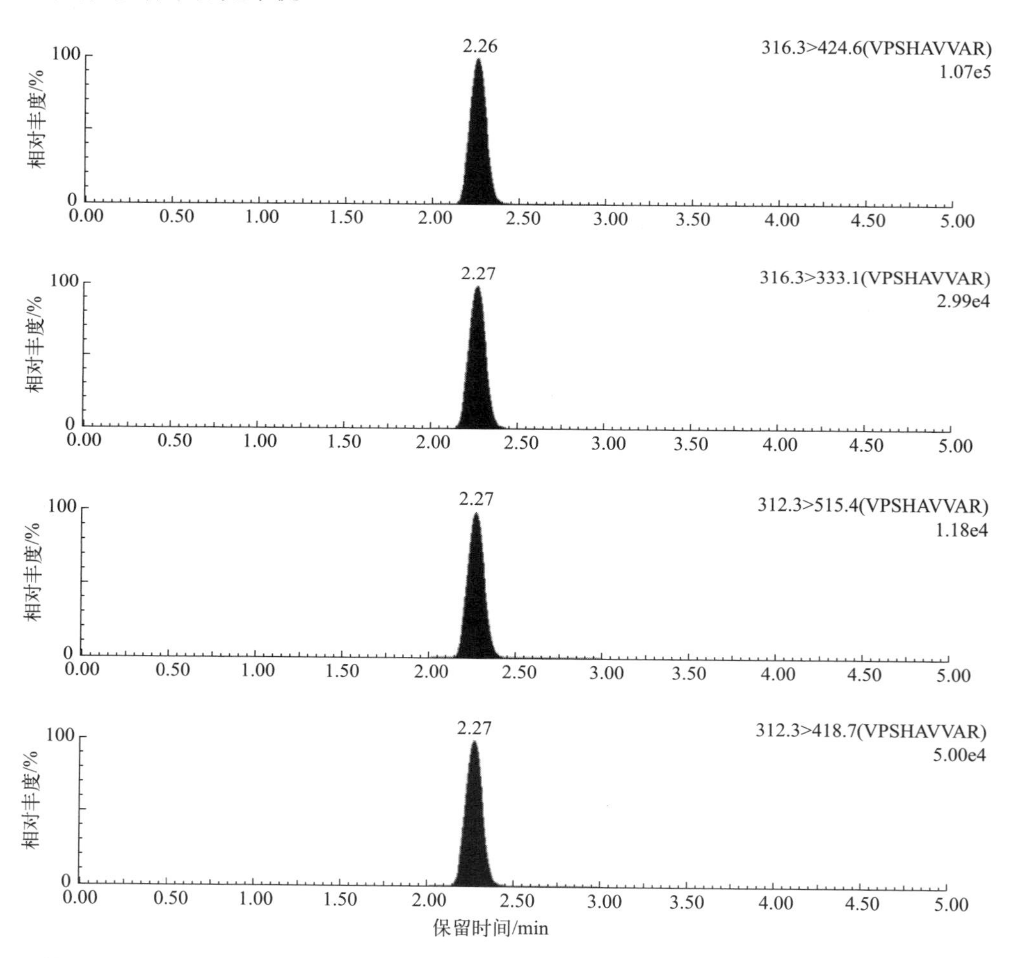

图 15-4　来自胰蛋白酶母乳的乳铁蛋白特征肽 VPSHAVVAR 及其相应同位素标记类似物 VPSHAV*V*AR 的 MRM 色谱图

15.2.4.2 线性和灵敏度

通过人工合成的特异肽与同位素特异肽配制成校准品，检测后以特异肽和同位素特异肽的峰面积比为纵坐标，浓度为横坐标，采用线性回归的方式建立标准曲线。在 160 ～ 1600 nmol/L 线性范围内的回归方程为 y=1.06023x−0.129415，相关系数 R^2 为 0.997，满足检测需求。方法检出限，通过低浓度标准品溶液计算获得将浓度为 1.6nmol/L 的标准曲线溶液经预处理后进样 5 次，计算其定量离子的信噪比，取最低信噪比 200。按照 1∶3 信噪比为检出限、1∶10 信噪比为定量限，乘以蛋白质的分子量与稀释倍数则计算得出方法的检出限与定量限分别为 1.0mg/100mL 与 3.0mg/100mL。

15.2.4.3 回收率和精密度

将母乳稀释液加入标准品，使其浓度提高了 120mg/100g、240mg/100g、360mg/100g，按 15.1.4 分析步骤检测，计算回收率。回收率范围是 92.1% ～ 97.5%，RSD 范围是 2.4% ～ 2.6%，见表 15-2。每个样品重复检测 4 天，每天 5 个平行样品。日内精密度和日间精密度的 RSD 分别是 2.59% ～ 4.82% 和 2.32% ～ 3.89%。这表明该方法完全满足定量要求。

表 15-2 UPLC-MS 方法的回收试验结果

样品浓度 /（mg/100g）	加标浓度 /（mg/100g）	检测浓度 /（mg/100g）	回收率 /%	RSD（n=20）/%
168.7±5.5	120.0	285.71±7.50	97.5	2.6
	240.0	400.22±9.40	96.5	2.4
	360.0	500.10±12.70	92.1	2.5

15.2.5 方法应用

利用在北京市共收集的 110 份母乳样品，采用上述方法测定乳铁蛋白含量。其中包含 26 份 1 ～ 7 天的初乳，41 份 8 ～ 16 天的过渡乳，43 份 17 ～ 330 天的成熟乳。母亲均无乳腺疾病，在怀孕过程中均无吸烟史。如图 15-5 所示，以上三个阶段的母乳中的乳铁蛋白值的中位值分别为 282.60mg/100g、174.83mg/100g、94.25mg/100g。检测值分别为（298.53±108.19）mg/100g、（196.41±61.58）mg/100g、（104.42±42.34）mg/100g。对三组数据进行分析，数据具有显著性差异（$P < 0.05$）。随着泌乳时间的延长，母乳中的乳铁蛋白分泌量呈现显著降低的规律。由于母乳中的乳铁蛋白有着重要的防御作用[3-5]，这可能是因为婴儿的自身免疫力逐渐增强，对相关的免疫因子摄入需求量降低。与其他文献检测值的比较见表 15-3，从

表中可发现，检测的北京地区母乳与其他文献报告的中国各地区母乳中的乳铁蛋白含量在同一数量级，但仍旧有所区别，这可能是因为地区不同所导致，亦有可能是不同检测方法所造成的。

表 15-3　与其他文献检测值的比较

地区	单位	初乳	过渡乳	成熟乳	检测方法
中国北京	mg/100g	298.53±108.19	196.41±61.58	104.42±42.34	LC-MS
中国内蒙古[23]	mg/100mL	304±16	301±10	205±37	电泳
印度新德里[24]	mg/100mL	310±50	—	—	RIA
中国台湾[25]	mg/100mL	263.99±52.62		239.09±45.12	酶免疫测定法
中国香港[26]	mg/100mL	128.03±168.66		117.56±261.95	酶免疫测定法

所有收集的样品都经过预处理，并使用当前优化的方法进行 UPLC-MS/MS 分析。结果显示，初乳（282.60mg/100g）、过渡乳（174.83mg/100g）和成熟乳（94.25mg/100g）乳铁蛋白之间存在显著性差异（$P < 0.05$）（图 15-5）。母乳中分泌的乳铁蛋白水平随哺乳期的延长而降低。北京市母乳中乳铁蛋白水平的变化与之前的报告一致[21-24]。母乳中的免疫因子乳铁蛋白发生了显著变化，这可能代表了受试婴儿的适应性。

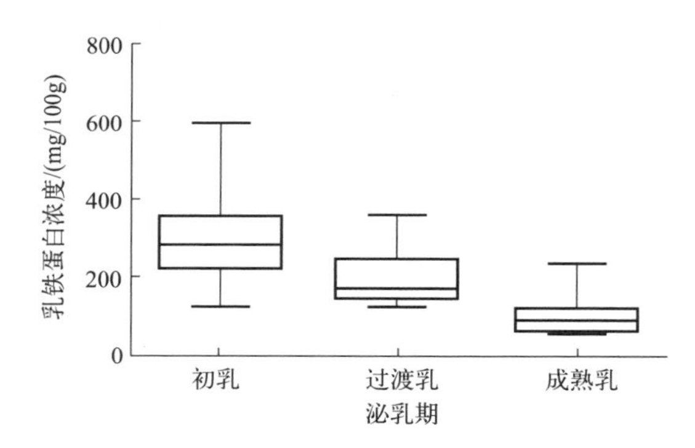

图 15-5　不同泌乳期乳铁蛋白含量变化

15.3　结论

通过建立一种基于检测母乳乳铁蛋白的胰蛋白酶酶切特异肽段的 UHPLC-MS/MS 的方法，从而达到对母乳中的乳铁蛋白含量的定量检测。通过考察酶解效率等参数确定设计了目标蛋白特异肽，合成了同位素特异肽及加长的同位素特异肽。通过对方法进行一系列的方法学验证实验，证明上述方法具有高准确度、灵敏度、稳定性和特异性。对北京地区的一批不同泌乳阶段的母乳的检测结果显示，随泌乳时间推移，母乳中的乳铁蛋白分泌量呈现显著性降低的趋势。

（陈启，任一平）

参考文献

[1] Aisen P, Listowsky I. Iron transport and storage proteins. Ann Rev Biochem, 1980, 49(1): 357-393.

[2] Anderson B F, Baker H M, Norris G E, et al. Structure of human lactoferrin: Crystallographic structure analysis and refinement at 2.8 Å resolution. J Mol Biol, 1989, 209(4): 711-734.

[3] Baveye S, Elass E, Mazurier J, et al. Lactoferrin: a multifunctional glycoprotein involved in the modulation of the inflammatory process. Clin Chem Lab Med, 1999, 37(3): 281-286.

[4] Chierici R. Antimicrobial actions of lactoferrin. Adv Nutr Res, 2001, 10: 247-269.

[5] Wakabayashi H, Yamauchi K, Takase M. Lactoferrin research, technology and applications. Int Dairy J, 2006, 16(11): 1241-1251.

[6] Levay P F, Viljoen M. Lactoferrin: a general review. Haematologica, 1995, 80(3): 252-267.

[7] Ronayne De Ferrer P A, Baroni A, Sambucetti M E, et al. Lactoferrin levels in term and preterm milk. J Am Coll Nutr, 2000, 19(3): 370-373.

[8] Ballard O, Morrow A L. Human milk composition: nutrients and bioactive factors. Pediatric Clin North Am, 2013, 60(1): 49-74.

[9] Broadhurst M, Beddis K, Black J, et al. Effect of gestation length on the levels of five innate defence proteins in human milk. Early Human Development, 2015, 91(1): 7-11.

[10] Montagne P M, Trégoat V S, Cuillière M L, et al. Measurement of nine human milk proteins by nephelometric immunoassays: Application to the determination of mature milk protein profile. Clin Biochem, 2000, 33(3): 181-186.

[11] Chang J, Chen C, Fang L, et al. Influence of prolonged storage process, pasteurization, and heat treatment on biologically-active human milk proteins. Pediatrics & Neonatology, 2013, 54(6): 360-366.

[12] Campanella L, Martini E, Tomassetti M. New immunosensor for lactoferrin determination in human milk and several pharmaceutical dairy milk products recommended for the unweaned diet. J Pharm Biomed Anal, 2008, 48(2): 278-287.

[13] Tsakali E, Petrotos K, Chatzilazarou A, et al. Short communication: Determination of lactoferrin in Feta cheese whey with reversed-phase high-performance liquid chromatography. J Dairy Sci, 2014, 97(8): 4832-4837.

[14] Manso M A, Miguel M, Lopez-Fandino R. Application of capillary zone electrophoresis to the characterisation of the human milk protein profile and its evolution throughout lactation. J Chromatogr A, 2007, 1146(1): 110-117.

[15] Ren Y, Han Z, Chu X, et al. Simultaneous determination of bovine α-lactalbumin and β-lactoglobulin in infant formulae by ultra-high-performance liquid chromatography-mass spectrometry. Analytica Chimica Acta, 2010, 667(1): 96-102.

[16] Lutter P, Parisod V, Weymuth H. Development and validation of a method for the quantification of milk proteins in food products based on liquid chromatography with mass spectrometric detection. J AOAC Int, 2010, 94(4): 1043-1059.

[17] Czerwenka C, Müller L, Lindner W. Detection of the adulteration of water buffalo milk and mozzarella

with cow's milk by liquid chromatography-mass spectrometry analysis of β-lactoglobulin variants. Food Chemistry, 2010, 122(3): 901-908.

[18] Zhang J, Lai S, Zhang Y, et al. Multiple reaction monitoring-based determination of bovine α-lactalbumin in infant formulas and whey protein concentrates by ultra-high performance liquid chromatography-tandem mass spectrometry using tryptic signature peptides and synthetic peptide standards. Analytica Chimica Acta, 2012, 727: 47-53.

[19] Zhang J, Lai S, Cai Z, et al. Determination of bovine lactoferrin in dairy products by ultra-high performance liquid chromatography-tandem mass spectrometry based on tryptic signature peptides employing an isotope-labeled winged peptide as internal standard. Analytica Chimica Acta, 2014, 829: 33-39.

[20] Mandal S M, Bharti R, Porto W F, et al. Identification of multifunctional peptides from human milk. Peptides, 2014, 56: 84-93.

[21] Shi Y, Sun G, Zhang Z, et al. The chemical composition of human milk from Inner Mongolia of China. Food Chem, 2011, 127(3): 1193-1198.

[22] Mathur N B, Dwarkadas A M, Sharma V K, et al. Anti-infective factors in preterm human colostrum. Acta Paediatrica, 1990, 79(11): 1039-1044.

[23] Hsu Y, Chen C, Lin M, et al. Changes in preterm breast milk nutrient content in the first month. Pediatrics & Neonatology, 2014, 55(6): 449-454.

[24] Yuen J W, Loke A Y, Gohel M I. Nutritional and immunological characteristics of fresh and refrigerated stored human milk in Hong Kong: a pilot study. Clinica Chimica Acta, 2012, 413(19): 1549-1554.

第 16 章

母乳中胆碱、L-肉碱、乙酰基-L-肉碱和牛磺酸测定

胆碱是哺乳动物生长过程中不可缺少的一种水溶性维生素，它在生物体内具有不可替代的基本功能。当体内胆碱不足时，表现为生长受阻、营养不良、繁殖力差和脂肪肝等[1]。牛磺酸是一种氨基磺酸，除了能促进大脑的正常发育外，还能增强机体免疫力。如果牛磺酸不足，就会影响婴幼儿的智力发育或引起脑部疾病[2]。L-肉碱和乙酰基-L-肉碱是分子量较小的类蛋白质分子，是促进脂类代谢的重要物质[3]。体内缺乏 L-肉碱，会造成细胞能量代谢紊乱，引起肌肉无力、疲劳和大量脂肪堆积[4]。成年人所需的胆碱、L-肉碱和牛磺酸可由自身合成，亦可通过食物补充。但婴幼儿各种功能尚未发育健全，自身合成量有限，绝大部分需通过食物得到补充。母乳是婴幼儿最佳的天然食品，各种营养物质的含量会随婴幼儿不同生长阶段的需要而变化。因此，建立一个快速、准确测定母乳中胆碱、L-肉碱、乙酰基-L-肉碱和牛磺酸的方法十分必要，通过该方法对母乳中的上述营养素含量进行分析，为确定母乳的优势和婴儿配方食品的品质提升提供理论依据。

相关文献报道测定胆碱的方法主要有高效液相色谱法[5-7]、气相色谱-质谱联用法[8]、液相色谱-质谱联用法[9]以及离子色谱法[10]、酶法[11]和化学发光法[12]等；测定牛磺酸的主要方法有柱前衍生高效液相色谱法[13-15]、离子色谱法[16]、液相色谱-质谱联用法[17]等；测定L-肉碱和乙酰基-L-肉碱的方法主要有高效液相色谱法[18-20]和液相色谱-质谱联用法[21, 22]等。上述方法检测对象主要集中于制药、生物制品等样品的检测，针对母乳样品的检测方法很少，同时均不属于多组分同时分析的方法，需为每一种营养素建立一套独立的检测方法，耗时相对较多，检测工作量增加。

本章介绍了一种采用超高效液相色谱-串联质谱联用法（UPLC-MS/MS），可同时对母乳中胆碱、L-肉碱、乙酰基-L-肉碱和牛磺酸进行定性和定量分析，该方法简单、快速，检测结果准确，可用于大样本的母乳成分研究。

16.1 胆碱、L-肉碱、乙酰基-L-肉碱和牛磺酸测定的材料与方法

16.1.1 仪器设备

超高效液相色谱-串联质谱联用仪（UPLC-MS/MS）：配有电喷雾离子源，XEVO TQ-S，Waters 公司，美国；离心机：Allegra 64R，Beckman 公司，美国；分析天平：TE612-L，感量为 0.01g，Sartorius 公司，德国；分析天平：CAP225D，感量为 0.00001g，Sartorius 公司，德国；Milli-Q 纯净水设备：Milli-Q Intergral 3，Millipore 公司，美国。

16.1.2 试剂与标准品

标准品：胆碱（纯度≥ 99%），$^{2}H_{9}$-胆碱（纯度≥ 98%），L-肉碱（纯度≥ 98%），$^{2}H_{3}$-L-肉碱（纯度 98%），乙酰基-L-肉碱（纯度 98%），$^{2}H_{3}$-乙酰基-L-肉碱（纯度 98%），牛磺酸（纯度≥ 99%），$^{13}C_{2}$-牛磺酸（纯度 99%）；均购于美国 Sigma-Aldrich 公司。

试剂：乙醚（分析纯）；甲酸（色谱纯，美国 ROE 公司）；甲醇（色谱纯）；乙腈（色谱纯，德国 Merck 公司）；超纯水由 Milli-Q 纯净水设备制得。

16.1.3 储备液配制

将胆碱、$^{2}H_{9}$-胆碱、L-肉碱、$^{2}H_{3}$-L-肉碱、乙酰基-L-肉碱、$^{2}H_{3}$-乙酰基-L-肉

碱、牛磺酸和 $^{13}C_2$-牛磺酸用超纯水配制成 200μg/mL 的溶液。

16.1.4 样品预处理

样品制备时应避免日光直射。称取约为 0.1g 的母乳（精确至 0.001g），加入 50μL 内标、200μL 超纯水和 1.2mL 甲醇，涡旋混合 2min，离心 5min。将全部上清液移至 2mL 离心管，氮吹至近干。残渣用 500μL 超纯水溶解后加入 500μL 乙醚，振荡 2min，4℃静置 15min。离心 5min 后将下层水相转移至 5mL 容量瓶中，加入 1mL 乙腈后用超纯水定容至刻度（可根据样品中被测物含量调节定容体积），取 100μL 样液用 80% 乙腈水溶液稀释至 1mL，混匀用 0.22μm 微孔滤膜过滤，待测。

16.1.5 分析检测条件

经净化处理后的样品溶液采用梯度洗脱进行反相色谱柱分离，参考条件为：色谱柱为 BEH Amide [100mm×2.1 mm（i.d.），1.7μm，美国 Waters 公司]；柱温 40℃；进样体积 2μL；流速 0.4mL/min；以 0.1% 甲酸水溶液（流动相 A）和 0.1% 甲酸乙腈溶液（流动相 B）梯度洗脱，梯度条件为 0 ～ 1min，85% B，经 1min 线性变化至 75% B，经 1min 线性变化至 65% B，经 0.5min 线性变化至 50% B，保持 1min，再经 0.5min 线性变化至 85% B。

质谱参数参考条件：ESI+ 模式，毛细管电压 3.0kV，脱溶剂温度 500℃，脱溶剂气流量 800L/min，锥孔反吹气流量 150L/h，碰撞室压力 3.0×10^{-3}mbar，低端分辨率 1 为 2.8V，高端分辨率 1 为 15.2V，离子能量 1 为 0.8，低端分辨率 2 为 2.8V，高端分辨率 2 为 15.5V，离子能量 2 为 0.9，离子源温度 150℃，提取器电压 3.0V，入口透镜电压 0.5V，出口电压 0.5V，碰撞梯度 1.0，其他质谱参数见表 16-1。

表 16-1 质谱 MRM 参数

化合物	母离子（*m/z*）	子离子（*m/z*）	锥孔电压 /V	碰撞能量 /eV
胆碱	103.9	45.0	40	14
		60.0①		14
$^{2}H_9$-胆碱	113.1	66.0	40	14
		68.9①		14
牛磺酸	126.0	44.1	33	15
		108.0①		10
$^{13}C_2$-牛磺酸	128.0	46.1	33	15
		110.0		10

续表

化合物	母离子（*m/z*）	子离子（*m/z*）	锥孔电压 /V	碰撞能量 /eV
L-肉碱	162.1	60.1①	40	15
		103.1		15
$^2H_3$-L-肉碱	165.2	63.1①	40	15
		103.1		15
乙酰基-L-肉碱	204.2	85.0①	40	15
		145.0		10
$^2H_3$-乙酰基-L-肉碱	207.3	85.0①	40	15
		148.1		10

① 定量子离子。

16.2 胆碱、L-肉碱、乙酰基-L-肉碱和牛磺酸测定的结果与讨论

16.2.1 色谱条件的优化

本章被测化合物有较强的极性，在普通的 C_{18} 色谱柱上保留和分离效果较差，因此选择亲水作用色谱原理的 BEH Amide 柱作为分离柱。被测物在质谱 ESI+ 模式下测定，因此实验在流动相水相和有机相中各加入 0.1% 的甲酸以提高质谱的离子化效率。

16.2.1.1 进样针清洗液的选择

在每次进样结束后，整个进样体系会用 200μL 强清洗液与 600μL 弱清洗液进行清洗。仪器公司所推荐的强和弱清洗液分别为纯乙腈和 20% 乙腈水溶液。清洗过后会有部分弱清洗液残留在进样环中，随着下次进样一起进入色谱柱。本章所选择的 BEH Amide 柱对样品中的含水量非常敏感，水含量较高的进样溶液可能导致牛磺酸色谱峰严重变形［见图 16-1（b)］。

本章通过一系列实验优化弱清洗液，最终发现将弱清洗液的乙腈比例由 20% 提升至 80% 后，可极大地改善牛磺酸的峰形，从而提高了它的响应值与灵敏度［见图 16-1（a)］。

16.2.1.2 稀释液的选择

由于 BEH Amide 色谱柱对含水量敏感的特性，被测物被推荐溶解于不含水的

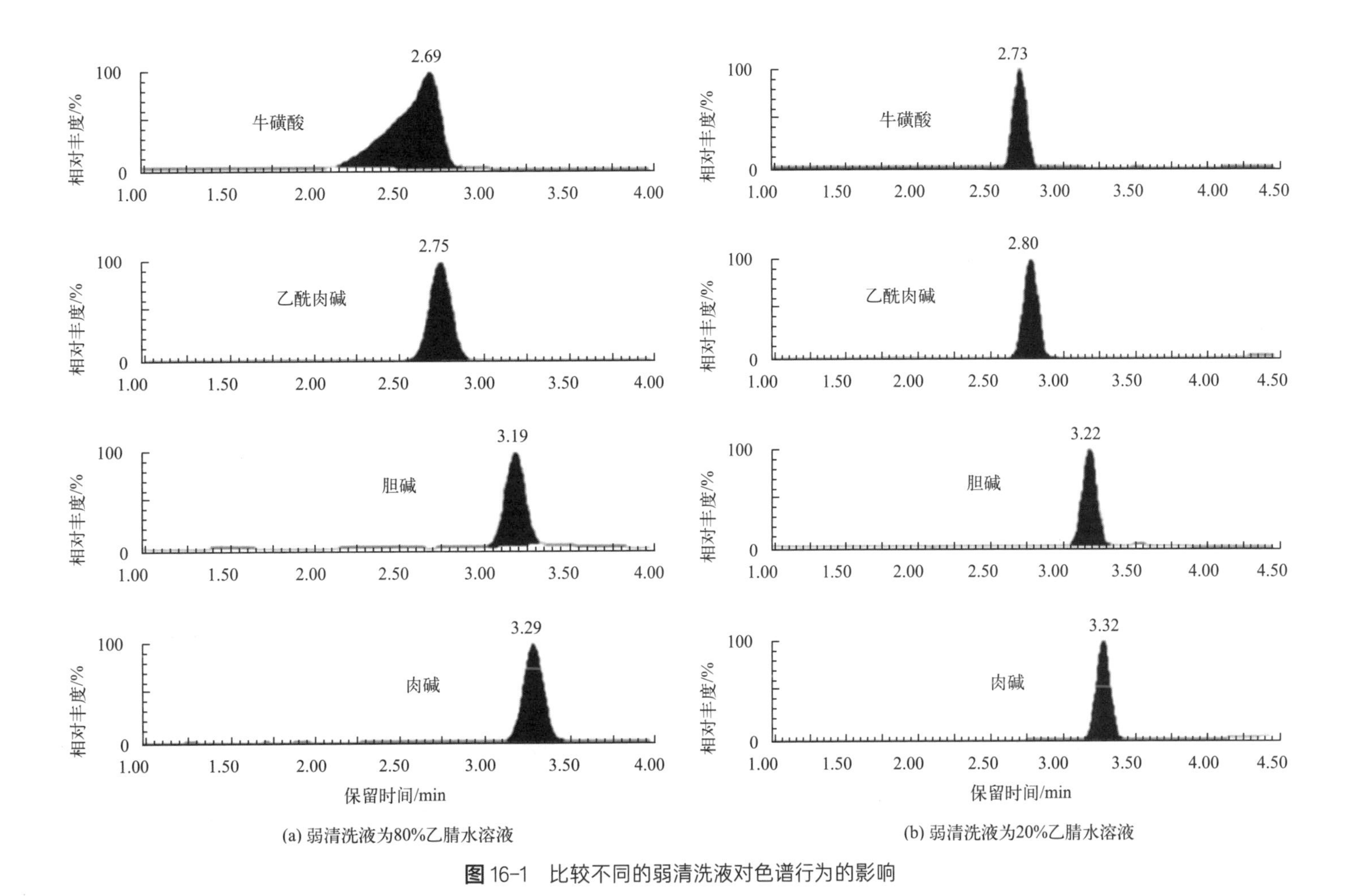

(a) 弱清洗液为80%乙腈水溶液

(b) 弱清洗液为20%乙腈水溶液

图 16-1　比较不同的弱清洗液对色谱行为的影响

纯有机溶剂中。但本实验的检测目标为水溶性化合物，难以溶于纯有机溶剂中，必须在进样溶液中加入一定比例的水。实验结合考虑流动相成分，利用不同比例的乙腈水溶液对同一浓度的标准品进行稀释，考察4种被测物的色谱峰形。结果表示，以20%乙腈水溶液作为稀释液时，只有乙酰基-L-肉碱可以获得满意的峰形，而牛磺酸、L-肉碱和胆碱的峰形均有不同程度的展宽和变形。随着稀释液中的乙腈含量增加，上述被测物的峰形也逐渐有所改善。当稀释液中含有80%乙腈时，4种被测物均能获得满意的峰形。所以本章选择了80%乙腈水溶液作为样品与标准品的稀释溶液。

16.2.2 样品预处理方法的优化

文献所报道的样品预处理方法通常需要1～20g样品[17, 21]。而母乳采集成本大，样品量少，所以需要在保证结果重现性的情况下减少取样量。本章选择的取样量为0.1g，整个前处理过程在2mL Eppendorf管中完成。

由于母乳富含蛋白质，需要将其沉淀后方能进行下一步净化操作。文献所报道的蛋白质沉淀试剂主要有乙酸和甲醇等[23-26]。通过实验发现，乙酸和甲醇均能有效地沉淀蛋白质，但是利用乙酸沉淀蛋白后，需要调节pH，该法不易在2mL Eppendorf管中完成。而利用甲醇作为沉淀蛋白剂的操作简单、方便，容易在2mL Eppendorf管中完成；且可以通过氮吹浓缩样品提高方法灵敏度，减少样品用量。因此实验选择甲醇作为蛋白沉淀剂，样品净化效果好且过程简单、快速，可以完全满足大批量母乳样品的检测要求。

为了验证本方法在小体积取样量情况下的稳定性与重现性，本章对同一个样品进行了6次分析，胆碱、L-肉碱、乙酰基-L-肉碱和牛磺酸的检测结果标准偏差分别为3.1%、4.4%、5.7%和4.9%，可满足检测要求。

16.2.3 方法学验证

16.2.3.1 线性关系

实验用含80%的乙腈水溶液将4种被测物标准储备溶液分别稀释为：牛磺酸2.0ng/mL、8.0ng/mL、20.0ng/mL、50.0ng/mL、100.0ng/mL、150.0ng/mL、200.0ng/mL；胆碱、L-肉碱和乙酰基-L-肉碱0.2ng/mL、0.8ng/mL、2.0ng/mL、5.0ng/mL、10.0ng/mL、15.0ng/mL、20.0ng/mL。4种同位素内标分别稀释为$^{13}C_2$-牛磺酸10ng/mL，$^{2}H_9$-胆碱、$^{2}H_3$-L-肉碱、$^{2}H_3$-乙酰基-L-肉碱2ng/mL。计算得到4种被测物在各自浓度范围内具

有良好的线性关系，所有浓度点残差值均小于5%，线性相关系数R^2均大于0.999。

16.2.3.2 定量限

本章通过筛选找到低浓度的母乳样品，4天内每天重复处理5份，按照信噪比为10计算被测物的定量限。考虑到实验结果在低浓度波动的情况下，以同一浓度最低信噪比值计算定量限，胆碱、L-肉碱、乙酰基-L-肉碱为0.003mg/100g，牛磺酸为0.02mg/100g。

16.2.3.3 回收率和重复性实验

通过样品筛选，本章找到不同浓度的样品基质作为本底，按照其天然含量添加不同浓度的4种被测物以评价本方法的回收率与重复性。牛磺酸的添加浓度分别为0.500mg/100g、2.500mg/100g、5.000mg/100g，胆碱的添加浓度分别为0.050mg/100g、0.500mg/100g、1.000mg/100g，L-肉碱的添加浓度分别为0.100mg/100g、0.500mg/100g、1.000mg/100g，乙酰基-L-肉碱的添加浓度分别为0.100mg/100g、0.500mg/100g、1.000mg/100g，混匀后按照样品前处理方法处理后进样分析。计算得到牛磺酸三个添加水平的平均回收率在84.8%～87.9%之间，相对标准偏差（RSD）为1.7%～4.6%。胆碱三个添加水平的平均回收率在86.0%～90.3%之间，RSD为3.8%～5.3%。L-肉碱三个添加水平的平均回收率在86.2%～89.5%之间，RSD为4.1%～5.1%。乙酰基-L-肉碱三个添加水平的平均回收率在86.8%～90.3%之间，RSD为3.7%～5.3%。这些结果表明，该方法在不同的添加水平下均具有良好的回收率与重复性，具体结果见表16-2。

表16-2 胆碱、L-肉碱、乙酰基-L-肉碱、牛磺酸的加标回收率（n=6）

化合物	本底 /（mg/100g）	添加浓度 /（mg/100g）	平均回收率 /%	相对标准偏差 /%
牛磺酸	0.912	0.500	84.8	4.6
	2.621	2.500	86.4	1.7
	5.344	5.000	87.9	3.8
胆碱	0.055	0.050	88.0	3.8
	0.623	0.500	90.3	4.4
	1.799	1.000	86.0	5.3
L-肉碱	0.092	0.100	86.2	4.5
	0.629	0.500	88.4	4.1
	1.189	1.000	89.5	5.1
乙酰基-L-肉碱	0.145	0.100	90.3	5.3
	0.683	0.500	86.8	3.7
	1.521	1.000	90.3	4.3

16.2.4 实际样品检测结果

针对在全国部分省市收集的上百个母乳样品，按照本方法进行样品前处理后进样分析。实验结果为4种被测物在母乳中含量中间值，分别为：牛磺酸4.38mg/100g；胆碱2.88mg/100g；L-肉碱0.92mg/100g；乙酰基-L-肉碱0.40mg/100g。具体结果见图16-2。

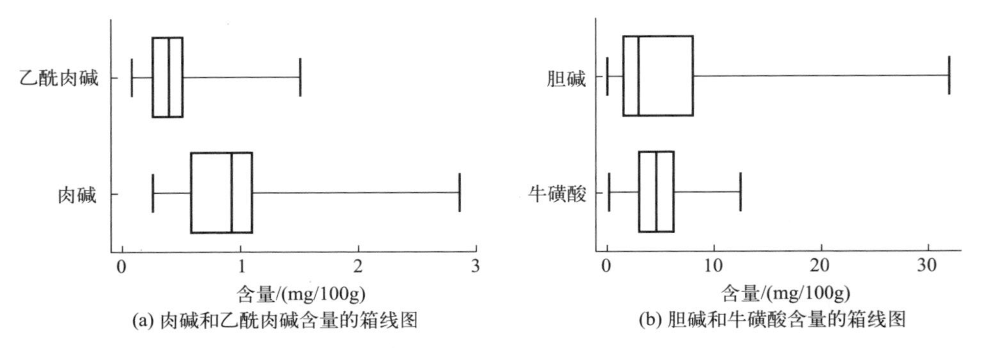

图 16-2 母乳中4种被测物含量汇总的箱线图

16.3 结论

本章建立了一种新颖的利用UPLC-MS/MS同时测定母乳中胆碱、L-肉碱、乙酰基-L-肉碱和牛磺酸的方法。样品前处理用甲醇沉淀蛋白，乙醚去除非极性杂质；方法对样品的净化效果较好且操作简单、快速。本章在保证样品代表性的前提下，减少了样品取样量，解决了母乳单个样本量小的问题；应用超高效液相色谱4min内完成样品检测，适宜于大通量样品检测工作；采用MRM方式定量，4种同位素内标一对一校正，结果准确、灵敏度高。同时，应用上述方法对上百个母乳样本进行含量测定，检测结果可为中国母乳中营养物质调查研究提供参考，也可为婴幼儿配方食品配方的设计和产品品质提升提供理论依据。

（黄焘，陶保华，陈启，任一平）

参考文献

[1] 丁永胜，牟世芬 . 离子色谱法测定饲料中氯化胆碱和三甲胺的含量 . 色谱，2004, 22(2): 174-176.
[2] 王晓洁 . 牛磺酸与儿童发育 . 中国学校卫生，1998, 19(1): 11-12.
[3] Seline K G, Johein H. The determination of L-carnitine in several food samples. Food Chem, 2007, 105(2): 793-804.

[4] Desiderio C, Mancinelli A, De Rossi A, et al. Rapid determination of short chain carnitines in human plasma by electrospray ionisation-ion trap mass spectrometry using capillary electrophoresis instrument as sampler. J Chromatogr A, 2007,1150(1): 320-326.
[5] Chen S, Soneji V, Webster J. Determination of choline in pharmaceutical formulations by reversed-phase high-performance liquid chromatography and postcolumn suppression conductivity detection. J Chromatogr A, 1996, 739(1): 351-357.
[6] Zhang J, Zhu Y. Determination of betaine, choline and trimethylamine in feed additive by ion-exchange liquid chromatography/non-suppressed conductivity detection. J Chromatogr A,2007, 1170(1): 114-117.
[7] 贾兴元，吴安石，岳云，等．微柱高效液相色谱法测定大鼠脑微透析液中的乙酰胆碱和胆碱．色谱，2004, 22(1): 33-35.
[8] Marien M R, Richard J W. Drug effects on the release of endogenous acetylcholine in vivo: measurement by intracerebral dialysis and gas chromatography-mass spectrometry. J Neurochem,1990, 54(6): 2016-2023.
[9] Dunphy R, Burinsky D J. Detection of choline and acetylcholine in a pharmaceutical preparation using high-performance liquid chromatography/electrospray ionization mass spectrometry. J Pharm Biomed Anal, 2003, 31(5): 905-915.
[10] 黄丽，刘京平，容晓文．在线渗析 - 离子色谱法直接测定奶粉中胆碱．中国卫生检验杂志，2008, 18(3): 444-445.
[11] Dong Y, Wang L, Shang G D, et al. Improved method for the routine determination of acetylcholine and choline in brain microdialysate using a horseradish peroxidase column as the immobilized enzyme reactor. J Chromatogr B, 2003, 788(1): 193-198.
[12] Jin J, Muroga M, Takahashi F, et al. Enzymatic flow injection method for rapid determination of choline in urine with electrochemiluminescence detection. Bioelectrochem, 2010, 79(1): 147-151.
[13] 高加龙，章超桦，刘书成，等．邻苯二甲醛柱前衍生高效液相色谱法测定马氏珠母贝中牛磺酸含量．广东海洋大学学报，2007, 27(1): 55-58.
[14] 谢航，张声华．邻苯二甲醛 - 尿素柱前衍生高效液相色谱法快速检测枸杞中牛磺酸．色谱，1997, 15(1): 54-56.
[15] 汤志刚，周荣琪．柱前衍生高效液相色谱法检测合成牛磺酸及其中间产物的含量．分析化学，1999, 27(9): 1084-1086.
[16] 邹晓莉，黎源倩，曾红燕，等．脉冲安培检测-高效阴离子色谱对药品和保健食品中牛磺酸的快速测定．分析测试学报，2009, 28(4): 470-473.
[17] 陈稚，揭新明，蔡康荣．高效液相色谱与电喷雾电离质谱联用测定婴儿配方奶粉中的牛磺酸和维生素．广东医学院学报，2007, 25(3): 252-254.
[18] 徐连明，王振中，毕宇安，等．HPLC 法测定减肥胶囊中左旋肉碱的含量．海峡药学，2009, 21(11): 46-47.
[19] 赵亚明，李任，王得新，等．高效液相色谱法检测血浆左旋肉碱方法的建立．中国临床神经科学，2006, 14(5): 528-532.
[20] 徐娟娟，李杰梅，梁淑明，等．手性高效液相色谱法测定左旋肉碱中光学异构体的含量．现代食品科技，2010, 26(3): 311-313.
[21] 竺琴，苏流坤，郑家概，等．高效液相色谱 - 质谱联用测定婴幼儿配方奶粉中的左旋肉碱．分析测试学报，2012, 31(3): 355-358.
[22] 田国力，龚振华，王燕敏．非衍生化串联质谱法检测酰基肉碱方法的应用．检验医学，2011, 26(9): 598-601.

[23] 郝岩平，姜金斗，胡向蔚．反相高效液相色谱法测定乳制品中核苷酸方法的研究．中国食品添加剂，2004, 15(2): 114-118.

[24] 杨大进，方从容，马兰，等．婴幼儿配方奶粉中核苷酸含量的测定方法研究．中国食品卫生杂志，2004, 15(6): 496-499.

[25] Gill B D, Indyk H E. Development and application of a liquid chromatographic method for analysis of nucleotides and nucleosides in milk and infant formulas. Int Dairy J, 2007, 17(6): 596-605.

[26] Vinas P, Campillo N, Lopez-Garcia I, et al. Anion exchange liquid chromatography for the determination of nucleotides in baby and/or functional foods. J Agric Food Chem, 2009, 57(16): 7245-7249.

第17章

母乳中水解氨基酸含量测定

母乳中氨基酸主要以蛋白质的形式存在，对婴幼儿生长发育起至关重要的作用，且母乳中氨基酸对婴幼儿增强免疫力、保护肠道等方面也发挥重要作用。母乳的氨基酸组成与含量在很多国家都已经展开深入研究，建立了相应的数据库[1]。由于人种以及膳食生活习惯的差异，我国母乳中的氨基酸水平可能与国外有所不同[2-5]。我国并未建立母乳成分数据库以及相对应的检测办法，所以有必要开发一套高通量、准确、灵敏的氨基酸分析方法。

现有的氨基酸分析方法较多。由于大多数氨基酸无紫外吸收和荧光发射特征，需通过衍生化提高其检测灵敏度。经典的氨基酸分析方法是采用柱后茚三酮衍生阳离子交换色谱法，商业公司利用该原理研制了氨基酸自动分析仪，该方法成熟、稳定、准确，作为一种金标准被纳入多个国家的检测方法标准中[6-8]，但此法需专用仪器且分析时间较长，成本高，不适宜用于高通量样品分析。随着研究的深入，逐渐开发出柱前衍生反向高效液相色谱法、阴离子交换色谱-积分脉冲安培检测法、液相色谱-质谱联用法等方法[9-12]。其中柱前衍生液相色谱法得到快速发展，且开发出许多柱前衍生试剂，如荧光胺（FA）、异硫氰酸苯酯（PITC）、6-氨基喹啉基-*N*-羟基琥珀酰亚胺基氨基甲酸酯（AQC）、氯甲酸芴甲酯（FMOC-Cl）、丹磺酰氯（Dansyl-Cl）、邻苯二甲醛（OPA）和2,4-二硝基氟苯（DNFB）等[13, 14]。其中AQC是较为新型的衍生剂，具有衍生时间短、衍生物稳定且衍生剂本身及其他衍生产物不干扰氨基酸定量等优点，配合超高效液相色谱使用，可在不损失方法稳定性与准确度的前提下，提高分析速度与检测样品通量[15, 16]。

在原有方法的基础上，本章介绍了优化液相色谱AQC柱前衍生法，比较了超高效液相色谱AQC柱前衍生法（UPLC）和氨基酸分析仪茚三酮柱后衍生法（AAA）色谱分离结果，以及方法学验证，同时测定了100份母乳样品，获得母乳中15种水解氨基酸含量的数据库。

17.1 水解氨基酸测定的材料与方法

17.1.1 仪器与试剂

L-8900氨基酸自动分析仪（日本日立公司），超高效液相色谱仪ACQUITY（美国Waters公司），配自动进样器和紫外检测器。氨基酸混合标准液，浓度均为2.5μmol/mL（美国Sigma-Aldrich公司）；AccQ • Fluor氨基酸衍生试剂盒（美国Waters公司）；茚三酮（分析纯，上海三爱思公司）；三氟乙酸、乙腈、乙醇（色谱纯，德国Merck公司）；盐酸、冰醋酸、氢氧化钠、丙二醇甲醚（优级纯，国药集团）；柠檬酸钠、柠檬酸、氯化钠、醋酸钠、硼氢化钠（分析纯，美国Sigma-Aldrich公司）；高纯氮气（99.99%，上海都贸爱净化气体公司）。

17.1.2 溶液配制

17.1.2.1 UPLC 衍生液配制

精密量取 AccQ・Fluor 2B 试剂 1mL，加入含衍生化试剂的 AccQ・Fluor 2A 瓶中，加盖密封，旋涡混合 10s，55℃加热 10min，直至衍生试剂粉末全部溶解，即得浓度 10mmol/L 的 AccQ・Fluor 衍生化试剂，置干燥器中保存备用。

17.1.2.2 AAA 缓冲液和茚三酮反应液的配制

蛋白质水解系统缓冲液（pH 1、pH 2、pH 3、pH 4）-再生液（pH-RG）及反应液的配制均参考 L-8900 氨基酸自动分析仪说明书配方及相关文献[17, 18]。

17.1.3 母乳样品采集、来源、保存条件

母乳采集对象选取杭州、兰州、北京三个地区的哺乳期乳母。由专业工作人员先对采集对象的一侧乳房进行消毒，并做好必要记录。经过局部消毒处理后，用全自动吸奶器采空一侧乳房的母乳，将采集的母乳放入大容器中混匀，然后分装到小剂量冻存管，置于−80℃超低温冰箱保存备用。

17.1.4 样品预处理方法

称取母乳样品 20mg（精确至 0.1mg）的样品于水解管中，向水解管内加入 6mol/L 盐酸水解液 1mL，充入氮气 30s 后，将水解管放在（110±1）℃的恒温干燥箱内水解 22h 后取出，冷却至室温。将水解后样品在 50℃的氮吹仪上浓缩至干，备用。

17.1.5 衍生及分析

17.1.5.1 UPLC 柱前衍生及色谱条件

向上述样品中加入 1mL 超纯水溶解，溶液经 0.22μm 滤膜滤头过滤，取 10μL 滤液，加入 70μL 硼酸盐缓冲溶液涡旋混匀后，将 20μL AQC 衍生试剂溶液边涡旋边加入到衍生管中，室温放置 1min 后于 55℃加热 10min，取出冷却至室温即可进样分析。

色谱柱：CORTECS UPLC C_{18}（1.6μm，2.1mm×150mm）；柱温：40℃；流速：

0.3mL/min；检测波长：260nm；进样量：1μL；流动相A：含0.1%三氟乙酸的水溶液；流动相B：乙腈；梯度条件：0～6.0min、3%～5% B，9.0～10.0min、7%～12% B，13.8～14.5min、12%～15% B，16.5～17.0min、22%～60% B，17.2～20.0min、3%～3% B。

17.1.5.2 AAA柱后衍生及分析

向上述样品中加入1mL 0.02mol/L盐酸稀释液溶解，溶液经0.22μm滤膜滤头过滤，滤液即为待测溶液。取待测液20μL进行分析，以仪器说明书分析方法为基础微调整分析程序，使各氨基酸依次经离子交换色谱柱洗脱再与茚三酮反应液在135℃的反应柱中衍生，生成的氨基酸衍生物通过570nm和440nm的波长检测，外标法定量。

17.2 水解氨基酸测定的结果与讨论

17.2.1 UPLC法色谱柱的选择

Waters公司已开发了商品化的氨基酸柱前衍生UPLC法的方法包，其中包括了衍生试剂、流动相、色谱柱和液相色谱梯度洗脱条件，利用该方法可对水解氨基酸进行定量分析。但该方法所使用柱温为55℃，流速为0.7mL/min，实验过程表明：0.7mL/min的流速会导致极高的柱压，故需要升高柱温，但过高的柱温会损坏填料的键合相，而减少色谱柱的使用寿命。另外，流动相浓缩液保质期短，用量多，实验成本高。

基于上述原因，本章优化了三种色谱柱的液相色谱条件（A柱：ACQUITY UPLC BEH C_{18} 1.7μm，2.1mm×100mm；B柱：ACCQ-TAG ULTRA C_{18} 1.7μm，2.1mm×100mm；C柱：CORTECS UPLC C_{18} 1.6μm，2.1mm×150mm），通过比较色谱图发现（图17-1），C柱的分离效果最好，各氨基酸在该色谱条件下达到基线分离，且各氨基酸峰形好，响应高。综上所述，实验选择C柱作为分析柱。且与原方法包相比，该方法在全部氨基酸达到基线分离的同时降低了柱温以及流速，达到了保护色谱柱的目的。

17.2.2 UPLC法流动相的优化

氨基酸在色谱柱中的保留时间和分离情况与流动相pH值有密切关系，尤其

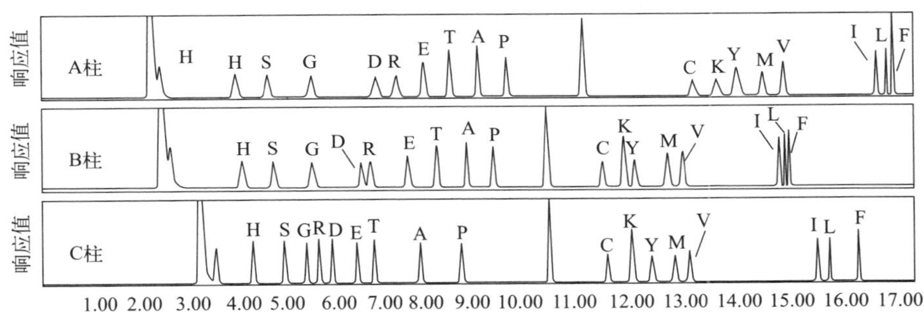

图 17-1　色谱柱的选择

H—组氨酸，S—丝氨酸，G—甘氨酸，R—精氨酸，D—天冬氨酸，E—谷氨酸，T—苏氨酸，A—丙氨酸，P—脯氨酸，C—胱氨酸，K—赖氨酸，Y—酪氨酸，M—蛋氨酸，V—缬氨酸，I—异亮氨酸，L—亮氨酸，F—苯丙氨酸

对保留时间短的组氨酸、丝氨酸、甘氨酸、精氨酸的影响较大，本章考察了三氟乙酸(TFA)-乙腈缓冲体系对各氨基酸分离的影响。在含有 0.05%TFA 的流动相中，组氨酸保留时间过短，受衍生剂峰的干扰。在含有 0.07%TFA 的流动相中，组氨酸、丝氨酸和甘氨酸保留时间增加，但甘氨酸和精氨酸的保留时间接近，通过改变洗脱梯度可以使这两个氨基酸基线分离，但是峰形变宽，导致灵敏度下降。在含有 0.1%TFA 的流动相中，15 种氨基酸均可达到基线分离，并且具有良好峰形。因此，最终确定在流动相中加入 0.1%TFA（图 17-2）。

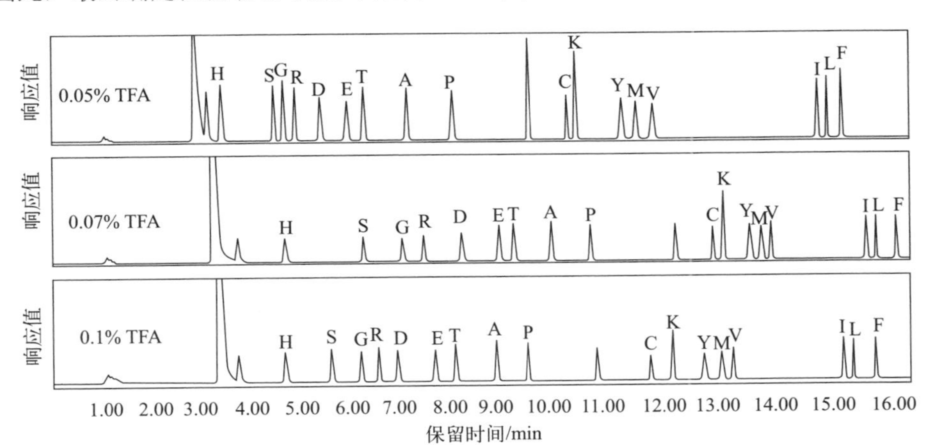

图 17-2　流动相的优化

H—组氨酸，S—丝氨酸，G—甘氨酸，R—精氨酸，D—天冬氨酸，E—谷氨酸，T—苏氨酸，A—丙氨酸，P—脯氨酸，C—胱氨酸，K—赖氨酸，Y—酪氨酸，M—蛋氨酸，V—缬氨酸，I—异亮氨酸，L—亮氨酸，F—苯丙氨酸

17.2.3 方法学验证

本章对两方法进行完整的方法学研究（表 17-1），两个方法的标准曲线线性 R^2 均大于 0.99；AAA 法的检出限略优于 UPLC 法，主要原因是 AAA 法的进样体积为 UPLC 法的 20 倍。在测定脯氨酸和精氨酸时，UPLC 法能提供较优的检出限。在回收率和精密度验证方面，两个方法的结果都比较接近。

表 17-1 方法学及样品实测值的比较（n=6）

氨基酸	定量限 /（mg/kg）		回收率 /%		精密度 /%		样品测得值（n=6）			
	AAA	UPLC	AAA	UPLC	AAA	UPLC	AAA	UPLC	p 值	RSD
组氨酸	6.69	14.91	98.29	93.02	1.13	1.14	25.82±0.33	23.09±0.37	0.00	4.25%
丝氨酸	4.69	33.25	89.81	98.82	2.35	4.83	49.96±0.58	49.97±1.63	0.99	2.33%
甘氨酸	3.24	2.51	98.30	98.50	1.41	3.04	25.49±0.23	24.77±1.21	0.21	3.61%
精氨酸	13.20	6.81	96.72	91.75	0.92	1.61	38.67±0.54	37.63±0.31	0.00	1.80%
天冬氨酸	6.28	16.66	100.37	98.43	3.74	3.59	96.17±0.97	96.40±1.40	0.74	1.20%
谷氨酸	8.36	21.04	99.20	95.71	3.23	4.55	192.25±2.06	192.87±2.46	0.65	1.14%
苏氨酸	5.41	9.88	96.38	96.05	2.52	2.47	49.57±0.48	48.45±0.87	0.03	1.81%
丙氨酸	4.84	4.65	98.59	95.75	1.57	2.23	40.38±0.42	38.24±0.57	0.00	3.09%
脯氨酸	47.96	6.95	96.69	98.52	1.03	3.13	96.24±0.70	95.79±1.15	0.43	0.98%
赖氨酸	4.30	7.37	99.23	103.68	1.35	1.82	73.00±0.84	74.90±1.00	0.01	1.79%
酪氨酸	7.31	17.76	94.18	90.32	4.11	1.18	46.00±0.94	42.84±1.58	0.00	4.65%
缬氨酸	4.07	11.39	98.85	90.22	1.72	2.62	59.77±0.81	58.75±1.52	0.19	2.16%
异亮氨酸	8.63	9.50	100.49	90.48	2.19	2.33	57.75±0.87	54.08±1.18	0.00	3.85%
亮氨酸	7.81	9.27	100.48	94.43	2.86	2.90	107.60±1.40	104.69±1.39	0.00	1.91%
苯丙氨酸	7.00	11.95	101.85	93.85	4.60	5.55	41.03±0.60	39.49±0.58	0.00	2.44%

17.2.4 两种方法的对比

本章利用两个方法对同一个母乳样品进行分析，将测得结果进行统计学分析（见表 17-1），结果表明，有部分氨基酸的两种方法检测结果有显著性差异（$P < 0.05$），但是其结果平均值之间的偏差均小于 4.65%。

从图 17-3（a）可以看出，利用 AAA 检测母乳样品时，蛋氨酸受样品基质的杂质峰干扰；通过验证发现，该杂质峰来自母乳，不存在于其他样品中，例如婴儿配方乳粉等，图 17-3（b）为 UPLC 法样品色谱图，图中各氨基酸分离良好且不受衍生剂及其他杂质干扰。

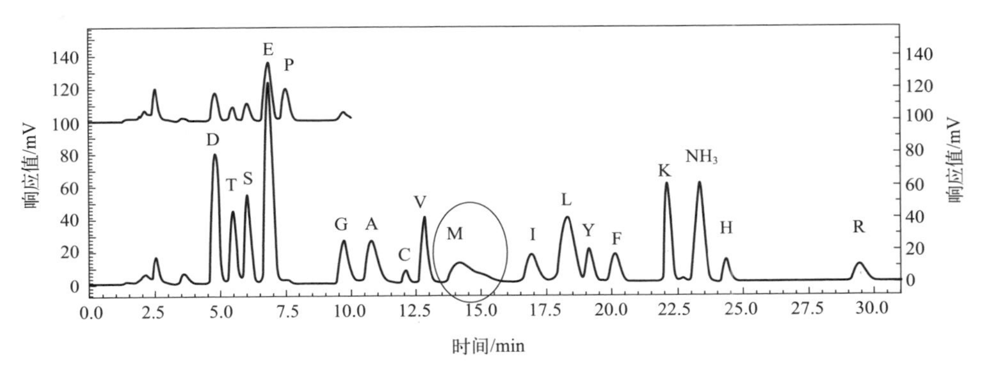

(a) AAA 母乳样品色谱图

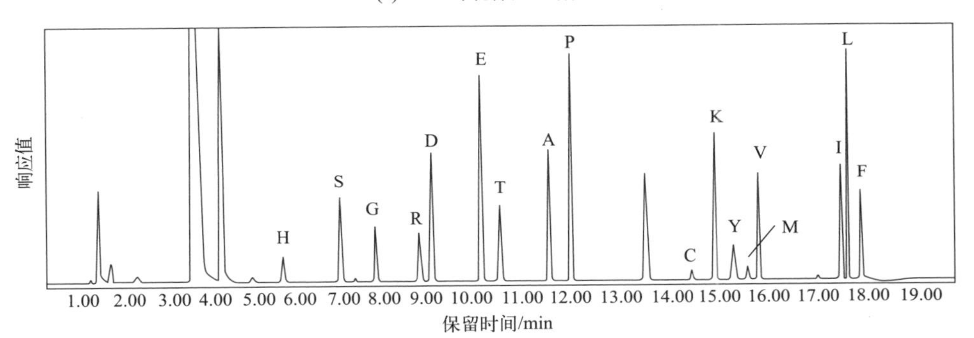

(b) UPLC 母乳样品色谱图

图 17-3　母乳样品色谱图

另一方面，AAA 法使用离子交换色谱柱，洗脱时间和柱子平衡时间长，一次进样耗时 53min。而 UPLC 法分析时间仅需 20min，远远短于 AAA 法。除此之外，AAA 法和 UPLC 法在方法学参数、分析时间等方面都有所异同，具体结果见表 17-2。

表 17-2　AAA 和 UPLC 方法的比较

项目	AAA 法	UPLC 法
灵敏度	略高	略低
回收率和精密度	相似	相似
进样检测时间	53min	20min
抗干扰能力	蛋氨酸易被母乳杂质峰干扰	强
色谱分离效果	部分色谱未达到基线分离	完全基线分离

17.2.5　母乳中含量

本章通过氨基酸自动分析仪法对来自北京、兰州和杭州的 100 份母乳中的 15

种水解氨基酸进行分析，统计结果如图 17-4 所示，其中谷氨酸是构成母乳蛋白质最丰富的氨基酸，其次是亮氨酸。比较三地区结果发现，兰州地区各氨基酸含量明显高于其他两个城市，主要因素是兰州地区的动物性食物摄取量大于其他两个地区，造成母乳中蛋白质含量偏高，从而使得每种氨基酸含量都高于其他两个地区。而北京和杭州地区大部分氨基酸的含量无明显差异。

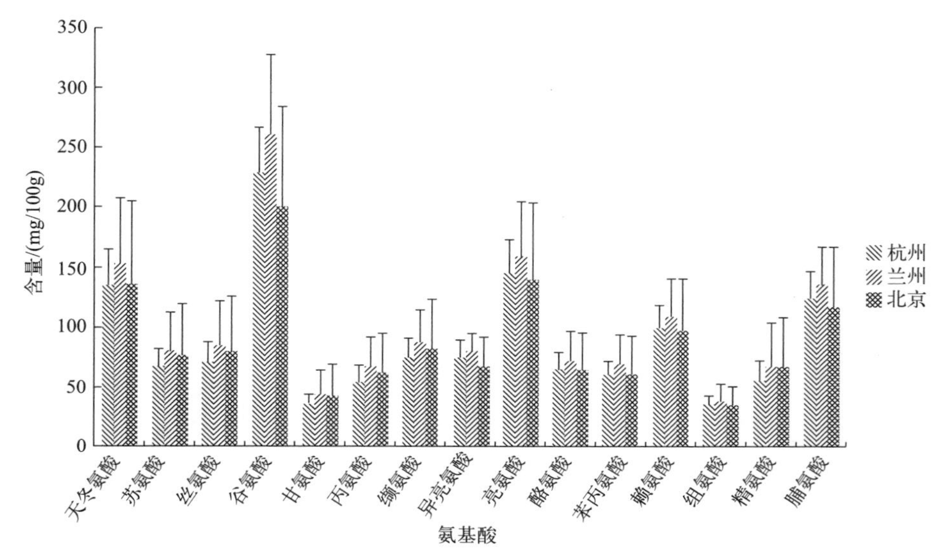

图 17-4　杭州、兰州、北京三地区母乳样品 15 种水解氨基酸含量

17.3　结论

本章比较了液相色谱柱前衍生法和氨基酸分析仪柱后衍生法测定母乳中水解氨基酸的含量。两方法相比，液相色谱法分离效果好、分析时间短，各氨基酸无杂质干扰；氨基酸分析仪法预处理方法简单，自动化程度高，稳定性良好；方法学验证结果表明，两种方法在精密度和回收率方面无明显差异；通过对同一样品的分析也得到进一步证实，两方法测定结果之间的误差在 4.65% 以内，故两法均适用于测定母乳中的水解氨基酸含量。

通过对杭州、兰州和北京三地区 100 份母乳中 15 种水解氨基酸含量的比较，初步建立了中国母乳水解氨基酸含量的数据库，为我国婴幼儿配方乳粉的配方设计和品质提升奠定了理论基础。

（李爽，陈启，蔡明明，任一平）

参考文献

[1] USDA National Nutrient Database for Standard. Full report (ALL nutritons)01107, Milk, human, mature, fluid [EB/OL].http://ndb.nal.usda.gov/

[2] 任向楠，荫士安，杨晓光，等．母乳中氨基酸的含量及分析方法研究进展．氨基酸和生物资源，2013, 35(3): 63-67.

[3] 赵熙和，徐志云，王燕芳，等．北京市城乡乳母营养状况、乳成分、乳量及婴儿生长发育关系的研究．营养学报，1989, 11(3): 227-232.

[4] 徐丽，杜彦山，马健，等．河北省某地区母乳氨基酸与脂肪酸含量调查．食品科技，2008 (4): 231-233.

[5] 李静，邓泽元．不同母乳营养成分的比较．中国乳品工业，2005, 33(8): 45-47.

[6] GB/T 5009.124—2016 食品中氨基酸的测定．

[7] 李菁，舒森，陈文彬．用氨基酸自动分析仪测定婴幼儿配方奶粉中的 16 种氨基酸．食品工业科技，2012, 33(4): 64-69.

[8] AOAC, Official Method 994.12 Amino acids in feeds-performic acid oxidation with acid hydrolysis-sodium metabisulfite method.

[9] 高燕红，龙朝阳，鲁琳．应用柱前衍生法和柱后衍生法测定氨基酸方法的比较．中国医学检验杂志，2004, 5(2): 133-135.

[10] Langrock T, Czihal P, Horrmann R. Amino acid analysis by hydrophilic interaction chromatography coupled on-line to electrospray ionization mass spectrometry. Amino Acids, 2006, 30(2): 291-297.

[11] 王一红，冯家力，潘振球，等．液相色谱-质谱 / 质谱联用技术分析 18 种游离氨基酸．中国卫生检验杂志，2006, 16(2): 161-163.

[12] 于泓，丁永胜，牟世芬．阴离子交换色谱-积分脉冲安培检测法分离测定氨基酸注射液中的氨基酸和葡萄糖．色谱，2002, 20(5): 398-401.

[13] 瞿其曙，汤晓庆，胡效亚，等．柱前衍生法在氨基酸分析测定中的应用．化学进展，2006, 18(6): 789-793.

[14] 于泓，牟世芬．氨基酸分析方法的研究进展．分析化学，2005, 33(3): 398-404.

[15] 李梅，杨朝霞，解彬，等．AQC 柱前衍生高效液相色谱法测定啤酒中的 21 种游离氨基酸．色谱，2007, 25(6): 939-941.

[16] 侯松嵋，孙敬，何红波，等．AQC 柱前衍生反相高效液相色谱法测定土壤中氨基酸．分析化学，2006, 34(10): 1395-1400.

[17] 李爽，张婷，蔡明明，等．氨基酸折算法计算婴幼儿配方粉中乳清蛋白含量方法的评估．食品安全质量检测学报，2014, 5(1): 219-226.

[18] 姜涛，冯永建，何学超，等．氨基酸自动分析仪快速分析方法的研究．化学研究与应用，2012, 24(7): 1159-1163.

母乳成分分析方法

Analytical Methods for Human Milk Compositions

第 18 章

母乳中矿物质含量测定

矿物质的检测技术总体上可分为光谱法、质谱法、色谱法和电化学分析法。母乳中矿物质含量的检测方法有乙二胺四乙酸二钠滴定法、高锰酸钾滴定法、络合滴定法、2,3-二氨基萘荧光测定法（适用于硒）、原子荧光光谱法、原子吸收光谱法（AAS）、元素检测试剂盒法、气相色谱法、气相色谱-质谱串联法、自动比色微量测定法、离子选择性电极检测法、电感耦合原子发射光谱法、电感耦合等离子体质谱法（inductively coupled plasma mass spectrometry，ICP-MS）等。

18.1 食物中矿物质含量检测方法

我国现行食品安全国家标准中矿物质的检测方法汇总于表 18-1。矿物质检测技术在开始研究阶段注重单一元素的检测技术，后来通过优化前处理、降低干扰因素、引入质谱技术等方面来发展多元素检测技术。电感耦合等离子体原子发射光谱法（ICP-AES）和电感耦合等离子体质谱法（ICP-MS）可以同时测定母乳中多种矿物质含量，为母乳中矿物质的研究提供了极大的便利。李韬[1]等通过优化前处理和 ICP-MS 条件，建立微波消解-ICP-MS 测定母乳中 19 种元素含量的方法；应用类似的方法，孙忠清等[2]建立了可同时测定母乳中 24 种矿物质含量的方法。

表 18-1　现行相关标准中矿物质含量的检测方法[5-17]

检测方法	前处理方法	矿物质
火焰原子吸收光谱法	湿法消解、微波消解、压力罐消解、干法灰化	钙、镁、铁、铜、锰、锌、钾、钠
火焰原子发射光谱法	湿法消解、微波消解、压力罐消解、干法消解	钾、钠
EDTA 滴定法	湿法消解、干法灰化	钙
电感耦合等离子体发射光谱法	微波消解、压力罐消解、湿法消解、干法消解	钙、镁、铁、磷、铜、锰、锌、钾、钠
电感耦合等离子体质谱法	微波消解、压力罐消解	钙、镁、铁、铜、锰、锌、钾、钠、硒、钼
钼蓝分光光度法	湿法消解、干法灰化	磷
钒钼黄分光光度法	湿法消解、干法灰化	磷
石墨炉原子吸收光谱法	湿法消解、微波消解、压力罐消解、干法灰化	铜、铬
二硫腙比色法	湿法消解、干法灰化	锌
氢化物原子荧光光谱法	湿法消解、微波消解	硒
荧光分光光度法	湿法消解	硒
砷铈催化分光光度法	干法灰化	碘
气相色谱法	热水溶解（不含淀粉）、加淀粉酶后热水溶解（含淀粉）	碘
电位滴定法	试样制备、试样溶液制备	氯
间接沉淀滴定法	试样制备、试样溶液制备	氯
直接滴定法	试样制备、试样溶液制备	氯
扩散-氟试剂比色法	粉碎过筛、干法灰化（特殊试样）	氟
灰化蒸馏-氟试剂比色法	灰化、蒸馏	氟
氟离子选择电极法	粉碎过筛	氟

QuEChERS（Quick、Easy、Cheap、Effective、Rugged、Safe）净化-超高效液相色谱-串联质谱法可以用来测定母乳中全氟化合物[3]。Hampel[4]等研究给出了母乳矿物质测定的首选方法，铁、铜和锌适宜用ICP-AES、ICP-MS和AAS法，碘适宜用ICP-MS法，硒适宜用AAS法。

18.1.1 光谱法

光谱法包括原子光谱法和分子光谱法。原子光谱法又分为原子发射光谱法（AES）、原子吸收光谱法（AAS）、原子荧光光谱法（AFS）以及X射线荧光光谱法（XFS）等。原子光谱法是痕量元素分析中的一种重要方法，优点有检出限低、灵敏度高。AAS在食品微量元素检验方法中具有适用范围广、实验精确、高实验敏感度等特点。姚春毅[18]基于微波灰化-等离子体原子发射光谱法（MP-AES），建立测定乳及乳制品中钾、钠、镁等11种元素快速分析方法。分子光谱法包括紫外-可见分光光度法（UV-Vis）、红外光谱法（IR）、分子荧光光谱法（MFS）和分子磷光光谱法（MPS）等。

18.1.2 质谱法

电感耦合等离子体质谱法（ICP-MS）是质谱法中测定母乳研究最多的一类方法，广泛用于不同类型样品痕量及超痕量元素的测定，大部分元素可以达到ng/L级，常用前处理方法有微波消解法和压力罐消解法，其中微波消解具有前处理过程简单，待测元素不易损失，有机试剂使用量少，仪器灵敏度高及精密度高，能同时检测多种元素等优点[1]；压力罐消解可测定易挥发、易损失元素，具有减少试剂消耗，使用样品量少，是微量元素和痕量元素消解的有效方法[19, 20]。Levi[21]等观察到，碱稀释法获得的母乳样品中的硒含量更高（15%），酸消化法获得的母乳样品中的铁含量更高（28%）。酸消化、微波萃取-液相色谱-ICP-MS联用技术可以实现快速测定乳及乳制品中无机砷含量[18]和母乳中数十种矿物质含量（特别适用于微量元素与重金属）的测定[2, 22]，因此目前ICP-MS被认为是测量母乳中有毒金属和微量元素的首选方法，具有较高的准确性和较好的重现性[2, 22]。

18.1.3 色谱法

色谱法按照流动相分为气相色谱（GC）、高效液相色谱（HPLC）、离子交换色谱、高效毛细管电泳色谱、超临界色谱等多种。气相色谱法分离用于易挥发的物质。钱冲[23]等改进了碘的气相色谱检测方法，保证了较好的线性范围、检出限、精密度，有效地简化样品的前处理步骤、缩短了检测时间、降低了检测成本。何梦洁[24]建立超高效液相色谱-串联质谱法定性定量分析母乳硒代蛋氨酸（SeMet）、硒代胱氨酸（SeCys2）的方法，烷基化-超高效液相色谱-串联质谱法定性分析母乳中硒代半胱氨酸（SeCys）和硒代胱胺（SeCysA）的方法，超高效液相色谱-串联质谱法定性定量分析 SeMet 和 SeCys2 的方法，进而探索并成功建立烷基化处理-超高效液相色谱-串联质谱法定性分析 SeCys 和 SeCysA 的方法。

18.1.4 电化学分析法

电化学分析法区分为电导分析法、电位分析法、电解分析法、库仑分析法、伏安法和极谱法等。电化学分析法是建立在化学电池的一些电学性质（如电导、电位、电流、电量等），与被测物质浓度之间存在某种关系而进行测定的一种仪器分析方法。电化学分析法是准确的微量和痕量分析方法，具有准确度和灵敏度高、测量范围宽、仪器设备简单、容易实现自动化等特点。电化学分析法不仅可用于物质组成和含量的定量分析，也可用于结构分析。电化学分析法已用于铬、镉、铜等金属元素形态的分析，阳极溶出伏安法是常用于检测重金属的电化学分析方法。可以采用离子选择性电极测定母乳中的游离钙。新型固态接触型钙离子选择性电极和新型电化学传感技术，可以分别实现乳品中钙的快速定量检测及痕量重金属铅的快速定性识别和定量检测。

18.2 ICP-MS 应用于母乳矿物质含量分析实例

微波萃取-液相色谱-ICP-MS 联用技术被认为可以实现快速高通量测定母乳中多种不同数量级的矿物质含量，例如，有报道采用微波消解-电感耦合等离子体质谱定量法可测定母乳中钠、镁、钾、钙、铝、铁、锌、锰、铜、磷、砷、钼、硒、镉、铬、钒、钴、镍、镓、银、锶、铯、钡、铅 24 种矿物质含量[2]。

18.2.1 材料与方法

18.2.1.1 仪器

电感耦合等离子体质谱仪（Agilent 7700，美国 Agilent 公司）。微波消解仪及配套消解罐（Mars 5，美国 CEM 公司）。超纯水制备装置（Milli-Q Advantange，美国密理博公司）。赶酸器（EHG36，美国 Labtech 公司）。电子天平（PL203-IC，美特勒-托利多仪器上海有限公司，精确到 0.0001g）。

18.2.1.2 试剂

68% 浓硝酸（优级纯，北京化学试剂研究所）；3% 硝酸溶液（15mL 浓硝酸稀释至 500mL）；钾、钙、钠、镁的单元素标准溶液（国家标准物质研究中心）；10mg/L 硼、锗、钼、铌、磷、铼、硫、硅、钽、钛、钨、锆多元素标准溶液，10mg/L 银、铝、砷、钡、铍、钙、镉、钴、铬、铯、铜、铁、镓、钾、锂、镁、锰、钠、镍、铅、铷、硒、锶、铊、铀、钒、锌多元素标准溶液，100μg/L 锂、钇、铈、铊、钴调谐液，10mg/L 锂 6、钪、锗、钇、铟、铽、铋内标溶液（美国安捷伦公司）。实验用水为超纯水（25℃电阻率 ≥ 18.2MΩ • cm）。标准参考物为美国国家标准与技术研究院标准物质 1849a（National Institute of Science and Technology 1849a，NIST 1849a，婴儿配方粉）和 1568a（NIST 1568a，大米粉）。

18.2.1.3 样品采集

2011 年 11 月在黑龙江省齐齐哈尔市和富裕县按知情同意原则募集了 42 名乳母。乳母为单胎产妇，22 ～ 35 岁，健康无疾病史，处于产后 0 ～ 10 个月的哺乳期。乳母签订知情同意书后，于次日上午 9 ～ 11 时，在募集点用全自动吸奶器单次采集单侧乳房的全部母乳。采集好的母乳立即放入 −20℃冰箱保存。在 2 个月内将母乳样本在冷冻状态下转移至北京实验室，放入 −80℃冰箱保存。

18.2.1.4 样品前处理

称取母乳样品 2g，标准参考物质 0.1g 于聚四氟乙烯微波消解内罐中，加 6mL 浓硝酸，室温静置过夜后放入微波消解仪，按优化的微波消解程序 [25] 进行消解。冷却后，将消解液放在赶酸器上，150℃赶酸 1h。冷却后，用超纯水将消解液充分转移至 50mL 离心管，定容至 25mL。用超纯水 10 倍稀释消解液后测定锌、铁含量，100 倍稀释后测定钠、镁、磷、钾、钙含量，不做稀释的消解液用于测定锰、铝、砷、硒、铜、镉、铬、钒、钴、镍、镓、钼、银、锶、铯、钡和铅含量。

18.2.1.5 混合标准系列溶液的配制

用 3% 硝酸溶液按质量法逐级稀释标准溶液，配制成标准系列溶液，详见表 18-2。

表 18-2　混合元素标准溶液的系列浓度　　单位：μg/L

元素	水平 1	水平 2	水平 3	水平 4	水平 5
铁、锌、铜	0	19.84	40.76	77.14	102.33
钼	0	0.25	0.62	1.24	1.94
锰、铝、砷、硒、镉、铬、钒、钴、镍、镓、银、锶、铯、钡、铅	0	0.05	1.09	2.47	5.10
钠	0	96.68	141.07	205.61	243.48
镁	0	24.79	51.02	74.14	98.88
磷	0	79.14	123.57	201.93	241.19
钾	0	242.19	302.29	344.00	393.77
钙	0	148.74	204.07	247.13	294.15

18.2.1.6　ICP-MS 工作条件

用质谱调谐溶液（10μg/L 的锂、钇、铈、铊、钴溶液）优化仪器工作条件，使仪器灵敏度、氧化物、双电荷、分辨率等各项指标达到测定要求。仪器工作条件：功率 1550W，采样深度 7.0mm，载气流速 1.07L/min，补偿气流速 0L/min，雾化室温度 2℃，蠕动泵速率 0.1r/s，样品提升速率 0.5r/s，驻留时间 30s，稳定时间 45s，重复采集数据 3 次，积分时间 0.3s。

18.2.1.7　测定方法

测定方法见文献[2, 25]。

18.2.1.8　回收率和精密度实验

通过加标回收实验和测定标准物质 NIST1568a、NIST 1849a 考察方法的准确性，通过精密度考察方法的重现性。用标准物质 NIST 1568a 考察元素铝、砷；用 NIST 1849a 考察元素钠、镁、钾、钙、锰、铁、铜、锌、硒、铬、磷、钼；用加标实验考察所有待测元素。

18.2.1.9　试样中元素含量的计算

$$C=(C_2-C_1)\times N\times 25/m$$

式中，C 表示母乳样品中待测元素的含量，μg/kg；C_2 表示待测液元素测定值，μg/kg；C_1 表示空白试样元素测定值，μg/kg；N 表示待测液的稀释倍数；m 表示称取的母乳样品质量，g。

18.2.1.10 统计分析

数据录入后，用 SPSS 18.0 Kolmogorov-Smirnov test（K-S test）对数据进行正态性检验。符合正态性分布的数据用 $\bar{x} \pm s$ 表示，不符合正态性分布的数据用范围表示。

18.2.2 结果与讨论

18.2.2.1 标准曲线的线性及方法检出限

用 ICP-MS 测得 24 种元素的标准曲线线性相关系数均在 0.9995 以上。各元素的检出限为 10 个空白试样待测液中各元素标准偏差的 3 倍，见表 18-3。

表 18-3 各元素的线性范围和检出限 单位：μg/L

元素	检出限	线性范围	元素	检出限	线性范围
钠	1.10	96.68 ～ 243.48	铜	0.59	19.84 ～ 102.32
镁	0.01	24.79 ～ 98.88	锌	1.01	19.84 ～ 102.32
磷	2.40	79.14 ～ 241.19	硒	0.09	0.05 ～ 5.10
钾	0.13	242.19 ～ 393.77	铬	0.31	0.05 ～ 5.10
钙	0.22	148.74 ～ 294.15	钼	0.17	0.25 ～ 1.94
铝	2.60	0.05 ～ 5.10	银	0.01	0.05 ～ 5.10
砷	0.01	0.05 ～ 5.10	锶	0.09	0.05 ～ 5.10
钒	0.01	0.05 ～ 5.10	镓	0.02	0.05 ～ 5.10
锰	0.42	0.05 ～ 5.10	铯	0.01	0.05 ～ 5.10
铁	0.83	19.84 ～ 102.32	钡	0.65	0.05 ～ 5.10
钴	0.02	0.05 ～ 5.10	镉	0.01	0.05 ～ 5.10
镍	0.67	0.05 ～ 5.10	铅	0.23	0.05 ～ 5.10

18.2.2.2 精密度和回收率

各元素加标回收率在 81.0% ～ 120.7% 之间（表 18-4）；标准参考物各元素水平基本都在标准物质的参考值范围内，方法的精密度（RSD）在 1.28% ～ 16.67% 之间（表 18-5）。

18.2.2.3 母乳矿物质含量

42 份母乳进行矿物质成分分析，所得结果经正态性检验显示，42 份母乳样品中的矿物质水平呈偏态分布。所测得的各矿物质水平见表 18-6。

表 18-4　24 种元素的加标回收实验

元素	本底值	加标量	测定值	回收率 /%
钠 /（mg/kg）	9.99	243.50	261.37	103.2
镁 /（mg/kg）	10.69	243.50	272.77	107.6
磷 /（mg/kg）	92.36	227.90	278.85	81.8
钾 /（mg/kg）	244.00	243.50	476.74	95.6
钙 /（mg/kg）	109.82	243.50	403.81	120.7
铝 /（μg/kg）	137.77	53.00	180.68	81.0
钒 /（μg/kg）	3.22	53.00	57.59	102.6
铬 /（μg/kg）	2.53	53.00	54.96	98.9
锰 /（μg/kg）	7.93	1319.65	1284.41	97.3
铁 /（μg/kg）	260.73	1319.65	1295.60	98.2
钴 /（μg/kg）	1.12	53.00	55.61	102.8
镍 /（μg/kg）	5.69	53.00	55.82	94.6
铜 /（μg/kg）	237.23	1319.65	1342.31	101.7
锌 /（μg/kg）	1077.13	1319.65	1289.88	97.7
镓 /（μg/kg）	0.03	53.00	57.40	108.2
砷 /（μg/kg）	1.42	53.00	56.01	103.0
硒 /（μg/kg）	10.77	53.00	65.13	102.6
锶 /（μg/kg）	19.17	53.00	76.00	107.2
钼 /（μg/kg）	3.35	56.32	66.30	117.6
银 /（μg/kg）	0.04	53.00	49.62	93.6
镉 /（μg/kg）	0.27	53.00	50.13	94.1
铯 /（μg/kg）	5.10	53.00	56.63	97.2
钡 /（μg/kg）	1.96	53.00	54.80	99.7
铅 /（μg/kg）	7.45	53.00	59.85	98.9

表 18-5　标准参考物质 NIST 1568a 和 NIST 1849a 测定结果

元素	参考值 /（mg/kg）	测定值 /（mg/kg）	RSD/%	元素	参考值 /（mg/kg）	测定值 /（mg/kg）	RSD/%
铝	4.40±1.00	3.60±0.60	16.67	锰	49.20±1.40	48.88±2.08	4.26
砷	0.29±0.03	0.30±0.04	13.33	铁	175.60±2.90	166.54±6.91	4.15
钠	4265.00±83.00	4207.32±94.94	2.26	铜	19.78±0.26	19.24±0.86	4.47
镁	1648.00±36.00	1674.85±49.84	2.98	锌	151.00±5.60	147.19±9.78	6.65
钾	9220.00±110.00	9282.40±118.87	1.28	磷	3990.00±140.00	3995.51±205.00	5.13
钙	5253.00±51.00	5343.43+233.04	1.48	钼	1.71±0.04	1.64±0.10	6.10
硒	0.81±0.03	0.86±0.13	15.12	铬	1.07±0.03	1.11+0.16	14.42

表 18-6　42 份母乳矿物质水平

元素	范围	国内文献	国外文献
钠 /（mg/kg）	34.97 ～ 415.83		
镁 /（mg/kg）	19.00 ～ 39.52	20.00±0.30[14]	32.90±0.70[17]
磷 /（mg/kg）	102.13 ～ 274.53		159.00±25.00[18]
钾 /（mg/kg）	351.19 ～ 713.98	429.00±455.00[15]	
钙 /（mg/kg）	180.08 ～ 349.64	293.50±63.20[14]	234.00±24.00[18]
铝 /（μg/kg）	63.20 ～ 436.30		
铬 /（μg/kg）	0.90 ～ 7.37		
砷 /（μg/kg）	0.92 ～ 2.72		
钒 /（μg/kg）	5.99 ～ 13.70		
硒 /（μg/kg）	0.20 ～ 21.20		
钴 /（μg/kg）	0.07 ～ 2.11	3.62±2.74[16]	
镍 /（μg/kg）	0.77 ～ 209.26		
锰 /（μg/kg）	3.00 ～ 16.12		3.50[19]
铁 /（μg/kg）	104.57 ～ 694.46	313.00±139.00[14]	350.00[19]
铜 /（μg/kg）	62.16 ～ 591.69	440.00±123.00[14]	250.00[19]
锌 /（μg/kg）	564.51 ～ 3252.91	2155.00±13.00[14]	1800.00[19]
钼 /（μg/kg）	0.02 ～ 6.91	7.25±2.58[16]	2.00[19]
锶 /（μg/kg）	36.89 ～ 132.26	790.00±500.00[16]	
铯 /（μg/kg）	0.01 ～ 4.72		
镓 /（μg/kg）	0.01 ～ 0.28		
镉 /（μg/kg）	0.02 ～ 0.23		
银 /（μg/kg）	0.02 ～ 0.71		
钡 /（μg/kg）	0.83 ～ 28.16		
铅 /（μg/kg）	2.50 ～ 5.30		

18.2.3　方法学分析

18.2.3.1　控制母乳样品采集方式的意义

母乳样品的采集方式影响母乳矿物质含量的检测结果。在指定时间内用全自动吸奶器采集乳母单侧乳房的全部母乳，可以从如下 3 个层面控制母乳样品的采集方式对母乳矿物质水平检测的影响：

（1）指定时间　本实验在每天上午 9 ～ 11 时之间采集母乳样品。因为母乳的成分不是固定不变的，在指定的时间内采集样品，可以避免这种波动性对母乳矿物质水平的干扰[20]。

（2）用全自动吸奶器采集乳样　目前母乳样品的采集主要有手动采集和自动采集两种。手动采集存在采样者的个体差异性，不易控制；而且容易在采样过程中造成污染。相比之下，用自动吸奶器采集乳样就不存在上述弊端，可以保证样品在统一的方式下采集，消除了采样者的个体差异性，而且不易污染乳样。

（3）采空一侧乳房全部母乳　母乳成分在哺乳的过程中不是固定不变的。哺乳启动阶段，母乳固形物较少，比较稀薄，随哺乳的进行，母乳中固形物含量开始增加，至哺乳结束时，母乳变得浓稠。母乳中固形物的含量会影响母乳矿物质的含量，因此，采集乳母单侧乳房的全部母乳可以避免哺乳各阶段固形物含量的波动对检测母乳矿物质水平的影响[2]。

18.2.3.2　该实验结果分析及与国内外文献的比较

该方法通过比较 42 例志愿者的母乳，钠、硒、镍、铜、锌、钼、铯、镉、银、钡的水平差别较大，最大值几乎是最小值的 10 倍；其他元素的最大值是最小值的 2 ～ 5 倍（表 18-6）。造成部分元素水平差别较大的原因有待进一步探究。

该实验中检测的母乳常量元素钠、镁、磷、钾、钙中，磷和钙的含量相似，镁的含量最低、含量比较稳定。在必需微量元素铜、钴、铬、铁、锰、钼、硒、锌中，锌的水平最高，钴的水平最低，并且具有较大的个体差异性。本研究铁、锌浓度中位数与国内外研究结果相似。个体之间变异大，需进一步探讨其原因。在可能具有潜在毒性的元素铅、镉、砷、铝中，铅、镉、砷的水平差异不大，可能与志愿者源于同一地区、对这些元素有相似的暴露程度有关。该方法检测的母乳样品中钙、钾、铜、铁、镁水平与报道值相似[26-28]。锌元素的水平与刘强等[27]检测到的产后 1 ～ 6 月母乳锌水平相似。钾、钙的水平与邱立敏等[28]测得的两种元素水平相近。铜、铁、镁水平与叶伟民等[26]测得三种元素的水平相近。检测的母乳样品中锰、铁、铜、锌、钼水平范围涵盖了美国食品和营养委员会医学研究所提出的母乳中这五种矿物质的水平[29]。母乳中镁水平与 Rajalakshmi[30] 用原子吸收法的检测值稍有差异，这可能与乳样所属的月龄不同有关。母乳样品中钙、磷水平与 Jarjou 等[31]用比色法和钼酸铵光谱测定法测得的钙磷水平相近。

18.2.4　结论

该实验结果显示，ICP-MS 法用于母乳中矿物质含量检测实验操作简单、可快捷地检测母乳中钠、镁、钾、钙、铝、铁、锌、锰、铜、磷、砷、钼、硒、镉、铬、钒、钴、镍、镓、银、锶、铯、钡和铅 24 种矿物质水平，检测到的矿物质含量与国内外其他文献报道的水平相近，认为该方法具有较高的准确性和较好的重现性。

18.3 展望

母乳中矿物质是对喂养儿非常重要的微量营养素，对喂养儿的生长发育起关键作用；其含量范围广，从毫克（mg/kg 或 mg/L）到纳克（ng/kg 或 ng/L），变化范围大，有些受所生存地理环境的影响，其中以硒、碘、氟尤为显著[32, 33]。目前虽然有多种方法可用于母乳中矿物质含量的定量测定，由于获得大量母乳样本受多种因素制约，因此仍需要建立和完善微量高通量测定母乳中多种矿物质含量的方法；需要制备用于母乳中矿物质含量质量控制的参考基准材料，用于监测不同分析方法的准确性和日常分析的质量控制，以使不同研究的结果能相互间进行比较，节省资源。同时还需要研究开发更灵敏的方法，用于测定那些不稳定化合物（如碘）和极痕量的微量元素和环境中可能存在的污染元素。

由于母乳中矿物质含量不仅存在个体差异，而且个体本身不同哺乳期间和一次哺乳前中后段乳也可能存在较大差异，因此应规范用于母乳中矿物质含量分析的样品采集方法、样品分装、保存和样品分析的前处理方法等。

迄今关于母乳中矿物质含量的分析主要集中在元素含量分析方面，已知有很多矿物质在体内系以不同的形式存在或作为某些重要化合物的必需组成成分，例如硒在体内发挥生物学作用多以含硒蛋白形式存在，并且是谷胱甘肽过氧化物酶的必需组成成分；铁是血红蛋白的必需组成成分；碘参与甲状腺素的合成等。因此需要研究母乳中矿物质发挥生理作用的存在化学形式，为制定喂养儿的矿物质需要量提供科学依据。

（董彩霞、李静、孙忠清、王晖、邓泽元、荫士安）

参考文献

[1] 李韬，周鸿艳，邝丽红，等. 微波消解-电感耦合等离子体质谱法同时测定金华市母乳样品中 19 种元素含量. 中国卫生检验杂志，2022, 32(15): 1820-1828.

[2] 孙忠清，岳兵，杨振宇，等. 微波消解 -电感耦合等离子体质谱法测定人乳中 24 种矿物质含量. 卫生研究，2013, 42(3): 504-509.

[3] 李磊，周贻兵，刘利亚，等. QuEChERS 净化-超高效液相色谱-串联质谱法快速测定母乳中 9 种全氟化合物. 现代预防医学，2018, 45(11): 2028-2033, 2038.

[4] Hampel D, Dror D K, Allen L H. Micronutrients in human milk: analytical methods. Advances in Nutrition,

2018, 9(Suppl 1):s313-s331.
[5] 中华人民共和国国家卫生和计划生育委员会，国家食品药品监督管理总局．食品安全国家标准　食品中多元素的测定．2016: 20.
[6] 中华人民共和国国家卫生和计划生育委员会，国家食品药品监督管理总局．食品安全国家标准　食品中磷的测定．2016: 12.
[7] McDonald J. Development and cognitive functions in saudi pre-school children with feeding problems without underlying medical disorders. J Paediatr Child Health, 2016, 52(3): 357.
[8] 中华人民共和国国家卫生和计划生育委员会，国家食品药品监督管理总局．食品安全国家标准　食品中钙的测定．2016: 12.
[9] 中华人民共和国国家卫生和计划生育委员会．食品安全国家标准　食品中氯化物的测定．2016: 16.
[10] 中华人民共和国国家卫生和计划生育委员会，国家食品药品监督管理总局．食品安全国家标准　食品中硒的测定．2017: 12.
[11] 中华人民共和国国家卫生和计划生育委员会，国家食品药品监督管理总局．食品安全国家标准　食品中铜的测定． 2017: 16.
[12] 中华人民共和国国家卫生和计划生育委员会，国家食品药品监督管理总局．食品安全国家标准　食品中锰的测定． 2017: 12.
[13] 中华人民共和国国家卫生和计划生育委员会，国家食品药品监督管理总局．食品安全国家标准　食品中锌的测定．2017: 16.
[14] 中华人民共和国国家卫生和计划生育委员会，国家食品药品监督管理总局．食品安全国家标准　食品中镁的测定． 2017: 12.
[15] 中华人民共和国国家卫生和计划生育委员会，国家食品药品监督管理总局．食品安全国家标准　食品中钾、钠的测定．2017: 12.
[16] DesChamps T D, Ibanez L V, Edmunds S R, et al. Parenting stress in caregivers of young children with ASD concerns prior to a formal diagnosis. Autism Res, 2020, 13(1): 82-92.
[17] 中华人民共和国卫生部，中国国家标准化管理委员会．食品中氟的测定．2003: 12.
[18] 姚春毅．微波等离子体原子发射光谱法和电感耦合等离子体质谱法在乳及乳制品分析中的应用研究．石家庄：河北科技大学，2019.
[19] 王亚玲，赵军英，乔为仓，等．电感耦合等离子质谱法测定母乳中 10 种矿物元素．食品科学，2021, 42(14): 165-169.
[20] Osredkar J, Gersak Z M, Karas Kuzelicki N, et al. Association of Zn and Cu levels in cord blood and maternal milk with pregnancy outcomes among the slovenian population. Nutrients, 2022, 14(21) : 4667. doi: 10.3390/nu14214667.
[21] Levi M, Hjelm C, Harari F, et al. ICP-MS measurement of toxic and essential elements in human breast milk. A comparison of alkali dilution and acid digestion sample preparation methods. Clinical Biochemistry, 2018, 53: 81-87.
[22] Cebi A, Sengul U. Toxic metal and trace element status in the breast milk of Turkish new-born mothers. J Trace Elem Med Biol, 2022, 74: 127066.
[23] 钱冲，勾新磊，史迎杰，等．气相色谱法测定婴幼儿配方奶粉和母乳中的碘．食品安全质量检测学报，2018, 9(15): 4061-4065.
[24] 何梦洁．人乳中硒含量及硒形态研究．中国疾病预防控制中心，2017.
[25] Sánchez C, Fente C, Barreiro R, et al. Association between breast milk mineral content and maternal adherence to healthy dietary patterns in Spain: A transversal study. Foods, 2020, 9(5): 659.

[26] 叶伟民，张传建. 母乳微量元素含量的调查 . 上海医学检验杂志，1992, 2: 249.

[27] 刘强，武仙果，薛慧，等 . 0 ～ 10 月龄儿母亲乳汁锌的测定及其意义 . 中国妇幼健康研究，2008, 19(1): 10-11.

[28] 邱立敏，武斌 . 636 例母乳的必需营养元素测定分析 . 武汉医学杂志，1995, 19(3): 151-152.

[29] Food and Nutrition Board, Institute of Medicine. A report of the panel on micronutrients, subcommittees on upper reference levels of nutrients and of interpretation and uses of dietary reference intakes, and the standing committee on the scientific evaluation of dietary reference intakes, Washington D. C.: National Academies Press, 2001: 224-488.

[30] Rajalakshmi K, Srikantia S G. Copper, zinc, and magnesium content of breast milk of Indian women. Am J Clin Nutr, 1980, 33(3): 664-669.

[31] Jarjou L M, Prentice A, Sawo Y, et al. Randomized, placebo-controlled, calcium supplementation study in pregnant Gambian women: effects on breast-milk calcium concentrations and infant birth weight, growth, and bone mineral accretion in the first year of life. Am J Clin Nutr, 2006, 83(3): 657-666.

[32] Dorea J G. Selenium and breast-feeding. Br J Nutr, 2002, 88(5): 443-461.

[33] Dorea J G. Iodine nutrition and breast feeding. J Trace Elem Med Biol, 2002, 16(4): 207-220.

母乳成分分析方法

Analytical Methods for Human Milk Compositions

第 19 章

母乳中维生素和类维生素测定

除了前面提及的蛋白质、脂类和碳水化合物统称为宏量营养素外，其余人体必需的营养成分统称为微量营养素，包括矿物质和维生素以及其他微量营养成分。维生素进一步可分成脂溶性维生素和水溶性维生素。本章中概括了目前用于母乳中这些维生素（vitamins）和类维生素（vitamers）的检测方法。

19.1 理化特点及其功能

19.1.1 脂溶性维生素

脂溶性维生素的共同特点是化学组成主要由碳、氢、氧构成，溶于脂肪及脂溶剂，而不溶于水，需要随脂肪经淋巴系统被吸收，经胆汁排出少量；脂溶性维生素不提供能量，一般不能在体内合成（例外的是维生素 D 经皮肤和维生素 K 经肠道微生物合成），必须由食物提供。摄入后大部分可积存在体内，缺乏时症状出现缓慢，营养状况不能用尿液进行评价，通常超过膳食推荐摄入量 6 ～ 10 倍易引起中毒。母乳喂养儿需要常规补充维生素 D 和维生素 K[1-3]；如果存在脂类吸收不良时，容易出现脂溶性维生素缺乏症。通常随哺乳进程母乳中总脂肪含量逐渐增加，而脂溶性维生素（视黄醇和类胡萝卜素与 α-生育酚）迅速下降[4]。

19.1.2 水溶性维生素

水溶性维生素的共同特点是溶于水，化学组成除了含有碳、氢、氧外，有的还含有氮、钴或硫；一般人体内无非功能性的单纯储存，吸收过量时很快经尿液排出，缺乏时症状出现较快，大多数水溶性维生素可通过血和 / 或尿液（如尿负荷试验）进行评价；除非摄入极大剂量，一般摄入量或膳食补充剂几乎无毒性。

维生素和类维生素的理化特点及其功能，如表 19-1 所示。

表 19-1　维生素和类维生素的理化特点及其功能

分类	类维生素	理化特点	主要生理功能
维生素 A①	视黄醇 视黄醛 视黄酸	光（紫外线）、氧气、性质活泼金属和高温加速氧化破坏	参与视觉功能、维持皮肤黏膜完整、调节免疫、促进生长发育和维持生殖功能
维生素 D	胆钙化醇 麦角钙化醇	对热、碱较稳定，光和酸促进异构化	维持钙磷平衡，参与骨骼代谢，发挥激素样作用
维生素 E	α-生育酚 β-生育酚 γ-生育酚 δ-生育酚	对热和酸稳定，对氧敏感	发挥非酶抗氧化作用，维持生育和免疫功能
维生素 K	维生素 K_1 维生素 K_2 维生素 K_3	对光和碱敏感	参与多种血液凝固因子合成，钙（骨骼）代谢

续表

分类	类维生素	理化特点	主要生理功能
维生素C	抗坏血酸 脱氢抗坏血酸	酸性环境中稳定，对氧、热、光和碱性环境不稳定	强化作用，抗氧化作用，调节免疫和解毒作用
维生素 B_1	硫胺素	酸性溶液中稳定，碱性溶液中不稳定，对紫外线敏感	转酮醇酶、丙酮酸脱氢酶、α-酮戊二酸脱氢酶等多种酶的辅酶，参与脱羧反应和转酮醇作用
维生素 B_2	核黄素	耐酸不耐碱，对光和紫外线敏感	脂肪酸氧化还原反应和三羧酸循环中的辅酶
烟酸	尼克酸 尼克酰胺	理化性质比较稳定	参与能量和氨基酸代谢、蛋白质的转化和调节葡萄糖代谢
维生素 B_6	吡哆醇 吡哆醛 吡哆胺	空气与酸性环境中稳定，中性和碱性环境对光敏感，易被破坏	氨基酸代谢的辅酶，参与糖原与脂肪酸代谢，调节神经递质合成和代谢
叶酸	叶酸，合成叶酸 叶酸，天然食物中存在的叶酸	对热、光线、酸性溶液不稳定；碱性和中性环境中对热稳定	参与核酸和蛋白质合成、DNA甲基化和同型半胱氨酸代谢
生物素	生物素	水溶液、强酸或强碱中易降解	羧化酶的辅酶，基因调控
泛酸	泛酸	中性溶液中稳定，酸性或碱性环境易破坏	作为辅酶参与脂质、蛋白质和碳水化合物代谢
维生素 B_{12}	钴胺素	pH 4.5 ～ 5.0 酸性条件下稳定，强酸、强碱溶液分解	甲基转移酶的辅酶，参与甲基丙二酸-琥珀酸异构化过程
胆碱	胆碱	有很强吸湿性，耐热，强碱条件下不稳定	生物膜的重要组成部分，调控细胞凋亡，参与信息传递、脑和神经系统发育、肝脏脂肪代谢

① 具有维生素A原活性的类胡萝卜素包括β-胡萝卜素、α-胡萝卜素和β-隐黄质。

19.2 脂溶性维生素测定方法

19.2.1 脂溶性维生素检测前准备

脂溶性维生素包括维生素A和类胡萝卜素、维生素D、维生素E和维生素K。在实际工作中，准确测定母乳中脂溶性维生素含量受很多因素影响，包括乳样的抽样方法、乳样采集过程、样品分装处理、储存技术（如塑料材质吸附脂肪的问题）以及分析前处理和采用的测定方法等。全面优化样品制备过程和优选测定方法可降低基质干扰和提高母乳成分检测的灵敏度和准确性。

19.2.1.1 乳样采集

母乳中脂溶性维生素的含量与泌乳量有关，通常前段乳的脂肪含量比后段乳要低得多；初乳中维生素 A（包括类胡萝卜素）的含量最高，到产后一个月时降低到最大值的一半，而同期的维生素 D 和维生素 K 含量呈逐渐升高趋势。因此乳样的采集（电动与手动）过程需要考虑不同哺乳阶段、同一次哺乳的前中后段乳的含量可能存在较大差异（采集一侧全部母乳还是随意），以及母乳成分存在的昼夜节律变化等影响因素。在选择或设计抽样方案时，还要考虑母乳中脂溶性维生素含量的个体内和个体间也存在较大差异。

19.2.1.2 可能存在的干扰因素

在使用收集或保存乳样的材料中（如塑料管材）可能存在增塑剂，其含有的邻苯二甲酸盐和其他化学物质常常干扰脂溶性维生素的紫外分析结果，导致回收率明显降低。采样过程、样品分装和转运、样品前处理或分析过程中，直接暴露于阳光（表 19-1）可导致样品中被测成分被分解和吸附到塑料储存瓶、注射器和试管壁，这些均可能导致被测成分显著丢失；细菌污染可能导致显著高估维生素 K 的浓度。低温冷冻储存样品的溶解过程和均质化程度也影响脂溶性维生素的测定结果，如反复冻融过程、均质化不完全可导致含量被明显低估或分析结果的重复性差。因此，测定母乳中脂溶性维生素时，要仔细全面评价不同方法学的灵敏度、使用母乳样本量和测定误差等。

19.2.2 维生素 A 和类胡萝卜素的测定

目前较多的研究系采用 HPLC 方法测定母乳中维生素 A 和类胡萝卜素的含量，可以快速、灵敏、准确分离异构体和进行定量分析 [5, 6]。同时还要考虑母乳中维生素 A 和类胡萝卜素的存在形式、这些成分的标准品以及分离和定量。

19.2.2.1 维生素 A

母乳中维生素 A 的存在形式主要是视黄醇棕榈酸酯、视黄醇硬脂酸酯，还有少量视黄酸等。Heudi 等 [7] 采用液相色谱-质谱法（LC-APCI-MS）同时定量测定强化婴儿配方食品中维生素 A、维生素 D_3 和维生素 E 的含量，维生素 A 的线性范围为 0.15 ～ 12mg/L。随后 Kamao 等 [8] 采用液相色谱-串联质谱法在正离子模式（liquid chromatography-tandem mass spectrometry in the positive ion mode），使用相关的稳定同位素标记化合物为内标，同时测定母乳中脂溶性维生素 A、维生素 D、维生素 E 和维生素 K，检测限为 1 ～ 250pg/50μL（约 20 ～ 5000pg/L），每个维生素的内标变异系数为 1.9% ～ 11.9%，其中视黄醇的含量为 0.088μg/L，该方法可用于大规模研究的样品分析。

19.2.2.2 类胡萝卜素

已有多种萃取方法和分析技术用于测定母乳中类胡萝卜素含量，最近分析仪器的进步和未知类胡萝卜素代谢物的发现，为深入研究类胡萝卜素与人体健康的关系开辟了新领域。采用 HPLC 或相应的改良方法可以分离定量测定母乳中较常见的类胡萝卜素，如 β-胡萝卜素、α-胡萝卜素、叶黄素 + 玉米黄质、番茄红素、隐黄素等[5, 6]。随着分析测定技术的改进，尤其是通过代谢组学的应用，将会识别母乳中越来越多的类胡萝卜素及其代谢产物。

19.2.3 维生素 D 的测定

母乳中维生素 D 的含量很低，同时还存在多种不同的化学形式，包括来自母乳的维生素 D_3 和维生素 D_2 以及代谢产物（25-羟基维生素 D、24,25-二羟基维生素 D 和 1,25-二羟基维生素 D），因此选择测定方法时应考虑如何分离和测定这些不同的维生素 D 及其代谢产物。

由于母乳中维生素 D 含量极低（以每升微克或纳克计），而且有多种不同的存在形式，因此需要选择样品前处理过程、制备方法和敏感的检测技术。维生素 D 测定的技术可以分为免疫学技术（竞争性蛋白结合测定法）、酶免法、放免法以及非免疫学技术（如 HPLC 和液相色谱-质谱法等）。目前用于母乳中维生素 D 检测的最常用方法是 LC-MS、LC-UV 和免疫学方法。LC 被认为是用于分离维生素 D 的主要方法，MS-MS、MS 和 UV、LC-MS 和 LC-MS-MS 都是可以选择的方法，这些方法都具有灵敏、准确和特异性的特点[9]。

（1）传统方法　传统上维生素 D 及其代谢产物采用免疫学技术测定，费用低，可用于常规分析。然而这些方法面临的问题是对多反应抗体的交叉反应，通常不能区分 25-OH-D_2 与 25-OH-D_3，一次只能分析一种成分，无法对分析物的结构进行验证，灵敏度低等，获得的信息量不如色谱分析法。从历史上看，免疫分析技术主要用于维生素 D 及其代谢物的常规定量。

（2）色谱法　更准确、更灵敏的色谱技术是维生素 D 分析中最重要的方法之一；采用 LC-MS 测定维生素 D 及其代谢物被认为是金标准。LC-MS 由于具有高灵敏性和特异性，用于母乳中维生素 D 测定和定量具有其独特优点。如目前研究使用最多的是液相色谱串联质谱法和免疫分析法，能够测量四种类型的维生素 D 衍生物，包括维生素D和25-OH-D、25-OH-D_2、25-OH-D_3[10]，也可采用电化学方法测定25-OH-D的试剂盒[11]。由于LC-MS法具有高灵敏度和特异性，可以用于评估维生素D及其代谢物。因此LC-MS法在维生素D的测定和定量方面具有独特优势[9]。例如，Gomes等[12]报告乳样经蛋白质沉淀提取，用4-苯基-1,2,4-三唑啉-3,5-二酮（4-phenyl-1,2,4-triazoline-3,5-dione, PTAD）柱前衍生化，采用液相色谱-串联质谱（LC–MS/MS）法可准确定量分析牛乳和母乳中八种维生素D类似物，包括维生素D_2和维生素D_3、25-OH-D_2和25-OH-D_3、24,25-OH_2-D_2和24,25-OH_2-D_3以及1,25-OH_2-D_2和1,25-OH_2-D_3，认为该法适用于测定母乳、牛乳、马乳、山羊乳和绵羊乳样品中总维生素D含量，且不受基质干扰。

Heudi等[7]采用液相色谱-质谱法（LC-APCI-MS）同时定量测定强化婴儿配方食品中维生素D_3以及维生素A和维生素E的含量，维生素D_3的线性范围为5～400μg/L。随后Kamao等[8]采用液相色谱-串联质谱法在正离子模式，使用稳定同位素标记化合物为内标，同时测定母乳中脂溶性维生素D以及维生素A、维生素E和维生素K的含量，检测限为1～250pg/50μL（约20～5000pg/L），其中维生素D的内标变异系数为1.9%～11.9%，维生素D_3和25-OH-D_3的含量分别为0.088μg/L、0.081μg/L。

最常用于母乳成分分析的方法是基于液相色谱与质谱偶联和/或具有紫外检测器，可区分25-OH-D_2与25-OH-D_3，该方法优点是灵敏、灵活和特异性，使用同位素内标和质谱检测可以获得很好的结果。采用选择性反应监测（SRM）质谱法可同时测定不同食品基质中胆钙化醇和谷钙化醇含量，维生素D_3和维生素D_2的检测限分别为0.5ng/g（1.3pmol/g）和1.75ng/g（4.4pmol/g），定量限分别为1.25ng/g（3.24pmol/g）和3.75ng/g（9.45pmol/g）[13]。

19.2.4 维生素E的测定

目前最常用HPLC法测定母乳中维生素E含量，也有使用液相色谱-质谱法联用的方法。多种情况下采用HPLC方法，同时测定母乳中维生素A和维生素E，可以快速、灵敏、准确分离异构体和定量[5,6]。母乳中维生素E含量的个体间变异很大，用HPLC测定的母乳中α-生育酚浓度范围从低于1mg α-TE/L到8.6mg α-TE/L。Heudi等[7]采用液相色谱-质谱法（LC-APCI-MS）同时定量测定强化婴儿配方食品中维生素A、维生素D_3和维生素E的含量，其中维生素E的线性范围为0.25～20mg/L。随后Kamao等[8]采用液相色谱-串联质谱法在正离子模式，使用相关的稳定同位素标记化合物为内标，同时测定母乳中脂溶性维生素A、维生素D、维生素E和维生素K，检测限为1～250pg/50μL（约20～5000pg/L），每个维生素的内标变异系数为 1.9% ～ 11.9%，而 α-生育酚含量为 5.087mg/L。

根据上述文献分析，不同作者报告的母乳维生素 E 含量变异范围较大，除了前述的影响因素，整个实验过程中也会有诸多因素不同程度影响测定结果。维生素 E 像脂类成分一样，在母乳样品的采集（前乳与后乳）、现场制备和分装（存放容器的材质吸附与污染特性）、转运（温度）、储存（温度与时间）、冻融与前处理（均质化）等过程中均会导致维生素 E 含量测定的系统误差，因此需要建立规范化的母乳中维生素 E 含量的测定方法（包括母乳样本的采集和制备过程），以利于不同研究结果的比较。最后，还需要关注母乳中维生素 E 不同组分的变化趋势以及对喂养儿营养与健康状况的近期影响与远期效应。

19.2.5 维生素 K 的测定

由于母乳中维生素 K 的含量很低，目前测定母乳中维生素 K 仍需要消耗较多的样本，这也是制约母乳中维生素 K 检测的重要因素之一。

19.2.5.1 方法的选择

Zhang 等 [14] 综述了二十年中维生素 K 的测定方法，包括样品预处理和定量等。高效液相色谱法（HPLC）通常用作分离维生素 K 的标准，并结合不同的检测方法，包括分光法、光谱测定、荧光法和质谱法、当测定母乳中脂溶性维生素时，要仔细全面评价不同方法学的误差。

Kamao 等 [8] 采用液相色谱-串联质谱法在正离子模式，使用相关的稳定同位素标记化合物为内标，同时测定母乳中脂溶性维生素 A、维生素 D、维生素 E 和维生素 K，检测限为 1 ～ 250pg/50μL（约 20 ～ 5000pg/L），每个维生素的内标变异系数为 1.9% ～ 11.9%，其中叶绿醌和甲萘醌-4 的含量分别为 3.771μg/L 和 1.795μg/L。虽然可以用 HPLC 方法测定母乳中的维生素 K 含量，由于母乳中维生素 K 的含量非常低（每毫升的含量仅几纳克或更低），需要消耗较多的母乳样本和前处理过程。需要开发更灵敏的母乳中维生素 K 及其不同组分或代谢物的测定方法。

Gentili 等 [15] 使用 HPLC-MS/MS 方法，通过简单有效的分离步骤，同时测定母乳中维生素 K 同系物，包括叶绿醌（phylloquinone）、甲萘醌-4（menaquinone-4, MK-4）和甲萘醌-7（menaquinone-7, MK-7），检出限低于 0.8ng/mL。Zhang 等 [16] 开发了一种快速灵敏的液相色谱-串联质谱法，可同时定量测定人体血浆中维生素 K_1（PK）和维生素 K_2（MK-4）浓度，PK 和 MK-4 的定量下限均为 0.01ng/mL。所有分析物浓度范围为 0.01 ～ 50ng/mL 时呈线性关系。相比较，目前用于测定婴儿配方乳粉的高效液相色谱法，最低检出限为 1μg/100g[17]；用于乳类的高效液相色谱-

荧光检测法（HPLC-FLD），MK-4 检出限为 0.01μg/100g，定量限为 0.04μg/100g；MK-7 检出限为 0.06μg/100g，定量限为 0.2μg/100g[18, 19]。因此上述方法还难以用于母乳中维生素 K 及其同系物的分离测定。

19.3　水溶性维生素测定方法

水溶性维生素包括维生素 B_1（硫胺素）、维生素 B_2（核黄素）、维生素 B_6（吡哆醇、吡哆胺、吡哆醛）、维生素 B_{12}（钴胺素）、叶酸、烟酸、生物素、胆碱、肉碱、维生素 C 等。以往对于母乳中水溶性维生素的含量及其影响因素关注很少。近年来由于分析方法的改进和检测仪器灵敏度的提高，已开发了多种微量、高通量快速检测母乳中多种水溶性维生素的测定方法[20-22]。

母乳中含有多种水溶性维生素，且成分非常复杂，存在形式也不同（表 19-1），有些以游离形式存在，有些则是与蛋白质结合的形式。在实际测定中，如果要获得母乳中总的水溶性维生素含量，需要考虑游离形式与结合形式。

19.3.1　水溶性维生素一般测定方法

目前用于母乳中水溶性维生素含量测定的方法包括微生物法[23]、化学法[24-28]、放免法[29, 30]、免疫分析法[31]、HPLC 法[32]、UPLC-MS/MS 法[20-22] 等。2005 年 Churchwell 等[33] 提出 UPLC-MS 法具有分辨率高、灵敏度高、特异性好和分析时间短的特点，可以快速、同时用于多种成分的检测。2012 年 Hampel 等[21] 将 UPLC-MS/MS 方法应用于测定母乳中多种水溶性维生素。2012—2015 年 Hampel 等[21]、Ren 等[20] 和陶保华等[22] 利用 UPLC-MS/MS 同时测定母乳中硫胺素、核黄素、烟酰胺、泛酸和吡哆醛，该方法前处理简单、快速，检测用样品量少，能满足高通量测定需求。

19.3.1.1　检测中需要注意的问题

在设计测定母乳中水溶性维生素含量时，需要关注乳样的收集过程、转运、储存和测量方法的选择等。因为许多水溶性维生素对光不稳定（如核黄素和叶酸）（表 19-1）；在−20℃储存期间，某些维生素会发生降解（如维生素 C、吡哆醇和叶酸）；目前有些测定方法常常是非特异性的，如微生物法。因此水溶性维生素的测定，在样品收集、冰冻状态转运到试验室的全过程中要避光，如果不能立即测定，应储存在−70℃或更低温度。

母乳中有些水溶性维生素是以结合形式存在的，如硫胺素以辅羧酶（cocarboxylase）的形式作为许多重要酶的辅酶，母乳中维生素 B_2 主要存在形式有核黄素和黄素腺嘌呤二核苷酸（FAD），维生素 B_6 的主要存在形式是吡哆醛，其他形式还有吡哆醇和吡哆胺；烟酸有烟酸和烟酰胺的形式等。因此分析中，需要考虑结合形式与游离形式。如需要测定总量时，萃取时需要打开维生素与载体蛋白质结合的键释放出游离形式维生素；而且在选择测定方法时，还要考虑母乳中有些维生素是以多种形式存在。表 19-2 汇总了母乳中水溶性维生素含量的常用测定方法、需要样本量、含量范围。

表 19-2　母乳中水溶性维生素的含量

种类	分析方法	需要样品体积	含量范围 /（mg/L）	参考文献
维生素 B_1（硫胺素）	荧光法	3mL	0.012 ～ 47.4	[24-27]
	微生物法	1mL	0.007 ～ 0.36	[23]
	HPLC	4mL	0.066 ～ 0.134	[32]
	UPLC-MS/MS	50μL	0.002 ～ 0.221	[21]
			0.027	[34]
维生素 B_2（核黄素）	荧光法	5mL	0.070 ～ 175	[24-27]
	微生物法	1mL	0.12 ～ 0.73	[23]
	HPLC	4mL	0.34 ～ 0.397	[32]
	UPLC-MS/MS	50μL	0 ～ 0.845	[21]
			0.057	[34]
FAD	HPLC	4mL	0.668 ～ 0.747	[32]
	UPLC-MS/MS	50μL	0.029 ～ 0.818	[21]
烟酰胺	微生物法	1 ～ 10mL	0.21 ～ 16.8	[23-27]
	HPLC	6mL	0.292 ～ 0.53	[32]
	UPLC-MS/MS	50μL	0.002 ～ 3.179	[21]
维生素 C	2,4-二硝基苯肼法	20mL	13 ～ 73.3	[23, 25-27]
	HPLC	1mL	6.26 ～ 69	[26, 28, 32]
			0.11 ～ 64	[26, 27]
维生素 B_6	微生物法	1mL	0.014 ～ 0.18	[23]
	RPLC	—①	0.46	[35]
	HPLC	4mL	0.019 ～ 0.119	[32]
	UPLC-MS/MS	50μL	0.006 ～ 0.692	[21]

续表

种类	分析方法	需要样品体积	含量范围 / (mg/L)	参考文献
叶酸	微生物法	1mL	0.05 ～ 56	[27]
			0.001 ～ 0.098	[23, 36-39]
	HPLC	8mL	0.052 ～ 0.15	[32, 40]
维生素 B_{12}	微生物法	1mL	0.00019 ～ 0.002629	[41]
			0.00002 ～ 0.0034	[23]
	TLC	4 ～ 30mL	0.00033 ～ 0.0032	[42]
	HPLC	4mL	0.0004 ～ 0.0007	[32]
	放射分析法	—①	0.00024 ～ 0.0033	[29, 30, 37, 38]
	免疫分析法	280μL	0.000033 ～ 0.00176	[31, 43]
生物素	微生物法	1mL	0.00002 ～ 0.012	[23]
	HPLC	4mL	0.0028 ～ 0.0059	[32]
泛酸	微生物法	1mL	0.36 ～ 6.4	[23]
	HPLC	4mL	2.0 ～ 2.9	[32]

① 方法中未介绍取样量。

19.3.1.2 维生素 C 含量测定方法

维生素 C 含量的测定方法有 2,6-二氯酚靛酚滴定法、微量（碘）滴定法、2,4-二硝基苯肼比色法、钼蓝比色法、HPLC 法、毛细管电泳法等。测定母乳中维生素 C 含量常用的方法是 2,6-二氯酚靛酚滴定法和 HPLC 法。其中，2,6-二氯酚靛酚滴定法只能测定还原型（95% 含量）维生素 C，不是全部维生素 C(未包括氧化型维生素 C，含量约 5%)。如无其他杂质或基质的干扰，样品提取液中所含有还原的标准染料量与样品中所含的还原型抗坏血酸量成正比。近年来，HPLC 法测定母乳中维生素 C 含量已得到普遍应用。通过抗坏血酸标准液的峰位定性分析维生素 C，而抗坏血酸标准液的峰面积可以定量分析维生素 C 含量。据报道 [44]，比较 2,6-二氯酚靛酚滴定法与 HPLC 法的测定结果，前者测定值明显高于后者。2,6-二氯酚靛酚滴定法测定的维生素 C 含量约比 HPLC 法测定的含量高 6mg/kg（3 ～ 11mg/kg）。

19.3.2 其他水溶性维生素测定方法

19.3.2.1 胆碱

胆碱是极性、不挥发分子，分子量很小，而且分子内没有发色团，不能采用免疫法测定。化学发光分析仪可进行半自动检测，已经呈现出较好应用前景 [45]。

Holmes 等[46]使用质子核磁共振法测定胆碱含量。Zeisel 等[47]采用放射性酶学方法测定游离态胆碱，用薄层色谱分析仪测定磷含量的方法测定磷脂酰胆碱（卵磷脂）和鞘磷脂含量。Fischer 等[48]先分离出母乳中胆碱，再用液相色谱法或电喷雾电离质谱法测定母乳中胆碱含量。近年来普遍使用的测定母乳中胆碱含量的方法有分光光度法、酶法、化学发光法、HPLC 法、离子色谱法、UPLC-MS 法、气相色谱-质谱联用法等[49, 50]。目前食品检测国家标准中肉碱的测定方法为分光光度法，该法操作过程烦琐、耗时且检测灵敏度不高，不适合测定母乳中胆碱。

19.3.2.2 肉碱

2010 年，甘宾宾等[51]建立了简便 HPLC 法用于测定保健食品中左旋肉碱含量。2011 年，黄芳等[52]建立了液相色谱与质谱联用测定婴儿配方食品中左旋肉碱含量，后来也有采用分光光度法测定婴幼儿乳粉中左旋肉碱含量。邹晓莉等[53]建立测定保健食品中左旋肉碱的脉冲安培检测-高效阴离子色谱法。2012 年，林梦勇和王熊[54]通过优化条件建立分光光度法测定乳粉中左旋肉碱含量。目前，测定母乳中肉碱含量的常用方法是放射性同位素分析法，如 Mitchell 等[55]报告的成熟母乳的肉碱含量均值为（44.91±3）μmol/L，范围为 28.01 ～ 72.18μmol/L，其他检测方法还有酶显色法-分光光度法、酶-荧光法、离子色谱法、UPLC-MS 等[50]。

19.4 展望

19.4.1 脂溶性维生素

（1）维生素 A 及类胡萝卜素　随着对母乳代谢组学研究的发展，需要系统研究母乳中类维生素 A 的含量、分布、影响因素以及与母乳喂养儿生长发育的关系，尽快完善母乳中维生素 A 及类胡萝卜素各组分数据库。

有很多因素影响维生素 A 原类胡萝卜素转换成维生素 A 活性当量，以往研究体系是基于混合膳食，并不一定适合于母乳中存在的维生素 A 原和婴幼儿，需要设计周密的研究估计母乳中类胡萝卜素在婴幼儿体内转化成维生素 A 的效率，以确定母乳中类胡萝卜素组分对维生素 A 活性当量的贡献。

母乳中类胡萝卜素含量的分析仍面临较大的技术挑战，主要问题是种类多、含量低和缺乏相应的标准品、类胡萝卜素的不易溶性和不稳定性以及显著的个体间和个体内的变异等。分析仪器的进步和未知类胡萝卜素代谢物的发现，将会推动方法学的研究。

（2）维生素 D　由于母乳中维生素 D 的含量较低，而且多种代谢活性形式的含量更低且半衰期短，因此需要提高母乳维生素 D 及其类似物分析方法的检出限，开发微量准确的测定方法。尽管有方法学研究结果显示，采用液相色谱-串联质谱法同时测定维生素 A、维生素 D 和维生素 E 需要 10mL 母乳，维生素 K 则需要 3mL 母乳[9]，需要的母乳样量还是相对较多。

（3）维生素 E　根据上述文献分析，不同作者报告的母乳维生素 E 含量变异范围较大，除了前述的影响因素，整个实验过程中也会有诸多因素不同程度影响测定结果，因此需要建立规范化的母乳中维生素 E 含量测定方法（包括母乳样本的采集、储存和分析时的样品制备过程），以利于不同研究结果的比较。

（4）维生素 K　母乳中维生素 K 检测方法严重制约相关的研究，目前仍缺少母乳中维生素 K 含量和存在形式方面的研究。已知体内维生素 K 不同的存在形式（如 K_1 和 K_2），近年来越来越多的研究提示，这两种形式的维生素 K 在体内发挥的生理作用不同，已有呼声应分别制定维生素 K_1 和维生素 K_2 的需要量和膳食推荐摄入量。因此需要开发更灵敏的微量方法，研究母乳中维生素 K 的存在形式。

19.4.2　水溶性维生素

由于母乳样品的难获取、储存条件对水溶性维生素含量的影响以及分析方法的局限性，目前关于母乳中水溶性维生素的研究较少，而且报道的样本量都非常小，数据也比较老，代表性差。传统的水溶性维生素含量的常规测定方法耗时长、消耗样品量大、容易造成损失，这给研究带来一定的困难。随着分析仪器灵敏度和分析技术的提高，将会推动研发高效 / 高通量、快速、准确的方法应用于测定母乳中水溶性维生素含量，将对了解母乳中水溶性维生素的水平、存在形式及其影响因素具有重要意义。

（董彩霞，荫士安）

参考文献

[1] Munns C F, Shaw N, Kiely M, et al. Global consensus recommendations on prevention and management of nutritional rickets. J Clin Endocrinol Metab, 2016, 101(2): 394-415.

[2] Greer F R, Marshall S P, Foley A L, et al. Improving the vitamin K status of breastfeeding infants with maternal vitamin K supplements. Pediatrics, 1997, 99(1): 88-92.

[3] van Winckel M, De Bruyne R, van De Velde S, et al. Vitamin K, an update for the paediatrician. Eur J Pediatr, 2009, 168(2): 127-134.

[4] Campos J M, Paixao J A, Ferraz C. Fat-soluble vitamins in human lactation. Int J Vitam Nutr Res, 2007, 77(5): 303-310.

[5] Tijerina-Saenz A, Innis S M, Kitts D D. Antioxidant capacity of human milk and its association with vitamins A and E and fatty acid composition. Acta Paediatr, 2009, 98(11): 1793-1798.

[6] Tanumihardjo S A, Penniston K L. Simplified methodology to determine breast milk retinol concentrations. J Lipid Res, 2002, 43(2): 350-355.

[7] Heudi O, Trisconi M J, Blake C J. Simultaneous quantification of vitamins A, D_3 and E in fortified infant formulae by liquid chromatography-mass spectrometry. J Chromatogr A, 2004, 1022(1-2): 115-123.

[8] Kamao M, Tsugawa N, Suhara Y, et al. Quantification of fat-soluble vitamins in human breast milk by liquid chromatography-tandem mass spectrometry. J Chromatogr B Analyt Technol Biomed Life Sci, 2007, 859(2): 192-200.

[9] Kasalova E, Aufartova J, Krcmova L K, et al. Recent trends in the analysis of vitamin D and its metabolites in milk—a review. Food Chem, 2015, (171): 177-190.

[10] 方芳，李婷，李艳杰，等. 呼和浩特地区母乳中脂溶性 VA、VD、VE 含量. 乳业科学与技术，2014, 37(3): 5-7.

[11] 刘影，宋晓红，潘建平，等. 纯母乳喂养小婴儿及其母亲维生素 D 水平相关性研究. 中国儿童保健杂志，2019, 27(3): 292-295.

[12] Gomes F P, Shaw P N, Whitfield K, et al. Simultaneous quantitative analysis of eight vitamin D analogues in milk using liquid chromatography-tandem mass spectrometry. Anal Chim Acta, 2015, (891): 211-220.

[13] Dimartino G. Simultaneous determination of cholecalciferol (vitamin D_3) and ergocalciferol (vitamin D_2) in foods by selected reaction monitoring. J AOAC Int, 2009, 92(2): 511-517.

[14] Zhang Y, Bala V, Mao Z, et al. A concise review of quantification methods for determination of vitamin K in various biological matrices. J Pharm Biomed Anal, 2019, (169): 133-141.

[15] Gentili A, Miccheli A, Tomai P, et al. Liquid chromatography-tandem mass spectrometry method for the determination of vitamin K homologues in human milk after overnight cold saponification. Journal of Food Composition and Analysis, 2016, 47: 21-30.

[16] Zhang Y, Chhonker Y S, Bala V, et al. Reversed phase UPLC/APCI-MS determination of Vitamin K_1 and menaquinone-4 in human plasma: Application to a clinical study. J Pharm Biomed Anal, 2020, (183): 113147.

[17] 尹丽丽，薛霞，周禹君，等. 婴幼儿配方乳粉中维生素 K_1 的检测. 食品工业科技，2018, 39(12): 238-241.

[18] 邓梦雅，彭祖茂，朱丽丽，等. 高效液相色谱-荧光检测法测定食品中维生素 K_2 的含量. 食品工业科技，2019, 40(19): 240-250.

[19] 刘光兰，郑良，吴银，等. 高效液相色谱法同时测定维生素 D_3 和维生素 K_2 的含量. 食品安全质量检测学报，2019, 10(5): 1225-1229.

[20] Ren X N, Yin S A, Yang Z Y, et al. Application of UPLC-MS/MS Method for Analyzing B-vitamins in Human Milk. Biomed Environ Sci, 2015, 28(10): 738-750.

[21] Hampel D, York E R, Allen L H. Ultra-performance liquid chromatography tandem mass-spectrometry (UPLC-MS/MS) for the rapid, simultaneous analysis of thiamin, riboflavin, flavin adenine dinucleotide, nicotinamide and pyridoxal in human milk. J Chromatogr B Analyt Technol Biomed Life Sci, 2012, (903): 7-13.

[22] 陶保华，黄涛，赖世运，等. 超高压液相色谱-串联质谱法同时测定人乳中硫氨酸、核黄素、烟酰胺、泛酸和吡哆醛. 食品安全质量检测学报，2014, 5(7): 2087-2094.

[23] Ford J E, Zechalko A, Murphy J, et al. Comparison of the B vitamin composition of milk from mothers of preterm and term babies. Arch Dis Child, 1983, 58(5): 367-372.

[24] 殷泰安，刘冬生，李丽祥，等．北京市城乡乳母的营养状况、乳成分、乳量及婴儿生长发育关系的研究Ⅴ．母乳中维生素及无机元素的含量．营养学报，1989, 11(3): 233-239.
[25] 开赛尔•买买提明•特肯．人和几种动物乳汁的成分比较及作用．首都师范大学学报，2007, 28(5): 52-57.
[26] 王曙阳，梁剑平，魏恒，等．骆驼、牛、羊、人乳中维生素C含量测定与比较．中国兽医医药杂志，2009, (6): 35-37.
[27] 史玉东，康小红，生庆海．人常乳的营养成分．中国乳业，2010, (5): 62-64.
[28] Daneel-Otterbech S, Davidsson L, Hurrell R. Ascorbic acid supplementation and regular consumption of fresh orange juice increase the ascorbic acid content of human milk: studies in European and African lactating women. Am J Clin Nutr, 2005, 81(5): 1088-1093.
[29] Allen L H. Folate and vitamin B_{12} status in the Americas. Nutr Rev, 2004, 62(6 Pt 2): S29-33; discussion S34.
[30] Leung S S, Lee R H, Sung R Y, et al. Growth and nutrition of Chinese vegetarian children in Hong Kong. J Paediatr Child Health, 2001, 37(3): 247-253.
[31] Deegan K L, Jones K M, Zuleta C, et al. Breast milk vitamin B_{12} concentrations in Guatemalan women are correlated with maternal but not infant vitamin B_{12} status at 12 months postpartum. J Nutr, 2012, 142(1): 112-116.
[32] Sakurai T, Furukawa M, Asoh M, et al. Fat-soluble and water-soluble vitamin contents of breast milk from Japanese women. J Nutr Sci Vitaminol (Tokyo), 2005, 51(4): 239-247.
[33] Churchwell M I, Twaddle N C, Meeker L R, et al. Improving LC-MS sensitivity through increases in chromatographic performance: comparisons of UPLC-ES/MS/MS to HPLC-ES/MS/M S. J Chromatogr B Analyt Technol Biomed Life Sci, 2005, 825(2): 134-143.
[34] Bohm V, Peiker G, Starker A, et al. [Vitamin B_1, B_2, A and E and beta-carotene content in transitional breast milk and comparative studies in maternal and umbilical cord blood]. Z Ernahrungswiss, 1997, 36(3): 214-219.
[35] Hamaker B, Kirksey A, Ekanayake A, et al. Analysis of B_6 vitamers in human milk by reverse-phase liquid chromatography. Am J Clin Nutr, 1985, 42(4): 650-655.
[36] Tamura T, Picciano M F. Folate and human reproduction. Am J Clin Nutr, 2006, 83(5): 993-1016.
[37] 柳桢，杨振宇，荫士安．母乳中叶酸与维生素 B_{12} 研究进展．卫生研究，2013, 42: 219-223.
[38] Thomas M R, Sneed S M, Wei C, et al. The effects of vitamin C, vitamin B_6, vitamin B_{12}, folic acid, riboflavin, and thiamin on the breast milk and maternal status of well-nourished women at 6 months postpartum. Am J Clin Nutr, 1980, 33(10): 2151-2156.
[39] Khambalia A, Latulippe M E, Campos C, et al. Milk folate secretion is not impaired during iron deficiency in humans. J Nutr, 2006, 136(10): 2617-2624.
[40] Houghton L A, Yang J, O'Connor D L. Unmetabolized folic acid and total folate concentrations in breast milk are unaffected by low-dose folate supplements. Am J Clin Nutr, 2009, 89(1): 216-220.
[41] Greibe E, Lildballe D L, Streym S, et al. Cobalamin and haptocorrin in human milk and cobalamin-related variables in mother and child: a 9-mo longitudinal study. Am J Clin Nutr, 2013, 98(2): 389-395.
[42] Sandberg D P, Begley J A, Hall C A. The content, binding, and forms of vitamin B_{12} in milk. Am J Clin Nutr, 1981, 34(9): 1717-1724.
[43] Hampel D, Shahab-Ferdows S, Domek J M, et al. Competitive chemiluminescent enzyme immunoassay for vitamin B_{12} analysis in human milk. Food Chem, 2014, 153: 60-65.
[44] Daneel-Otterbech S. The ascorbic acid content of human milk in relation to iron nutrition. e-collection,

library, ethz.ch., 2003: 1-272.
[45] Danne O, Mockel M. Choline in acute coronary syndrome: an emerging biomarker with implications for the integrated assessment of plaque vulnerability. Expert Rev Mol Diagn, 2010, 10(2): 159-171.
[46] Holmes H C, Snodgrass G J, Iles R A. Changes in the choline content of human breast milk in the first 3 weeks after birth. Eur J Pediatr, 2000, 159(3): 198-204.
[47] Zeisel S H, Char D, Sheard N F. Choline, phosphatidylcholine and sphingomyelin in human and bovine milk and infant formulas. J Nutr, 1986, 116(1): 50-58.
[48] Fischer L M, da Costa K A, Galanko J, et al. Choline intake and genetic polymorphisms influence choline metabolite concentrations in human breast milk and plasma. Am J Clin Nutr, 2010, 92(2): 336-346.
[49] Holmes-McNary M Q, Cheng W L, Mar M H, et al. Choline and choline esters in human and rat milk and in infant formulas. Am J Clin Nutr, 1996, 64(4): 572-576.
[50] 詹越城，何斌，刘梦婷，等．高效液相色谱-串联质谱法同时测定婴幼儿配方食品中胆碱 L-肉碱含量方法研究．农产品加工，2019, 6: 68-73.
[51] 甘宾宾，黎少豪．HPLC 法测定保健食品中左旋肉碱含量的研究．中国卫生检验杂志，2010, 20(7): 1688-1689.
[52] 黄芳，黄晓兰，吴惠勤，等．液相色谱-质谱法快速测定婴幼儿配方食品中 L-肉碱的亲水相互作用．分析试验室，2011, 30(10): 111-114.
[53] 邹晓莉，周艳阳，乔蓉，等．高效阴离子色谱法快速分析保健食品中的左旋肉碱．卫生研究，2011, 40(3): 358-361.
[54] 林梦勇，王熊．分光光度法测定乳粉中左旋肉碱含量．福建分析测试，2012, 21(1): 52-56.
[55] Mitchell M E, Snyder E A. Dietary carnitine effects on carnitine concentrations in urine and milk in lactating women. Am J Clin Nutr, 1991, 54(5): 814-820.

母乳成分分析方法

Analytical Methods for Human Milk Compositions

第 20 章

母乳中持久性有机氯农药含量测定

20 世纪，有机氯农药在我国被广泛、大规模使用，20 世纪 80 年代初达到顶峰。1983 年，我国开始全面禁止六六六（BHC）、滴滴涕（DDT）等有机氯农药的生产和使用。但由于有机氯农药性质稳定，不易被降解，虽然过去了几十年，有机氯农药仍然对人类健康存在慢性和潜在危害[1]。于慧芳等[2,3]对北京地区 1982—2002 年母乳中六六六、滴滴涕的蓄积水平做了动态研究，结果显示，1983 年以后，母乳中含量呈现明显下降趋势。1998 年以后，婴儿通过母乳摄入六六六和滴滴涕农药含量已经处于安全水平。李延红等[4]对长春市 1998 年母乳中有机氯农药的蓄积水平研究显示，与 1987 年相比有所下降，已降到 20 世纪 80 年代发达国家的水平。

目前，测定有机氯农药残留常见的分析方法有气相色谱法（GC）[5-7]、高效液相色谱法（HPLC）[8]、质谱法（MS）[9,10]、薄层色谱法（TLC）[11]、酶联免疫法（ELISA）[12] 等方法。其中气相色谱法具有快速、灵敏、分辨率高的优点，已被广泛运用于农药残留检测，为现今主要的检测方法。净化方法主要有凝胶渗透色谱法（GPC）[6,7,13]、固相萃取法（SPE）[9,10,14]。GPC 对高分子化合物的净化具有适用样品范围广的特点，但也具有耗时、消耗试剂量大、环境污染大等缺点；而 SPE 快速、试剂消耗少，环境污染少，可作为 GPC 的替代方法。美国环保局农药分析手册（EPA）推荐使用乙腈、石油醚提取母乳中的有机氯农药，由于六六六为非极性化合物，该方法对脂肪中六六六的检测回收率为 20% ～ 30%[15]。Brevik 等 [16] 采用另一种方法检测母乳中有机氯农药，使用丙酮提取，正己烷液液萃取，用浓硫酸和氢氧化钾甲醇溶液依次净化，能有效除去母乳中的大量杂质。但六六六在氢氧化钾甲醇溶液中会发生相当程度的分解 [15]。

本章介绍了一种快速、可靠、精确检测母乳中六六六、滴滴涕农药残留的方法，并利用该方法对全国范围内采集的母乳样品进行风险评估。

20.1 持久性有机氯农药测定的材料与方法

20.1.1 仪器

Agilent 7890 气相色谱仪（Agilent 公司）；检测器为 ^{63}Ni-ECD ；色谱柱为 DB-1701 色谱柱（30m×0.32mm，0.25μm）（Agilent 公司）。

20.1.2 试剂

标准品 α-BHC、β-BHC、γ-BHC、δ-BHC、*p*, *p*′-DDE、*p*, *p*′-DDD、*p*, *p*′-DDT 和 *o*, *p*′-DDT（纯度＞ 98%，德国 Dr Ehrenstorfer）；乙腈、乙酸乙酯和正己烷（色谱纯，德国 Merck）；硫酸（分析纯，上海凌峰化学试剂有限公司）；氯化钠和无水硫酸钠（分析纯）；硅胶（60A，加拿大 SILICYCLE）。

20.1.3 实验方法

20.1.3.1 样品前处理

准确称取 1g 乳样（精确到 0.001g），加入 0.5g 氯化钠、0.5g 无水硫酸钠和

10mL 乙腈，涡旋混匀 1min，超声 5min。在 4℃、8000r/min 条件下，离心 10min 后，移取 5mL 上层清液，40℃下氮气吹干，用 1mL 乙酸乙酯：正己烷溶液（2：8，体积比）溶解，待过柱。

在空固相萃取柱中装入 1g 含 5% 硫酸的硅胶，0.5g 无水硫酸钠。将上述溶液转移至固相萃取柱中，用 1mL 乙酸乙酯：正己烷溶液（2：8，体积比）洗涤试管，并转移至固相萃取柱中，待其流至近完全，用 8mL 乙酸乙酯：正己烷溶液（2：8，体积比）洗脱，收集所有流出液。氮气吹干，准确加入 0.4mL 丙酮：环己烷溶液（3：7，体积比）溶解，待进样。

20.1.3.2 标准储备液制备

将六六六（α-BHC, β-BHC, γ-BHC 和 δ-BHC 4 种异构体）、滴滴涕（*p*, *p*′-DDE、*p*, *p*′-DDD、*p*, *p*′-DDT 和 *o*, *p*′-DDT 4 种异构体）均用丙酮配制成 1.0mg/mL 的储备液。

20.1.3.3 色谱条件

进样口温度：250℃。脉冲不分流进样，进样量 1μL。程序升温：初始温度 80℃（保持 4min），以 10℃ /min 升至 180℃（保持 2min），再以 8℃ /min 升至 260℃（保持 10min）。载气：高纯 N_2（99.99%）。柱流量：1.2mL/min，恒流模式。检测器温度：280℃。8 种有机氯农药的标准品色谱图见图 20-1。

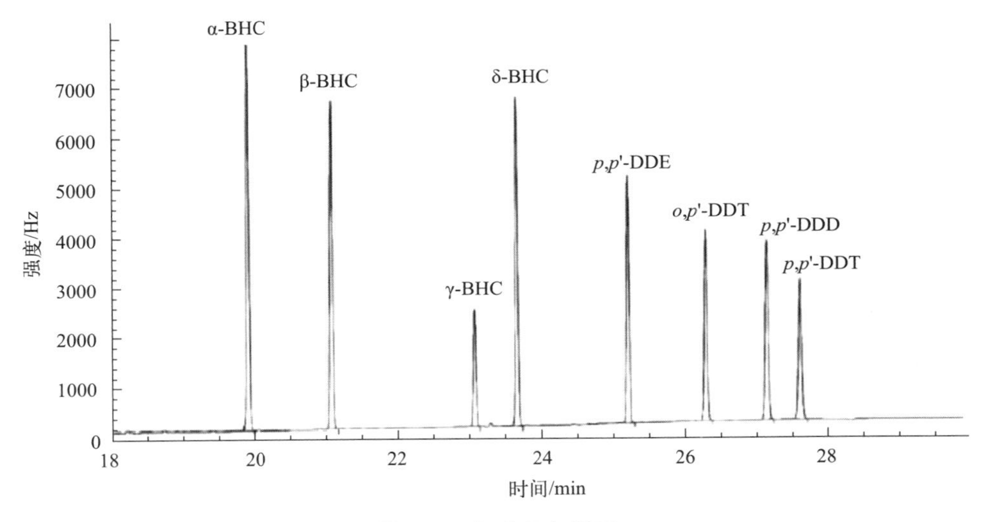

图 20-1 标准品色谱图

20.2　持久性有机氯农药测定的结果与讨论

20.2.1　前处理方法

本方法系将经典的磺化法和固相萃取法相结合，采用加入浓硫酸的硅胶 SPE 柱作为净化方法。在硅胶柱中加入浓硫酸不但可以控制硅胶柱的水活度，提高杂质吸附能力，而且还能利用浓硫酸的强氧化性进一步净化杂质。由于六六六、滴滴涕在酸性条件下性质稳定，本方法不会对被测物产生任何干扰。

本方法考察了浓硫酸的添加量。在 100g 硅胶中加入 0mL、5mL、10mL、15mL 和 20mL 的浓硫酸，搅拌均匀后作为 SPE 柱填料使用。实验结果表明，未加入浓硫酸的硅胶的净化效果不佳，如图 20-2A 所示，色谱图在 25.232min 时出现一个较大的杂质峰，影响了 *p*, *p*′-DDE 的检测。在硅胶中加入浓硫酸可立即消除此处的杂质干扰（见图 20-2B）。

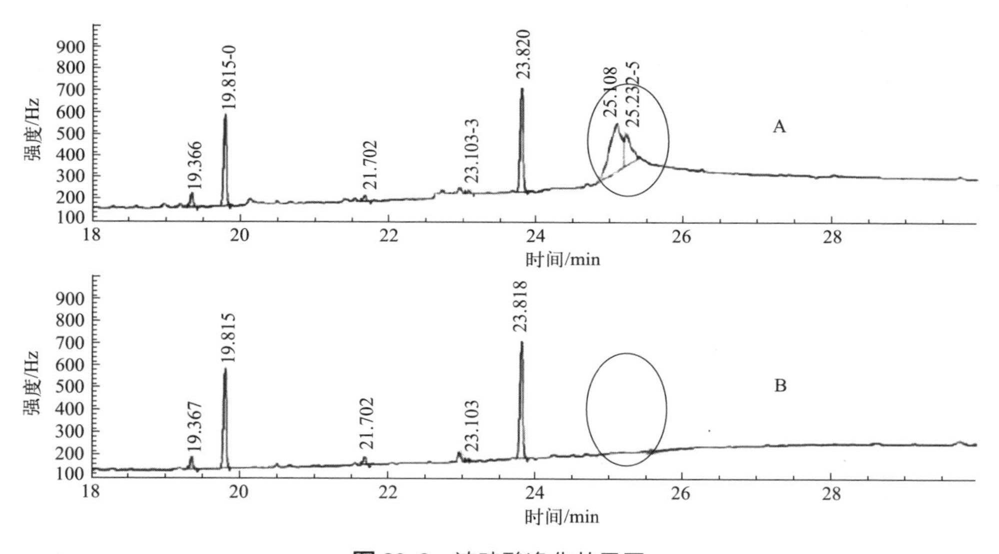

图 20-2　浓硫酸净化效果图

该实验结果还表明，本方法被测物的回收率与硅胶中的浓硫酸含量密切相关。随浓硫酸含量的增加，8 种被测物的回收率均有所降低（见图 20-3）。硅胶的水活度随着浓硫酸含量的提高而降低，其吸附能力也随之提高，过低的水活度也使被测物易被吸附在硅胶柱中，难以洗脱，导致回收率偏低。综合考虑杂质净化能力和被测物回收率，最终确定在每 100g 硅胶中添加 5mL 的浓硫酸作为 SPE 柱填料。

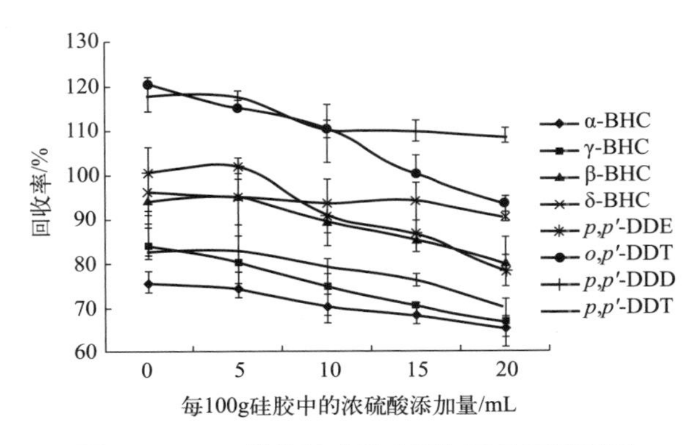

图 20-3　SPE 柱的浓硫酸含量与回收率关系图

20.2.2　方法学验证

（1）线性范围　配制一系列不同浓度的混合标准溶液，按上述色谱条件测定，每个浓度的溶液测定三次，取峰面积的平均值，以质量浓度（ng/mL）为横坐标、峰面积为纵坐标绘制标准曲线。其回归方程、线性范围和相关系数（见表 20-1）满足检测要求。

表 20-1　回归方程、线性范围、相关系数和定量限

名称	回归方程	线性范围 /（ng/mL）	相关系数（R^2）	定量限 /（μg/kg）
α-BHC	Y=393.89619X−983.90216	1 ～ 200	0.9991	0.6
γ-BHC	Y=315.7797X−737.83369	1 ～ 200	0.9991	0.7
β-BHC	Y=108.08913X−92.70778	1 ～ 200	0.9994	1.6
δ-BHC	Y=291.86123X−642.77852	1 ～ 200	0.9992	0.7
p, *p*′-DDE	Y=231.42565X−425.51834	1 ～ 200	0.9993	1.0
o, *p*′-DDT	Y=231.42565X−425.51834	5 ～ 200	0.9974	2.5
p, *p*′-DDD	Y=231.42565X−425.51834	1 ～ 200	0.9995	1.0
p, *p*′-DDT	Y=231.42565X−425.51834	5 ～ 200	0.9955	2.5

（2）仪器精密度　配制混合标准溶液，8 种被测物浓度均为 50ng/mL, 重复进样 5 次，每次进样随机安排在同一天进样列表的不同位置，计算 5 次进样结果的相对标准偏差（见表 20-2）。

（3）方法精密度　取空白母乳样品，加入混合标准溶液使样品中被测物的浓度均为 60μg/kg，按 20.1.3 分析步骤重复预处理 5 次后检测，该检测重复进行 3 天，计算所有结果的相对标准偏差（见表 20-2）。

表 20-2 仪器精密度和方法精密度

名称	仪器精密度（n=5）/%	方法精密度（n=15）/%
α-BHC	0.74	5.43
γ-BHC	0.71	6.10
β-BHC	0.66	7.29
δ-BHC	0.65	6.65
p, *p*′-DDE	0.54	6.70
o, *p*′-DDT	0.66	3.91
p, *p*′-DDD	0.76	9.34
p, *p*′-DDT	0.82	4.72

20.2.3 加标回收率

取空白母乳样品，加入混合标准溶液使样品中被测物的浓度分别达到30μg/kg、60μg/kg 和 120μg/kg，按 20.1.3 分析步骤检测，每个样品进行 5 个平行实验，该实验重复 3 天，计算回收率（见表 20-3）。六六六和滴滴涕的平均回收率在 70% ～ 122%，相对标准偏差在 3.91% ～ 10.77%，可满足实验检测要求。

表 20-3 八种有机氯农药回收率

名称	加标浓度 /（μg/kg）	回收率 /%	相对标准偏差 /%
α-BHC	30	70.14	7.24
	60	74.18	5.43
	120	72.56	6.10
γ-BHC	30	79.43	5.87
	60	80.58	6.10
	120	77.04	6.17
β-BHC	30	92.44	6.26
	60	94.84	7.29
	120	92.13	4.83
δ-BHC	30	99.36	5.72
	60	101.96	6.65
	120	94.78	4.93
p, *p*′-DDE	30	101.17	5.69
	60	95.21	6.70
	120	98.52	5.97

续表

名称	加标浓度 /（μg/kg）	回收率 /%	相对标准偏差 /%
o, *p*′-DDT	30	120.98	4.21
	60	115.11	3.91
	120	118.47	5.41
p, *p*′-DDD	30	84.00	10.77
	60	83.08	9.34
	120	83.15	6.85
p, *p*′-DDT	30	121.54	5.98
	60	117.76	4.95
	120	122.00	4.72

20.2.4 母乳中含量

本次研究采集了来自北京（99 份）、兰州（102 份）、杭州（99 份），共 300 份母乳样品。将母乳样品进样分析后，计算总六六六和总滴滴涕的含量。结果表明，北京、兰州和杭州三地区的母乳中普遍含有不同浓度的六六六和滴滴涕，阳性率分别为 92.0%、76.5%、97.0%。总六六六检出范围分别为 0.8 ～ 13.4μg/kg、0.8 ～ 9.2μg/kg、0.8 ～ 12.1μg/kg。总滴滴涕检出范围分别为 1.1 ～ 27.8μg/kg、0.8 ～ 16.1μg/kg、1.1 ～ 63.9μg/kg。典型阳性样品色谱图如图 20-4 所示，其中母乳中六六六主要存在形式为 β-BHC，滴滴涕主要存在形式为 *p*, *p*′-DDE。

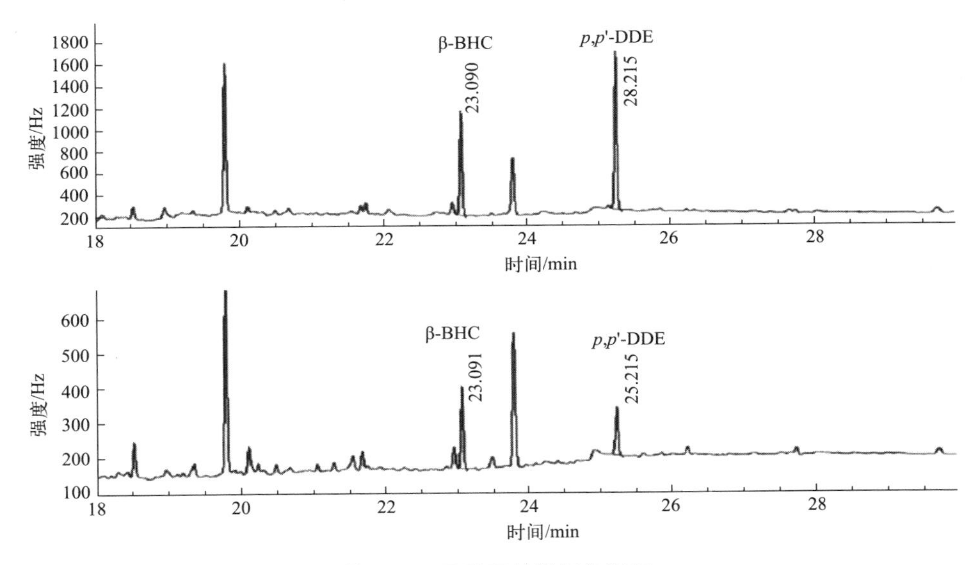

图 20-4　母乳阳性样品色谱图

无论是阳性率还是总六六六和总滴滴涕的含量，兰州母乳样品含量均显著低于其他两个城市，而北京和杭州的母乳结果之间无显著差异（见图 20-5）。阳性样品中，总六六六含量最高的可达 13.4μg/kg，总滴滴涕含量可达 63.9μg/kg。根据世界卫生组织 1989 年规定婴儿每天六六六和滴滴涕的最高可接受摄入量分别为每千克体重 10μg 和 20μg，本方法测得的蓄积最严重的母乳依然低于世界卫生组织的要求（以婴儿每千克体重每天喝 150mL 母乳计 [2]）。

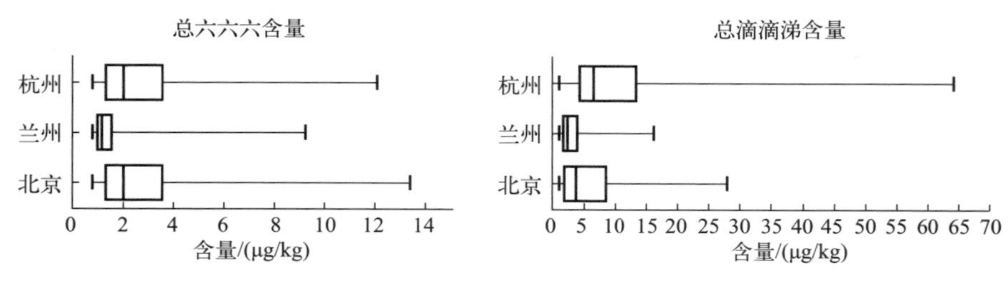

图 20-5　有机氯农药含量箱形图

20.3　结论

本研究结合了常用的磺化和固相萃取净化法，使用添加了浓硫酸的硅胶作为固相萃取柱填料，并考察了浓硫酸的添加量，使固相萃取柱能同时提供最大的净化效果和回收率。经方法学验证，本方法具有较高的灵敏度、准确度和精密度。

通过对北京、兰州和杭州三地区 300 份母乳样品的六六六和滴滴涕蓄积水平的评估发现，母乳中六六六和滴滴涕与 20 世纪 80 年代相比已显著下降，符合世界卫生组织对婴儿每天六六六和滴滴涕的最高可接受摄入量的要求。

（杨国良，陈启，蔡明明，赖世云，任一平）

参考文献

[1] 王东力，张晓鸣，刘玉敏．持久性有机污染物的环境行为及对人体健康的危害．国外医学卫生学分册，2003, 30(3): 169.

[2] 于慧芳，赵旭东，张晓鸣，等．北京地区人乳有机氯农药蓄积水平的动态研究．环境与健康杂志，2001, 8(6): 352-354.

[3] 于慧芳，赵旭东，张晓鸣，等，1982 至 2002 年北京地区人乳中有机氯农药水平监测．中华预防医学杂志，2005, 39(1): 22-25.

[4] 李延红，王忝，朱颖俐，等．长春市哺乳期妇女有机氯农药蓄积水平的研究．环境与健康杂志，2000, 17(1): 172-174.

[5] 张曙明，郭怀忠，陈建民．甘草中有机氯类农药残留量的毛细管气相色谱测定．药学学报，2000,

35(8): 596-600.
[6] 曾凡刚．凝胶渗透色谱净化气相色谱法测定牛奶中 10 种有机氯农药残留．中国乳品工业，2006, 34(5): 52-54.
[7] Satio K, Sjodin A, Sandau C D, et al. Development of an accelerated solvent extraction and gel permeation chromatography analytical method for measuring persistent organohalogen ompounds in adipose and organ tissue analysis. Chemosphere, 2004, 57(5): 373-381.
[8] 张翔，廖青，张焱．高效液相色谱法同时检测棉织品中的 9 种有机氯农药残留．色谱，2007, 25(3): 380-383.
[9] 康庆贺，吴岩，高凯扬，等．固相萃取 - 在线凝胶渗透色谱 - 气相色谱 / 质谱法测定松子仁中的 28 种有机氯农药和拟除虫菊酯农药．色谱，2009, 27(2): 181-185.
[10] 刘永波，贾立华，牛淑妍，等．固相萃取 - 气相色谱 - 质谱联用法快速检测蔬菜水果中 44 种有机氯和拟除虫菊酯多残留的研究．分析化学，2005, 33(2): 290.
[11] 梁洪军，高志贤．薄层色谱扫描测定粮食、蔬菜中有机氯农药残留量的方法研究．解放军预防医学杂志，1994, 12(4): 283-285.
[12] 杜小粉，董全．酶联免疫吸附分析技术及其在食品农药残留检测中的应用．食品科学，2009, 30(17): 330-333.
[13] 刘咏梅，王志华，储晓刚．凝胶渗透色谱技术在农药残留分析中的应用．分析测试学报，2005, 24(2): 123-127.
[14] 杨丽莉，母应锋，胡恩宇，等．固相萃取 -GC/MS 法测定水中有机氯农药．环境监测管理与技术，2008, 20(1): 25-28.
[15] Taylor I S, Keenan F P. Studies on analysis of hexachlorobenzene residues in foodstuffs. Anal Chem, 1970, 53(6): 1293-1295.
[16] Brevik E M. Gas chromatographic method for the determination of organochlorine pesticides in human milk. B Environ Contam Tox, 1978, 19(1): 281-286.

母乳成分分析方法

Analytical Methods for Human Milk Compositions

第 21 章

母乳中二噁英及其类似物含量测定

二噁英及其类似物主要包括多氯代二苯并二噁英 / 呋喃（polychlorinated dibenzo-*p*-dioxins and polychlorinated dibenzofurans, PCDD/Fs）和二噁英样多氯联苯（dioxin-like polychlorinated biphenyls），属于典型持久性有机污染物（POPs），于 2004 年被首批列入《关于 POPs 的斯德哥尔摩公约》的附录名单中，要求各签约国采取措施消减排放并降低人体暴露水平[1, 2]。

PCDD/Fs 不是人类有目的生产的化学品，主要在含氯化学品如农药或 PCBs 等生产过程以及垃圾（特别是城市生活垃圾、医疗垃圾和有害垃圾）焚烧、钢铁及有色金属冶炼、化石燃料生产和使用等燃烧过程中产生，也有因故意使用导致的污染，如美国在 20 世纪 70 年代的越南战争中大量投放含有二噁英的落叶剂导致了当地严重环境污染和生态灾难[3]。dl-PCBs 则为 PCBs 产品中的微量成分，PCBs 曾广泛用于多种工业和商业目的，主要包括在液压和传热系统中以及变压器和电容器中作为冷却和绝缘流体，以及用作增塑剂广泛应用于颜料、染料、驱虫剂、无碳复写纸、油漆、密封剂、塑料和橡胶产品中，在其生产和使用过程中的排放及泄漏而进入环境造成污染。

PCDD/Fs 为三环平面结构，根据不同氯原子取代位置其同类物众多，但其毒性大小相差极大，世界卫生组织（WHO）评估后认为有 17 种 2,3,7,8 位取代 PCDD/Fs 化合物毒性较强[4, 5]。PCBs 为双环结构，同类物众多，其毒性大小亦取决于不同氯原子取代位置，其中有 12 种非邻位取代和单邻位取代 PCBs 表现出类似于 2,3,7,8-TCDD 的毒性作用，被称为二噁英样（dioxin-like）PCBs（dl-PCBs）。按照 WHO 有关规定，食品中对二噁英及其类似物的控制和管理以 17 种 2,3,7,8 位取代 PCDD/Fs 和 12 种 dl-PCBs 为主要目标。此外，经 WHO 评估，以毒性最强的 2,3,7,8-TCDD 为基准，设其毒性当量因子（TEF）为 1，其余二噁英及其类似物按照毒性相对大小给予不同的 TEF。实际样品测定中，每一种分析物的测定浓度乘以相应的 TEF，然后加和，即为毒性当量（TEQ）值，用于从总体上评价二噁英及其类似物含量[4, 5]。

母乳中 PCDD/Fs 和 dl-PCBs 多为 pg/g 水平，准确定量测定的难度较大。高分辨气相色谱-高分辨质谱法是公认的多基质中 PCDD/Fs 和 dl-PCBs 测定的金标准方法。参考美国环境保护署（USEPA）1613 方法[6] 和 1668 方法[7]，建立了食品中二噁英及其类似物的高分辨气相色谱-高分辨质谱法，并测定了 2016—2019 年第三次全国母乳监测样品中的二噁英及其类似物。

21.1 二噁英及其类似物测定的仪器与试剂

21.1.1 仪器

① 高分辨气相色谱-高分辨质谱仪（DFS™ 气相色谱-扇形磁场高分辨质谱系统，赛默飞世尔科技，德国）：由 Trace1300 气相色谱仪（GC）和 DFS 高分辨双聚焦磁式质谱仪（HRMS）组成；配备 DB-5MS UI 色谱柱（60m×0.25mm，0.25μm，

安捷伦科技，美国）。

② 全自动净化装置（JF602，北京普立泰科仪器有限公司，中国），配备商品化酸碱复合硅胶柱、氧化铝柱和碳柱（FMS 公司，美国）。

③ 冻干机（Coolsafe 95-15，Labogene，Lynge，丹麦）。

④ 减压旋转蒸发器（R-210，BÜCHI，Flawil，瑞士），配隔膜真空泵和真空控制装置（压力最低可到 50 mbar）以及循环冷凝水装置。

⑤ 加速溶剂萃取仪（ASE350，Thermo Scientific，美国），配备 66mL 萃取池。

⑥ 洗瓶机（G7883，Miele，德国）。

⑦ 马弗炉。

⑧ 天平：感量为 0.1g 和 0.1mg。

21.1.2 试剂

21.1.2.1 标准溶液

PCDD/Fs 校正标准溶液（EPA1613-CVS）、稳定同位素取代 PCDD/Fs 定量内标溶液（EPA1613-LCS）、稳定同位素取代 PCDD/Fs 回收内标溶液（EPA1613-ISS）均购自加拿大威灵顿公司，详见表 21-1 和表 21-2。

表 21-1 PCDD/Fs 校正标准溶液 单位：ng/mL

化合物		CS1	CS2	CS3	CS4	CS5
目标化合物	2,3,7,8-TCDD	0.1	0.25	0.5	2	10
	2,3,7,8-TCDF	0.1	0.25	0.5	2	10
	1,2,3,7,8-PeCDD	0.5	1.25	2.5	10	50
	1,2,3,7,8-PeCDF	0.5	1.25	2.5	10	50
	2,3,4,7,8-PeCDF	0.5	1.25	2.5	10	50
	1,2,3,4,7,8-HxCDD	0.5	1.25	2.5	10	50
	1,2,3,6,7,8-HxCDD	0.5	1.25	2.5	10	50
	1,2,3,7,8,9-HxCDD	0.5	1.25	2.5	10	50
	1,2,3,4,7,8-HxCDF	0.5	1.25	2.5	10	50
	1,2,3,6,7,8-HxCDF	0.5	1.25	2.5	10	50
	1,2,3,7,8,9-HxCDF	0.5	1.25	2.5	10	50
	2,3,4,6,7,8-HxCDF	0.5	1.25	2.5	10	50
	1,2,3,4,6,7,8-HpCDD	0.5	1.25	2.5	10	50
	1,2,3,4,6,7,8-HpCDF	0.5	1.25	2.5	10	50

续表

化合物		CS1	CS2	CS3	CS4	CS5
目标化合物	1,2,3,4,7,8,9-HpCDF	0.5	1.25	2.5	10	50
	OCDD	1.0	2.5	5.0	20	100
	OCDF	1.0	2.5	5.0	20	100
定量内标	$^{13}C_{12}$-2,3,7,8-TCDD	100	100	100	100	100
	$^{13}C_{12}$-2,3,7,8-TCDF	100	100	100	100	100
	$^{13}C_{12}$-1,2,3,7,8-PeCDD	100	100	100	100	100
	$^{13}C_{12}$-1,2,3,7,8-PeCDF	100	100	100	100	100
	$^{13}C_{12}$-2,3,4,7,8-PeCDF	100	100	100	100	100
	$^{13}C_{12}$-1,2,3,4,7,8-HxCDD	100	100	100	100	100
	$^{13}C_{12}$-1,2,3,6,7,8-HxCDD	100	100	100	100	100
	$^{13}C_{12}$-1,2,3,4,7,8-HxCDF	100	100	100	100	100
	$^{13}C_{12}$-1,2,3,6,7,8-HxCDF	100	100	100	100	100
	$^{13}C_{12}$-1,2,3,7,8,9-HxCDF	100	100	100	100	100
	$^{13}C_{12}$-2,3,4,6,7,8-HxCDF	100	100	100	100	100
	$^{13}C_{12}$-1,2,3,4,6,7,8-HpCDD	100	100	100	100	100
	$^{13}C_{12}$-1,2,3,4,6,7,8-HpCDF	100	100	100	100	100
	$^{13}C_{12}$-1,2,3,4,7,8,9-HpCDF	100	100	100	100	100
	$^{13}C_{12}$-OCDD	200	200	200	200	200
回收率内标	$^{13}C_{12}$-1,2,3,4-TCDD	100	100	100	100	100
	$^{13}C_{12}$-1,2,3,7,8,9-HxCDD	100	100	100	100	100

注：TCDD 为四氯代二苯并二噁英；TCDF 为四氯代二苯并呋喃；PeCDD 为五氯代二苯并二噁英；PeCDF 为五氯代二苯并呋喃；HxCDD 为六氯代二苯并二噁英；HxCDF 为六氯代二苯并呋喃；HpCDD 为七氯代二苯并二噁英；HpCDF 为七氯代二苯并呋喃；OCDD 为八氯代二苯并二噁英；OCDF 为八氯代二苯并呋喃。

表 21-2　稳定同位素取代的 PCDD/Fs 定量内标和回收率内标

种类	同位素标记的化合物	浓度 /（ng/mL）
定量内标	$^{13}C_{12}$-2,3,7,8-TCDD	100
	$^{13}C_{12}$-2,3,7,8-TCDF	100
	$^{13}C_{12}$-1,2,3,7,8-PeCDD	100
	$^{13}C_{12}$-1,2,3,7,8-PeCDF	100
	$^{13}C_{12}$-2,3,4,7,8-PeCDF	100
	$^{13}C_{12}$-1,2,3,4,7,8-HxCDD	100
	$^{13}C_{12}$-1,2,3,6,7,8-HxCDD	100

续表

种类	同位素标记的化合物	浓度 /（ng/mL）
定量内标	$^{13}C_{12}$-1,2,3,4,7,8-HxCDF	100
	$^{13}C_{12}$-1,2,3,6,7,8-HxCDF	100
	$^{13}C_{12}$-1,2,3,7,8,9-HxCDF	100
	$^{13}C_{12}$-2,3,4,6,7,8-HxCDF	100
	$^{13}C_{12}$-1,2,3,4,6,7,8-HpCDD	100
	$^{13}C_{12}$-1,2,3,4,6,7,8-HpCDF	100
	$^{13}C_{12}$-1,2,3,4,7,8,9-HpCDF	100
	$^{13}C_{12}$-OCDD	200
回收率内标	$^{13}C_{12}$-1,2,3,4-TCDD	200
	$^{13}C_{12}$-1,2,3,7,8,9-HxCDD	200

dl-PCBs 校正标准溶液（P48-W-CVS）、稳定同位素取代定量内标溶液（P48-W-ES）、稳定同位素取代回收内标溶液（P48RS）均购自加拿大威灵顿公司，详见表 21-3 和表 21-4。

表 21-3　dl-PCBs 校正标准溶液　　单位：ng/mL

种类	化合物	化学名	CS1	CS2	CS3	CS4	CS5
目标化合物	PCB-77	3,3′,4,4′-TeCB	0.1	0.5	2	10	40
	PCB-81	3,4,4′,5-TeCB	0.1	0.5	2	10	40
	PCB-105	2,3,3′,4,4′-PeCB	0.1	0.5	2	10	40
	PCB-114	2,3,4,4′,5-PeCB	0.1	0.5	2	10	40
	PCB-118	2,3′,4,4′,5-PeCB	0.5	2.5	10	50	200
	PCB-123	2′,3,4,4′,5-PeCB	0.1	0.5	2	10	40
	PCB-126	3,3′,4,4′,5-PeCB	0.1	0.5	2	10	40
	PCB-156	2,3,3′,4,4′,5-HxCB	0.1	0.5	2	10	40
	PCB-157	2,3,3′,4,4′,5′-HxCB	0.1	0.5	2	10	40
	PCB-167	2,3′,4,4′,5,5′-HxCB	0.1	0.5	2	10	40
	PCB-169	3,3′,4,4′,5,5′-HxCB	0.1	0.5	2	10	40
	PCB-189	2,3,3′,4,4′,5,5′-HpCB	0.1	0.5	2	10	40
定量内标	$^{13}C_{12}$-PCB-77	$^{13}C_{12}$-3,3′,4,4′-TeCB	10	10	10	10	10
	$^{13}C_{12}$-PCB-81	$^{13}C_{12}$-3,4,4′,5-TeCB	10	10	10	10	10
	$^{13}C_{12}$-PCB-105	$^{13}C_{12}$-2,3,3′,4,4′-PeCB	10	10	10	10	10
	$^{13}C_{12}$-PCB-114	$^{13}C_{12}$-2,3,4,4′,5-PeCB	10	10	10	10	10
	$^{13}C_{12}$-PCB-118	$^{13}C_{12}$-2,3′,4,4′,5-PeCB	10	10	10	10	10

续表

种类	化合物	化学名	CS1	CS2	CS3	CS4	CS5
定量内标	$^{13}C_{12}$-PCB-123	$^{13}C_{12}$-2′,3,4,4′,5-PeCB	10	10	10	10	10
	$^{13}C_{12}$-PCB-126	$^{13}C_{12}$-3,3′,4,4′,5-PeCB	10	10	10	10	10
	$^{13}C_{12}$-PCB-156	$^{13}C_{12}$-2,2′,4,4′,6,6′-HxCB	10	10	10	10	10
	$^{13}C_{12}$-PCB-157	$^{13}C_{12}$-2,3,3′,4,4′,5′-HxCB	10	10	10	10	10
	$^{13}C_{12}$-PCB-167	$^{13}C_{12}$-2,3′,4,4′,5,5′-HxCB	10	10	10	10	10
	$^{13}C_{12}$-PCB-169	$^{13}C_{12}$-3,3′,4,4′,5,5′-HxCB	10	10	10	10	10
	$^{13}C_{12}$-PCB-189	$^{13}C_{12}$-2,2′,3,4′,5,6,6′-HpCB	10	10	10	10	10
回收率内标	$^{13}C_{12}$-PCB-70	$^{13}C_{12}$-2,3′,4′,5-TeCB	10	10	10	10	10
	$^{13}C_{12}$-PCB-111	$^{13}C_{12}$-2,3,3′,5,5′-PeCB	10	10	10	10	10
	$^{13}C_{12}$-PCB-170	$^{13}C_{12}$-2,2′,3,3′,4,4′,5-HpCB	10	10	10	10	10

注：TeCB 为四氯联苯；PeCB 为五氯联苯；HxCB 为六氯联苯；HpCB 为七氯联苯。

表 21-4　稳定同位素取代的 dl-PCBs 定量内标和回收率内标

类别	化合物	化学名	浓度 /（ng/mL）
定量内标	$^{13}C_{12}$-PCB-77	$^{13}C_{12}$-3,3′,4,4′-TeCB	100
	$^{13}C_{12}$-PCB-81	$^{13}C_{12}$-3,4,4′,5-TeCB	100
	$^{13}C_{12}$-PCB-105	$^{13}C_{12}$-2,3,3′,4,4′-PeCB	100
	$^{13}C_{12}$-PCB-114	$^{13}C_{12}$-2,3,4,4′,5-PeCB	100
	$^{13}C_{12}$-PCB-118	$^{13}C_{12}$-2,3′,4,4′,5-PeCB	100
	$^{13}C_{12}$-PCB-123	$^{13}C_{12}$-2′,3,4,4′,5-PeCB	100
	$^{13}C_{12}$-PCB-126	$^{13}C_{12}$-3,3′,4,4′,5-PeCB	100
	$^{13}C_{12}$-PCB-156	$^{13}C_{12}$-2,3,3′,4,4′,5-HxCB	100
	$^{13}C_{12}$-PCB-157	$^{13}C_{12}$-2,3,3′,4,4′,5′-HxCB	100
	$^{13}C_{12}$-PCB-167	$^{13}C_{12}$-2,3′,4,4′,5,5′-HxCB	100
	$^{13}C_{12}$-PCB-169	$^{13}C_{12}$-3,3′,4,4′,5,5′-HxCB	100
	$^{13}C_{12}$-PCB-189	$^{13}C_{12}$-2,3,3′,4,4′,5,5′-HpCB	100
回收率内标	$^{13}C_{12}$-PCB-70	$^{13}C_{12}$-2,3′,4′,5-TeCB	100
	$^{13}C_{12}$-PCB-111	$^{13}C_{12}$-2,3,3′,5,5′-PeCB	100
	$^{13}C_{12}$-PCB-170	$^{13}C_{12}$-2,2′,3,3′,4,4′,5-HpCB	100

21.1.2.2　试剂和耗材

本方法所用有机溶剂均为农残级，要求浓缩 10000 倍后不得检出目标化合物。

正己烷（C_6H_{14}）；甲苯（C_7H_8）；二氯甲烷（CH_2Cl_2）；壬烷（C_9H_{20}）；乙酸乙酯（$CH_3COOCH_2CH_3$）；无水硫酸钠（Na_2SO_4，优级纯）；浓硫酸（H_2SO_4，优

级纯）；硅藻土（Merk KGaA，德国）；硅胶（Silica gel 60，0.063 ～ 0.100 mm，Merk KGaA，德国）；一次性玻璃制巴斯德滴管；100mL 玻璃培养皿；250mL 磨口平底茄形瓶（重量低于 90g，旋转蒸发仪用）；500mL 陶瓷研钵；瓶口分配器（规格 50mL）；微量注射器（量程 10μL）。

本实验所用试剂和药品，在每个批次启用前均须进行空白检查，若存在本底污染，则弃用。另外，所有非一次性玻璃器皿使用前都以洗瓶机清洗，晾干后分别以 10mL 1∶1 正己烷∶二氯甲烷溶液、正己烷各润洗一次。

21.1.2.3 净化材料

（1）活性硅胶 使用前，取硅胶适量装入玻璃柱中，先后用与玻璃柱等体积的甲醇、二氯甲烷淋洗，晾干后置于马弗炉中在 600℃之上烘烤 10h，冷却后，保存在带螺帽密封的玻璃瓶中。

（2）酸化硅胶（44%，质量分数） 称取 112g 活性硅胶置于 250mL 具塞磨口茄形烧瓶中，缓慢加入 88g 浓硫酸，塞上玻璃塞后，用手用力振摇，中间要小心打开瓶塞放气，当没有大的结块后用封口膜固定玻璃塞，放置于摇床上，以最大频率振摇 6 ～ 8h，最终所制备之酸化硅胶可自由流动且于耳边振摇时有沙沙声即表示制备完成。置干燥器内，可保存 3 周。

21.2 母乳样品采集

2016—2019 年第三次全国母乳监测涉及黑龙江省、辽宁省、吉林省、北京市、内蒙古自治区、河北省、山东省、陕西省、山西省、宁夏回族自治区、青海省、甘肃省、河南省、上海市、江西省、福建省、广西壮族自治区、四川省、湖北省、广东省、浙江省、江苏省、湖南省、贵州省等 24 个省（市，自治区）的 100 个区县市，基于 WHO/UNEP 的第四次全球母乳 POPs 监测导则要求开展母乳样品采集工作[8]，共采集母乳样品 4480 个，并进一步按照采样地区制备为 100 个地区混样[9]。

21.3 二噁英及其类似物测定的实验方法

21.3.1 样品前处理

21.3.1.1 样品预处理

以量筒量取母乳样品 40 ～ 80mL，准确称重（精确到 0.001g）后置于洁净玻璃培养皿中，以铝箔纸盖于其上，小心放入-40℃冰箱，冷冻 12h 后，用冻干机使其干燥后，置于棕色干燥器中保存，待用。

23.3.1.2 提取

取一洁净陶瓷研钵，加入少量硅藻土后，再加入前述干燥样品研磨至细，再加入适量硅藻土后轻轻搅拌至均匀，小心转移至预先填装醋酸纤维素滤膜的萃取池中，所装填量以距离萃取池口约 1cm 为佳。用 10μL 微量注射器添加同位素标记的 PCDD/Fs 定量内标溶液（EPA1613-LCS）和同位素标记的 dl-PCBs 定量内标溶液（P48-W-ES）各 10μL，旋紧萃取池盖子后放萃取仪上，以正己烷：二氯甲烷（1：1，体积比）为溶剂进行提取。每个样品需溶剂约 160mL。参考条件为：温度 150℃；压力 10.3MPa；循环 2 次；静态时间 7min。

23.3.1.3 脂肪称重及除脂

将提取液转移至平底茄形烧瓶中，以减压选装蒸发仪在 60℃及适当压力下将有机溶剂全部蒸出，静置过夜后称重，扣除茄形烧瓶重量后即为样品中脂肪重量。

加入 100mL 正己烷溶解脂肪，加入适量 44% 硫酸硅胶（硫酸硅胶使用量按 1g 脂肪需 20g 硫酸硅胶估算）。轻轻摇匀后，置于旋转蒸发仪上，水浴锅设置为 60℃，常压，旋转加热 15min。静置 5min，将上层液体转移至一洁净茄形瓶中，以 50mL 正己烷清洗残渣两次，合并清洗液。如果酸化硅胶的颜色较深，则应重复上述过程，直至酸化硅胶为浅黄色。

经酸化硅胶处理后的提取液，以旋转蒸发仪（水浴锅温度 50℃）浓缩至约 5mL，置于避光处保存，待进一步以全自动样品净化系统进行处理。

21.3.1.4 净化分离

全自动样品净化系统的自动净化分离原理与传统的柱色谱方法相同，该系统使用三根一次性商业化净化柱，依次为酸碱复合硅胶柱、碱性氧化铝柱和活性炭柱。整个净化过程通过计算机按设定程序控制往复泵和阀门进行。

按仪器使用说明要求，将各净化柱按顺序连接在全自动样品净化系统上，按程序配好各洗脱溶液并连接好管路，设定计算机洗脱程序（见表 21-5），将除脂后的浓缩液转移到全自动样品净化系统的进样试管中，对样品进行净化、分离，以洁净茄形瓶分别收集含 PCDDs/Fs 和 PCBs 的洗脱液，其中 17 种 PCDD/Fs 化合物在第 27 步接收，12 种 dl-PCBs 流分在第 17 ～ 21 步接收。

表 21-5　PCDD/Fs 和 dl-PCBs 全自动洗脱程序

步骤	洗脱液	体积/mL	流速/（mL/min）	阀门位置	目的	目标化合物
1	正己烷	20	10	01122006	润湿多层硅胶柱并检漏	—
2	正己烷	10	10	01222006	冲洗管路	—
3	正己烷	12	10	01212006	润湿氧化铝柱	—
4	正己烷	20	10	01221226	润湿活性炭柱	—
5	正己烷	100	10	01122006	活化多层硅胶柱	—
6	甲苯	12	10	05222006	更换溶剂为甲苯	—
7	甲苯	40	10	05221226	预冲洗活性炭柱	—
8	乙酸乙酯：甲苯（50：50）	12	10	04222006	更换溶剂为乙酸乙酯：甲苯（50：50）	—
9	乙酸乙酯：甲苯（50：50）	10	10	04221226	预冲洗活性炭柱	—
10	二氯甲烷：正己烷（50：50）	12	10	03222006	更换溶剂为二氯甲烷：正己烷（50：50）	—
11	二氯甲烷：正己烷（50：50）	20	10	03221226	预冲洗活性炭柱	—
12	正己烷	12	10	01222006	更换溶剂为正己烷	—
13	正己烷	30	10	01221226	活化活性炭柱	—
14	—	14	5	06112006	加入样品提取液	—
15	正己烷	150	10	01112006	淋洗多层硅胶柱	—
16	二氯甲烷：正己烷（20：80）	12	12	02222006	更换溶剂为二氯甲烷：正己烷（20：80）	—
17	二氯甲烷：正己烷（20：80）	40	10	02212002	淋洗氧化铝柱	收集 dl-PCBs
18	二氯甲烷：正己烷（50：50）	12	10	03222002	更换溶剂为二氯甲烷：正己烷（50：50）	收集 dl-PCBs
19	二氯甲烷：正己烷（50：50）	80	10	03211222	淋洗氧化铝柱和活性炭柱	收集 dl-PCBs
20	二氯甲烷	12	10	06222006	更换溶剂为二氯甲烷	收集 dl-PCBs
21	二氯甲烷	80	10	06212002	淋洗氧化铝柱	收集 dl-PCBs
22	乙酸乙酯：甲苯（50：50）	12	10	04222002	更换溶剂为乙酸乙酯：甲苯（50：50）	—
23	乙酸乙酯：甲苯（50：50）	5	10	04221226	淋洗活性炭柱	—
24	正己烷	12	10	01222006	更换溶剂为正己烷	—
25	正己烷	10	10	01221226	淋洗活性炭柱	—
26	甲苯	12	10	05222006	更换溶剂为甲苯	—
27	甲苯	90	5	05221111	反向淋洗活性炭柱	收集 PCDD/Fs

21.3.1.5 试样浓缩

（1）含 PCDD/Fs 试样　以旋转蒸发仪在 60℃和 80 ～ 120mbar（1bar=10^5Pa）条件下，浓缩至小于 1mL，再加入 50mL 正己烷浓缩至小于 1mL，重复 1 次，转移至 GC 进样小瓶中，以微弱氮气流浓缩至约 100 ～ 200μL 后，转移至预先加入 20μL 壬烷的玻璃内插管中，以微弱氮气流浓缩至约 20μL，加入 5μL 同位素标记的 PCDD/Fs 回收率内标（EPA1613-ISS），涡旋混匀后，待测。

（2）含 dl-PCBs 试样　以旋转蒸发仪在 50℃和适当压力（防止暴沸）条件下，浓缩至小于 1mL，转移至 GC 进样小瓶中，以微弱氮气流浓缩至约 100 ～ 200μL 后，转移至预先加入 40μL 壬烷的玻璃内插管中，以微弱氮气流浓缩至约 40μL，加入 10μL 同位素标记的 PCBs 回收率内标（P48RS），涡旋混匀后，待测。

21.3.2 仪器分析条件

21.3.2.1 PCDD/Fs

（1）色谱条件　进样体积为 2μL，不分流进样模式；进样口温度为 280℃；传输线温度为 310℃；载气为高纯氦气，恒流模式，0.8mL/min。

升温程序：初始温度 120℃，保持 1min；以 70℃ /min 升至 220℃，保持 15min；以 2℃ /min 升至 250℃，以 1℃ /min 升至 260℃，再以 20℃ /min 升至 310℃，保持 5min。

（2）质谱条件　离子源温度：280℃；电离模式：EI；电子轰击能量：45eV；灯丝电流：0.75mA；参考气：全氟三丁胺（FC43）；参考气注入量：1μL；参考气温度：100℃；倍增器增益：2E6；分辨率：＞ 10000。监测离子见表 21-6。

表 21-6　PCDD/Fs 监测离子

类别	具体化合物	监测离子 1（*m/z*）	监测离子 2（*m/z*）
TCDD	2,3,7,8-TCDD	319.8965	321.8936
$^{13}C_{12}$-TCDD	$^{13}C_{12}$-2,3,7,8-TCDD $^{13}C_{12}$ -1,2,3,4-TCDD	331.9368	333.9339
TCDF	2,3,7,8-TCDF	303.9016	305.8987
$^{13}C_{12}$-TCDF	$^{13}C_{12}$-2,3,7,8- TCDF	315.9419	317.9389
PeCDD	1,2,3,7,8-PeCDD	355.8546	357.8516
$^{13}C_{12}$- PeCDD	$^{13}C_{12}$- 1,2,3,7,8-PeCDD	367.8949	369.8919
PeCDF	1,2,3,7,8-PeCDF 2,3,4,7,8-PeCDF	339.859 7	341.856 7

续表

类别	具体化合物	监测离子 1（*m/z*）	监测离子 2（*m/z*）
$^{13}C_{12}$-PeCDF	$^{13}C_{12}$-1,2,3,7,8-PeCDF $^{13}C_{12}$-2,3,4,7,8-PeCDF	351.900 0	353.897 0
HxCDD	1,2,3,4,7,8-HxCDD 1,2,3,6,7,8-HxCDD 1,2,3,7,8,9-HxCDD	389.815 7	391.812 7
$^{13}C_{12}$-HxCDD	$^{13}C_{12}$-1,2,3,4,7,8-HxCDD $^{13}C_{12}$-1,2,3,6,7,8-HxCDD $^{13}C_{12}$-1,2,3,7,8,9-HxCDD	401.855 9	403.852 0
HxCDF	1,2,3,4,7,8-HxCDF 1,2,3,6,7,8-HxCDF 1,2,3,7,8,9-HxCDF 2,3,4,6,7,8-HxCDF	373.820 8	375.817 8
$^{13}C_{12}$-HxCDF	$^{13}C_{12}$-1,2,3,4,7,8-HxCDF $^{13}C_{12}$-1,2,3,6,7,8-HxCDF $^{13}C_{12}$-1,2,3,7,8,9-HxCDF $^{13}C_{12}$-2,3,4,6,7,8-HxCDF	383.863 9	385.861 0
HpCDD	1,2,3,4,6,7,8-HpCDD	423.7766	425.7737
$^{13}C_{12}$-HpCDD	$^{13}C_{12}$- 1,2,3,4,6,7,8-HpCDD	435.8169	437.8140
HpCDF	1,2,3,4,6,7,8-HpCDF 1,2,3,4,7,8,9-HpCDF	407.7848	409.7789
$^{13}C_{12}$-HpCDF	$^{13}C_{12}$-1,2,3,4,6,7,8-HpCDF $^{13}C_{12}$-1,2,3,4,7,8,9-HpCDF	417.8253	419.8220
OCDD	OCDD	457.737 7	459.734 8
$^{13}C_{12}$-OCDD	$^{13}C_{12}$-OCDD	469.777 9	471.775 0
OCDF	OCDF	441.742 8	443.739 9

21.3.2.2 dl-PCBs

（1）色谱条件　进样体积：1μL，不分流进样模式；进样口温度：280℃；传输线温度：280℃；载气：高纯氦气，恒流模式，0.8mL/min。

升温程序：初始温度 110℃，保持 1min；以 15℃/min 升至 180℃，保持 1min；再以 3℃/min 升至 300℃，保持 2min。

（2）质谱参数　离子源温度：280℃；电离模式：EI；电子轰击能量：45eV；灯丝电流：0.75mA；参考气：全氟三丁胺（FC43）；参考气注入量：1μL；参考气温度：100℃；倍增器增益：2E6；分辨率：>10000。监测离子见表 21-7。

表 21-7 dl-PCBs 监测离子

类别	具体化合物	监测离子 1（*m/z*）	监测离子 2（*m/z*）
TeCB	PCB-77 PCB-81	289.9218	291.9141
$^{13}C_{12}$- TeCB	$^{13}C_{12}$-PCB-77 $^{13}C_{12}$-PCB-81 $^{13}C_{12}$-PCB-70	301.9621	303.9591
PeCB	PCB-105 PCB-114 PCB-118 PCB-123 PCB-126	325.8799	327.8799
$^{13}C_{12}$- PeCB	$^{13}C_{12}$-PCB-105 $^{13}C_{12}$-PCB-114 $^{13}C_{12}$-PCB-118 $^{13}C_{12}$-PCB-123 $^{13}C_{12}$-PCB-126 $^{13}C_{12}$-PCB-111	337.9201	339.9172
HxCB	PCB-156 PCB-157 PCB-167 PCB-169	359.8415	361.8385
$^{13}C_{12}$-HxCB	$^{13}C_{12}$-PCB-156 $^{13}C_{12}$-PCB-157 $^{13}C_{12}$-PCB-167 $^{13}C_{12}$-PCB-169	371.8817	373.8788
HpCB	PCB-189	393.8025	395.7995
$^{13}C_{12}$-HpCB	$^{13}C_{12}$-PCB-189 $^{13}C_{12}$-PCB-170	405.8428	407.8398

21.3.2.3 校正标准曲线的绘制

（1）相对响应因子（RRF） 将 PCDD/Fs 校正标准溶液、dl-PCBs 校正标准溶液分别按浓度由低到高的顺序注入 HRGC-HRMS 中，得到峰面积。对于有一一对应同位素取代定量内标的目标化合物，按式（21-1）计算其 RRF。该公式适用于除 1,2,3,7,8,9-HxCDD 和 OCDF 之外的其他 PCDD/Fs 和 dl-PCBs。

$$\mathrm{RRF}=\frac{(A_{n1}+A_{n2})c_l}{(A_{l1}+A_{l2})c_n} \tag{21-1}$$

式中 A_{n1} 和 A_{n2}——目标化合物的第一个和第二个质量数离子的峰面积；

c_l——定量内标化合物的浓度，ng/mL；

A_{l1} 和 A_{l2}——定量内标化合物的第一个和第二个质量数离子的峰面积；

c_n——目标化合物的浓度，ng/mL。

（2）响应因子（RF）

① 1,2,3,7,8,9-HxCDD 和 OCDF 的 RF　将 PCDD/Fs 校正标准溶液按浓度由低到高的顺序注入 GC-HRMS 中，得到峰面积。1,2,3,7,8,9-HxCDD 和 OCDF 的响应因子（RF）按式（21-2）计算（1,2,3,7,8,9-HxCDD 采用 $^{13}C_{12}$-1,2,3,6,7,8-HxCDD 作为定量内标，OCDF 采用 $^{13}C_{12}$-OCDD 作为定量内标）。

$$\mathrm{RF}=\frac{(A_{n1}+A_{n2})c_l}{(A_{l1}+A_{l2})c_n} \tag{21-2}$$

式中　A_{n1} 和 A_{n2}——目标化合物的第一个和第二个质量数离子的峰面积；

c_l——定量内标的浓度，ng/mL；

A_{l1} 和 A_{l2}——定量内标的第一个和第二个质量数离子的峰面积；

c_n——目标化合物的浓度，ng/mL。

② 定量内标的 RF_l　定量内标的响应因子（RF_l）按式（21-3）计算。

$$\mathrm{RF}_l=\frac{(A_{l1}+A_{l2})c_r}{(A_{r1}+A_{r2})c_l} \tag{21-3}$$

式中　A_{l1} 和 A_{l2}——定量内标的第一个和第二个质量数离子的峰面积；

c_r——回收率内标的浓度，ng/mL；

A_{r1} 和 A_{r2}——回收率内标的第一个和第二个质量数离子的峰面积；

c_l——定量内标的浓度，ng/mL。

21.3.3　结果计算

将试样溶液注入 GC-HRMS 中，得到目标化合物两个监测离子的峰面积与对应定量内标的两个监测离子峰面积的比值，根据标准溶液的平均相对响应因子或平均响应因子计算试样中目标化合物的量以及定量内标回收率，并结合 TEF 计算二噁英及其类似物的毒性当量。

21.3.3.1　有一一对应同位素内标的化合物

试样中目标化合物的浓度（除 1,2,3,7,8,9-HxCDD 和 OCDF）按式（21-4）计算样品中目标化合物的浓度。

$$c_x=\frac{(A_{n1}+A_{n2})\times m_l\times 1000}{(A_{l1}+A_{l2})\times \mathrm{RRF}\times m_x} \tag{21-4}$$

式中　c_x——试样中目标化合物的浓度，ng/kg；

A_{n1} 和 A_{n2}——目标化合物的第一个和第二个质量数离子的峰面积；

m_l——加入的定量内标的量，ng；

A_{l1} 和 A_{l2}——定量内标化合物的第一个和第二个质量数离子的峰面积；

RRF——相对响应因子；

m_x——试样量，g；

1000——折算系数。

21.3.3.2 没有一一对应同位素定量内标的化合物

试样中 1,2,3,7,8,9-HxCDD 采用 $^{13}C_{12}$-1,2,3,6,7,8-HxCDD 作为定量内标，OCDF 采用 $^{13}C_{12}$-OCDD 作为定量内标，按式（21-5）计算。

$$c_x = \frac{(A_{n1} + A_{n2}) \times m_l \times 1000}{(A_{l1} + A_{l2}) \times \mathrm{RF} \times m_x} \tag{21-5}$$

式中 c_x——试样中目标化合物的浓度，ng/kg；

A_{n1} 和 A_{n2}——目标化合物的第一个和第二个质量数离子的峰面积；

m_l——加入的定量内标的量，ng；

A_{l1} 和 A_{l2}——定量内标化合物的第一个和第二个质量数离子的峰面积；

RF——响应因子；

m_x——试样量，g；

1000——折算系数。

21.3.3.3 定量内标回收率

试样溶液中定量内标的量按式（21-6）计算。

$$m_s = \frac{(A_{l1} + A_{l2}) \times m_r}{(A_{r1} + A_{r2}) \times \mathrm{RF}_l} \tag{21-6}$$

式中 m_s——试样溶液中定量内标的量，ng；

A_{l1} 和 A_{l2}——定量内标化合物的第一个和第二个质量数离子的峰面积；

m_r——试样溶液中回收率内标的量，ng；

A_{r1} 和 A_{r2}——回收率内标的第一个和第二个质量数离子的峰面积；

RF_l——响应因子。

由上述测定结果，按式（21-7）计算定量内标的回收率（%）：

$$\mathrm{Rec} = \frac{m_s}{m_l} \times 100\% \tag{21-7}$$

式中 Rec——定量内标回收率，%；

m_s——试样溶液中定量内标的量，ng；

m_l——加入的定量内标的量，ng。

21.3.3.4 样品中二噁英及其类似物毒性当量

对于 PCDD/Fs 和 dl-PCBs，需用各同类物的含量乘以相应的 TEF 后加和即为样品中二噁英及其类似物的总毒性当量。当前研究中采用 WHO 在 2005 年提出的 TEF（见表 21-8）计算 TEQ。

表 21-8 WHO 于 2005 年发布的 TEF

化合物		TEF 值
PCDD/Fs	2,3,7,8-TCDD	1.0
	2,3,7,8-TCDF	0.1
	1,2,3,7,8-PeCDD	1.0
	1,2,3,7,8-PeCDF	0.03
	2,3,4,7,8-PeCDF	0.3
	1,2,3,4,7,8-HxCDD	0.1
	1,2,3,6,7,8-HxCDD	0.1
	1,2,3,7,8,9-HxCDD	0.1
	1,2,3,4,7,8-HxCDF	0.1
	1,2,3,6,7,8-HxCDF	0.1
	1,2,3,7,8,9-HxCDF	0.1
	2,3,4,6,7,8-HxCDF	0.1
	1,2,3,4,6,7,8-HpCDD	0.01
	1,2,3,4,6,7,8-HpCDF	0.01
	1,2,3,4,7,8,9-HpCDF	0.01
	OCDD	0.0003
	OCDF	0.0003
dl-PCBs	3,3′,4,4′-TeCB	0.0001
	3,4,4′,5-TeCB	0.0003
	2,3,3′,4,4′-PeCB	0.00003
	2,3,4,4′,5-PeCB	0.00003
	2,3′,4,4′,5-PeCB	0.00003
	2′,3,4,4′,5-PeCB	0.00003
	3,3′,4,4′,5-PeCB	0.1
	2,3,3′,4,4′,5-HxCB	0.00003
	2,3,3′,4,4′,5′-HxCB	0.00003
	2,3′,4,4′,5,5′-HxCB	0.00003
	3,3′,4,4′,5,5′-HxCB	0.03
	2,3,3′,4,4′,5,5′-HpCB	0.00003

21.4 二噁英及其类似物测定的结果与讨论

21.4.1 方法验证

能力验证是评价实验室检测能力和水平的有效手段，是衡量检测结果可靠性和可比性的常用方法，有助于提高检测实验室的可信度[10]。国际比对考核是有效的实验室质量保证与控制手段，经常参加高水平国际比对考核，有助于及时发现分析测定中存在的问题，提高实验室分析质量和能力，并缩小与国际先进实验室间的技术水平差距。由挪威公共卫生研究所（Norwegian Institute of Public Health）组织的食品中二噁英含量测定国际比对考核是目前涉及食品中二噁英含量测定的主要的国际实验室间比对实验研究之一，该研究的一个重要特色是提供自然污染水平的食品样品作为考核样品，作者所在实验室在2005—2020年间连续参加比对考核，多类样品中二噁英及其类似物TEQ测量的比对考核结果汇总见图21-1，结果显示，z评分都在−2～+2区间内，表示测定结果令人满意。

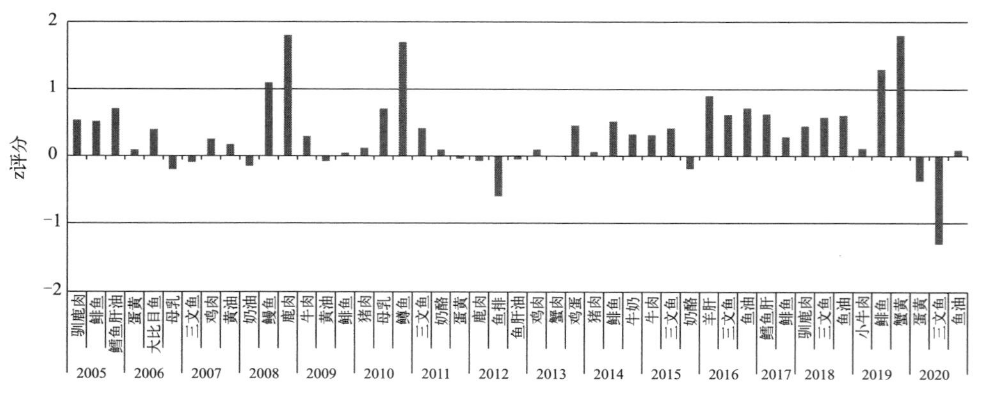

图 21-1 2005—2020年多基质样品中二噁英及其类似物毒性当量考核结果汇总图

21.4.2 定量内标回收率

母乳中二噁英及其类似物测定中采用双内标体系，可以评价每个实际样品的定量内标回收的好坏。定量内标回收率类似绝对回收的概念，而非通常意义上内标校正后的相对回收。美国环境保护署1613方法及1668方法中对各同位素内标规定了极为宽泛的可接受范围（17%～185%），但母乳样品中二噁英及其类似物含量通常处于较低水平，为确保结果准确可信，应尽可能提高回收率。在本次母乳检测中各定量内标的回收率为 50% ～ 110%，优于美国环保署方法规定。

21.4.3 母乳中含量

21.4.3.1 母乳样品中含量

由于母乳中脂肪含量通常较高（＞ 2%），PCDD/Fs 和 dl-PCBs 各组分的检出率也通常较高。在本研究中，OCDF、1,2,3,4,7,8,9-HpCDF 和 1,2,3,7,8,9-HxCDF 仅分别在 29%、52% 和 71% 的样品中检出，其余 PCDD/Fs 化合物则在 98% 以上的样品中检出。dl-PCBs 组分中，PCB-81 检出率最低，为 79%，其余 dl-PCBs 组分检出率为 92% ～ 100%。折算为 TEQ 后，2016—2019 年我国母乳中二噁英及其类似物含量的中位数为 4.35 pg TEQ/g 脂肪，四分位数间距为 3.25 ～ 6.12pg TEQ/g 脂肪。就全国范围而言，经济发达和工业化程度高的地区如长三角和珠三角地区的含量要高于西北省份等传统农牧业地区。这与多项国际研究结果一致，高度工业化和城镇化的国家和地区的母乳样品中通常会检出更高含量的二噁英及其类似物[11]。

21.4.3.2 与其他研究比较

其他国家和地区开展的母乳监测工作以 WHO 组织的多轮全球母乳监测工作为代表[11]。在《POPs 公约》框架下，由 WHO 和 UNEP 合作母乳监测工作，2008—2012 年开展了最新一轮母乳全球监测工作，母乳中二噁英及其类似物含量为 1.5 ～ 26.7pg TEQ/g 脂肪，显示不同国家机体负荷水平存在较大差异[12]。分析其原因，除一些贫困国家因特殊习俗而导致较高二噁英及其类似物机体负荷水平外，经济发达、工业化水平高的国家和地区如欧美和日本的母乳中通常含有较高水平的二噁英及其类似物。与其他研究相比，我国母乳中二噁英及其类似物含量在平均水平上要高于乌干达[13]、马来西亚[14]等工业化水平较低国家，与西班牙[15]等国持平，但要低于日本[16]和北美地区[17]。

21.4.3.3 我国时间变化趋势

我们先后于 2007 年、2011 年和 2016—2019 年开展了三次全国母乳监测工作[18-20]，通过比较相关数据，对我国母乳中二噁英及其类似物含量的时间变化趋势进行考察。2007 年第一次全国母乳监测在全国 12 个省、自治区、直辖市开展，从比较合理性考虑，选择这 12 个省市自治区的数据进行三次母乳监测结果含量比较，结果见图 21-2。在平均水平上，二噁英及其类似物的总毒性当量由第二次全国母乳监测的 5.62pg TEQ/g 脂肪下降至第三次研究的 4.60 pg TEQ/g 脂肪，降幅达 18.1%，且具有统计学意义（$P < 0.05$）。其中，贡献最大的为 PCDDs 和 PCDFs，分别由 2.15pg TEQ/g 脂肪和 1.93pg TEQ/g 脂肪下降至 1.74pg TEQ/g 脂肪和 1.61pg TEQ/g 脂肪，且具有统计学意义（$P < 0.05$）。单邻位取代 PCBs（mono-ortho PCBs）虽然降幅极大（67.6%），但在具体量上从 0.10pg TEQ/g 脂肪下降到 0.03pg TEQ/g 脂肪，其对总 TEQ 下降的贡献较小。而对于非邻位取代 PCBs（non-ortho PCBs），虽然在平均水平上下降 14.9%，但并未观察到统计学意义。此外，第三次研究所获得的母乳中二噁英及其类似物的总毒性当量与 2007 年我国第一次母乳监测结果相当，表明我国母乳中二噁英及其类似物中含量在第三次研究开始前的某个时间点已达顶点，开始进入下行通道。

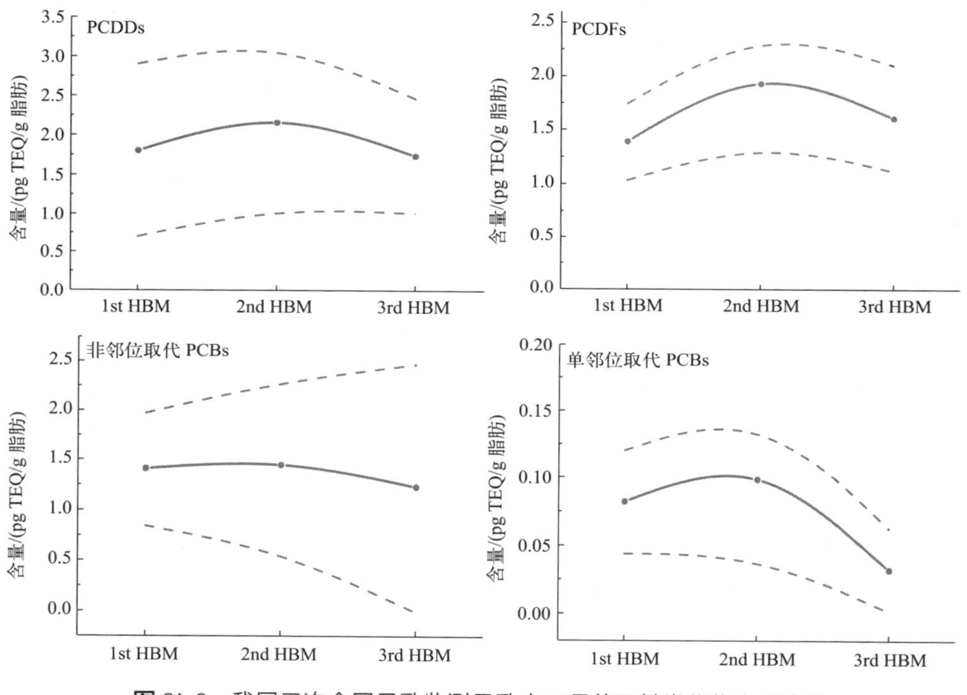

图 21-2　我国三次全国母乳监测母乳中二噁英及其类似物含量变化

21.5　结论

通过开展全国母乳监测工作，获得了表征我国普通人群机体负荷水平的代表性母乳中 PCDD/Fs 和 dl-PCBs 含量，与国际研究相比，我国母乳中这些化合物仍处较低水平。但考虑到这些化合物与工业生产和城镇化息息相关，我国作为一个快速工业化的国家仍有必要持续开展母乳监测工作，继续监测我国普通人群机体负荷水平和变化趋势，为制定保护居民健康的相应措施提供科学数据支持。

（张磊，裴紫薇，吕冰，李敬光，赵云峰）

参考文献

[1] 郑明辉，孙阳昭，刘文彬．中国二噁英类持久性有机污染物排放清单研究．北京：中国环境科学出版社，2008.

[2] 国家履行斯德哥尔摩公约工作协调组办公室．中华人民共和国履行《关于持久性有机污染物的斯德哥尔摩公约》国家实施计划．北京：中国环境科学出版社，2008.

[3] Scippo M-L, Eppe G, Saegerman C, et al. Chapter 14 persistent organochlorine pollutants, dioxins and polychlorinated biphenyls. In: Comprehensive analytical chemistry. Edited by Yolanda P: Elsevier, 2008: 457-506.

[4] van den Berg M, Birnbaum L S, Bosveld A T, et al. Toxic equivalency factors (TEFs) for PCBs, PCDDs, PCDFs for humans and wildlife. Environment Health Perspectives, 1998, 106(12): 775-792.

[5] van den Berg M, Birnbaum L S, Denison M, et al. The 2005 World Health Organization reevaluation of human and mammalian toxic equivalency factors for dioxins and dioxin-like compounds. Toxicological Sciences, 2006, 93(2): 223-241.

[6] Agency USEP. Method 1613 tetra- through octa-chlorinated dioxins and furans by isotope dilution HRGC/HRMS, 1994.

[7] Agency USEP. Method 1668, chlorinated biphenyl congeners in water, soil, sediment, biosolids, and tissue by HRGC/HRMS, 2003.

[8] World Health Organization. Fourth WHO-coordinated survey of human milk for persistent organicpollutants in cooperation with UNEP. Guidelines for developing a national protocol, World Health Organization, 2007.

[9] Li C, Li J, Lyu B, et al. Burden and Risk of Polychlorinated Naphthalenes in Chinese Human Milk and a Global Comparison of Human Exposure. Environ Sci Technol, 2021, 55(10): 6804-6813.

[10] 张磊，李敬光，赵云峰，等．食品中二噁英类化合物国际比对结果分析及其在质量控制中的应用．卫生研究，2013, 42(3): 486-490.

[11] van den Berg M, Kypke K, Kotz A, et al. WHO/UNEP global surveys of PCDDs, PCDFs, PCBs and DDTs in human milk and benefit-risk evaluation of breastfeeding. Arch Toxicol, 2017, 91(1): 83-96.

[12] UNEP/WHO. Results of the global survey on concentrations in human milk of persistent organic pollutants by the United Nations Environment Programme and the World Health Organization. Conference of the parties to the stockholm convention on persistent organic pollutants sixth meeting. Geneva, 28 April-10 May 2013. http://www.who.int/foodsafety/chem/POPprotocol.pdf, 2013.

[13] Matovu H, Li Z M, Henkelmann B, et al. Multiple persistent organic pollutants in mothers' breastmilk: Implications for infant dietary exposure and maternal thyroid hormone homeostasis in Uganda, East Africa. Sci Total Environ, 2021, 770: 145262.

[14] Leong Y H, Azmi N I, Majid M I A, et al. Exposure and risk assessment of polychlorinated dibenzo-p-dioxins (PCDDs), polychlorinated dibenzofurans (PCDFs) and dioxin-like polychlorinated biphenyls (dl-PCBs) for primiparous mothers and breastfed infants in Penang, Malaysia. Food Addit Contam Part A Chem Anal Control Expo Risk Assess, 2021, 38(8): 1416-1426.

[15] Hernández C S, Pardo O, Corpas-Burgos F, et al. Biomonitoring of polychlorinated dibenzo-p-dioxins (PCDDs), polychlorinated dibenzofurans (PCDFs) and dioxin-like polychlorinated biphenyls (dl-PCBs) in human milk: Exposure and risk assessment for lactating mothers and breastfed children from Spain. Sci Total Environ, 2020, 744: 140710.

[16] Ae R, Nakamura Y, Tada H, et al. An 18-year follow-up survey of dioxin levels in human milk in Japan. J Epidemiol, 2018, 28(6): 300-306.

[17] Rawn D F K, Sadler A R, Casey V A, et al. Dioxins/furans and PCBs in Canadian human milk: 2008-2011. Sci Total Environ, 2017, 595: 269-278.

[18] Li J, Zhang L, Wu Y, et al. A national survey of polychlorinated dioxins, furans (PCDD/Fs) and dioxin-like polychlorinated biphenyls (dl-PCBs) in human milk in China. Chemosphere, 2009, 75(9): 1236-1242.

[19] Zhang L, Yin S, Li J, et al. Increase of polychlorinated dibenzo-p-dioxins and dibenzofurans and dioxin-like polychlorinated biphenyls in human milk from China in 2007-2011. Int J Hyg Environ Health, 2016, 219(8): 843-849.

[20] 张磊，李敬光，赵云峰，等 . 我国母乳中持久性有机污染物机体负荷研究进展 . 中国食品卫生杂志，2020, 32(5): 478-483.

第 22 章

母乳中全氟化合物含量测定

全氟化合物（perfluorinated compounds，PFCs）是一系列用途广泛的人工合成有机物，由于具有特殊的疏水疏油性和稳定的物理化学性能等优点，普遍应用于纺织物、表面活性剂、化妆品等工业产品和生活消费品中。全氟辛烷磺酸（perfluorooctane sulfonate，PFOS）和全氟辛酸（perfluorooctanoic acid，PFOA）是最常用的两种全氟化合物，已有近五十年的使用历史，但随之而来的环境污染和人群健康问题也引起了普遍关注[1]。PFOA 和 PFOS 在生产、产品使用和产品废弃过程中均可以渗溢等形式进入环境并进入食物链，目前已发现 PFOS 和 PFOA 可通过室内空气、灰尘、饮用水和食物等多种途径进入人体。并且已被发现可分布在各类人体基质以及多个组织器官中，对神经系统、免疫系统、生殖内分泌等多系统产生毒性效应[2]。PFOA 和 PFOS 均具有内分泌干扰效应、持久性和生物累积性等持久性有机污染物的特性，已被《关于持久性有机污染物的斯德哥尔摩公约》正式认定为持久性有机污染物。国家食品安全风险评估中心依托三次全国母乳监测，对我国母乳中 PFCs 污染水平作了持续监测。

目前，PFCs 的仪器分析方法有气相色谱-质谱法 [3] 和液相色谱-串联质谱法 [4]。由于 PFCs 挥发性较弱，采用气相色谱-质谱法进行测定需在前处理阶段进行样品衍生化，操作较为烦琐。液相色谱-串联质谱法测定 PFCs 具有检出限低、灵敏度高、抗基质干扰能力强等诸多优点，成为当前检测 PFCs 的最主要技术。样本提取与净化方法主要有超声辅助萃取法、液液萃取法、固相萃取法等 [5]。超声辅助萃取法是从复杂基质中提取 PFCs 较为理想的方法，但需与其他净化方法联用以进一步提纯待测化合物。基于离子对原理的液液萃取法对 PFCs 具有较好的选择性，但存在操作烦琐、溶剂消耗量大、易乳化干扰实验结果等缺点。固相萃取利用选择性吸附与选择性洗脱原理，可有效降低样品基质干扰、提高检测的准确度。对于相对简单的母乳样品，可直接上样实现提取与净化一步完成，具有操作简便、重现性好等优点，是当前测定母乳中 PFCs 时最常用的前处理技术之一 [6]。

本章的目的是建立一种能简便、可靠、精确地检测母乳中多种 PFCs 的方法。通过该方法对在北京市采集的母乳样品进行检测并开展婴儿暴露风险评估。

22.1 全氟化合物测定的仪器与试剂

22.1.1 仪器

ACQUITY^{TM} 超高效液相色谱仪、Xevo TQ-S 三重四极杆质谱仪（美国 Waters 公司）；色谱柱：BEH C_{18} 柱（2.1mm×50mm，1.7μm，美国 Waters 公司）。冷冻高速离心机（美国 Sigma 公司）；24 位氮吹仪（美国 Organomation 公司）；旋涡混合器（美国 Scientific Industries 公司）。

22.1.2 试剂

标准品：全氟烷酸标准溶液（11 种全氟烷酸的甲醇溶液）、全氟磺酸标准溶液（5 种全氟磺酸的甲醇溶液）以及定量内标，均为 2mg/L，溶于甲醇，纯度＞ 98%，购自加拿大威灵顿公司，详见表 22-1 和表 22-2。

表 22-1　14 种全氟有机化合物名称与缩写

化合物名称	缩写	英文全称	监测离子对（*m/z*）	锥孔电压 /V	碰撞能量 /V
全氟丁酸	PFBA	perfluorobutyric acid	213 → 169	15	12
全氟己酸	PFHxA	perfluorohexanoic acid	313 → 269	15	12
全氟戊酸	PFPeA	perfluoropentanoic acid	263 → 219	15	12

续表

化合物名称	缩写	英文全称	监测离子对（*m/z*）	锥孔电压 /V	碰撞能量 /V
全氟己烷磺酸	PFHxS	perfluorohexanesulfonate	399 → 80	50	35
全氟庚酸	PFHpA	perfluoroheptanoic acid	363 → 319	15	12
全氟辛酸	PFOA	perfluorooctanoic acid	413 → 369	15	10
全氟辛烷磺酸	PFOS	perfluorooctanesulfonate	499 → 80	50	45
全氟壬酸	PFNA	perfluorononanoic acid	463 → 419	13	12
全氟癸烷磺酸	PFDS	perfluorodecanesulfonate	599 → 80	50	45
全氟十一酸	PFUdA	perfluoroundecanoic acid	563 → 519	15	10
全氟癸酸	PFDA	perfluorodecanoic acid	513 → 469	15	10
全氟十四酸	PFTeDA	perfluorotetradecanoic acid	713 → 669	17	15
全氟十三酸	PFTrDA	perfluorotridecanoic acid	663 → 619	15	14
全氟十二酸	PFDoA	perfluorododecanoic acid	613 → 569	13	13

表 22-2　9 种定量内标名称与缩写

化合物名称	缩写	英文全称
$^{13}C_4$ 全氟丁酸	MPFBA	perfluoro-*n*-(1,2,3,4-$^{13}C_4$)butanoic acid
$^{13}C_2$ 全氟己酸	MPFHxA	perfluoro-*n*-(1,2-$^{13}C_2$) hexanoic acid
$^{18}O_2$ 全氟己烷磺酸	MPFHxS	sodiumperfluro-1-hexane($^{18}O_2$)sulfonate
$^{13}C_4$ 全氟辛酸	MPFOA	perfluoro-*n*-(1,2,3,4-$^{13}C_4$)octanoic acid
$^{13}C_4$ 全氟辛烷磺酸	MPFOS	perfluoro-*n*-(1,2,3,4-$^{13}C_4$)octanesulfonate
$^{13}C_5$ 全氟壬酸	MPFNA	perfluoro-*n*-(1,2,3,4,5-$^{13}C_5$)nonanoic acid
$^{13}C_2$ 全氟十一酸	MPFUdA	perfluoro-*n*-(1,2-$^{13}C_2$)undecanoic acid
$^{13}C_2$ 全氟癸酸	MPFDA	perfluoro-*n*-(1,2-$^{13}C_2$)decanoic acid
$^{13}C_2$ 全氟十二酸	MPFDoA	perfluoro-*n*-(1,2-$^{13}C_2$)dodecanoic acid

固相萃取柱: Oasis WAX 弱阴离子交换柱（150mg，6mL，30μm，Waters 公司）。甲醇（色谱纯，百灵威公司），甲酸，醋酸铵，氨水（色谱纯，迪马公司）。

22.2　母乳样本采集

从住院待分娩的孕妇中随机募集 50 位待产妇，职业包括事业单位职工、工人、商业服务人员以及无业人员，经对方同意并签署知情同意书后，采集产后 42 天复查时的母乳样本。样本采集方式为在募集点用吸奶器或手挤方式单次采集单侧乳房母乳约 30mL。采集好的母乳立即放入−20℃冰箱保存。50 份母乳样本全部收集完毕后在冷冻状态下转移至北京实验室，放入−80℃冰箱保存待测。

22.3 全氟化合物测定的实验方法

22.3.1 样本前处理

取 2mL 母乳转入 15mL 聚丙烯离心管中，加入定量内标各 0.5ng，混匀后再加入 7mL 2%（体积比）的甲酸水溶液，振荡 20min 后于 0℃，9384g 离心 25min（转数 9500），上清液用 Waters 公司的 3cc 弱阴离子交换固相萃取柱（WAX-SPE 柱）净化。WAX-SPE 柱分别用 5mL 9%（体积比）氨水-甲醇、甲醇、水活化，上样后分别用 1mL 2%（体积比）甲酸水溶液、1mL 2% 甲酸水溶液-甲醇（1∶1，体积比）、2mL 甲醇淋洗，最后用 3mL 9%（体积比）氨水-甲醇将目标化合物从 SPE 柱上洗脱下来。洗脱液氮吹至约 1mL，转移至进样小瓶中继续氮吹至干，加入 200μL 甲醇水溶液（1∶1，体积比）复溶，待上机测定。

22.3.2 仪器分析条件

（1）色谱条件　柱温：50℃；流速：0.4mL/min；进样体积：10μL；流动相 A：甲醇；流动相 B：2mmol/L 醋酸铵水溶液；梯度洗脱程序：起始为 20%A、80%B，A 相线性增加，在 5min 时达到 90%A、10%B，5.1min 时为 100% A 并保持 1min，7min 时恢复到起始状态，另需 3min 平衡系统。

（2）质谱条件　离子源：电喷雾离子源（ESI），负离子扫描模式；毛细管电压：0.95kV；离子源温度：120℃；脱溶剂温度：400℃；锥孔气流量：150L/h；脱溶剂气流量：800L/h；检测方式：多反应监测（MRM），各待测 PFCs 的监测离子见表 22-1。

22.3.3 定性定量方法

采用多反应监测模式监测目标化合物的母子离子对进行定性与定量分析，使用同位素稀释技术对目标化合物进行定量，定量公式如下：

$$C_s = \frac{A_s M_{is}}{A_{is} \times \text{RRF} \times S}$$

式中　C_s——样品中目标化合物的含量；

M_{is}——样品中加入内标的量；

A_s——目标化合物的峰面积；

A_{is}——定量内标的峰面积；

S——取样量；

RRF——目标化合物对定量内标的相对响应因子。

RRF 计算公式如下：

$$\mathrm{RRF}=\frac{A_s C_{is}}{A_{is} C_s}$$

式中　C_{is}——定量内标的量；

C_s——目标化合物的量；

A_s——目标化合物的峰面积；

A_{is}——定量内标的峰面积。

22.4　全氟化合物测定的结果与讨论

22.4.1　前处理方法优化

在提取溶剂选择方面，比较了不同浓度的甲酸水溶液的提取效率。分别用纯水、1%、2%、3%、4%、5%、6%、7%、8%、9%、10%（体积比）的甲酸水溶液作为样品的提取液，分别进行基质加标回收实验（加标浓度为50pg/mL），图 22-1 列出了四种主要的目标化合物的回收率结果，比较发现，随着甲酸水溶液浓度的增加其提取效率也有一定程度的增加，然而实验发现甲酸溶液中均存在一定的 PFOS 和 PFOA 的污染，增加提取液中的甲酸浓度的同时也增加了前处理过程的背景污染，因此选择了提取效果理想的 2%（体积比）甲酸水溶液作为 SPE 方法的提取液。

随后比较了两种常用的固相萃取柱（HLB 柱和 WAX 柱）的提取效率，分别用两种固相萃取柱进行基质加标回收实验（牛奶，加标浓度为 500 pg/mL），发现 WAX 固相萃取柱对于 PFCs 的提取效率明显高于 HLB 柱。氨水-甲醇溶液常用于 WAX 柱的待测物洗脱，通过比较不同浓度的氨水-甲醇溶液作为洗脱溶液的洗脱效率发现，随着氨水-甲醇溶液浓度的增加，目标化合物的回收率也有所增加，当氨水浓度达到 9% 时回收率最高，因此最终选择 9% 的氨水-甲醇溶液作为 SPE 的洗脱液（图 22-2）。

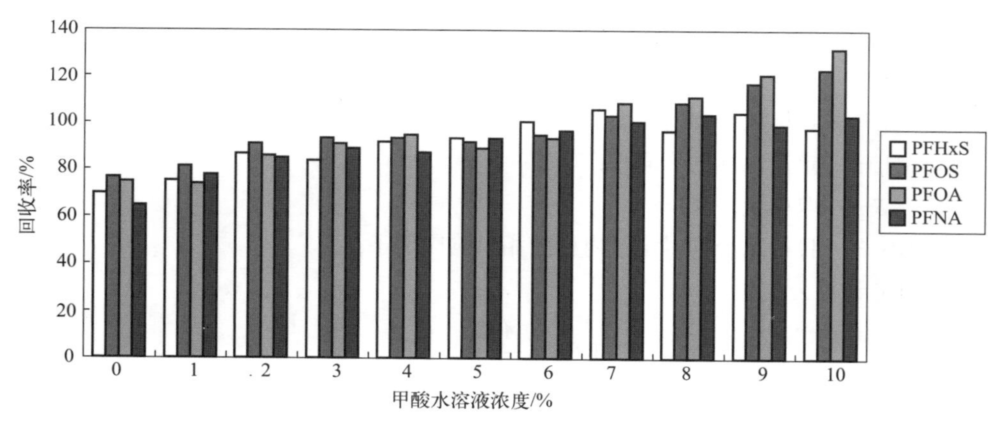

图 22-1 不同浓度甲酸水溶液对母乳四种主要 PFCs 的回收率的影响

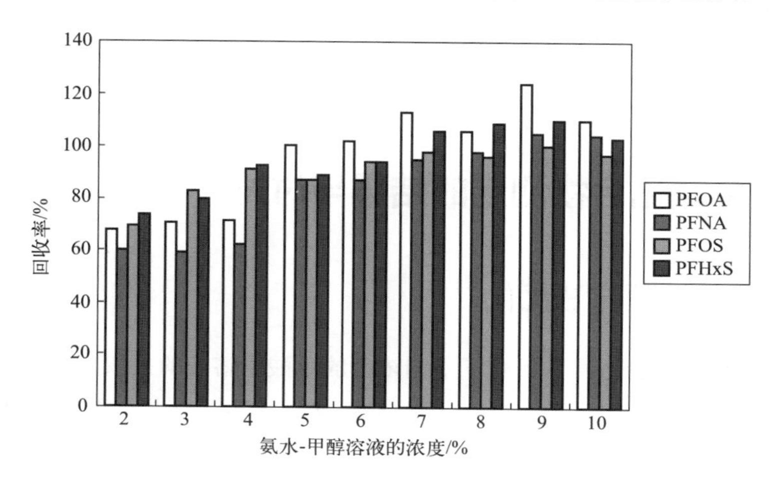

图 22-2 不同浓度的氨水-甲醇溶液对母乳中四种 PFCs 回收率的影响

22.4.2 仪器分析方法优化

液相色谱分析部分，比较了甲醇水溶液、乙腈-2mmol/L 醋酸铵水溶液、甲醇-2mmol/L 醋酸铵水溶液、甲醇-5mmol/L 醋酸铵水溶液和甲醇-10mmol/L 醋酸铵水溶液作为流动相时的峰形和分离效果。甲醇水溶液为流动相时的峰形较宽且分离效果不理想，改用乙腈-2mmol/L 醋酸铵水溶液为流动相时峰形和分离效果有一定的改善，换用甲醇-2mmol/L 醋酸铵水溶液作为流动相时峰形和分离效果比前两种都有明显改善，将醋酸铵水溶液的浓度增加到 5mmol/L 和 10mmol/L 时峰形和分离效果并没有明显变化。由于流动相的盐浓度较低时分析仪器更容易维护，所以流动相选用甲醇-2mmol/L 醋酸铵水溶液。

在进行质谱条件优化时，发现质谱的电离模式应采用电喷雾负离子化模式（ESI−）。为了达到更好的灵敏度和精密度，采用了多反应监测模式（MRM），选择目标化合物的二级子离子进行定性与定量。全氟烷酸类化合物经碰撞裂解，丢掉两个氧原子和一个碳原子形成1个子离子，而全氟磺酸类化合物经碰撞裂解后产生两个子离子，分别为 *m/z* 80 和 *m/z* 99，其中 *m/z* 80 的子离子响应较高，大约为子离子 *m/z* 99 的两倍，然而实验发现检测母乳样品时 *m/z* 80 的子离子杂质干扰十分严重，因此选择 *m/z* 99 的子离子进行定量。在优化后的液相色谱和质谱条件下，待测 PFCs 的质量色谱图如图 22-3 所示。

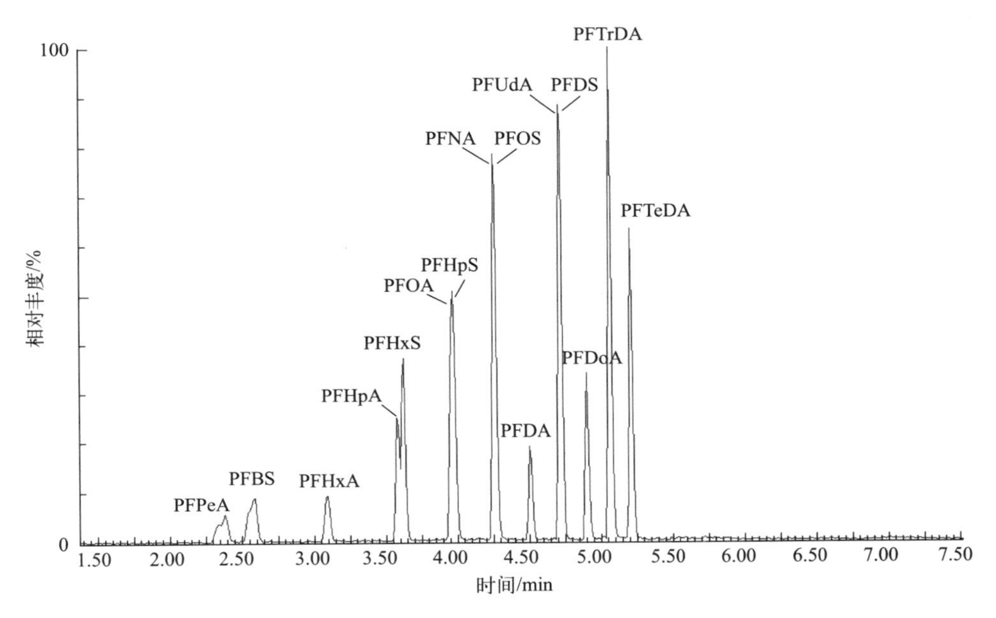

图 22-3　PFCs 标准溶液质量色谱图

22.4.3　方法学验证

配制系列标准溶液，按照上述色谱-质谱方法进行测定（*n*=6），标准液浓度范围 50 ～ 50000pg/mL，以目标物的质量浓度为横坐标，以目标物定量离子峰面积与内标物色谱峰面积的比值为纵坐标，绘制标准曲线并进行线性回归分析。各待测物线性良好，相关系数（*R*）均大于 0.995，响应因子的相对标准偏差（RSD）为 8% ～ 26%（*n*=6）。

选用 PFCs 含量水平较低的母乳样品进行回收率实验，样品中 PFCs 含量低于加标水平的 20%，并且在计算回收率结果过程中扣除。低浓度和高浓度的加标水平分别为100pg/mL和500pg/mL。由于前处理过程背景污染的干扰和提取过程中的损失，14种目标化合物中PFBA、PFDoA,、PFTrDA和PFTeDA的回收率较低，而且文献未有报道母乳样品中发现这些化合物，因此在分析实际样品时不对这几个全氟烷酸类化合物进行定量计算。其他3种全氟磺酸和7种全氟烷酸的回收率结果以及检测限（LOD）和定量限（LOQ）列于表22-3。

表22-3　母乳样品分析方法的方法参数：加标回收实验结果；检测限（LOD）；定量限（LOQ）

化合物	加标回收结果/%		LOD/(pg/mL)	LOQ/(pg/mL)
	高水平①	低水平②		
PFHxS	96	114	0.69	6.29
PFHpS	91	110	3.77	11.59
PFOS	102	96	1.54	2.72
PFPeA	123	136	5.50	18.19
PFHxA	114	99	2.91	12.90
PFHpA	81	95	2.98	5.86
PFOA	106	110	14.15	20.64
PFNA	79	98	5.46	12.13
PFDA	115	102	1.44	7.11
PFUdA	73	57	1.30	8.61

① 加标实验高水平浓度为500pg/mL，取5次重复实验的平均值。

② 加标实验低水平浓度为100pg/mL，取5次重复实验的平均值。

22.4.4　母乳中含量

对在北京采集的50份母乳中各PFCs的污染水平范围、均值、中位数等进行统计，结果见表22-4。母乳中可检出8种PFCs，在母乳中检出率高于50%的PFCs有PFOA、PFOS、PFNA、PFDA、PFUdA和PFHxA。PFOA和PFOS是最主要的化合物，均值分别为86pg/mL和83pg/mL，占∑PFCs的比例分别是30%和28%，同时PFHxA也呈现出较高的污染，均值为62pg/mL，占∑PFCs的比例高达21%。

若假设母乳是1～6月龄婴儿的唯一食物来源，那么这部分婴儿的PFCs每日摄入量［daily intake，DI，ng/（kg体重·d）］的计算可用母乳中污染物的含量（pg/mL）乘于母乳的每日摄入量（mL/d），再除以婴儿的体重（kg）。婴儿的暴露风险因子（risk index，RI）则计算为每日摄入量（DI）与参考剂量（reference dose，RfD）的比值，RI小于1则认为婴儿经母乳的PFCs暴露不足以产生健康风险，而高于1则意味着可能有损害健康的风险。由于毒性数据尚不充分，目前仅有研究根据动物实验设定了 PFOA 和 PFOS 的 RfD 值，分别为 333ng/（kg 体重·d）和 25ng/（kg 体重·d）。根据美国环境保护署出版的《暴露因素手册》（Exposure Factors Handbook），1 ～ 6 月龄婴儿平均每日摄入母乳量为 742mL，6 个月大的男婴平均体重是 7.8kg。若按照母乳 PFCs 浓度中值和最高值计算，本研究中婴儿 PFOA 和 PFOS 的中值 DI 分别为 6.98ng/（kg 体重·d）和 6.85ng/（kg 体重·d），最高值 DI 分别为 42.62ng/（kg 体重·d）和 18.36ng/（kg 体重·d）。据此计算，北京市婴儿经母乳的 PFOA 和 PFOS 暴露风险因子分别为 0.02 和 0.27，若按最高值 DI 计算 RI，PFOA 和 PFOS 的 RI 值为 0.13 和 0.73，可见北京市婴儿经母乳摄入 PFOA 和 PFOS 的健康风险仍然较低。

表 22-4　母乳中 PFCs 检出率及含量（n=50）　单位：pg/mL

化合物	检出率 /%	含量			
		中位数	$x \pm s$	最小值	最大值
PFHxA	83（34/41）	61	62±41	0	175
PFOA	100（41/41）	73	86±63	46	448
PFOS	100（41/41）	72	83±41	31	193
PFNA	95（39/41）	11	13±8	0	41
PFUdA	88（36/41）	17	20±12	0	47
PFDA	85（35/41）	9	11±12	0	79
PFPeA	15（6/41）	0	5±12	0	50
PFHxS	12（5/41）	0	2±5	0	26
∑PFCs		251	252±164	0	763

22.5　结论

本研究建立了基于甲酸水溶液提取、WAX 固相萃取柱净化、液相色谱-串联质谱检测和稳定性同位素稀释技术定量母乳中全氟化合物含量测定方法。经方法学验证和实际样本测定，表明本方法具有良好的灵敏度、准确度和精确度，可用于母乳中 PFCs 的痕量分析。

本研究还检测了在北京采集的 50 份母乳样本中的 PFCs，其中 6 种 PFCs 检出率超过 50%，表明北京市母乳中存在一定的 PFCs 污染。暴露评估和风险特征分析结果表明，北京市新生婴儿经母乳的 PFCs 暴露尚不足以引发明显的健康风险。

（刘嘉颖，施致雄）

参考文献

[1] Chen Y, Fu J, Ye T, et al. Occurrence, profiles, and ecotoxicity of poly- and perfluoroalkyl substances and their alternatives in global apex predators: A critical review. J Environ Sci, 2021, 109: 219-236.

[2] Espartero L J L, Yamada M, Ford J, et al. Health-related toxicity of emerging per- and polyfluoroalkyl substances: Comparison to legacy PFOS and PFO A. Environ Res, 2022, 212: 113431.

[3] 王跃宽，陈维余，温守国．全氟烃类示踪剂的顶空气相色谱检测方法．精细与专用化学品，2020, 28(3): 10-13.

[4] 刘嘉颖，王雨昕，李敬光，等．超高效液相色谱-质谱法测定动物性膳食中全氟辛烷磺酸和全氟辛酸．中国食品卫生杂志，2011, 23(6): 539-543.

[5] 黄春元，周剑，刘亚轩，等．食品中全氟辛酸、全氟辛基磺酸的检测技术研究进展．食品安全质量检测学报，2022, 13(16): 5243-5251.

[6] Liu J, Li J, Zhao Y, et al. The occurrence of perfluorinated alkyl compounds in human milk from different regions of China. Environ Int, 2010, 36(5): 433-438.

第 23 章

母乳中有机磷阻燃剂含量测定

有机磷阻燃剂（organophosphorus flame retardants，OPFRs）是一类人工合成的磷酸衍生物，通常作为阻燃助剂应用于各类产品中[1]。近年来，由于多种溴系阻燃剂被斯德哥尔摩公约大会陆续列入持久性有机污染物名单并限制或禁止使用[2-4]。而 OPFRs 因其阻燃性能良好、分解产物的腐蚀性小和产生的有毒物质少等优点，被认为是溴系阻燃剂的良好替代品，在塑料、家具、纺织、电子设备、建材以及车辆等多个领域被广泛应用[5,6]。除此之外，OPFRs 还可用作增塑剂、润滑剂、消泡剂以及核燃料萃取剂等[7,8]。全球有机磷阻燃剂产量与消费量近年来处在迅猛上升态势[9]。由于 OPFRs 是以物理形式结合而不是化学键合到材料中，因此在产品的生产、使用以及废弃过程中，OPFRs 会不断通过挥发、浸出和磨损等方式释放到周围环境介质中并扩散[10,11]。多项研究显示，OPFRs 在空气、灰尘、水、沉积物及土壤等各类环境介质中普遍存在[7-9]，已成为当前最重要的新兴环境污染物之一。

目前，OPFRs的仪器分析方法以气相色谱-质谱联用法（gas chromatography-tandem mass spectrometry，GC-MS/MS）[12, 13]和液相色谱-质谱联用法（liquid chromatography-tandem mass spectrometry，LC-MS/MS）[14, 15]为主，但由于部分OPFRs挥发性较弱，因此LC-MS/MS更适合多种OPFRs的同时检测[14]。净化方法包括凝胶渗透色谱法（gel permeation chromatography，GPC）[14]、固相萃取法（solid-phase extraction，SPE）[12, 16]、分散固相萃取法（dispersive-SPE，d-SPE）[16]和QuEChERS[17]。QuEChERS是quick、easy、cheap、effective、rugged、safe的缩写，该技术具有快速、简易、价廉、高效、稳定和安全等诸多优点，是近年来广受欢迎的一种新兴的前处理技术。QuEChERS最初多用于农药残留检测，近年来应用范围不断扩展，已被成功用于复杂基质中多种环境污染物的前处理，但鲜有研究尝试将QuEChERS技术应用于母乳中OPFRs的分析。

本章的目的是建立一种简便、高效、准确的检测方法检测母乳中OPFRs的含量，并通过该方法对母乳样本进行检测，计算婴儿OPFRs的摄入量并用于暴露风险评估。

23.1 有机磷阻燃剂测定的材料与方法

23.1.1 仪器

Micromass-Quattro Premier三重四极杆串联质谱仪，配备ACQUITYTM超高效液相色谱仪（美国Waters公司）；ALPHA 1-2 LD plus型冷冻干燥机（德国Christ公司）；氮吹浓缩装置（美国Organomation Associates公司）；涡旋振荡器（美国Scientific Industries公司）。

23.1.2 试剂

标准品：三丁基磷酸酯（TNBP）、三（1,3-二氯-2-丙基）磷酸酯（TDCIPP）、三（2-氯乙基）磷酸酯（TCEP）、三丙基磷酸酯（TPRP）、三（2-氯丙基）磷酸酯（TCIPP）、三苯基磷酸酯（TPHP）、三甲基磷酸酯（TMP）、三（2,3-二溴丙基）磷酸酯（TDBPP）、三（2-丁氧乙基）磷酸酯（TBOEP）、2-乙基己基二苯基磷酸酯（EHDPP）、三（2-乙基己基）磷酸酯（TEHP）、2,2-二氯甲基-1,3-丙二醇双［双（2-氯乙基）磷酸酯］（V6）均购自美国Accustandard公司。

内标：d_{27}-三丁基磷酸酯（d_{27}-TNBP）、d_{15}-三（1,3-二氯-2-丙基）磷酸酯

（d_{15}-TDCIPP）、d_{12}-三（2-氯乙基）磷酸酯（d_{12}-TCEP）、d_{21}-三丙基磷酸酯（d_{21}-TPRP）、$^{13}C_{18}$-三苯基磷酸酯（$^{13}C_{18}$-TPHP）、$^{13}C_{6}$-三（2-丁氧乙基）磷酸酯（$^{13}C_{6}$-TBOEP）均购自加拿大 Wellington Laboratories。

其他试剂：甲醇、甲酸（96%）和乙腈（均为色谱纯，美国 Fisher 公司）；乙酸铵（NH_4OAc，分析纯，上海阿拉丁试剂公司）；无水硫酸镁（$MgSO_4$，分析纯，天津光复精细化工研究所）；*N*-丙基乙二胺吸附剂（primary secondary amine，PSA）、十八烷基键合硅胶（octadecyl bonded silica，C_{18}）吸附剂（美国 Agilent 公司）；ProElut PLS 固相萃取柱（150mg/6mL，北京迪科马科技有限公司）。

23.1.3 实验方法

23.1.3.1 样品前处理

准确称取 0.50g±0.01g 母乳冻干样品置于 15mL 离心管中，加入含 6 种 OPFRs 内标物各 5ng 的内标工作液，再向管内加入 5mL 含 0.5% 甲酸的乙腈，涡旋混合 1min，然后将离心管置于振荡器中振摇 2h，再超声萃取 10min，随后 5000 r/min 离心 10min。转移上清液至另一离心管，并加入 250mg 无水硫酸镁、150mg PSA 和 150mg C_{18}，涡旋 1min，5000 r/min 离心 5min，收集上清液进一步通过 ProElut PLS 萃取柱（150mg/6mL）进行富集和净化。ProElut PLS 萃取柱先用 5mL 乙腈活化，随后将上一步收集得到的上清液上样至萃取小柱，收集上样流出液，再用 3.5mL 乙腈进一步洗脱残留在萃取柱中的目标物，将上样流出液和洗脱液合并。合并的混合液于 37℃下氮吹蒸发至约 1mL，经 0.22μm 微孔滤膜过滤后转移至玻璃进样瓶中氮吹至干，加入 200μL 甲醇复溶后转移至含内插管的玻璃进样瓶待测。

23.1.3.2 标准储备液制备

混合标准工作液（0.5μg/mL）：准确吸取 12 种 OPFRs 标准溶液 0.05mL（5μg）至 10mL 容量瓶中，使用甲醇定容至刻度，涡旋混匀，于−20℃保存。

混合内标工作液（0.25μg/mL）：准确吸取 6 种内标标准品 0.05mL（2.5μg）至 10mL 容量瓶中，使用甲醇定容至刻度，涡旋混匀，于−20℃保存。

23.1.3.3 色谱-质谱条件

液相色谱条件：Waters ACQUITY UPLC™ BEH C_{18} 色谱柱［100mm×2.1mm（i.d.），1.7μm］，柱温箱温度 40℃。流动相为 0.01% 甲酸-水溶液（A）和 10mmol/L NH_4OAc-甲醇溶液（B），流速 0.2mL/min，进样量 5μL。流动相梯度：0min，30% B；

4min 内线性提升至 80% B，并保持至 8min；直接改为 100% B 并保持 3min，随后返回至初始状态（30% B）。12 种 OPFRs 的标准品色谱图见图 23-1。

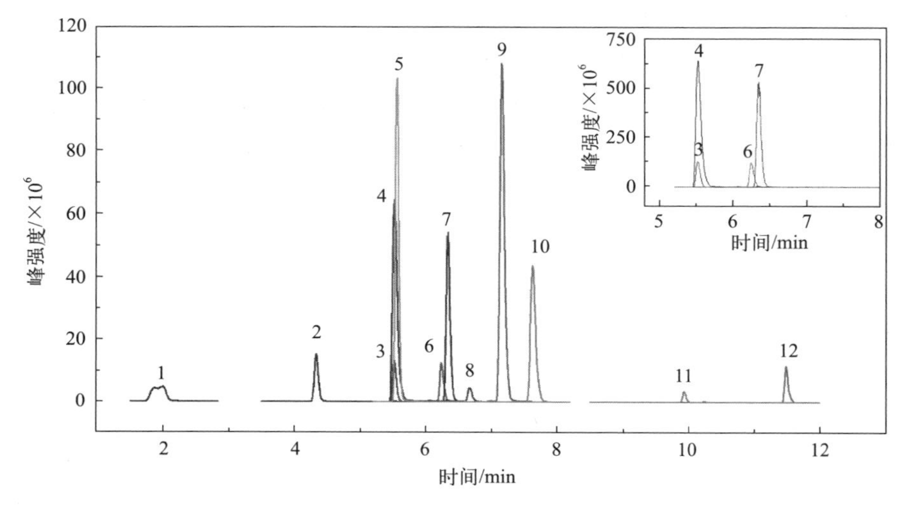

图 23-1　12 种 OPFRs 标准品色谱图

质谱条件：采用电喷雾电离源（ESI），待测物在正离子扫描下以多反应监测（MRM）模式分析，内标法定量。对于仍未有对应的商品化同位素内标的部分 OPFRs，将根据保留时间接近、响应接近等原则与其他待测物共用内标。毛细管电压 3kV；锥孔电压 30V；解析气温度 450℃，解析气流量 800L/h（N_2）；锥孔气 150L/h（N_2）；碰撞气流量 0.15mL/min（Ar）。各待测物的保留时间、监测离子以及对应的内标物质等信息如表 23-1 所示。

表 23-1　12 种 OPFRs 及 6 种同位素内标物的保留时间以及母离子、子离子等参数

目标物	保留时间 /min	监测离子 (*m/z*)	CE/eV	对应内标物
TMP	2.01	141 → 99 141 → 109①	15 15	d_{12}-TCEP
TCEP	4.34	287 → 99 285 → 99①	30 20	d_{12}-TCEP
TCIPP	5.53	329 → 99 327 → 99①	20 20	$^{13}C_6$-TBOEP
TPRP	5.55	225 → 141 225 → 99①	10 20	d_{21}.TPRP
TDBPP	6.66	716 → 99 699 → 99①	40 25	d_{15}-TDCIPP

续表

目标物	保留时间 /min	监测离子 (*m/z*)	CE/eV	对应内标物
TDCIPP	6.24	433 → 99 431 → 99[①]	20 20	d_{15}-TDCIPP
TPHP	6.35	327 → 77[①] 327 → 152	40 40	$^{13}C_{18}$-TPHP
TBOEP	7.63	399 → 199 399 → 299[①]	15 10	$^{13}C_6$-TBOEP
TNBP	7.15	267 → 99[①]	20	d_{27}-TNBP
EHDPP	9.93	363 → 77 363 → 251[①]	30 30	$^{13}C_{18}$-TPHP
V6	5.52	583 → 235 583 → 361[①]	25 25	d_{15}-TDCIPP
TEHP	11.05	435.3 → 99.1 435.3 → 323[①]	30 40	$^{13}C_6$-TBOEP
d_{12}-TCEP	4.10	299 → 67 299 → 102[①]	30 25	
$^{13}C_{18}$-TPHP	5.95	342 → 82 342 → 162[①]	25 25	
$^{13}C_6$-TBOEP	7.23	405 → 102 405 → 303[①]	10 10	
d_{27}-TNBP	6.64	294 → 102[①]	20	
d_{21}.TPRP	6.23	246.2 → 102 246.2 → 150.1[①]	15 30	
d_{15}-TDCIPP	5.89	446 → 102 445 → 216[①]	50 30	

① 定量离子。

23.1.4 母乳样本采集

2018 年通过征集志愿者方式采集北京市产妇母乳样本 105 份，经对方同意并签署知情同意书后，将事先清洗干净的玻璃瓶交给志愿者，志愿者在家中自行采用吸奶器或手挤方式单次采集母乳约 100mL。采集好的母乳立即放入−20℃冰箱保存，并由工作人员上门收集，收集的样本放入−80℃冰箱保存待测。

23.2 有机磷阻燃剂测定的结果与讨论

23.2.1 前处理方法

本方法采用 0.5% 的甲酸-乙腈作为提取溶剂，将 QuEChERS 与 SPE 相结合进一步净化。在提取溶剂（乙腈）中加入少量甲酸，可以提高 OPFRs 的提取效率。而 QuEChERS 与 SPE 相结合，能最大限度除去母乳样品中的蛋白质、脂质等杂质。

本方法考察了萃取溶剂中甲酸的含量、QuEChERS 净化时吸附剂用量和 SPE 净化时洗脱溶剂体积三个前处理过程中最主要的参数对加标样品中目标物回收率的影响。

在前处理过程中，分别以纯乙腈、含 0.1% 甲酸的乙腈和含 0.5% 甲酸的乙腈作为提取溶剂。实验结果如图 23-2 所示，随着甲酸的含量从 0 增加到 0.1%，大部分 OPFRs 的回收率也随之迅速提高，当甲酸的含量增加至 0.5% 时，虽然部分 OPFRs 的回收率变化不明显，但 TMP、TCEP、V6、TDBPP、TCIPP、TNBP、TPRP、TEHP 和 EHDPP 的回收率更趋近于 100%。因此，本方法选择 0.5% 的甲酸-乙腈作为提取溶剂。

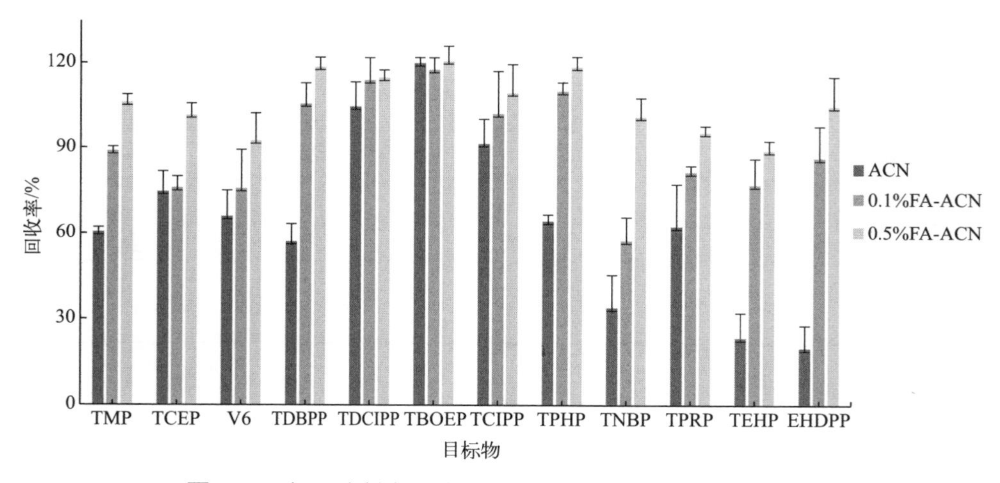

图 23-2 提取溶剂中甲酸含量对目标物回收率的影响（n=3）

在 QuEChERS 步骤，对 PSA 吸附剂的用量（100mg、150mg、200mg）进行考察。实验结果如图 23-3 所示，12 种 OPFRs 的回收率随着 PSA 用量的变化而变化，当 PSA 的质量为 150mg 时，TMP、V6、TDBPP、TDCIPP、TCIPP、TPHP 和 TPRP

表现出最佳的回收率。但进一步增加 PSA 的用量时，大多数的 OPFRs 的回收率没有明显提升，TMP、TDCIPP、TCIPP 和 TPRP 的回收率反而明显下降。因此，本方法选择 150mg PSA 作为吸附剂。

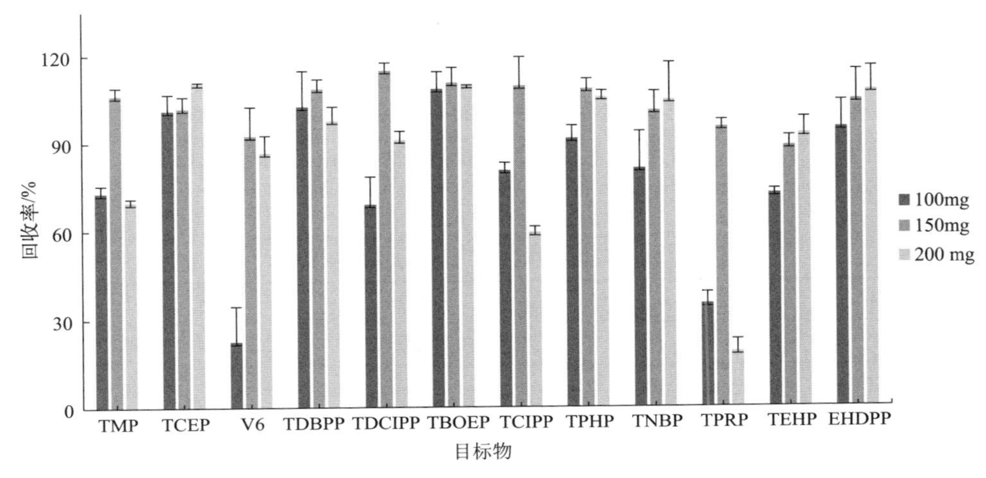

图 23-3　吸附剂质量对目标物回收率的影响（n=3）

在 SPE 净化阶段，对洗脱溶剂（乙腈）的使用体积进行考察。实验结果如图 23-4 所示，当乙腈的体积从 2.5mL 增加到 3.5mL 时，除 TDCIPP 和 EHDPP 外，其余 10 种 OPFRs 的回收率均达到最佳值。当乙腈的体积由 3.5mL 增加至 4.5mL 时，TMP、TCEP、TCIPP 和 TPHP 等 7 种 OPFRs 的回收率呈现出下降的趋势。推测洗脱体积的增大导致后续氮吹蒸发时间的延长，从而造成了部分易挥发目标物的损失。因此，本方法选择 3.5mL 乙腈作为洗脱溶剂。

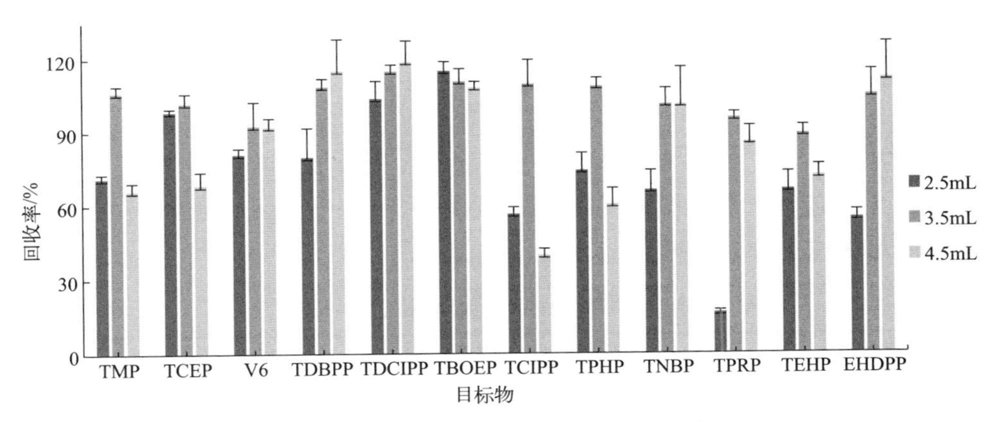

图 23-4　洗脱溶剂体积对目标物回收率的影响（n=3）

23.2.2 方法学验证

23.2.2.1 线性范围

配制系列标准溶液，按照上述色谱-质谱方法进行测定（n=3），标准液浓度范围 1 ～ 100ng/mL，其中内标物浓度均为 5ng/mL。采用同位素内标法进行定量分析，以目标物的质量浓度（x，ng/mL）为横坐标，以目标物定量离子峰面积与内标物色谱峰面积的比值（y）为纵坐标，绘制标准曲线并进行线性回归分析，结果如表 23-2 所示。

表 23-2　标准曲线及其线性相关系数（n=3）

目标物	线性范围 /（ng/mL）	标准曲线	线性相关系数（R）
TMP	1 ～ 100	y=0.4693x−0.4111	0.9998
TCEP	1 ～ 100	y=0.1815x+1.7352	0.9988
TCIPP	1 ～ 100	y=0.0967x+0.2368	0.9999
TPRP	1 ～ 100	y=0.0849x−0.0435	0.9999
TDBPP	1 ～ 100	y=0.0563x−0.0228	0.9998
TDCIPP	1 ～ 100	y=0.9014x+9.6462	0.9999
TPHP	1 ～ 100	y=0.6641x+0.0692	0.9999
TBOEP	1 ～ 100	y=0.0867x−0.0553	0.9999
TNBP	1 ～ 100	y=0.1077x+0.0137	0.9999
EHDPP	1 ～ 100	y=0.009x+0.0029	0.9999
V6	1 ～ 100	y=0.026x−0.0456	0.9996
TEHP	1 ～ 100	y=0.0346x−0.0177	0.9999

注：y 为 OPFRs 的峰面积 / 内标的峰面积；x 为质量浓度（ng/mL）。

23.2.2.2 检出限和定量限

母乳中 12 种 OPFRs 的 LOD 和 LOQ 如表 23-3 所示，其范围分别为 1 ～ 200pg/mL 和 4 ～ 600pg/mL。

表 23-3　母乳中 12 种 OPFRs 的检出限和定量限

目标物	LOD/（pg/mL）	LOQ/（pg/mL）
TMP	20	70
TCEP	40	150
TCIPP	5	20

续表

目标物	LOD/（pg/mL）	LOQ/（pg/mL）
TPRP	3	10
TDBPP	90	300
TDCIPP	7	20
TPHP	1	4
TBOEP	4	10
TNBP	4	10
EHDPP	20	60
V6	200	600
TEHP	8	30

23.2.2.3 加标回收率

母乳样品中添加2个水平（2.5ng/mL和25ng/mL）的12种OPFRs标准溶液，对方法进行加标回收实验，实验平行重复5次，计算平均回收率及RSD。如表23-4所示，12种OPFRs在2个加标水平下平均回收率分别为75.0%～115.8%和47.0%～120.0%，精密度除TMP（27.85%和20.46%）外均≤13.09%，表明方法的精密度和准确度良好。但在25ng/mL的加标水平下，TCIPP的回收率仅为47.0%，这可能是由于其没有对应的同位素内标物。

表23-4 方法的回收率和精密度（n=5）

目标物	2.5ng/mL		25ng/mL	
	回收率/%	RSD/%	回收率/%	RSD/%
TMP	97.7	27.85	79.0	20.46
TCEP	84.2	8.45	81.3	2.60
TCIPP	75.0	9.15	47.0	8.09
TPRP	107.9	1.43	110.7	3.36
TDBPP	115.8	5.21	116.4	2.91
TDCIPP	102.1	10.93	113.7	9.72
TPHP	92.8	6.65	99.5	2.18
TBOEP	106.7	2.04	107.9	2.71
TNBP	109.1	8.22	112.5	11.06
EHDPP	81.9	2.31	76.7	5.10
V6	112.2	13.09	120.0	10.93
TEHP	98.8	7.03	107.5	5.85

23.2.3 母乳中含量

105 份北京母乳样品中 OPFRs 的检出结果如表 23-5 所示，由表可知，12 种 OPFRs 的检出率均高于 60%，其中 TPHP 检出率最高（99%），其次是 TCIPP（96%）、TPRP（94%）和 EHDPP（92%）等。各 OPFRs 的均值在 0.017 ～ 13.1ng/mL 之间。12 种 OPFRs 的中位数浓度范围为 0.009 ～ 1.47ng/mL，其中中位数浓度最高的 OPFRs 是 TEHP。

表 23-5　北京市母乳中 OPFRs 的浓度水平（n=105）　单位：ng/mL

待测物	检出率 /%	均值	标准差	中位数	最大值
TMP	65	0.017	0.021	0.012	0.100
TCEP	84	0.358	1.12	0.207	11.2
TDBPP	64	0.135	0.169	0.096	1.14
V6	80	0.821	0.895	0.667	6.79
TDCIPP	60	0.184	0.533	0.047	4.03
TBOEP	66	0.026	0.069	0.009	0.587
TCIPP	96	1.25	1.45	0.689	9.66
TPHP	99	13.1	20.8	1.07	87.1
TNBP	65	0.069	0.109	0.033	0.740
TPRP	94	0.035	0.034	0.030	0.270
TEHP	87	3.56	9.49	1.47	94.3
EHDPP	92	1.21	1.87	0.844	17.5

依据相关数据计算北京 0 ～ 6 月龄新生婴儿经母乳的每日 OPFRs 摄入量。北京婴儿每日摄入 OPFRs 的平均 DI 范围为 2.30 ～ 1637ng/（kg 体重 • d），均值最高的化合物为 TPHP，中位数最高的化合物为 TEHP。将各 OPFRs 的摄入量与相应的 RfD 值比较，发现各 OPFRs 的每日摄入量均值和中位数均低于相对应的 RfD 值 1 ～ 4 个数量级，表明北京婴儿现阶段经母乳喂养摄入的 OPFRs 健康风险很小。

23.3 结论

本研究以 0.5% 的甲酸-乙腈作为提取溶剂，考察了甲酸的添加量，在净化阶段将 QuEChERS 与 SPE 相结合，考察了 PSA 吸附剂的用量和 SPE 阶段洗脱溶剂的体积，使母乳样本得到最大限度的净化，OPFRs 得到最佳的提取率和回收率。经方法学验证，本方法具有较高的灵敏度、准确度和精确度。

测定了北京市母乳中 OPFRs 含量，结果表明母乳中多种 OPFRs 检出率均在 60% 以上，表明当前人体内普遍存在 OPFRs 污染。风险评估的结果说明，北京市 0 ～ 6 月龄新生婴儿经母乳的 OPFRs 暴露尚不足以引发明显健康风险。

（施致雄）

参考文献

[1] Du J, Li H, Xu S, et al. A review of organophosphorus flame retardants (OPFRs): occurrence, bioaccumulation, toxicity, and organism exposure. Environmental Science and Pollution Research, 2019, 26(22): 22126-22136.

[2] Wang J, Zhao X, Wang Y, et al. Tetrabromobisphenol A, hexabromocyclododecane isomers and polybrominated diphenyl ethers in foodstuffs from Beijing, China: Contamination levels, dietary exposure and risk assessment. Sci Total Environ, 2019, 666: 812-820.

[3] Feiteiro J, Mariana M, Cairrão E. Health toxicity effects of brominated flame retardants: From environmental to human exposure. Environ Pollut, 2021, 285: 117475.

[4] Ezechiáš M, Covino S, Cajthaml T. Ecotoxicity and biodegradability of new brominated flame retardants: a review. Ecotoxicol Environ Saf, 2014, 110: 153-167.

[5] Gbadamosi M R, Abdallah M A, Harrad S. A critical review of human exposure to organophosphate esters with a focus on dietary intake. Sci Total Environ, 2021, 771: 144752.

[6] Wang Y, Hou M, Zhang Q, et al. Organophosphorus flame retardants and plasticizers in building and decoration materials and their potential burdens in newly decorated houses in China. Environmental Science & Technology, 2017, 51(19): 10991-10999.

[7] Wang X, Zhu Q, Yan X, et al. A review of organophosphate flame retardants and plasticizers in the environment: Analysis, occurrence and risk assessment. Sci Total Environ, 2020, 731: 139071.

[8] Zhang Q, Wang Y, Zhang C, et al. A review of organophosphate esters in soil: Implications for the potential source, transfer, and transformation mechanism. Environ Res, 2022, 204(Pt B): 112122.

[9] Chen M H, Ma W L. A review on the occurrence of organophosphate flame retardants in the aquatic environment in China and implications for risk assessment. Science of The Total Environment, 2021, 783: 147064.

[10] Xu L, Zhang B, Hu Q, et al. Occurrence and spatio-seasonal distribution of organophosphate tri- and di-esters in surface water from Dongting Lake and their potential biological risk. Environ Pollut, 2021, 282: 117031.

[11] Zhang X, Zou W, Mu L, et al. Rice ingestion is a major pathway for human exposure to organophosphate flame retardants (OPFRs) in China. J Hazard Mater, 2016, 318: 686-693.

[12] Choo G, Cho H S, Park K, et al. Tissue-specific distribution and bioaccumulation potential of organophosphate flame retardants in crucian carp. Environ Pollut, 2018, 239: 161-168.

[13] Sundkvist A M, Olofsson U, Haglund P. Organophosphorus flame retardants and plasticizers in marine and fresh water biota and in human milk. J Environ Monit, 2010, 12(4): 943-951.

[14] Kim J W, Isobe T, Muto M, et al. Organophosphorus flame retardants (PFRs) in human breast milk from several Asian countries. Chemosphere, 2014, 116: 91-97.

[15] Hallanger I G, Sagerup K, Evenset A, et al. Organophosphorous flame retardants in biota from Svalbard, Norway. Mar Pollut Bull, 2015, 101(1): 442-447.

[16] Liu Y E, Luo X J, Huang L Q, et al. Organophosphorus flame retardants in fish from Rivers in the Pearl

River Delta, South China. Sci Total Environ, 2019, 663: 125-132.

[17] Bekele T G, Zhao H, Wang Q. Tissue distribution and bioaccumulation of organophosphate esters in wild marine fish from Laizhou Bay, North China: Implications of human exposure via fish consumption. J Hazard Mater, 2021, 401: 123410.

第24章

母乳中多溴二苯醚含量测定

多溴二苯醚（PBDEs）作为性能优良的阻燃剂曾大量生产，用作添加型阻燃剂，广泛应用在各种消费类产品上，包括电脑、电视机等电子电气类产品，纺织品，泡沫填充类家具，绝缘材料以及其他建筑材料等[1]。PBDEs 商业化产品主要为三种多溴二苯醚商业混合物，包括五溴二苯醚混合物、八溴二苯醚混合物和十溴二苯醚混合物。在其生产和使用过程中的排放及含有 PBDEs 商品的向外迁移而进入环境造成污染，通常无必要在食品中测定 PBDEs 全部同类物，主要有 7 种 PBDEs 受到重点关注，即 BDE-28、BDE-47、BDE-99、BDE-100、BDE-153、BDE-154 和 BDE-183。

本实验室参考美国环境保护署（USEPA）1614 方法[2]，建立了食品中 PBDEs 测定的同位素稀释-气相色谱-高分辨质谱方法，并测定了 2007 年和 2011 年两次全国母乳监测样品中 PBDEs 的含量[3-5]。

24.1 多溴二苯醚测定的仪器与试剂

24.1.1 仪器

高分辨气相色谱-高分辨质谱仪（DFS™ 气相色谱-扇形磁场高分辨质谱系统，赛默飞世尔科技，德国）：由 Trace1300 气相色谱仪（GC）和 DFS 高分辨双聚焦磁式质谱仪（HRMS）组成，配备 DB-5MS HT 色谱柱（15m×0.25mm，0.10μm，安捷伦科技，美国）；全自动净化装置（JF602，北京普立泰科仪器有限公司，中国），配备商品化酸碱复合硅胶柱、氧化铝柱和碳柱（FMS 公司，美国）；冻干机（Coolsafe 95-15，Labogene，Lynge，丹麦）；减压旋转蒸发器（R-210，BÜCHI，Flawil，瑞士），配隔膜真空泵和真空控制装置以及循环冷凝水装置；加速溶剂萃取仪（ASE350，Thermo Scientific，美国），配备 66mL 萃取池；洗瓶机（G7883，Miele，德国）；马弗炉；天平：感量为 0.1g 和 0.1mg。

24.1.2 试剂

24.1.2.1 标准溶液

PBDEs 校正标准溶液（BDE-CVS-F）、稳定同位素取代 PBDEs 定量内标溶液（MBDE-MXFS）、稳定同位素取代 PBDEs 回收内标溶液（MBDE-MXFR）均购自加拿大威灵顿公司，详见表 24-1 和表 24-2。

表 24-1 PBDEs 校正标准溶液　　单位：ng/mL

种类	化合物	化学名	CS1	CS2	CS3	CS4	CS5
目标化合物	BDE-28	2,4,4′-三溴代二苯醚	1	5	25	100	500
	BDE-47	2,2′,4,4′-四溴代二苯醚	1	5	25	100	500
	BDE-99	2,2′,4,4′,5-五溴代二苯醚	1	5	25	100	500
	BDE-100	2,2′,4,4′,6-五溴代二苯醚	1	5	25	100	500
	BDE-153	2,2′,4,4′,5,5′-六溴代二苯醚	1	5	25	100	500
	BDE-154	2,2′,4,4′,5,6′-六溴代二苯醚	1	5	25	100	500
	BDE-183	2,2′,3,4,4′,5′,6-七溴代二苯醚	1	5	25	100	500
定量内标	$^{13}C_{12}$-BDE-28	$^{13}C_{12}$-2,4,4′-三溴代二苯醚	20	20	20	20	20
	$^{13}C_{12}$-BDE-47	$^{13}C_{12}$-2,2′,4,4′-四溴代二苯醚	20	20	20	20	20

续表

种类	化合物	化学名	CS1	CS2	CS3	CS4	CS5
定量内标	$^{13}C_{12}$-BDE-99	$^{13}C_{12}$-2,2′,4,4′,5-五溴代二苯醚	20	20	20	20	20
	$^{13}C_{12}$-BDE-100	$^{13}C_{12}$-2,2′,4,4′,6-五溴代二苯醚	20	20	20	20	20
	$^{13}C_{12}$-BDE-153	$^{13}C_{12}$-2,2′,4,4′,5,5′-六溴代二苯醚	20	20	20	20	20
	$^{13}C_{12}$-BDE-154	$^{13}C_{12}$-2,2′,4,4′,5,6′-六溴代二苯醚	20	20	20	20	20
	$^{13}C_{12}$-BDE-183	$^{13}C_{12}$-2,2′,3,4,4′,5′,6-七溴代二苯醚	20	20	20	20	20
回收内标	$^{13}C_{12}$-BDE-77	$^{13}C_{12}$-3,3′,4,4′-四溴代二苯醚	20	20	20	20	20
	$^{13}C_{12}$-BDE-138	$^{13}C_{12}$-2,2′,3,4,4′,5′-六溴代二苯醚	20	20	20	20	20

表 24-2　稳定同位素取代 PBDEs 定量内标和回收内标

类别	化合物	化学名	浓度 /（ng/mL）
定量内标	$^{13}C_{12}$-BDE-28	$^{13}C_{12}$-2,4,4′-三溴代二苯醚	2000
	$^{13}C_{12}$-BDE-47	$^{13}C_{12}$-2,2′,4,4′-四溴代二苯醚	2000
	$^{13}C_{12}$-BDE-99	$^{13}C_{12}$-2,2′,4,4′,5-五溴代二苯醚	2000
	$^{13}C_{12}$-BDE-100	$^{13}C_{12}$-2,2′,4,4′,6-五溴代二苯醚	2000
	$^{13}C_{12}$-BDE-153	$^{13}C_{12}$-2,2′,4,4′,5,5′-六溴代二苯醚	2000
	$^{13}C_{12}$-BDE-154	$^{13}C_{12}$-2,2′,4,4′,5,6′-六溴代二苯醚	2000
	$^{13}C_{12}$-BDE-183	$^{13}C_{12}$-2,2′,3,4,4′,5′,6-七溴代二苯醚	2000
回收内标	$^{13}C_{12}$-BDE-77	$^{13}C_{12}$-3,3′,4,4′-四溴代二苯醚	2000
	$^{13}C_{12}$-BDE-138	$^{13}C_{12}$-2,2′,3,4,4′,5′-六溴代二苯醚	2000

24.1.2.2　试剂和耗材

本方法所用有机溶剂均为农残级，要求浓缩 10000 倍后不得检出目标化合物。

正己烷；甲苯；二氯甲烷；壬烷；乙酸乙酯；无水硫酸钠（优级纯）；浓硫酸（优级纯）；硅藻土（Merk KGaA，德国）；硅胶（Silica gel 60，0.063 ～ 0.100mm，Merk KGaA，德国）；一次性玻璃制巴斯德滴管；100mL 玻璃培养皿；250mL 磨口平底茄形瓶（重量低于 90g，旋转蒸发仪用）；500mL 陶瓷研钵；瓶口分配器（规格 50mL）；微量注射器（量程 10μL）。

本实验所用试剂和药品，在每个批次启用前均须进行空白检查，若存有本底污染，则弃用。另外，所有非一次性玻璃器皿使用前都以洗瓶机清洗，晾干后分别以 10mL 1∶1 正己烷∶二氯甲烷溶液、正己烷各润洗一次。

24.1.3 净化材料

24.1.3.1 活性硅胶

使用前，取硅胶适量装入玻璃柱中，先后用与玻璃柱等体积的甲醇、二氯甲烷淋洗，晾干后置于马弗炉中在600℃之上烘烤10h，冷却后，保存在带螺帽密封的玻璃瓶中。

24.1.3.2 酸化硅胶（44%，质量分数）

称取112g活性硅胶置于250mL具塞磨口烧瓶中，缓慢加入88g浓硫酸，密闭后置于摇床上，振摇6～8h。置干燥器内，待用。

24.2 母乳样品采集

基于WHO/UNEP的第四次全球母乳POPs监测导则要求开展母乳样品采集工作。2007年第一次全国母乳监测覆盖12个省市自治区，包括黑龙江省、辽宁省、河北省、陕西省、河南省、宁夏回族自治区、上海市、江西省、福建省、广西壮族自治区、四川省、湖北省，共采集1237个母乳样品，按采样地区制备成24份地区混样。2011年第二次全国母乳监测在第一次母乳监测原有12个省市自治区基础上新增广东省、吉林省、青海省和内蒙古自治区，采样省份增加到16个省市自治区，共采集1760个母乳样本，按采样地区制备成32份地区混样。

24.3 多溴二苯醚测定的实验方法

24.3.1 样品前处理

24.3.1.1 样品预处理

以量筒量取母乳样品80mL，准确称重（精确到0.001g）后置于洁净玻璃培养皿中，以铝箔纸盖于其上，小心放入−40℃冰箱，冷冻12h后，用冻干机使其干燥，置于棕色干燥器中保存，待用。

24.3.1.2 提取

取一洁净陶瓷研钵，加入少量硅藻土后，加入前述干燥样品研磨至细，加入适量硅藻土后轻轻搅拌至均匀，小心转移至预先填装醋酸纤维素滤膜的萃取池中。用 10μL 微量注射器添加同位素标记的 PBDEs 定量内标溶液 10μL，旋紧萃取池盖子后放萃取仪上，以正己烷 : 二氯甲烷（1∶1，体积比）为溶剂进行提取。

24.3.1.3 脂肪称重及除脂

将提取液转移至平底茄形烧瓶中，以减压旋转蒸发仪在 60℃及适当压力下将有机溶剂全部蒸出，静置过夜后称重，减去茄形瓶重量后即为样品中脂肪重量。

加入 100mL 正己烷溶解脂肪，加入适量 44% 硫酸硅胶（使用量按 1g 脂肪需 20g 硫酸硅胶估算）。轻轻摇匀后，至于旋转蒸发仪上，水浴锅设置为60℃，常压，旋转加热 15min。静置 5min，将上层液体转移至一洁净茄形瓶中，以 50mL 正己烷清洗残渣两次，合并清洗液。如果酸化硅胶的颜色较深，则应重复上述过程，直至酸化硅胶为浅黄色。

经酸化硅胶处理后的提取液，以旋转蒸发仪（水浴锅温度 50℃）减压浓缩至约 5mL，置于避光处保存，待进一步以全自动样品净化系统进行处理。

24.3.1.4 净化分离

全自动样品净化系统的自动净化分离原理与传统的柱色谱方法相同，该系统使用三根一次性商业化净化柱，依次为盐酸复合硅胶柱、碱性氧化铝柱和活性炭柱。整个净化过程通过计算机按设定程序控制往复泵和阀门进行。

按仪器使用说明要求，将各净化柱按顺序连接在全自动样品净化系统上，按程序配制好各洗脱溶液并连接好管路，设定计算机洗脱程序（见表 24-3），将除脂后的浓缩液转移到全自动样品净化系统的进样试管中，对样品进行净化、分离，以洁净茄形瓶收集含 PBDEs 的洗脱液。

表 24-3　全自动洗脱程序

步骤	洗脱液	体积/mL	流速/（mL/min）	阀门位置	目的	目标化合物
1	正己烷	20	10	01122006	润湿多层硅胶柱并检漏	—
2	正己烷	10	10	01222006	冲洗管路	—
3	正己烷	12	10	01212006	润湿氧化铝柱	—
4	正己烷	20	10	01221226	润湿活性炭柱	—
5	正己烷	100	10	01122006	活化多层硅胶柱	—
6	甲苯	12	10	05222006	更换溶剂为甲苯	—
7	甲苯	40	10	05221226	预冲洗活性炭柱	—

续表

步骤	洗脱液	体积/mL	流速/（mL/min）	阀门位置	目的	目标化合物
8	乙酸乙酯：甲苯（50：50）	12	10	04222006	更换溶剂为乙酸乙酯：甲苯（50：50）	—
9	乙酸乙酯：甲苯（50：50）	10	10	04221226	预冲洗活性炭柱	—
10	二氯甲烷：正己烷（50：50）	12	10	03222006	更换溶剂为二氯甲烷：正己烷（50：50）	—
11	二氯甲烷：正己烷（50：50）	20	10	03221226	预冲洗活性炭柱	—
12	正己烷	12	10	01222006	更换溶剂为正己烷	—
13	正己烷	30	10	01221226	活化活性炭柱	—
14	—	14	5	06112006	加入样品提取液	—
15	正己烷	150	10	01112006	淋洗多层硅胶柱	—
16	二氯甲烷：正己烷（20：80）	12	12	02222006	更换溶剂为二氯甲烷：正己烷（20：80）	—
17	二氯甲烷：正己烷（20：80）	40	10	02212002	淋洗氧化铝柱	收集 PBDEs
18	二氯甲烷：正己烷（50：50）	12	10	03222002	更换溶剂为二氯甲烷：正己烷（50：50）	收集 PBDEs
19	二氯甲烷：正己烷（50：50）	80	10	03211222	淋洗氧化铝柱和活性炭柱	收集 PBDEs
20	二氯甲烷	12	10	06222006	更换溶剂为二氯甲烷	收集 PBDEs
21	二氯甲烷	80	10	06212002	淋洗氧化铝柱	收集 PBDEs

24.3.1.5 试样浓缩

以旋转蒸发仪在 50℃和适当压力（防止暴沸）条件下，浓缩至小于 1mL，转移至 GC 进样小瓶中，以微弱氮气流浓缩至约 100 ～ 200μL 后，转移至预先加入 40μL 壬烷的玻璃内插管中，以微弱氮气流浓缩至约 40μL，加入 10μL 同位素标记的 PBDEs 回收内标 10μL，涡旋混匀后，待测。

24.3.2 仪器分析条件

24.3.2.1 色谱条件

进样体积：1μL，不分流进样模式；进样口温度：280℃；传输线温度：280℃；

载气：高纯氦气，恒流模式，1.0mL/min。

升温程序：初始温度120℃，保持2min；以15℃/min升温速率升至230℃；以5℃/min升温速率升至270℃；以9℃/min升温速率升至315℃，保持3min。

24.3.2.2 质谱参数

离子源温度：270℃；电离模式：EI；电子轰击能量：45eV；灯丝电流：0.75mA；参考气：全氟化煤油（PFK）；参考气注入量：1μL；参考气温度：150℃；倍增器增益：2E6；分辨率：＞5000。监测离子见表24-4。

表24-4 PBDEs监测离子

类别	具体化合物	监测离子1（*m/z*）	监测离子2（*m/z*）
3Br	BDE-28	405.8026	407.8006
$^{13}C_{12}$-3Br	$^{13}C_{12}$-BDE-28	417.8429	419.8409
4Br	BDE-47	483.7126	485.7106
$^{13}C_{12}$-4Br	$^{13}C_{12}$-BDE-47	495.7529	497.7508
5Br	BDE-99 BDE-100	403.7870	405.7850
$^{13}C_{12}$-5Br	$^{13}C_{12}$-BDE-99 $^{13}C_{12}$-BDE-100	415.8277	417.8257
6Br	BDE-153 BDE-154	481.6980	483.6960
$^{13}C_{12}$-6Br	$^{13}C_{12}$-BDE-153 $^{13}C_{12}$-BDE-154	493.7380	495.7368
7Br	BDE-183	561.6060	563.6040
$^{13}C_{12}$-7Br	$^{13}C_{12}$-BDE-183	573.6468	575.6448

24.3.2.3 校正标准曲线的绘制

将PBDEs校正标准溶液按浓度由低到高的顺序注入HRGC-HRMS中，得到峰面积，按式（24-1）计算其相对响应因子（RRF）

$$\mathrm{RRF}=\frac{(A_{n1}+A_{n2})c_l}{(A_{l1}+A_{l2})c_n} \tag{24-1}$$

式中 A_{n1}和A_{n2}——目标化合物的第一个和第二个质量数离子的峰面积；

c_l——定量内标化合物的浓度，ng/mL；

A_{l1}和A_{l2}——定量内标化合物的第一个和第二个质量数离子的峰面积；

c_n——目标化合物的浓度，ng/mL。

24.3.3 结果计算

将试样溶液注入 GC-HRMS 中，得到目标化合物两个监测离子的峰面积与对应同位素定量内标的两个监测离子峰面积的比值，根据标准溶液的平均相对响应因子计算试样中目标化合物的量以及定量内标回收率。

24.3.3.1 目标化合物

试样中目标化合物的浓度按式（24-2）计算样品中目标化合物的浓度。

$$c_x = \frac{(A_{n1} + A_{n2}) \times m_l \times 1000}{(A_{l1} + A_{l2}) \times \text{RRF} \times m_x} \qquad (24\text{-}2)$$

式中 c_x——试样中目标化合物的浓度，ng/g；

A_{n1} 和 A_{n2}——目标化合物的第一个和第二个质量数离子的峰面积；

m_l——加入的定量内标的量，pg；

A_{l1} 和 A_{l2}——定量内标化合物的第一个和第二个质量数离子的峰面积；

RRF——相对响应因子；

m_x——试样量，g；

1000——折算系数。

24.3.3.2 定量内标回收率

试样溶液中定量内标的量按式（24-3）计算。

$$m_s = \frac{(A_{l1} + A_{l2}) \times m_r}{(A_{r1} + A_{r2}) \times \text{RF}_l} \qquad (24\text{-}3)$$

式中 m_s——试样溶液中定量内标的量，pg；

A_{l1} 和 A_{l2}——定量内标的第一个和第二个质量数离子的峰面积；

m_r——试样溶液中回收率内标的量，pg；

A_{r1} 和 A_{r2}——回收率内标的第一个和第二个质量数离子的峰面积；

RF_l——响应因子。

由上述测定结果，按式（24-4）计算定量内标的回收率（%）：

$$\text{Rec} = \frac{m_s}{m_l} \times 100\% \qquad (24\text{-}4)$$

式中 Rec——定量内标回收率，%；

m_s——试样溶液中定量内标的量，pg；

m_l——加入的定量内标的量，pg。

24.4 多溴二苯醚测定的结果与讨论

24.4.1 方法验证

为保证所建立方法可比可信，本实验室自2004年以来连续参加挪威公共卫生所组织的国际比对考核项目，多种基质包括母乳样品中PBDEs考核结果汇总见图24-1。除极少数样品外，所获得z评分都在−2～+2范围内，结果令人满意。

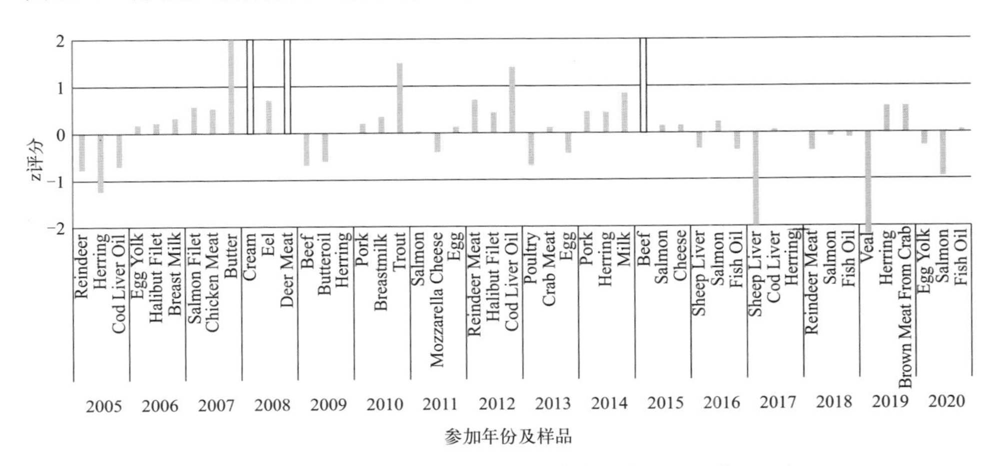

图24-1 国际比对考核结果汇报（空心表示z评分＞2）

24.4.2 定量内标回收率

美国环保署方法1614中规定稳定同位素标记定量内标的回收率为25%～150%，而在我们当前研究中各定量内标回收率为44%～98%。

24.4.3 母乳中含量

PBDEs在母乳中检出率普遍较高，2011年母乳样品中BDE-28、BDE-47、BDE-99、BDE-153和BDE-183在全部样品中检出，而BDE-100和BDE-154分别在93.8%的样品中检出。

2007年第一次全国母乳样品中7种PBDEs组分总和（下面以总PBDEs代指）的平均含量为1.58ng/g脂肪，范围为0.85～2.97ng/g脂肪。2011年第二次母乳监测，总 PBDEs 的平均含量为 1.47ng/g 脂肪，范围为 0.34 ～ 3.99ng/g 脂肪。总体上，我国母乳中含量最丰的组分为BDE-183，次之为BDE-47和BDE-28，但具体到各省份，则存在较大差异，提示我国不同地区可能存在不同类型的排放源。

与 2007 年母乳监测结果相比，母乳中 PBDEs 含量未见显著性改变（$P > 0.05$）（见图 24-2）。但具体到各组分，两次母乳监测结果则存在较大差别，其中 BDE-47、BDE-99、BDE-100 均呈现显著性下降（$P < 0.05$），在平均水平上分别下降 45%、48% 和 46%，而 BDE-28、BDE-153 平均含量略有下降，但未观察到统计学意义。此外，虽然也不具有统计学差异，但是 BDE-183 含量在平均水平上上升 56%。

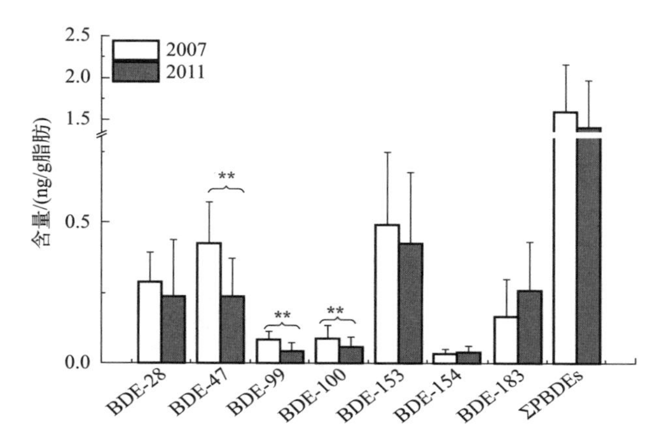

图 24-2 2007 年和 2011 年两次全国母乳监测中 PBDEs 含量比较

与文献报道的近年来各国开展的母乳监测结果相比[4]，我国母乳中 PBDEs 含量与瑞典、比利时等欧洲国家相当，但显著低于美国、加拿大等北美国家普通人群暴露水平，具体见图 24-3。

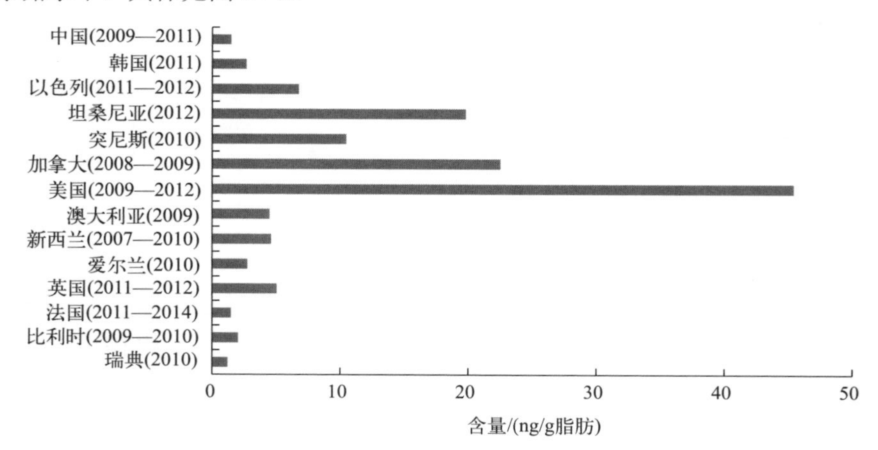

图 24-3 我国母乳中 PBDEs 含量与其他国家报告结果比较（括号内为采样时间）

24.5 结论

通过开展全国母乳监测工作，获得了表征我国普通人群机体负荷水平的代表性母乳中 PBDEs 含量，与国际研究相比，我国母乳中这些化合物仍处较低水平。但两次全国母乳监测结果表明我国目前时间变化趋势不明确，仍有必要持续开展母乳监测工作，监测我国普通人群中 PBDEs 机体负荷水平和变化趋势，为制定保护居民健康的相应措施提供科学数据支撑。

（张磊，李敬光）

参考文献

[1] Shi Z, Zhang L, Zhao Y, et al. A national survey of tetrabromobisphenol-A, hexabromocyclododecane and decabrominated diphenyl ether in human milk from China: Occurrence and exposure assessment. Science of The Total Environment, 2017, 599-600: 237-245.

[2] Agency USEP. Method 1614 brominated diphenyl ethers in water, soil, sediment, and tissue by HRGC/HRMS, 2007.

[3] Zhang L, Li J, Zhao Y, et al. A national survey of polybrominated diphenyl ethers (PBDEs) and indicator polychlorinated biphenyls (PCBs) in Chinese mothers'milk. Chemosphere, 2011, 84(5): 625-633.

[4] Zhang L, Yin S, Zhao Y, et al. Polybrominated diphenyl ethers and indicator polychlorinated biphenyls in human milk from China under the Stockholm Convention. Chemosphere, 2017, 189: 32-38.

[5] 张磊，李敬光，赵云峰，等 . 我国母乳中持久性有机污染物机体负荷研究进展 . 中国食品卫生杂志，2020, 32(5): 478-483.

母乳成分分析方法

Analytical Methods for Human Milk Compositions

第 25 章

母乳中双酚 A 及其类似物含量测定

双酚 A（bisphenol A, BPA）是世界上产量最高的化学品之一，作为生产聚碳酸酯和环氧树脂的工业原料，被广泛用于食品接触材料、热敏纸、水管、玩具、医疗设备及电子产品等[1]。我国是 BPA 的生产和使用大国，消费量占全球总消费量的 1/4，且将成为 BPA 最大消费国[2]。由于典型的内分泌干扰效应，2017 年欧洲化学品管理局将 BPA 列为高度关注的物质[3]；包括我国在内的多个国家和地区禁止在婴幼儿奶瓶中使用 BPA，欧盟随后陆续禁止在其他食品接触材料以及热敏纸中使用 BPA。尽管如此，BPA 的需求量仍在增加，2018 年全球产量已超过 700 万吨，并以 4.8% 的年增长率上升[2]。另一方面，BPA 的限制也促进了其类似物的广泛使用，目前报道的类似物已超过 50 种，且多种已经在各类环境基质中被广泛检出，其中一些类似物浓度水平与 BPA 相当甚至更高[4]。毒理学研究结果表明，BPA 类似物具有与 BPA 相似的毒理学效应。长期低剂量暴露 BPA 及其类似物（统称 bisphenols, BPs）与神经内分泌紊乱疾病相关，如性早熟、肥胖、糖尿病、焦虑和多动症等[5]，因此婴幼儿 BPs 暴露可能会存在更大的健康风险。母乳是婴幼儿能量和营养成分的主要来源，也是其暴露于化学物质的一种重要途径。

目前报道的母乳中BPs的分析方法较少，主要集中在BPA。常见的分析方法有气相色谱法、气相色谱-质谱法、液相色谱法、液相色谱-串联质谱法（liquid chromatography tandem mass, LC-MS/MS）等方法[6]。其中LC-MS/MS具有快速、灵敏、选择性高等优点，成为BPA检测的主流方法。净化方法主要有凝胶渗透色谱法（gel permeation chromatography, GPC）、固相萃取法（solid-phase extraction, SPE）、QuEChERS法[7]。其中QuEChERS法由于操作简便、节省溶剂，更适用于高通量化合物的检测。

本章介绍基于EMR-Lipid基质分散固相萃取净化和吡啶-3-磺酰氯（pyridine-3-sulfonyl chloride, PS-Cl）衍生结合LC-MS/MS方法测定母乳中23种BPs，为婴幼儿BPs暴露评估提供方法参考。

25.1 双酚A及其类似物测定的材料与方法

25.1.1 仪器

Waters ACQUITY UPLC Ⅰ-Class超高效液相色谱仪，Waters Xevo TQ-XS三重四极杆质谱仪；色谱柱为BEH C_{18}色谱柱（美国Waters公司）。

25.1.2 试剂

标准品BPA、双酚B（bisphenol B, BPB）、双酚F（bisphenol F, BPF）、双酚S（bisphenol S, BPS）、双酚AF（bisphenol AF, BPAF）、四氯双酚A（tetrachlorobisphenol A, TCBPA）、四溴双酚A（tetrabromobisphenol A,TBBPA），纯度＞98%，日本TCI公司；双酚C（bisphenol C,BPC）、双酚E（bisphenol E, BPE）、双酚M（bisphenol M, BPM）、双酚P（bisphenol P,BPP）、双酚Z（bisphenol Z, BPZ）、双酚AP（bisphenol AP, BPAP）、双酚BP（bisphenol BP, BPBP）、双酚FL（bisphenol FL, BPFL）和二羟基二苯醚（dihydroxydiphenyl ether, DHDPE），纯度≥98%，购自美国Sigma Aldrich公司；一氯双酚A（monochlorobisphenol A, MCBPA）、二氯双酚A（dichlorobisphenol A, DCBPA）、三氯双酚A（trichlorobisphenol A, TriCBPA），购自加拿大Toronto Research Chemicals公司；一氯双酚F（monochlorobisphenol F, MCBPF）、二氯双酚F（dichlorobisphenol F, DCBPF）、三氯双酚F（trichlorobisphenol F, TriCBPF）和四氯双酚F（tetrachlorobisphenol F, TCBPF）由本实验室合成，纯度均在98%以上。同位素内标BPA-$^{13}C_{12}$、BPB-$^{13}C_{12}$、BPF-$^{13}C_{12}$、BPS-$^{13}C_{12}$、BPAF-d_4、

TCBPA-$^{13}C_{12}$ 和 TBBPA-$^{13}C_{12}$，纯度＞98%，美国剑桥同位素实验室。

衍生试剂丹磺酰氯（dansyl chloride, DNS）和 PS-Cl，购自日本 Tokyo Chemical Industry 公司；1,2-二甲基咪唑-4-磺酰氯（1,2-dimethylimidazole-4-sulfonyl chloride, DMIS-4-Cl），购自加拿大 Life Chemicals Inc. 公司；1,2-二甲基咪唑-5-磺酰氯（1,2-dimethylimidazole-5-sulfonyl chloride, DMIS-5-Cl），购自英国 Apollo Scientific Ltd. 公司。

LC-MS 级甲醇、乙腈和水，HPLC 级丙酮和正己烷，ACS 级碳酸氢钠和氢氧化钠，LC-MS 级甲酸和乙酸，β-葡糖苷酸酶 / 芳基硫酸酯酶混合物（从 Helix pomatia 提取，Roche Diagnostics GmbH），Agilent Bond Elut QuEChERS EMR-Lipid 分散固相萃取填料（美国 Agilent 公司）。

25.1.3 实验方法

25.1.3.1 溶液配制

碳酸氢钠溶液配制（pH 10.5）：准确称取 0.84g 碳酸氢钠，用 100mL 水溶解并用 2mol/L 氢氧化钠调节至 pH 10.5，配制成浓度为 100mmol/L，pH 10.5 的缓冲液。

PS-Cl 溶液配制：准确称取 50mg PS-Cl，用丙酮溶解并定容至 10mL，配制成浓度为 5mg/mL 的溶液。

25.1.3.2 标准溶液配制

标准溶液：分别准确称取 10mg 标准品，用甲醇溶解并分别定容至 10mL，配制成质量浓度为 1000mg/L 的标准储备液，−20℃保存备用。将标准储备液稀释成混合标准溶液，配制成系列标准工作液，4℃保存。

内标工作混合液：分别准确吸取一定量的同位素内标储备液，用甲醇稀释成质量浓度为 1mg/L 的内标混合溶液，−20℃保存备用。将内标混合溶液逐级稀释，配制质量浓度为 2μg/L 的内标工作混合液。

25.1.3.3 样品前处理

准确吸取母乳样品 200μL，加入 50μL 内标工作液混合均匀，加入 200μL 醋酸钠缓冲盐（pH 5.2）和 10μL β-葡糖苷酸酶 / 芳基硫酸酯酶，37℃水浴条件下孵育过夜。取出至室温，加入 1.2mL 乙腈，超声提取 20min，4℃、10000 r/min 离心 10min，将上清液转移至含有 200mg EMR Lipid 填料和 800μL 超纯水的离心管中，涡旋混匀，4℃、10000r/min 离心 10min。上清液转移至另一个含有 300mg

EMR-Lipid 反萃填料（NaCl∶$MgSO_4$=1∶4，质量比）的离心管，涡旋混匀，4℃、10000r/min 离心 10min，小心吸取乙腈层，氮气吹至近干。加入 200 μL 碳酸氢钠溶液和 200μL PS-Cl 溶液，涡旋混匀，60℃孵育 5min。冷却至室温后，将反应混合物用 400μL 正己烷萃取两次，合并正己烷层，氮吹至近干，100μL 乙腈∶水（50∶50，体积比）复溶，待 LC-MS/MS 分析。

25.1.3.4 色谱-质谱条件

色谱条件：流速 0.3mL/min，进样体积 10.0μL，柱温 40℃，进样器温度 10℃，流动相为 A 乙腈、B 0.1% 甲酸水溶液。梯度洗脱程序为：0 ～ 0.5min 40% A，0.5 ～ 2min 40% A ～ 90% A，2 ～ 5min 90% A ～ 95% A，5 ～ 6 min 95% A ～ 99% A，6 ～ 9min 保持 99% A，9 ～ 9.1min 99% A ～ 40% A，9.1 ～ 11min 40% A。

质谱条件：离子源为电喷雾离子源（ESI+）；定量检测方式为多反应监测模式（MRM）；毛细管电压为 3kV，锥孔电压为 30V ；离子源温度为 150℃ ；脱溶剂温度为 450℃ ；脱溶剂气流量为 900L/h ；碰撞气流速为 0.12mL/min。目标物的质谱参数见表 25-1。

表 25-1　双酚类化合物的质谱参数

目标物	中文名称	保留时间 /min	母离子（m/z）	子离子（m/z）	CE/eV	对应内标物
BPA	双酚 A	2.65	511	212, 354①	43, 30	BPA-$^{13}C_{12}$
BPB	双酚 B	2.77	525	212, 354①	43, 30	BPB-$^{13}C_{12}$
BPC	双酚 C	2.86	539	240, 382①	45, 30	BPB-$^{13}C_{12}$
BPE	双酚 E	2.54	497	198, 340①	45, 30	BPF-$^{13}C_{12}$
BPF	双酚 F	2.45	483	199①, 248	30, 22	BPF-$^{13}C_{12}$
BPM/BPP	双酚 M/ 双酚 P	3.14	629	276①, 472	30, 33	BPA-$^{13}C_{12}$
BPS	双酚 S	2.22	533	327①, 391	28, 28	BPS-$^{13}C_{12}$
BPZ	双酚 Z	2.92	551	224, 267①	48, 30	BPA-$^{13}C_{12}$
BPAF	双酚 AF	2.77	619	344①, 408	38, 35	BPAF-d_4
BPAP	双酚 AP	2.84	573	196, 416①	35, 33	BPA-$^{13}C_{12}$
BPBP	双酚 BP	3.02	635	274, 416①	50, 33	BPA-$^{13}C_{12}$
BPFL	双酚 FL	2.95	633	349①, 398	37, 30	BPA-$^{13}C_{12}$
DHDPE	二羟基二苯醚	2.44	485	201①, 343	27, 20	BPF-$^{13}C_{12}$
MCBPA	一氯双酚 A	2.76	545	324①, 388	35, 30	BPA-$^{13}C_{12}$
DCBPA	二氯双酚 A	2.85	579	358①, 422	38, 30	BPA-$^{13}C_{12}$
TriCBPA	三氯双酚 A	2.92	615	394①, 409	40, 30	TCBPA-$^{13}C_{12}$
TCBPA	四氯双酚 A	2.97	649	428①, 507	45, 25	TCBPA-$^{13}C_{12}$

续表

目标物	中文名称	保留时间 /min	母离子（*m/z*）	子离子（*m/z*）	CE/eV	对应内标物
TBBPA	四溴双酚 A	3.01	826	605①, 620	50, 32	TBBPA-$^{13}C_{12}$
MCBPF	一氯双酚 F	2.56	517	311①, 375	28, 25	BPF-$^{13}C_{12}$
DCBPF	二氯双酚 F	2.64	551	345①, 409	28, 22	BPF-$^{13}C_{12}$
TriCBPF	三氯双酚 F	2.75	587	381①, 445	30, 23	BPF-$^{13}C_{12}$
TCBPF	四氯双酚 F	2.82	621	415①, 479	30, 24	BPF-$^{13}C_{12}$
BPA-$^{13}C_{12}$		2.65	523	366	30	—
BPB-$^{13}C_{12}$		2.77	537	366	30	—
BPF-$^{13}C_{12}$		2.45	495	211	30	—
BPS-$^{13}C_{12}$		2.22	545	339	28	—
BPAF-d_4		2.77	623	348	40	—
TCBPA-$^{13}C_{12}$		2.97	661	440	45	—
TBBPA-$^{13}C_{12}$		3.01	838	617	50	—

① 定量离子。

25.1.3.5 质量控制

由于 BPs 的广泛应用，在各种实验用品中可能存在污染。本实验用与母乳样品相同的方式处理过程空白（3 个平行），其中 BPA 有检出，浓度为（0.162±0.007）μg/L，会干扰最终的实验结果。其原因可能是 EMR-Lipid 分散固相萃取填料中存在痕量的 BPA。在前处理前采用 2mL 乙腈洗涤填料，可将过程空白中 BPA 的浓度降低至（0.042±0.001）μg/L。为了降低过程空白，实验过程中尽量使用质谱级的有机溶剂和水；所用的玻璃器皿需要在 400℃灼烧 4h 以上；缓冲液和衍生试剂需在具塞玻璃容器中配制，现用现配。每 10 个样品设定 1 个过程空白。

25.2 双酚 A 及其类似物测定的结果与讨论

25.2.1 前处理方法

25.2.1.1 衍生条件的优化

前期分别基于 GPC[8] 和 SPE 技术建立了奶粉和液态奶中 BPs 的测定方法，但由于部分 BPs 基质效应很强，不适于母乳中 BPs 的检测。此外，一些 BPs，如 BPB、

BPE、BPFL 和 DHDPE 等的定量离子和定性离子的响应差异很大，其中 BPFL 和 DHDPE 的响应差异超过了一个数量级。由于基质效应强，产物离子比大，灵敏度和准确度会大大降低。

23 种 BPs 包括 BPA、14 种 BPA 类似物及 8 种卤代产物，它们结构类似，具有 2 个苯酚官能团，因此可以采用衍生的方法提高方法的灵敏度和准确度。根据文献报道[9]，本章比较了 DNS、PS-Cl、DMIS-4-Cl 和 DMIS-5-Cl 四种衍生剂，以 BPB 为例（图 25-1），BPB-diDNS 和 BPB-diDMIS-4 的碎片离子主要来源于衍生试剂；BPB-diDMIS-5 衍生产物碎片离子为 *m/z* 371 和 *m/z* 96，其中 *m/z* 371 是 BPB-diDMIS-5-Cl 失去 BPB 中 CH_2CH_3 和一个 DMIS-5-Cl 基团，*m/z* 96 是 DMIS-5-Cl 的二甲基咪唑部分，BPB-diPS 的主要离子碎片 *m/z* 354 和 *m/z* 290 均来源于 BPB 结构，因此 PS-Cl 选择性最高。其他衍生后 BPs 的碎片离子断裂与 BPB 相似。且从仪器灵敏度来看，BPs 经过 PS-Cl 衍生后的灵敏度提高了 1 ～ 250 倍，与 DNS 相似，显著高于 DMIS-4-Cl 和 DMIS-5-Cl。由于 PS-Cl 的选择性好、灵敏度高，因此，本实验选择 PS-Cl 作为衍生剂。

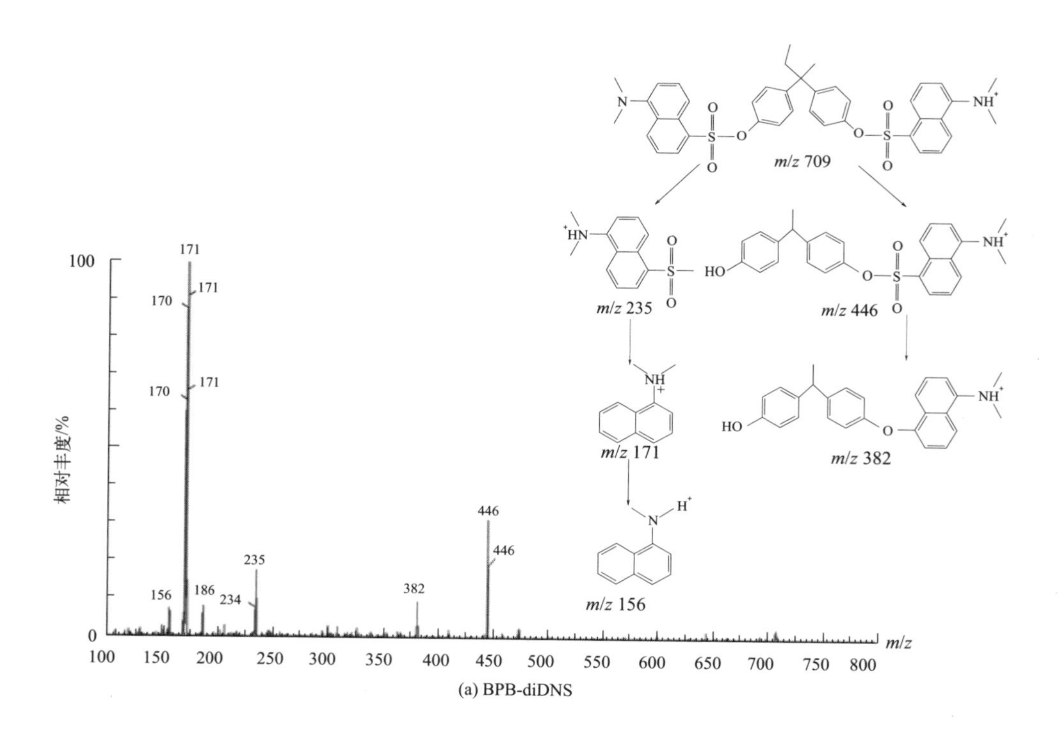

(a) BPB-diDNS

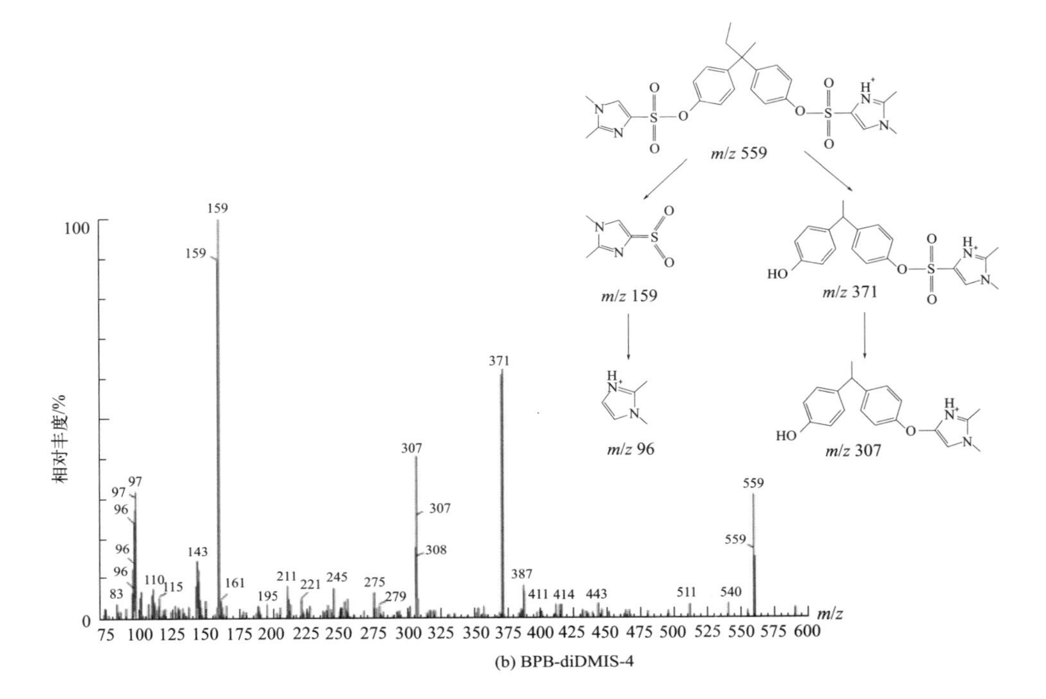

(b) BPB-diDMIS-4

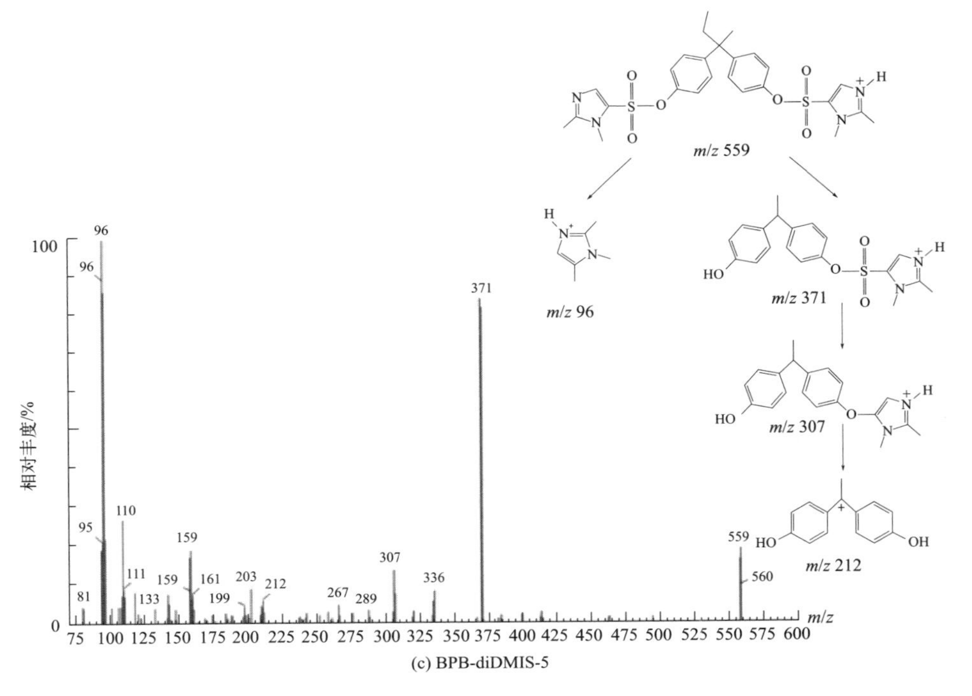

(c) BPB-diDMIS-5

图 25-1

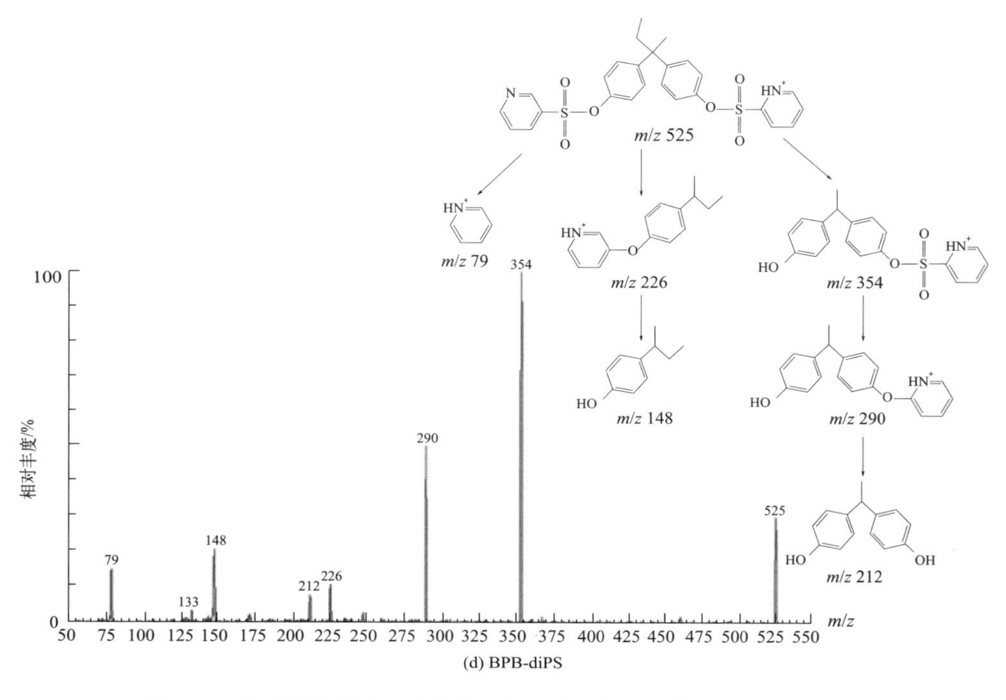

图 25-1　不同衍生剂衍生产物的二级质谱图以及可能的碎片裂解途径

接下来，优化了 PS-Cl 的衍生条件，包括 PS-Cl 的溶剂、PS-Cl 的浓度、碳酸氢钠溶液的 pH、反应时间和反应温度。结果如图 25-2（a）可以看出，PS-Cl 的溶剂对 BPs 的衍生效果影响最大。当丙酮作为溶剂时，目标化合物的响应相较于乙腈增加了 3 ～ 43 倍，其原因可能是磺酰氯和酚的反应为亲核取代反应，亲核取代反应的反应效率会随溶剂极性的增加而增加[10]，因此丙酮有更高的反应效率［图 25-2（b）］。其余 4 个条件对衍生产物响应的影响不大。最终采用的衍生条件为 PS-Cl 的溶解溶剂为丙酮，浓度为 5mg/mL，碳酸氢钠缓冲液的 pH 值为 10.5，衍生温度为 60℃，衍生时间为 5min。

25.2.1.2　色谱条件的优化

选择 Waters ACQUITY UPLC HSS T3（2.1mm×100mm，1.8μm）、ACQUITY UPLC BEH Phenyl（2.1mm×100mm，1.7μm）、ACQUITY UPLC BEH C_{18}（2.1mm×100mm，1.7μm）三种不同的色谱柱进行比较。结果表明，当使用 C_{18} 色谱柱时，目标化合物的响应值最高。流动相的组成对目标化合物的色谱保留和电离行为都有影响。因此，我们进一步考察流动相的组成：甲醇-水、乙腈-水、甲醇-0.1% 甲酸水和乙腈-0.1% 甲酸水。如图 25-3（a）所示，当甲醇-水作为流动相时，

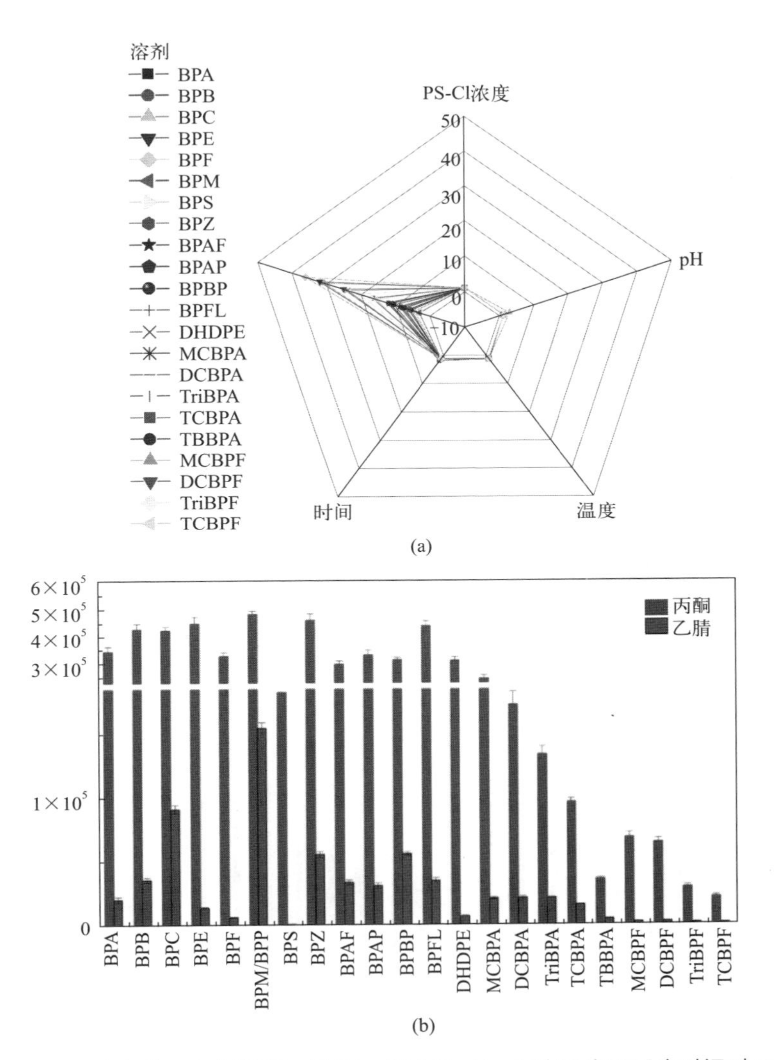

图 25-2　不同反应条件，包括溶剂、浓度、缓冲液 pH、反应温度和反应时间对 BPs-diPS 响应值的影响（a）；使用丙酮和乙腈作为 PS-Cl 溶剂时目标化合物的响应（b）

BPE、BPF、DHDPE 等极性较强的物质有较好的响应值；当乙腈-0.1% 甲酸水作为流动相时，BPC、BPM、BPZ、BPAP、BPBP、BPFL、TCBPA 和 TBBPA 等极性较低的物质显示出较好的响应值。在水相中加入甲酸可以改善基质效应，如图 25-3（b）所示，当使用甲醇-水和乙腈-水作为目标化合物的流动相时，显示出明显的基质抑制，当在水相中加入 0.1% 甲酸时，保留较弱的目标化合物的信号抑制得到明显的改善，这是由于在正离子电离模式下，甲酸的加入可以促进目标化合物的电离，从而抑制基质中干扰物质的电离。当采用乙腈-0.1% 甲酸水作为流动相时，基质效应均在 20% 以内。因此，本实验采用乙腈-0.1% 甲酸水作为流动相的梯度洗脱条件。

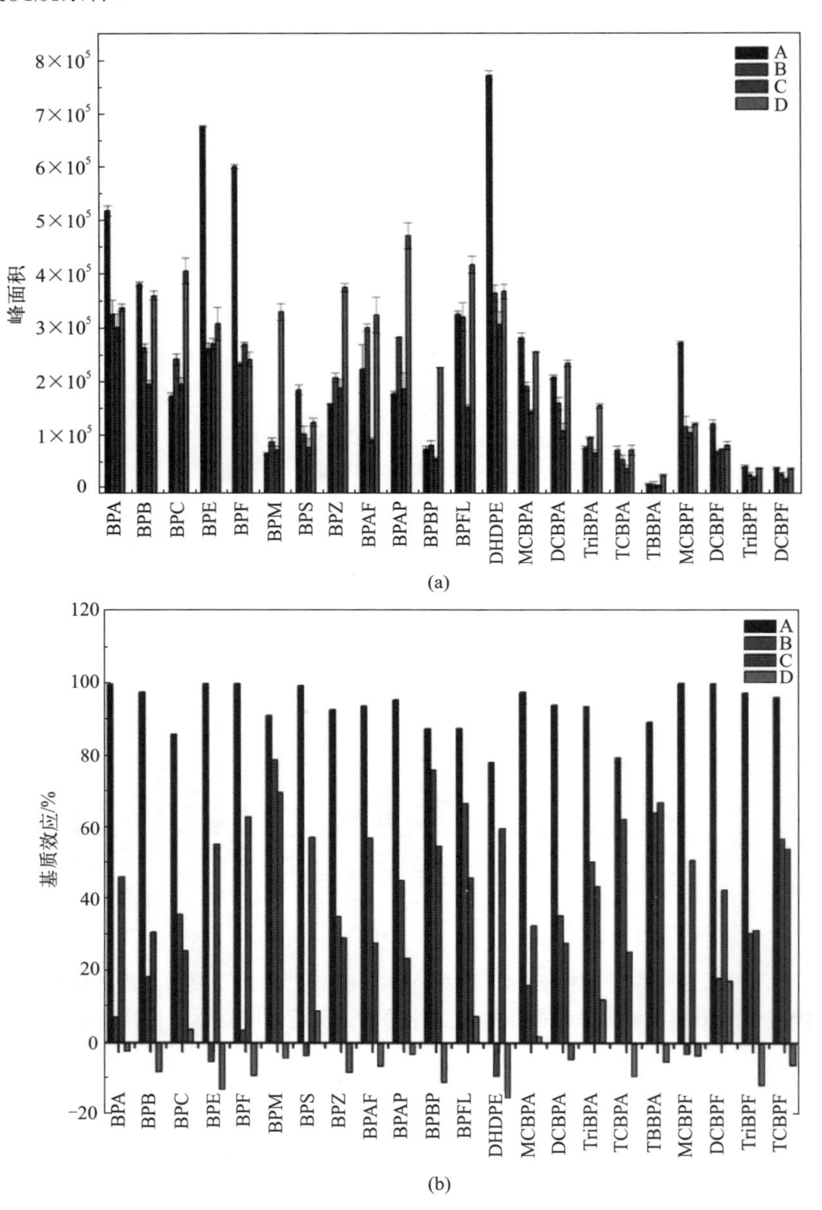

图 25-3 流动相组成对目标化合物响应值（a）和基质效应（b）的影响

A：甲醇-水；B：甲醇-0.1% 甲酸水；C：乙腈-水；D：乙腈-0.1% 甲酸水

25.2.1.3 前处理条件的优化

由于优良的蛋白沉淀能力，乙腈常被用作生物样品的提取溶剂[11]，乙腈作为提取溶剂时，23 种目标物的回收率为 92.3% ～ 114.2%。脂肪是母乳中另一个主要的干扰物，本章比较了 5 种不同的除脂方法：无净化（A）；正己烷除脂[12]（B）；冷冻除脂[13]（C）；PRiME HLB 柱净化[14]（D）；EMR-Lipid 分散固相萃取填料净化[15]（E）。结果如图 25-4（a）所示，乙腈直接提取目标化合物的回收率的范围在 25.4% ～ 99.0%，其中卤代双酚类物质的回收率会随着卤素原子的增加而减少，可能是由于卤代 BPs 中卤素的吸电子效应降低了 BPs 对 PS-Cl 的亲核能力；采用正己烷除脂（B）和冷冻除脂（C）两种方法时，除卤代 BPs 外其他 BPs 的回收率会有所提高；采用 PRiME HLB 柱（D）和 EMR-Lipid 分散固相萃取填料（E）两种方法净化处理，所有的目标化合物的回收率均有很大的提高，分别为 65.4% ～ 112.9% 和 80.4% ～ 118.7%。采用两种方法净化后基质效应也得到了很大的改善，基质效应均不高于 26% 和 18%［图 25-4（b）］。EMR-Lipid 分散固相萃取填料具有较好的回收率和较低的基质效应，本实验选择 EMR-Lipid 分散固相萃取填料用于净化除脂。

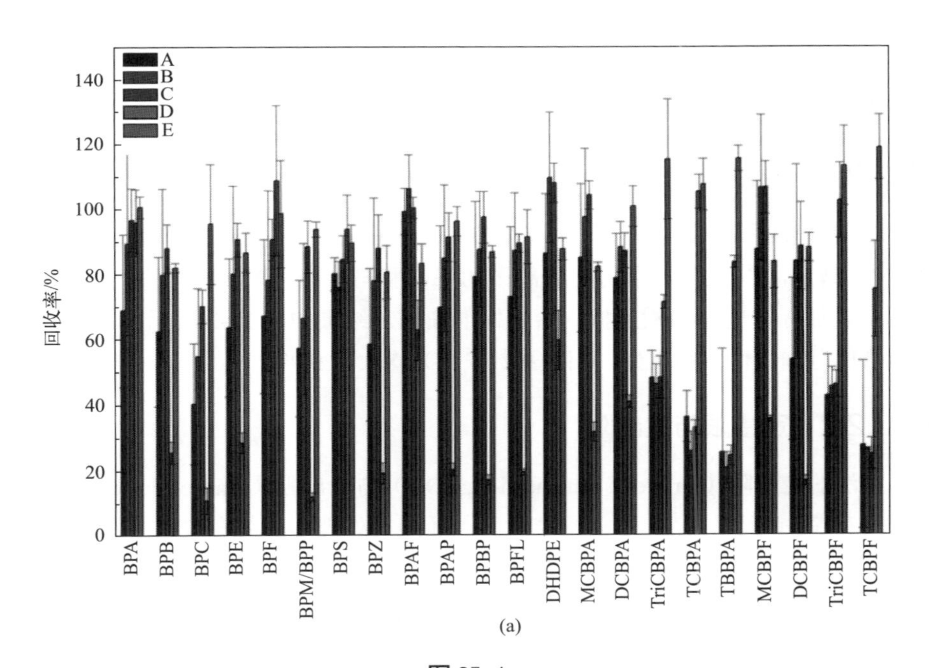

图 25-4

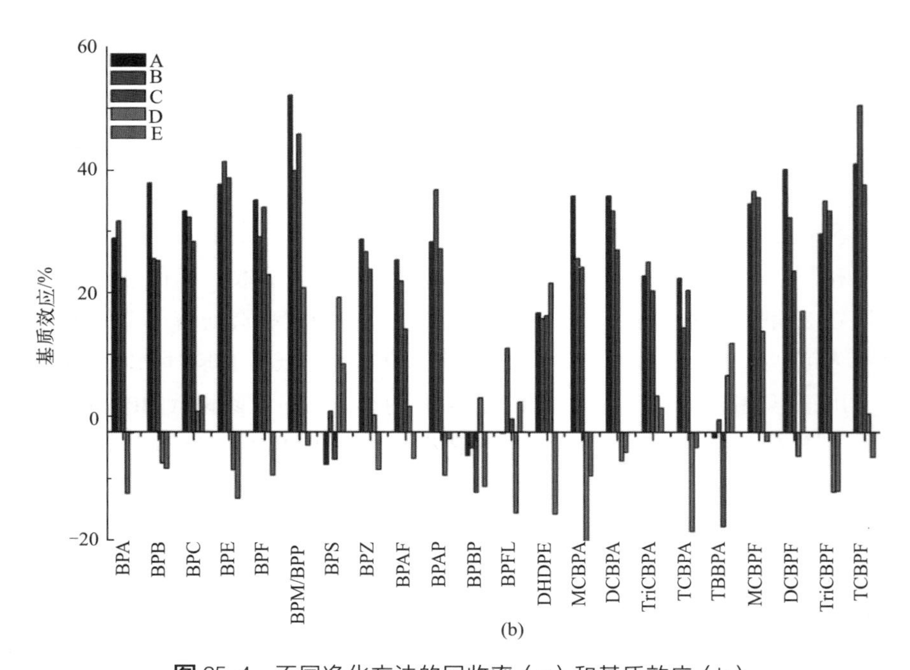

图 25-4　不同净化方法的回收率（a）和基质效应（b）

A：乙腈提取未净化；B：正己烷除脂；C：冷冻除脂；D：PRiME HLB 柱净化；E：EMR-Lipid 净化

25.2.2　方法学验证

25.2.2.1　线性范围

配制混合系列标准溶液，内标浓度均为 1.0μg/L。按上述条件衍生并经 LC-MS/MS 测定，以目标化合物定量离子的峰面积与相应内标的峰面积之比作为纵坐标，以加标浓度作为横坐标，绘制标准曲线。结果如表 25-2 所示，BPs 在所选择的浓度范围线性关系良好，相关系数（R^2）均大于 0.99。

25.2.2.2　定量限与检出限

方法的定量限（limit of quantification, LOQ）与检出限（limit of detection, LOD）分别为在空白母乳样品中添加标准品后，经过前处理，最终在仪器上获得的信噪比（S/N）分别≥ 10 和≥ 3 的添加浓度值。由于过程空白中不可避免的 BPA，使用十个空白母乳样品（BPA 浓度低于过程空白）计算 BPA 的 LOD 和 LOQ。BPA 的 LOD 和 LOQ 分别为空白样品平均值的 3 倍标准偏差（standard deviation, SD）和 10 倍 SD。结果如表 25-2 所示，方法的 LOQ 和 LOD 分别为 0.001 ～ 0.200μg/L 和 0.0003 ～ 0.067μg/L。

表 25-2　线性范围、回归方程、相关系数、检出限和定量限

化合物	线性范围 /（μg/L）	回归方程	R^2	LOD/（μg/L）	LOQ/（μg/L）
BPA	0.050 ～ 50.000	y=0.985x+0.0143	0.9999	0.017	0.050
BPB	0.003 ～ 3.000	y=0.9843x+0.0149	0.9998	0.001	0.003
BPC	0.005 ～ 5.000	y=0.9469x+0.0504	0.9970	0.002	0.005
BPE	0.005 ～ 5.000	y=0.9522x+0.0456	0.9980	0.002	0.005
BPF	0.005 ～ 5.000	y=1.0059x−0.0058	0.9998	0.002	0.005
BPM/BPP	0.005 ～ 5.000	y=0.8978x+0.0974	0.9918	0.002	0.005
BPS	0.010 ～ 10.000	y=0.9884x+0.0112	0.9999	0.003	0.010
BPZ	0.010 ～ 10.000	y=0.9394x+0.0576	0.9963	0.003	0.010
BPAF	0.010 ～ 10.000	y=0.9925x+0.0073	0.9997	0.003	0.010
BPAP	0.005 ～ 5.000	y=0.9323x+0.0648	0.9957	0.002	0.005
BPBP	0.001 ～ 1.000	y=0.9401x+0.0570	0.9972	0.0003	0.001
BPFL	0.003 ～ 3.000	y=0.9343x+0.0627	0.9962	0.001	0.003
DHDPE	0.010 ～ 10.000	y=0.9527x+0.0452	0.9985	0.003	0.010
MCBPA	0.003 ～ 3.000	y=0.949x+0.0486	0.9975	0.001	0.003
DCBPA	0.005 ～ 5.000	y=0.9803x+0.0186	0.9981	0.002	0.005
TriCBPA	0.005 ～ 5.000	y=1.0067x−0.0062	0.9972	0.002	0.005
TCBPA	0.005 ～ 5.000	y=1.0543x−0.0515	0.9987	0.002	0.005
TBBPA	0.005 ～ 5.000	y=1.0446x−0.0426	0.9992	0.002	0.005
MCBPF	0.050 ～ 50.000	y=0.9927x+0.0068	0.9999	0.017	0.050
DCBPF	0.200 ～ 50.000	y=1.0422x−0.0402	0.9981	0.067	0.200
TriCBPF	0.200 ～ 50.000	y=1.0563x−0.0631	0.9975	0.067	0.200
TCBPF	0.025 ～ 25.000	y=1.0703x−0.0790	0.9962	0.008	0.025

25.2.2.3　加标回收率与精密度

在空白母乳样品中加入高中低三个不同浓度的混合标准品溶液，每个浓度设 6 个平行，加标浓度如表 25-3 所示，计算回收率与日内精密度。同时选择中浓度进行连续 5 日的加标回收实验，计算回收率的相对标准偏差（relative standard deviation, RSD）值用于考察方法的日间精密度（表 25-3），加标回收率范围为 86.11% ～ 19.05%，日内精密度小于 20%，日间精密度为 1.79% ～ 11.34%。表明该方法具有良好的重现性。

表 25-3　23 种 BPs 加标回收率和精密度（n=6）

化合物	加标回收率 /%（RSD/%）			精密度（日内）/%
	LOQ	2×LOQ	5×LOQ	
BPA	106.29（3.23）	110.86（3.92）	97.36（6.36）	7.25
BPB	94.52（2.45）	98.27（3.62）	100.00（5.63）	1.79
BPC	96.97（5.41）	96.10（8.71）	86.14（6.50）	1.93
BPE	118.18（6.37）	95.61（2.19）	94.00（3.69）	4.85
BPF	110.00（12.9）	89.42（6.15）	102.19（6.73）	4.57
BPM/BPP	119.05（3.46）	105.41（7.73）	103.67（3.10）	6.21
BPS	108.24（16.6）	109.80（2.06）	99.33（3.94）	1.84
BPZ	105.03（1.04）	103.25（6.65）	102.21（1.77）	2.40
BPAF	102.69（12.7）	107.99（1.85）	97.32（4.02）	2.24
BPAP	114.29（10.8）	101.96（2.15）	96.33（5.33）	0.59
BPBP	113.33（10.2）	105.42（3.55）	102.90（1.22）	3.14
BPFL	96.97（5.41）	107.84（4.92）	99.30（0.61）	3.84
DHDPE	95.50（7.12）	105.03（10.4）	97.13（6.81）	11.34
MCBPA	113.33（19.5）	102.23（11.0）	105.87（3.02）	13.49
DCBPA	93.33（6.19）	113.96（3.56）	96.10（2.30）	1.97
TriCBPA	106.67（7.53）	112.32（4.82）	92.91（2.38）	3.47
TCBPA	89.68（12.9）	101.80（8.59）	104.6　(4.79)	9.00
TBBPA	99.35（16.6）	100.42（2.06）	107.25（6.77）	6.62
MCBPF	96.43（8.23）	107.78（1.89）	98.87（2.32）	2.20
DCBPF	91.79（5.61）	107.39（9.58）	101.87（2.00）	2.11
TriCBPF	86.11（7.27）	97.10（5.02）	94.80（1.20）	1.98
TCBPF	89.12（3.57）	87.04（10.4）	91.39（2.79）	8.84

25.2.3　母乳中含量

在我国部分省市采集了 181 份母乳样品，采用上述方法测定了母乳中 23 种 BPs 含量。共检测到 12 种 BPs，分别为 BPA、BPB、BPE、BPF、BPS、BPZ、BPAF、BPAP、DHDPE、MCBPA、DCBPA 和 TCBPA，浓度范围为未检出（not detected, ND）～ 5.912μg/L。BPA 是最主要的 BPs，其次是 BPF 和 BPS。BPA、BPF 和 BPS 平均浓度分别为 0.444μg/L、0.107μg/L 和 0.027μg/L。城市和农村地区以及我国北部和南部地区的 BPA、BPF、BPS 或总 BPs 水平没有差异（$P > 0.05$）。

在母乳样本中，BPA 约占 BPs 的 70%，BPF 占 20% 以上。BPF 的高贡献表明，BPA 类似物也应该受到关注。通过计算婴儿每日 BPs 摄入量发现，0 ～ 6 月龄婴儿通过母乳每日 BPs 摄入量为 0.044 ～ 1.291μg/（kg 体重 • d），BPA 摄入量为 0.004 ～ 1.240μg/（kg 体重 • d）。暴露水平低于 EFSA 制定的 4μg/（kg 体重 • d）的每日耐受摄入量（tolerable daily intake, TDI）。然而考虑到 BPA 的毒性效应，EFSA 最新草案拟将 BPA 的 TDI 值降低为 0.2ng/（kg 体重 • d），如果以此为基准，我国婴儿通过母乳摄入 BPA 的超标风险为 100%。

25.3 结论

本章通过比较不同衍生剂、衍生条件和除脂方法，建立了采用 PS-Cl 衍生结合 LC-MS/MS 同时测定母乳中 23 种 BPs 的方法。样品经乙腈沉淀蛋白，EMR-Lipid 去除脂肪。方法样品用量少，灵敏度高，选择性好。成功应用于中国不同省市母乳样品中 BPs 的测定，结果显示，BPA 仍然是最主要的 BPs；BPF 等替代物的影响也不容忽视。

（牛宇敏，邵兵）

参考文献

[1] Staples C A, Dorn P B, Klecka G M, et al. A review of the environmental fate, effects, and exposures of bisphenol A. Chemosphere, 1998, 36 (10): 2149-2173.

[2] Chen D, Kannan K, Tan H, et al. Bisphenol analogues other than BPA: environmental occurrence, human exposure, and toxicity-a review. Environ Sci Technol, 2016, 50: 5438-5453.

[3] ECHA. Member state committee support document for identification of 4,4′-isopropylidenediphenol (bisphenol A) as a substance of very high concern because of its toxic for reproduction (Article 57 C), EC 201-245-8, CAS 80-05-7, 2016.

[4] 王亚韡、梁勇、麻东慧，等 . 加强高风险化学品全生命周期风险管控，促进环境友好型替代品研发 . 中国科学院院刊，2020, 35(11): 1151-1157.

[5] Liu J C, Zhang L Y, Lu G H, et al. Occurrence, toxicity and ecological risk of bisphenol A analogues in aquatic environment. A review. Ecotox Environ Safe, 2021, 208: 111481.

[6] Caballero-Casero N, Lunar L, Rubio S. Analytical methods for the determination of mixtures of bisphenols and derivatives in human and environmental exposure sources and biological fluids. A review. Anal Chim Acta, 2016, 908: 22-53.

[7] Cheng Y, Nie X M, Wu H Q, et al. A high-throughput screening method of bisphenols, bisphenols digycidyl ethers and their derivatives in dairy products by ultra-high performance liquid chromatography-tandem mass spectrometry. Anal Chim Acta, 2017, 950: 98-107.

[8] Niu Y M, Jing Z, Zhang S J, et al. Determination of bisphenol A, nonylphenol and octylphenol in animal

food by isotopic dilution liquid chromatography-tandem mass spectrometry. Chinese J Anal Chem, 2012, 40 (4): 534-538.

[9] Keski-Rahkonen P, Desai R, Jimenez M, et al. Measurement of estradiol in human serum by LC-MS/MS using a novel estrogen-specific derivatization reagent. Anal Chem, 2015, 87 (14): 7180-7186.

[10] Ebrahimi A, Habibi - Khorassani S M, Doosti M. Substituent effects on S_N2 reaction between substituted benzyl chloride and chloride ion in gas phase. Int J Quantum Chem, 2011, 111 (5): 1013-1024.

[11] Rodríguez-Gómez R, Jiménez-Díaz I, Zafra-Gómez A, et al. A multiresidue method for the determination of selected endocrine disrupting chemicals in human breast milk based on a simple extraction procedure. Talanta, 2014, 130 (5): 561-570.

[12] Seo J, Kim H Y, Chung B C, et al. Simultaneous determination of anabolic steroids and synthetic hormones in meat by freezing-lipid filtration, solid-phase extraction and gas chromatography-mass spectrometry. J Chromatogr A, 2005, 1067 (1-2): 303.

[13] Kalyvas H, Andra S S, Charisiadis P, et al. Influence of household cleaning practices on the magnitude and variability of urinary monochlorinated bisphenol A. Sci Total Environ, 2014, 490 (490): 254-261.

[14] Tian H, Wang J, Zhang Y, et al. Quantitative multiresidue analysis of antibiotics in milk and milk powder by ultra-performance liquid chromatography coupled to tandem quadrupole mass spectrometry. J Chromatogr B, 2016, 1033: 172-179.

[15] Han L, Matarrita J, Sapozhnikova Y, et al. Evaluation of a recent product to remove lipids and other matrix co-extractives in the analysis of pesticide residues and environmental contaminants in foods. J Chromatogr A, 2016, 1449: 17-29.

第 26 章

母乳中邻苯二甲酸酯及其代谢产物含量测定

邻苯二甲酸酯类化合物（phthalic acid esters，PAEs）因具有增强塑料制品弹性和稳定性的特性，通常作为塑化剂被广泛应用于各类工业和日常生活用品当中[1, 2]。由于 PAEs 在使用过程中通常是以物理混合而不是化学键合到聚合物内部，因此其极易通过挥发、溶解或迁移等方式进入环境，最终经皮肤、呼吸道和消化道进入人体[2]。进入人体内的 PAEs 经过氧化、水解等一系列反应后，可生成以邻苯二甲酸单酯为代表的各种代谢产物[3]。最近的毒理学相关研究表明，PAEs 及其代谢产物均具有内分泌干扰特性和生殖毒性，长期接触这类物质易发生甲状腺功能受损、卵巢癌及乳腺癌等疾病[3, 4]。考虑到 PAEs 在环境中的高污染水平以及可能产生的健康效应，欧盟、美国、日本和澳大利亚等都先后将 PAEs 列入优先控制污染物黑名单，随后制定了相应的法律法规以限制其在多个领域的滥用[3]。2011 年我国卫生部先后发布了其在食品调料或包装材料中的限量值。

当前，关于 PAEs 及其代谢产物在人体基质中的研究大多集中在毛发、指甲、血清和尿液等样品，母乳中 PAEs 及其代谢产物的研究还处于起步阶段[5-7]。母乳样本因为脂肪含量高且易于采集，具有可以同时评价母体的内暴露水平及经母乳喂养的婴儿的外暴露水平等优点，成为世界卫生组织（WHO）推荐的评价食品中风险化合物的基质[8]。因此，开展母乳中 PAEs 及其代谢产物的污染含量监测是正确评估居民 PAEs 及其代谢产物的暴露水平，并进行健康风险评估的基础。

母乳中 PAEs 及其代谢产物的分析主要包括样品前处理和仪器分析两个部分。食品基质中 PAEs 及其代谢产物的常用仪器分析方法，主要有气相色谱-质谱联用法（GC-MS）或液相色谱-质谱联用法（LC-MS/MS）[9-11]。在仪器分析之前，由于母乳样品组成成分复杂且痕量的待测物通常与蛋白质处于结合状态，因此需要对母乳样品进行酶解以及样品前处理[3]。现有文献报道中乳制品中 PAEs 及其代谢产物的前处理方法主要为 QuEChERS 法或基于 PSA（*N*-丙基乙二胺）填料柱的固相萃取法[12, 13]，其他方法鲜有报道。因此，开发母乳中 PAEs 及其代谢产物的检测方法具有重要的研究意义[12]。

本研究的目的是建立一种快速、可靠、精确检测母乳中 PAEs 及其代谢产物的前处理方法，并结合液相色谱-质谱或气相色谱-质谱技术完成母乳中 PAEs 及其代谢产物的分析。随后，采用建立的方法测定了全国范围内采集的母乳样品中的 PAEs 及其代谢产物的含量，完成我国普通人群婴儿暴露 PAEs 及其代谢产物的健康风险评估。

26.1 邻苯二甲酸酯及其代谢产物测定的材料与方法

26.1.1 仪器

液相色谱-质谱分析：Waters ACQUITYTM 超高效液相色谱仪、Waters Xevo TQ-S 质谱仪（美国 Waters 公司）。T25 Basic 型均质器（美国 Sigma 公司）。

26.1.2 试剂

标准品：邻苯二甲酸二甲酯（dimethyl phthalate, DMP）、邻苯二甲酸二乙酯（diethyl phthalate, DEP）、邻苯二甲酸二异丙酯（diisopropyl phthalate, DIPrP）、邻苯二甲酸二烯丙酯（diallyl phthalate, DAP）、邻苯二甲酸二丙酯（dipropyl phthalate, DPrP）、邻苯二甲酸二异丁酯（diisobutyl phthalate, DIBP）、邻苯二甲酸二丁酯

（dibutyl phthalate, DBP）、邻苯二甲酸二（2-甲氧基乙基）酯［bis（2-methoxyethyl）phthalate, DMEP］、邻苯二甲酸二异戊酯（diisopentyl phthalate, DIPP）、邻苯二甲酸二（4-甲基-2-戊基）酯［bis（4-methyl-2-pentyl）phthalate, BMPP］、邻苯二甲酸二（2-乙氧基）乙酯［bis（2-ethoxyethyl）phthalate, DEEP］、邻苯二甲酸二戊酯（dipentyl phthalate, DPP）、邻苯二甲酸二己酯（dihexyl phthalate, DHXP）、邻苯二甲酸丁基苄基酯（benzyl butyl phthalate, BBP）、邻苯二甲酸二（2-丁氧基）乙酯［bis（2-*n*-butoxyethyl）phthalate, DBEP］、邻苯二甲酸二环己酯（dicyclohexyl phthalate, DCHP）邻苯二甲酸二（2-乙基己）酯［bis（2-ethylhexyl）phthalate, DEHP］、邻苯二甲酸二正庚酯（di-*n*-heptyl phthalate, DHP）、邻苯二甲酸二苯酯（diphenyl phthalate, DPhP）、邻苯二甲酸二正辛酯（di-*n*-octyl phthalate, DNOP）、邻苯二甲酸二异壬酯（diisononyl phthalate, DINP）、邻苯二甲酸二异癸酯（diisodecyl phthalate, DIDP）、邻苯二甲酸二壬酯（dinonyl phthalate, DNP）23种混标 Xstandardtm 标准溶液 1000mg/L 购自 Dikma 公司，邻苯二甲酸单乙基己基酯（monoethylhexyl phthalate, MEHP）、邻苯二甲酸单乙酯（monoethyl phthalate, MEP）、邻苯二甲酸单丁酯（monobutyl phthalate, MBP ）、邻苯二甲酸单甲酯（monomethyl phthalate, MMP）和邻苯二甲酸单苄基酯（monobenzyl phthalate, MBZP）购自美国 Accustandard, 邻苯二甲酸单（3,5,5-三甲基己基）酯［rac mono（3,5,5-trimethylhexyl）phthalate, MiNP］、氘代邻苯二甲酸单乙基己基酯［rac mono（ethylhexyl）phthalate-d_4］、氘代邻苯二甲酸单乙酯（monoethyl phthalate-d_4）、氘代邻苯二甲酸单丁酯（monobutyl phthalate-d_4）、氘代邻苯二甲酸单甲酯（monomethyl phthalate-d_4）、氘代邻苯二甲酸单苄基酯（monobenzyl phthalate-d_4）、邻苯二甲酸二甲酯内标（dimethyl phthalate-$^{13}C_2$）、氘代邻苯二甲酸二乙酯（diethyl phthalate-d_4）、氘代邻苯二甲酸二异丙酯（diisopropyl phthalate-d_4）、氘代邻苯二甲酸二烯丙酯（diallyl phthalate-d_4）、氘代邻苯二甲酸二丙酯（di-*n*-propyl phthalate-d_4）、氘代邻苯二甲酸二丁酯（dibutyl phthalate-d_4）、氘代邻苯二甲酸二异戊酯（diisopentyl phthalate-d_4）、氘代邻苯二甲酸二正己酯（di-*n*-hexyl phthalate-3,4,5,6-d_4）、氘代邻苯二甲酸丁基苄基酯（benzyl butyl phthalate-d_4）、氘代邻苯二甲酸二环己酯（dicyclohexyl phthalate-d_4）、氘代邻苯二甲酸二（2-乙基己）酯［bis（2-ethylhexyl）phthalate-d_4］、氘代邻苯二甲酸二正庚酯（di-*n*-heptyl phthalate-d_4）、氘代邻苯二甲酸二正辛酯（di-*n*-octyl phthalate-d_4）和氘代邻苯二甲酸二异壬酯（diisononyl phthalate-d_4）购自加拿大 TRC 公司。

β-葡萄糖醛酸酶 / 芳基硫酸酯酶购自美国罗氏公司；Oasis HLB 固相萃取柱（6mL，200mg）购自 Waters 公司；乙腈、甲醇、甲酸和正己烷（色谱纯，德国 Merck）。

26.1.3 实验方法

26.1.3.1 标准储备液制备

精确称取标准品各 0.0100g，置于 10mL 棕色容量瓶中分别用乙腈溶解并定容至 10mL，浓度为 1000mg/L 的标准储备液，于−20℃冰箱保存。需要时各取储备液 0.1mL 置于 10mL 棕色容量瓶中，并用甲醇稀释成 10mg/L 的混合中间液，使用前将中间液以乙腈稀释配制成 1mg/L 的混合标准液。

26.1.3.2 样品前处理

准确量取 2.0mL（准确到 0.01mL）的母乳样品于 10mL 具塞玻璃刻度试管。加入 1.0mg/L 内标溶液 10μL，0.2mol/L 醋酸-醋酸钠缓冲溶液（pH=5.2）5mL，再加入 100μL β-葡萄糖醛酸酶 / 芳基硫酸酯酶，涡旋混匀后于 37℃条件下避光酶解 12h。将酶解液于 4℃下 10000r/min 离心 10min。取上清液待净化。

Oasis HLB 柱（6mL，200mg）依次用 6mL 甲醇、6mL 水活化，提取液上柱后，用 6mL 水淋洗，用 3mL 10% 甲醇水溶液淋洗，6mL 纯乙醇洗脱，收集洗脱液，将洗脱液以氮气流吹干，对于采用液相色谱-质谱法分析，溶剂采用初始流动相对目标物进行复溶，随后将样品经 0.22μm 的有机滤膜过滤后供仪器测定。

26.1.3.3 液相色谱−质谱条件

色谱柱：ACQUITYBEH Phenyl 色谱柱（2.1mm×100mm，1.7μm）；流速：0.350μL/min ；柱温：40℃ ；进样量：10μL ；以乙腈为流动相 A，0.02% 甲酸溶液为流动相 B，进行梯度洗脱，洗脱程序见表 26-1。

表 26−1 流动相梯度洗脱程序

时间 /min	流动相 A（乙腈）	流动相 B（0.02% 甲酸溶液）	流动相变化方式
0	10	90	线式
1	35	65	线式
2	50	50	线式
2.5	50	50	线式
3	75	25	线式
3.5	80	20	线式
4.5	80	20	线式
7	95	5	线式
7.5	100	0	线式

续表

时间 /min	流动相 A（乙腈）	流动相 B（0.02% 甲酸溶液）	流动相变化方式
10	100	0	线式
10.5	10	90	线式
12	10	90	线式

电离方式：电喷雾模式（ESI）；多反应监测模式（MRM）采集，驻留时间0.050s；毛细管电压：2.70kV；离子源温度：150℃；脱溶剂温度：500℃；脱溶剂气流量：1000L/h；碰撞室压力：0.33Pa。

26.2 邻苯二甲酸酯及其代谢产物测定的结果与讨论

26.2.1 固相萃取-液相色谱质谱法的建立

26.2.1.1 仪器分析方法的优化

采用流动注射泵系统进样200μg/L以乙腈-水溶液（50∶50，体积比）为溶剂的单标准溶液对其质谱条件参数进行优化，流动相采用乙腈-水溶液（50∶50，体积比），流速为100μL/min。邻苯二甲酸酯类化合物在液相色谱-电喷雾质谱检测时易得到质子而产生$[M+H]^+$分子离子峰，在ES+模式下进行监测；其代谢产物可以同时产生$[M+H]^+$分子离子峰和$[M-H]^-$分子离子峰，但由于$[M+H]^+$分子离子峰得到的碎片离子不稳定，实验最终确定PAEs代谢产物在ES−模式下进行监测。

在ES−模式检测待测物时，将流动相中添加适量甲酸可提高电离效率和响应值。本研究发现，PAEs的代谢产物在碱性条件下峰形不稳定且峰展较宽，将少量甲酸添加至流动相中时，目标物峰形稳定且尖锐，但是峰高出现明显下降。因此，为了PAEs代谢物可以获得最佳峰形以及响应，本研究考察了分别以0.1%甲酸水溶液-乙腈、0.05%甲酸水溶液-乙腈、0.02%甲酸水溶液-乙腈、纯水-乙腈作为流动相时对目标化合物色谱行为与质谱响应的影响。研究结果显示，以0.02%甲酸水溶液-乙腈为流动相时，6种PAEs代谢产物分离度良好，灵敏度最高，并且能同时兼顾邻苯二甲酸酯类化合物的响应。因此，本研究最终选择0.02%甲酸水溶液-乙腈为流动相，图26-1和图26-2分别为PAEs的代谢产物在ES−模式下以及PAEs在ES+模式下的机制匹配标准的定量离子MRM图。

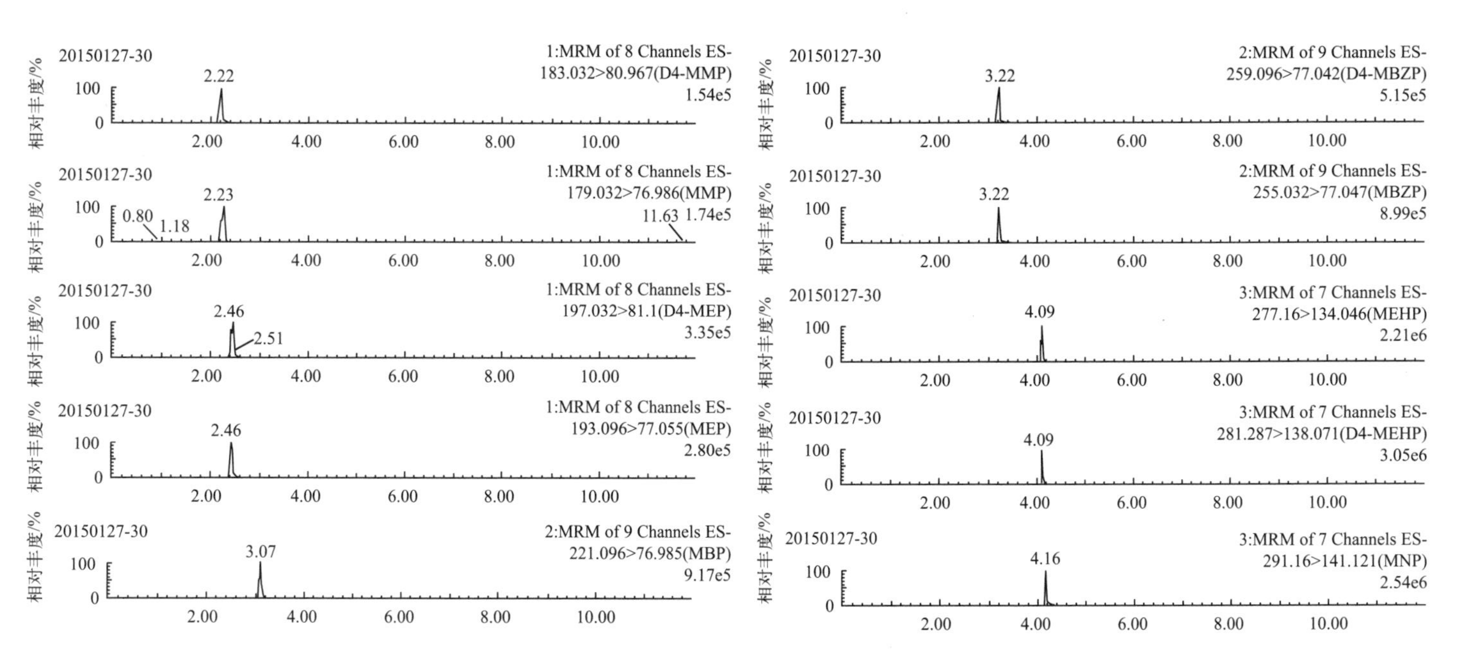

图 26-1 基质匹配标准的定量离子 MRM 图（ES-，5.0 μg/kg）

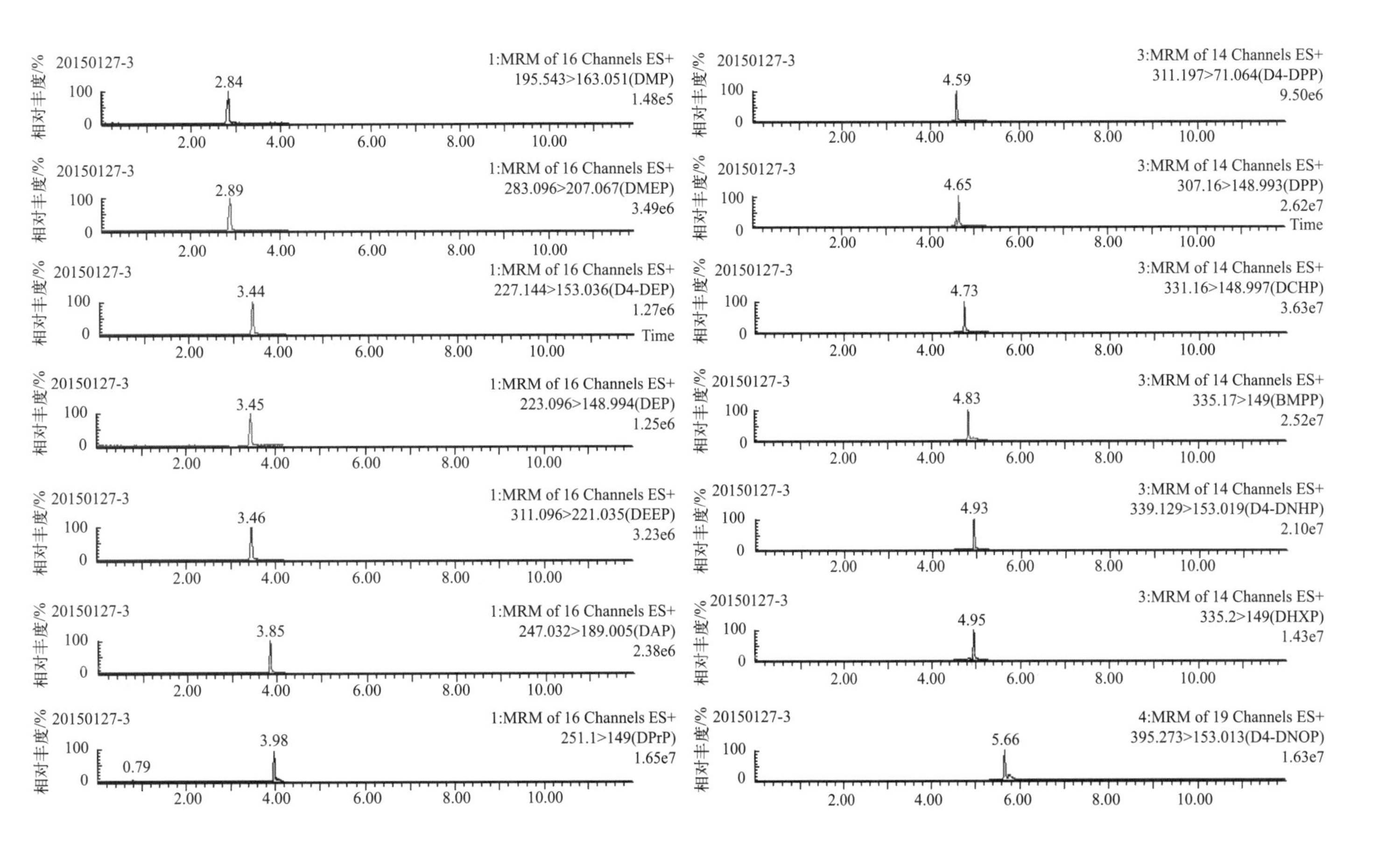
20150127-3
1:MRM of 16 Channels ES+
195.543>163.051(DMP)
1.48e5
2.84
20150127-3
1:MRM of 16 Channels ES+
283.096>207.067(DMEP)
3.49e6
2.89
20150127-3
1:MRM of 16 Channels ES+
227.144>153.036(D4-DEP)
1.27e6
3.44
Time
20150127-3
1:MRM of 16 Channels ES+
223.096>148.994(DEP)
1.25e6
3.45
20150127-3
1:MRM of 16 Channels ES+
311.096>221.035(DEEP)
3.23e6
3.46
20150127-3
1:MRM of 16 Channels ES+
247.032>189.005(DAP)
2.38e6
3.85
20150127-3
1:MRM of 16 Channels ES+
251.1>149(DPrP)
1.65e7
3.98
0.79
20150127-3
3:MRM of 14 Channels ES+
311.197>71.064(D4-DPP)
9.50e6
4.59
20150127-3
3:MRM of 14 Channels ES+
307.16>148.993(DPP)
2.62e7
4.65
Time
20150127-3
3:MRM of 14 Channels ES+
331.16>148.997(DCHP)
3.63e7
4.73
20150127-3
3:MRM of 14 Channels ES+
335.17>149(BMPP)
2.52e7
4.83
20150127-3
3:MRM of 14 Channels ES+
339.129>153.019(D4-DNHP)
2.10e7
4.93
20150127-3
3:MRM of 14 Channels ES+
335.2>149(DHXP)
1.43e7
4.95
20150127-3
4:MRM of 19 Channels ES+
395.273>153.013(D4-DNOP)
1.63e7
5.66
相对丰度/%
100
0
2.00
4.00
6.00
8.00
10.00

图 26-2

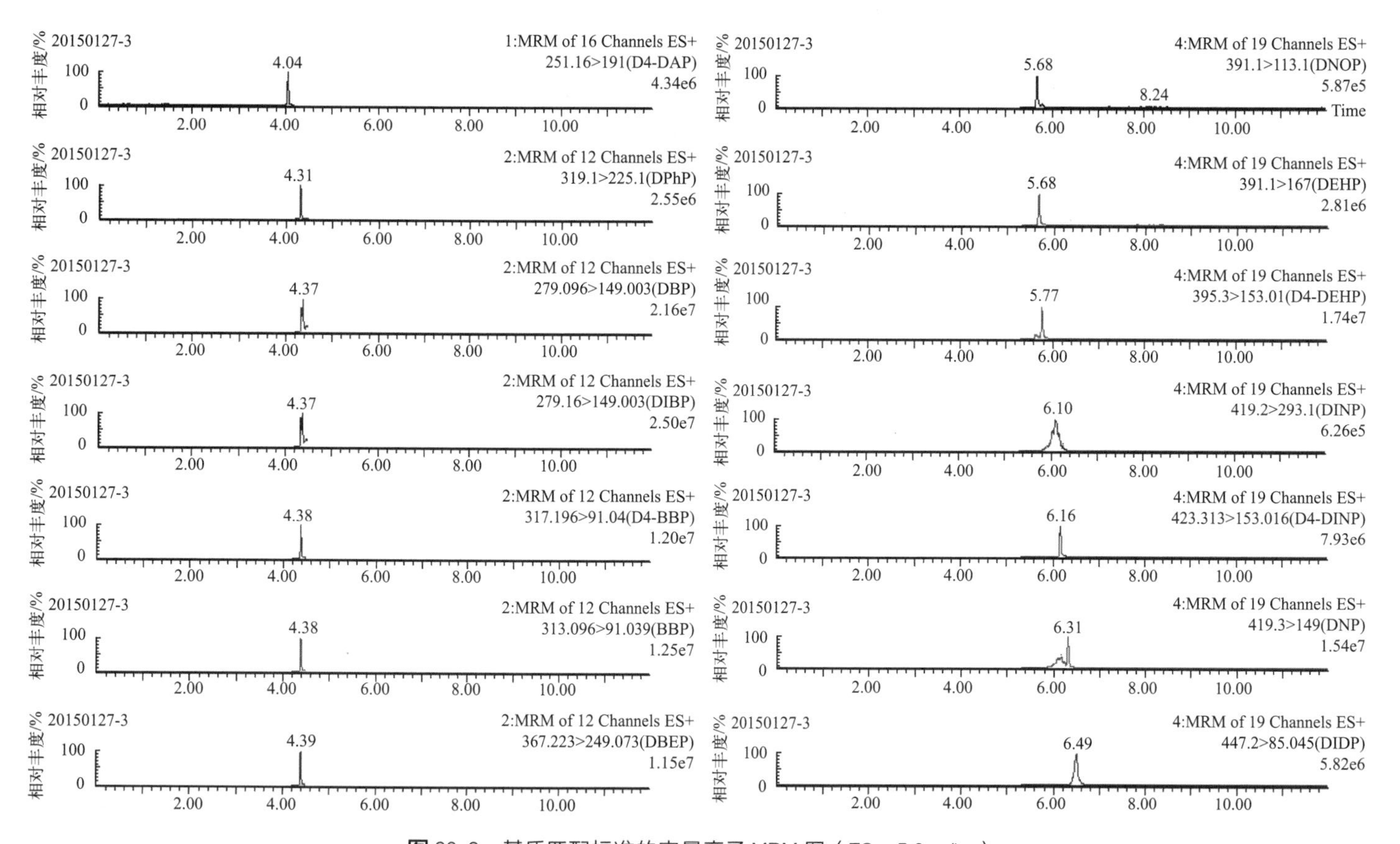

图 26-2　基质匹配标准的定量离子 MRM 图（ES+, 5.0μg/kg）

26.2.1.2 前处理方法的优化

（1）提取溶剂的选择　邻苯二甲酸酯类化合物极性较弱，且各 PAE 的极性差异相对较大，在对母乳样品中的 PAEs 进行提取时，需要兼顾弱极性与非极性 PAEs 的这种差异。现有文献报道的食品中邻苯二甲酸酯类化合物的提取溶剂多采用乙腈、乙腈饱和的正己烷溶液、正己烷饱和的乙腈溶液以及 10% 叔丁基甲醚的乙腈溶液等。本研究首先考察了以乙腈饱和的正己烷溶液为提取溶剂对目标物回收率的影响，结果显示回收率较差，特别是保留时间相对较短的 MMP 和 DEP 等，回收率接近于 0 %。根据乙腈饱和的正己烷溶液与水进行的分配系数实验表明，正己烷层与下层水相之间，部分化合物的分配系数具有较大的差异，出峰较早的化合物多集中于下层水相中，而后出峰的化合物多集中于正己烷层，因此本研究将母乳样品酶解后的邻苯二甲酸酯类化合物及其代谢产物离心后直接上样至固相萃取柱进行净化，不再对其进行进一步的提取。

（2）固相萃取条件的建立　目前，食品中邻苯二甲酸酯及其代谢产物的测定多采用直接提取，经离心后上 GC-MS 测定[14, 15]。与 GC-MS 不同，在液相色谱-质谱检测过程中，较强的基质效应会导致被测化合物的重现性与准确度出现问题，需要对目标物进行净化和富集。文献报道的乳制品中常用的净化方式是采用 QuEChERS 技术等，本课题采用了 Waters Oasis HLB 固相萃取柱进行净化，并对固相萃取过程中的相关实验条件进行了优化。实验首先考察了不同淋洗条件下各待测物经 HLB 小柱净化后的回收率结果。当甲醇含量超过 5% 时，即有部分化合物被洗脱，除 DEP 洗脱体积能占到总含量的 5% 左右，其余化合物仅约占总含量的 0.1%，当甲醇含量超过 15% 时，部分化合物的洗脱剂量明显增加，约 70% 的 MMP 被洗脱。因此，实验最终确定淋洗溶剂中甲醇的含量为 10%。随后，实验对 HLB 小柱的洗脱溶剂的种类（甲醇、乙腈和乙醇）和体积（2mL、4mL、6mL、8mL、10mL）对目标物回收率的影响进行了考察，以纯甲醇为洗脱溶剂时各目标物的回收率最差，其次为纯乙腈，但乙腈也仅能将部分目标物完全洗脱下来，DNP 和 DIDP 等化合物则未能被洗脱；当洗脱溶剂为乙醇时，各化合物的回收率均较好，随后对乙醇的体积进行了考察，实验结果如图 26-3 所示，10mL 乙醇可以将 PAEs 及其代谢产物洗脱完全。因此，实验最终选择 10mL 乙醇对目标物进行洗脱。

26.2.2 方法学验证

26.2.2.1 线性范围、检出限和定量限

为降低基质抑制效应对待测化合物定性和定量准确度的影响，采用低于检出

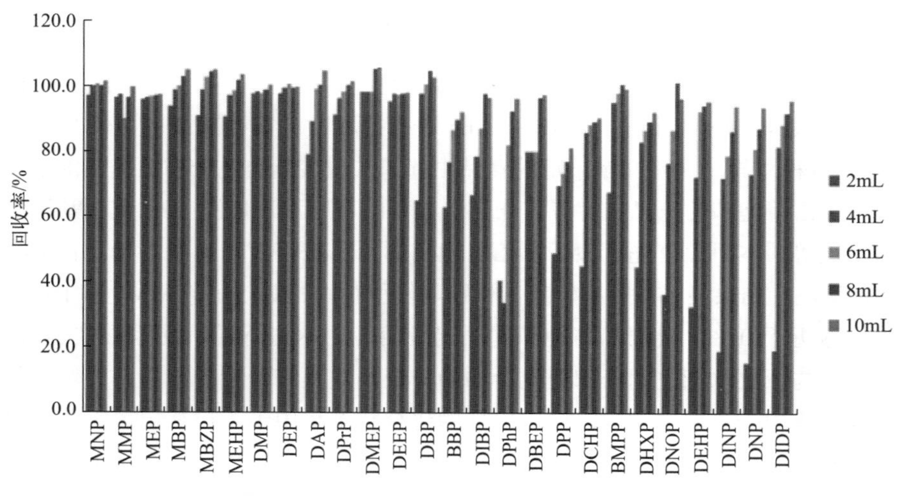

图 26-3　乙醇体积对目标物回收率的影响

限的母乳样品按样品前处理项下进行操作制备空白基质溶液，并用以此为溶液制备基质匹配的系列标准溶液。采用超高效液相色谱-质谱联用仪进行分析，记录各化合物的色谱峰面积（*A*）和内标的色谱峰面积（A_i），以 *A* 和 A_i 的比值 *y*（氘代同位素内标除对应各自的化合物外，无同位素内标的化合物按色谱保留时间顺序以相近的氘代同位素化合物为内标）对相应的标准溶液中化合物的质量浓度 *x* 进行线性回归计算，结果显示各化合物在 1.0 ～ 20.0μg/L 范围内线性关系良好，线性相关系数（*R*）均大于 0.999。以信噪比为 3 时的空白样品基质加标的含量定为方法的检出限，信噪比为 10 为定量限，方法的检出限和定量限范围分别为 0.3 ～ 1.0μg/L 和 1.0 ～ 2.5μg/L 。

26.2.2.2　方法的回收率和精密度

通过向低于检出限的母乳样品基质中添加分析物进行测定，以确定方法的准确度和精密度。首先精确量取 2.0mL 母乳样品，加入适量的混合标准溶液，使得目标化合物的含量分别达到 2.5μg/L、5.0μg/L、10.0μg/L，按优化的条件进行处理和测定，采用内标法进行计算，结果见表 26-2。

表 26-2　PAEs 及其代谢产物的加标回收率试验结果（*n*=6）

化合物	2.5×10^{-9}		5×10^{-9}		10×10^{-9}	
	回收率 /%	相对标准偏差（RSD）/%	回收率 /%	相对标准偏差（RSD）/%	回收率 /%	相对标准偏差（RSD）/%
MMP	88.0	4.5	79.3	9.5	89.3	9.7
MEP	77.3	16.6	74.7	12.1	79.7	10.2

续表

化合物	2.5×10^{-9}		5×10^{-9}		10×10^{-9}	
	回收率 /%	相对标准偏差（RSD）/%	回收率 /%	相对标准偏差（RSD）/%	回收率 /%	相对标准偏差（RSD）/%
MBP	82.7	7.4	68.7	14.4	82.0	8.0
MBZP	81.3	7.5	70.0	17.8	79.7	6.9
MEHP	77.3	7.9	78.7	12.8	86.0	8.1
MNP	78.7	15.5	71.3	13.8	80.3	11.2
DMP	64.1	6.1	87.3	4.8	88.8	3.2
DEP	84.0	12.6	72.7	18.3	85.3	14.5
DAP	68.0	5.9	66.7	6.2	79.7	10.1
DPrP	88.0	12.9	72.0	3.9	87.7	7.3
DMEP	86.7	11.6	70.7	14.5	76.3	7.9
DEEP	82.7	10.1	79.3	3.9	83.7	15.9
DBP	63.0	17.1	82.7	5.5	78.5	5.7
BBP	92.0	4.3	80.0	5.0	90.0	1.9
DIBP	72.0	11.1	71.3	4.3	86.0	5.8
DPhP	76.0	5.3	63.3	4.8	75.7	10.7
DBEP	82.7	7.4	68.7	8.9	89.3	5.7
DPP	76.0	5.3	74.0	9.4	77.7	8.6
DCHP	81.3	7.5	75.3	12.0	86.7	7.1
BMPP	80.0	5.0	68.0	15.6	78.7	7.0
DHXP	82.7	10.1	67.3	10.4	88.3	4.3
DNOP	92.0	4.3	75.5	7.8	80.4	2.0
DEHP	80.9	11.4	76.8	3.2	81.5	12.3
DINP	78.8	13.4	78.8	5.0	82.3	11.7
DNP	96.2	19.1	97.7	16.7	89.4	12.5
DIDP	80.0	8.7	73.3	9.6	81.0	9.8

26.3 结论

本研究建立了基于 HLB 柱固相萃取分别结合液相色谱-质谱法和气相色谱-质谱法测定母乳中 PAEs 及其代谢产物的分析方法，并对前处理过程中提取溶剂、固相萃取淋洗溶剂、洗脱溶剂及体积进行了考察。通过对所建立方法的线性范围、回收率以及检出限等方法学参数的验证，结果显示本研究所建立的方法操作简单、结果准确可靠，适用于母乳中痕量 PAEs 及其代谢产物的分析测定。

（范赛）

参考文献

[1] Zhang Y, Lyu L, Tao Y, et al. Health risks of phthalates: A review of immunotoxicity. Environmental pollution (Barking, Essex : 1987), 2022,313: 120173.

[2] Zhang Y, Jiao Y, Li Z, et al. Hazards of phthalates (PAEs) exposure: A review of aquatic animal toxicology studies. Sci Total Environ, 2021,771: 145418.

[3] Huang S, Qi Z, Ma S, et al. A critical review on human internal exposure of phthalate metabolites and the associated health risks. Environ Pollut, 2021,279: 116941.

[4] Chang W H, Herianto S, Lee C C, et al. The effects of phthalate ester exposure on human health: A review. Sci Total Environ, 2021,786: 147371.

[5] He M J, Lu J F, Ma J Y, et al. Organophosphate esters and phthalate esters in human hair from rural and urban areas, Chongqing, China: Concentrations, composition profiles and sources in comparison to street dust. Environ Pollut, 2018,237: 143-153.

[6] Huang S, Ma S, Wang D, et al. National-scale urinary phthalate metabolites in the general urban residents involving 26 provincial capital cities in China and the influencing factors as well as non-carcinogenic risks. Sci Total Environ, 2022,838: 156062.

[7] Li X, Duan Y, Sun H, et al. Human exposure levels of PAEs in an e-waste recycling area: Get insight into impacts of spatial variation and manipulation mode. Environ Int, 2019,133: 105143.

[8] Mannetje A T, Coakley J, Mueller J F, et al. Partitioning of persistent organic pollutants (POPs) between human serum and breast milk: A literature review. Chemosphere, 2012, 89: 911-918.

[9] Sun L, Tian W, Fang Y, et al. Rapid and simultaneous extraction of phthalates, polychlorinated biphenyls and polycyclic aromatic hydrocarbons from edible oil for GC-MS determination. Journal of Food Composition and Analysis, 2022,114: 104827.

[10] 赵远利，朱振宝，李国梁 . 磁固相萃取结合高效液相色谱法高效灵敏性检测食用油中邻苯二甲酸酯 // 中国食品科学技术学会第十七届年会，中国陕西西安，2020: 144-145.

[11] 方道赠，王宁，张亮，等 . 超高效液相色谱-串联质谱法测定水产品中 22 种邻苯二甲酸酯类环境激素 . 农产品加工，2018, 10: 46-49.

[12] Fan J C, Ren R, Jin Q, et al. Detection of 20 phthalate esters in breast milk by GC-MS/MS using QuEChERS extraction method. Food Additives & Contaminants: Part A, 2019,36: 1551-1558.

[13] 郭爱静，王可，杨立学，等 . 同位素稀释-气相色谱质谱法同时测定酸奶及乳饮料中 17 种邻苯二甲酸酯 . 现代预防医学，2017, 44: 1959-1964.

[14] 秦德萍，杨乾展，黄思瑜，等 . QuEChERS- 气质联用-同位素内标法测定固态油中邻苯二甲酸酯 . 现代食品，2021, 20: 191-194.

[15] 叶丽雯，谢思瑶，李文敏，等 . GC-MS 法同时测定纸质食品包装材料中 16 种邻苯二甲酸酯 . 中华纸业，2020, 14: 18-21.

第 27 章

母乳中氯酸盐和高氯酸盐含量测定

氯酸盐和高氯酸盐是一类含氯阴离子型无机化合物。这类物质会通过污染水源、土壤等途径影响农产品和相关食品的安全。高氯酸盐对人体的主要危害是影响机体甲状腺的正常功能，抑制其对碘离子的吸收，降低甲状腺激素和三碘甲状腺原氨酸的合成量，从而干扰甲状腺的正常代谢和发育，导致甲状腺癌的发生[1]。氯酸盐会损害血液中红细胞，从而引起高铁血红蛋白症，并会干扰碘的吸收代谢，危害人体健康[2]。

考虑健康风险，美国科学院（NAS）建议包括婴幼儿及孕妇等敏感人群在内的高氯酸盐摄入的参考量（以体重计）为 0.7μg/（kg・d）[3]。欧洲食品安全局（European Food Safety Authority，EFSA）对食品中高氯酸盐、氯酸盐的健康危害进行了再评估[4]，根据收集的水果、蔬菜及其制品中高氯酸盐的污染资料及文献中果汁、酒精饮料、牛奶、婴儿配方食品及母乳中的量评估了高氯酸盐的毒性和暴露量，并根据对健康成年人甲状腺碘的抑制作用，设定高氯酸盐和氯酸盐每日耐受摄入量（以体重计）为 0.3μg/(kg・d)[4] 和 3μg/(kg・d)[5]。Commission Regulation（EU）2020/685 规定了食品中高氯酸盐的残留限量：婴幼儿食品为 0.02mg/kg；蔬菜和水果为 0.1mg/kg；腌制水果和蔬菜干、茶为 0.75mg/kg[6]。Commission Regulation（EU）2020/749 规定了果蔬等多类食品中的氯酸盐限量为 0.05 ～ 0.70mg/kg[7]。

婴幼儿是高氯酸盐暴露的敏感人群，母乳作为婴儿的主要食物来源，高氯酸盐污染对婴儿的生长发育可能会带来潜在影响。研究表明，母乳中普遍存在高氯酸盐。Kirk 等[8] 对美国 18 个州的 36 份母乳样品检测后发现所有样品均有检出，浓度范围为 1.4 ～ 92.2μg/L，平均浓度为 10.5μg/L。NRC 对 10 名妇女进行每日三次采样，共采集 147 份母乳样品，检出高氯酸盐的含量在 0.5 ～ 39.5μg/L，平均浓度为 5.8μg/L[9]。母乳中高氯酸盐和氯酸盐的污染水平对评估污染物易感性更高的婴儿的机体负荷水平十分重要，因此，为了解我国的母乳中的含量水平，有必要开发简单可靠、灵敏度高的氯酸盐和高氯酸盐分析方法。

27.1 氯酸盐和高氯酸盐测定的材料与方法

27.1.1 仪器

UPLC 超高效液相色谱-TQ-XS 三重四极杆质谱仪（配 ESI 源，美国沃特世公司）、Waters CSH 氟苯基柱（2.1mm×100mm，1.7μm）色谱柱、固相萃取装置（美国沃特世公司）、冷冻离心机（最大转速 10000r/min，美国贝克曼公司）、超声波清洗器（上海科导公司）。

27.1.2 试剂

甲醇、乙腈、甲酸均为色谱纯，超纯水（电阻率为 18.2MΩ・cm，由 Milli-Q 超纯水系统制得），高氯酸钠、氯酸钠标准品（纯度大于 99%，德国 Fluka 公司），高氯酸盐和氯酸盐同位素内标液（$Cl^{18}O_4^-$和 $Cl^{18}O_3^-$浓度均为 100mg/L，美国剑桥同位素实验室），EnviCarb 石墨化炭黑（GCB）固相萃取小柱（500mg，6mL，德国默克公司）。

27.1.3 实验方法

母乳样品称取 2g（精确到 0.01g）于 50mL 离心管中，加入 200μL 高氯酸盐和氯酸盐混合内标使用液（浓度分别为 0.1mg/L 和 1mg/L），再加 10mL 含有 0.1% 甲酸的 60% 乙腈水溶液，2000r/min 涡旋混匀 1min，超声提取 30min，10000r/min 离心 10min，上清液转移到另一支干净的离心管中。GCB 柱在使用前依次用 5mL 乙腈和 5mL 水活化，抽干柱体中残留的水分，移取离心后的上清待净化液 3mL 过柱，弃去前 2mL，收集后面的 1mL 流出液，流出液经 0.22μm 有机系滤膜过滤，液相色谱-串联质谱仪测定。

色谱柱：WatersCSH 氟苯基柱（2.1mm×100mm，1.7μm）；色谱柱温度：35℃；进样体积：5μL；流动相 A 为乙腈，流动相 B 为 0.1% 甲酸溶液；梯度洗脱程序：0 ～ 4min，30% A 线性升到 80% A；4 ～ 5min，80% A 线性升到 99% A，并保持到 6.5min；6.5 ～ 7.0min，99% A 降到 30% A，并保持到 8.5min，流速 0.4mL/min。

离子源：ESI-；离子源温度：450℃；锥孔气流量：150L/h；脱溶剂气流量：1000L/h；扫描模式：多反应监测（MRM）。具体参数见表 27-1。标准溶液 LC-MS/MS 谱图如图 27-1 所示。

表 27-1 目标化合物质谱检测参数

化合物	母离子（*m*/*z*）	子离子（*m*/*z*）	锥孔电压 /V	碰撞电压 /V
氯酸根	83.0	67.0①	25	18
	85.0	69.0	25	17
高氯酸根	99.0	83.0①	20	18
	101.0	85.0	20	17
氯酸根内标	89.0	71.0①	25	18
高氯酸根内标	107.0	89.0①	20	18

① 定量离子。

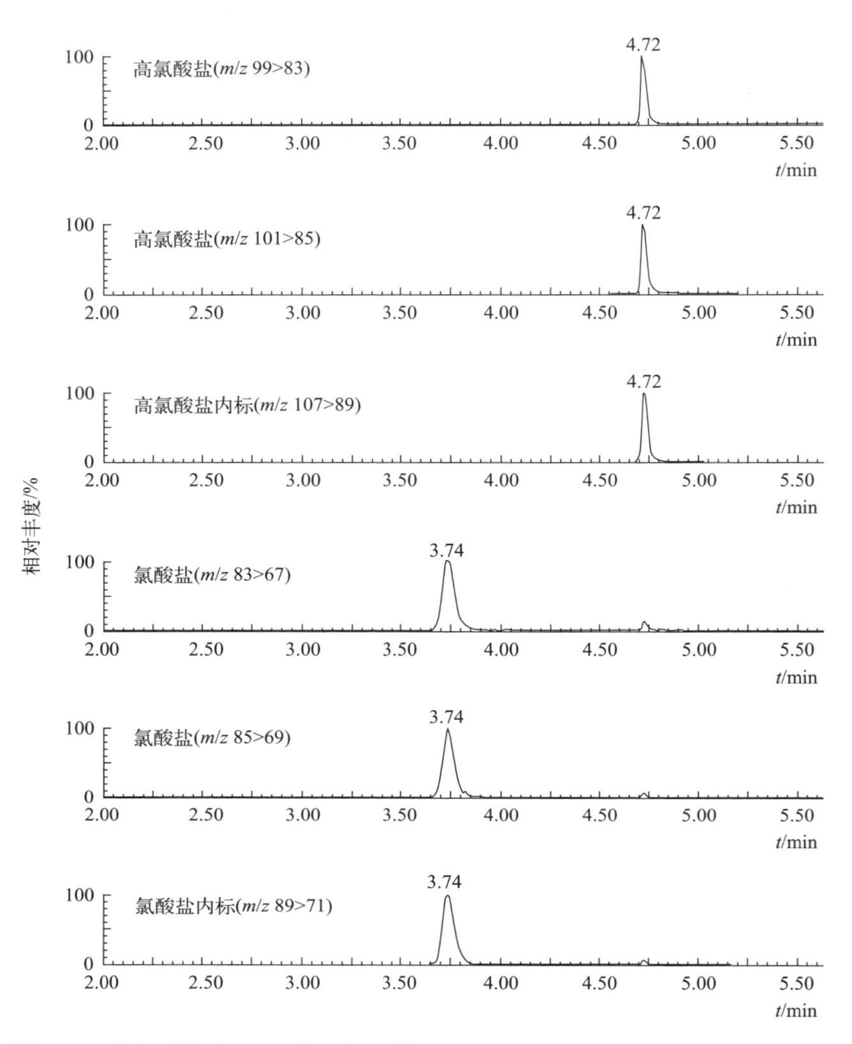

图 27-1　高氯酸盐（5μg/L）和氯酸盐（50μg/L）标准溶液的 LC-MS/MS 谱图

27.2　氯酸盐和高氯酸盐测定的结果与讨论

27.2.1　前处理方法

氯酸盐和高氯酸盐测定时通常采用甲醇水溶液或乙腈水溶液对食品样品进行提取，有的报道中还加入少量甲酸以提高提取效率[10-12]。我们针对母乳样品进行了提取液的考察，发现乙腈溶液的提取效果优于水和同等比例的甲醇水溶液。对乙腈的比例做了进一步优化，将提取液总体积固定为10mL，加入乙腈/水比例分别为5∶5、6∶4、7∶3和8∶2的提取液。结果表明乙腈/水比例为6∶4时，回收率效果最好。因此，将提取条件确定为10mL含0.1%甲酸和60%乙腈的水溶液超声提取30min。

固相萃取净化是高氯酸盐和氯酸盐测定时普遍采用的净化方式，分散固相萃取填料和商品化的固相萃取小柱均有较多应用[13-15]，考虑到固相萃取小柱的商品化程度更高，商品的一致性更好，且操作更为方便，本研究选取了固相萃取小柱净化法。

选取母乳样品的提取液，分别对比了C_{18}（6mL/200mg）固相萃取柱、PRiME HLB（6mL/200mg）固相萃取柱、Oasis HLB（6mL/200mg）固相萃取柱、WCX固相萃取柱（6mL/200mg）、MCX（6mL/200mg）固相萃取柱和EnviCarb石墨化炭黑（GCB）固相萃取柱的净化效果。考察回收率和基质效应两项指标（表27-2），发现各小柱的平均绝对回收率均在90%以上，但从基质效应来看，GCB的基质抑制效果最佳，可降至25%以内，其次是MCX小柱（20.2%～27.7%）、Prime HLB（37.4%～43.5%）和WCX（40.1%～41.4%）。GCB较好的净化效果可能是由于该填料具有六边形的微观结构，对化合物表现出广谱吸附性，既可以吸附非极性和弱极性化合物，又可以吸附极性化合物的缘故。

表27-2 母乳提取液经不同固相萃取小柱净化后的回收率和基质效应

净化方式	回收率/%		基质抑制/%	
	高氯酸盐	氯酸盐	高氯酸盐	氯酸盐
无净化	101	98.7	67.8	73.5
C_{18}小柱	98.9	93.5	48.4	64.2
Prime HLB小柱	102	92.3	43.5	37.4
HLB小柱	98.6	94.2	44.3	53.2
WCX小柱	97.5	99.7	41.4	40.1
MCX小柱	98.5	97.6	20.2	27.7
GCB小柱	97.7	99.3	11.5	21.5

27.2.2 方法学验证

配制高氯酸盐浓度为0.1～100.0μg/L、氯酸盐浓度为1～1000μg/L的标准工作液，其中氯酸盐同位素内标溶液浓度为20.0μg/L、高氯酸盐同位素内标溶液浓度为2.0μg/L。采用UPLC-MS-MS进行数据采集，结果表明氯酸盐和高氯酸盐分别在 0.1 ～ 100.0μg/L 和 1 ～ 1000μg/L 范围内线性良好，相关系数（*R*）大于 0.997（图 27-2）。将标准溶液使用基质提取液进行逐级稀释，以 3 倍信噪比的色谱峰对应的浓度计算，母乳中高氯酸盐和氯酸盐的检出限分别为 0.2μg/kg 和 2μg/kg。以 10 倍信噪比的色谱峰对应的浓度计算，高氯酸盐和氯酸盐的定量限分别为 0.5μg/kg 和 5.0μg/kg。

Com pound name：ClO3
Correlation coefficient：r=0.999896,r^2=0.999792
Calibration curve：3.52601*x+0.376539
Response type：Internal Std(Ref2),Area*(IS Conc./IS Area)
Curve type：Linear,Origin:Include,Weighting:1/x,Axis trans：None

Response
3500
3000
2500
2000
1500
1000
500
0
Conc
0 100 200 300 400 500 600 700 800 900 1000

(a)

Com pound name：ClO4
Correlation coefficient：r=0.997006,r^2=0.994021
Calibration curve：0.313958*x+0.123211
Response type：Internal Std(Ref4),Area*(IS Conc./IS Area)
Curve type：Linear,Origin:Include,Weighting:1/x,Axis trans：None

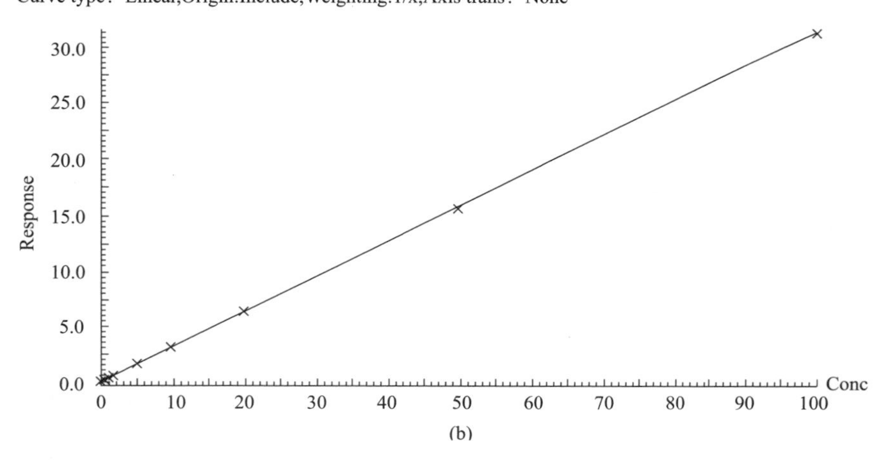

(b)

图 27-2　氯酸盐（a）和高氯酸盐（b）的标准曲线

27.2.3 加标回收率

选用了2份不同的母乳样品，测定其中氯酸盐和高氯酸盐的污染水平，发现氯酸盐均为未检出，高氯酸盐浓度分别为3.89μg/kg和5.21μg/kg，对2份样品进行加标，加标水平分别为5μg/kg、10μg/kg和50μg/kg，即为氯酸盐LOQ的1、2和10倍，每个浓度水平设定6个平行。精密度用相对标准偏差（RSD）表示。由表27-3可知，母乳中氯酸盐和高氯酸盐的平均加标回收率为89.7%～108.1%，精密度为4.0%～11.8%。方法确证的各项指标均满足生物样品中痕量污染物检测的要求。

表 27-3　母乳中氯酸盐和高氯酸盐的回收率和精密度（n=6）

样品描述	添加水平/（μg/kg）	氯酸盐		高氯酸盐	
		平均回收率/%	RSD/%	平均回收率/%	RSD/%
母乳样品1	5	94.0	8.1	105.3	4.9
	10	97.7	6.9	100.8	5.6
	50	102.3	4.0	94.6	4.9
母乳样品2	5	91.6	4.2	94.5	7.6
	10	107.4	6.7	108.1	5.9
	50	99.8	10.3	89.7	11.8

27.2.4 母乳中含量

Kirk等[9]对美国147份母乳样品进行检测，检出高氯酸盐的浓度为0.5～39.5μg/L，平均值和中位数分别为5.8μg/L和4.0μg/L。Pearce等[16]对波士顿地区的49份母乳样品进行检测，高氯酸盐含量为1.3～411μg/L，平均值为33μg/L。Dasgupta等[17]2008年分析了美国457份母乳样品中的高氯酸盐污染情况，结果显示平均值为9.3μg/L，浓度范围为0.01～48μg/L。Leung等[18]研究发现在46份初乳样品中有43份可检测到高氯酸盐，中位数为2.5μmol/L，检出浓度范围为0.05～188.9μmol/L。加拿大母婴污染物研究计划中439份母乳样品的分析结果显示，高氯酸盐平均值为（7.62±32.70）μg/kg，浓度范围为<LOQ～676μg/kg，几何均数和中位数分别为4.03μg/kg和4.56μg/kg[15]。

Li等[19]在广州市妇女儿童医疗中心采集了62份母乳，测量了这些样本中高氯酸盐和氯酸盐的含量。两种目标物的检出率均为100%，浓度范围分别为0.18～7.23μg/L和0.26～8.09μg/L，中位数浓度分别为0.65μg/L和1.73μg/L。作者所在的研究团队对第四次营养监测计划中12个省市自治区24个母乳混样进行了检测，根据检出结果计算得出实际样品中污染物水平，结果见表27-4。所有的母乳样品均检出高氯酸盐，浓度范围为2.12～136.14μg/L，表明高氯酸盐在中国母乳中的污染情况十分普遍。不同地区样品浓度水平差异较大，陕西城市和辽宁农村样品浓度较高，分别为136.14μg/L和92.96μg/L。此外，在部分省份，如陕西、辽宁、江西和河北，城市样和农村样中污染水平差异明显[20]。

表27-4　各省母乳样品中高氯酸盐污染水平　单位：μg/L

地区	污染水平	
	城市	农村
四川	10.26	8.86
广西	5.36	2.18
黑龙江	3.60	6.02
上海	4.44	5.54
陕西	136.14	26.68
辽宁	2.12	92.96
河南	4.58	5.98
福建	13.48	13.62
宁夏	2.12	6.16
湖北	32.94	32.96
江西	5.30	27.68
河北	7.70	16.90

对于纯母乳喂养的婴儿，母乳是其出生后1～6个月的唯一食物来源，这些婴儿的高氯酸盐每日摄入量可以通过母乳摄入量（消费量）来计算。具体的计算公式如下：

$$1\sim6\text{个月婴儿的平均每日摄入量（EDI）}=\frac{\text{消费量}\times\text{膳食中的污染量}}{\text{婴儿体重}}$$

参考美国EPA的《暴露因素手册》，1～6个月婴儿的平均每日摄入母乳量为742mL，6个月大的婴儿的平均体重是7.8kg。将检出的结果以及以上数据代入公式计算后对婴儿高氯酸盐的摄入量进行估算，结果如表27-5所示。将计算结果与EFSA推荐的耐受摄入量相比，除辽宁和宁夏城市及广西农村地区以外，其他区域都高于此参考剂量，造成这一结果可能与当地的工业生产方式以及膳食习惯有关，具体原因有待进一步调查。

表 27-5 不同地区 1 ~ 6 个月婴儿高氯酸盐平均每日摄入量　　单位：μg/(kg·d)

地区	城市	农村
四川	0.98	0.84
广西	0.51	0.21
黑龙江	0.34	0.57
上海	0.42	0.53
陕西	12.95	2.54
辽宁	0.20	8.84
河南	0.44	0.57
福建	1.28	1.30
宁夏	0.20	0.59
湖北	3.13	3.14
江西	0.50	2.63
河北	0.73	1.61

27.3 结论

本章以母乳中高氯酸盐和氯酸盐为研究对象，在建立高效液相色谱串联质谱分析方法的基础上，优化了母乳中目标化合物的提取和净化条件，最终选用 0.1% 甲酸水和乙腈溶液进行提取，GCB 固相萃取小柱去除样品的亲脂性有机物等干扰成分，同位素内标法定量。方法的灵敏度、检出限、回收率、精密度等指标均满足生物样本中污染物残留检测的要求。调查结果显示，母乳中氯酸盐和高氯酸盐的检出率很高，通常在 80% 以上，检出水平可达数百微克 / 升。为保护婴幼儿身体健康，有必要开展母乳中氯酸盐和高氯酸盐的系统监测、来源解析、迁移转化等研究，为婴幼儿健康风险评估提供技术支持。

（张晶，邵兵）

参考文献

[1] Clewell R A, Merrill E A, Narayanan L, et al. Evidence for competitive inhibition of iodide uptake by perchlorate and translocation of perchlorate into the thyroid. International Journal of Toxicology, 2004, 23: 17-23.

[2] Lee E, Phua D H, Lim B L, et al. Severe chlorate poisoning successfully treated with methylene blue [J]. The Journal of emergency medicine, 2013, 44(2): 381-384.

[3] Greer M A, Goodman G, Pleus R C, et al. Health effects assessment for environmental perchlorate

contamination: the dose response for inhibition of thyroidal radioiodine uptake in humans. Environmental health perspectives, 2002, 110(9): 927-937.

[4] European Food Safety Authority (EFSA). Risks for public health related to presence of chlorate in food EFSA panel on Contaminants in the Food. EFSA J, 2015, 13 (6): 4135.

[5] European Food Safety Authority. Scientific opinion on the risks to public health related to the presence of perchlorate in food, in particular fruits and vegetables. EFSA J, 2014, 12 (10): 3869.

[6] Commission Regulation (EU) 2020/685 of 20 May 2020 amending Regulation (EC) No 1881/2006 as regards maximum levels of perchlorate in certain foods (Text with EEA relevance) [EB/OL]. OJ L 160, 25.5.2020, p. 3-5. available at http://data.europa.eu/eli/reg/2020/685/oj.

[7] Commission Regulation (EU) 2020/749 of 4 June 2020 amending Annex Ⅲ to Regulation (EC) No 396/2005 of the European Parliament and of the Council as regards maximum residue levels for chlorate in or on certain products (Text with EEA relevance) [EB/OL]. OJ L 178, 8.6.2020, p. 7-20. available at http://data.europa.eu/eli/reg/2020/749/oj.

[8] Kirk A B, Martinelango P K, Tian K, et al. Perchlorate and iodide in dairy and breast milk. Environmental science & technology, 2005, 39(7): 2011-2017.

[9] Kirk A B, Dyke J V, Martin C F, et al. Temporal patterns in perchlorate, thiocyanate, and iodide excretion in human milk. Environmental health perspectives, 2007, 115(2): 182-186.

[10] 杨佳佳，杨奕，张晶，等 . 离子色谱-串联质谱同时测定蔬菜中的溴酸盐和高氯酸盐 . 卫生研究，2012, 41(2): 273-278.

[11] Kim D H, Yoon Y , Baek K, et al. Occurrence of perchlorate in rice from different areas in the Republic of Korea. Environmental Science and Pollution Research, 2014, 21: 1251-1257.

[12] Li S H, Ren J, Zhang Y P, et al. A highly-efficient and cost-effective pretreatment method for selective extraction and detection of perchlorate in tea and dairy products. Food Chem, 2020, 328: 127113.

[13] Lee J W, Oh S H, Oh J E. Monitoring of perchlorate in diverse foods and its estimated dietary exposure for Korea populations. J Hazard Mater, 2012 (243): 52-58.

[14] 贺魏巍，杨杰，王雨昕，等 . 超高效液相色谱-串联质谱法测定食品中高氯酸盐 . 中国食品卫生杂志，2017, 29(4): 438-444.

[15] Wang, Z W, Sparling M, Wang K C, et al. Perchlorate in human milk samples from the maternal-infant research on environmental chemicals study (MIREC). Food additives & contaminants. Part A, 2019, 36: 1837.

[16] Pearce E N, Leung A M, Blount B C, et al. Breast milk iodine and perchlorate concentrations in lactating Boston-area women. The Journal of clinical endocrinology and metabolism, 2007, 92(5): 1673-1677.

[17] Dasgupta P K, Kirk A B, Dyke J V, et al. Intake of Iodine and Perchlorate and Excretion in Human Milk. Environmental science & technology, 2008, 42(21): 8115-8121.

[18] Leung A M, Pearce E N, Hamilton T, et al. Colostrum iodine and perchlorate concentrations in Boston-area women: a cross-sectional study. Clinical endocrinology, 2009, 700: 300-326.

[19] Li, M, Xiao M H, Xiao Q R, et al. Perchlorate and chlorate in breast milk, infant formulas, baby supplementary food and the implications for infant exposure. Environ Int, 2022, 158: 106939.

[20] 李瑞丰 . 乳品中高氯酸盐检测方法研究及污染水平分析 . 重庆：西南大学，2010.

第 28 章

母乳中真菌毒素含量测定

真菌毒素是由真菌在适宜环境条件下产生的毒性次生代谢产物，也称为霉菌毒素，它广泛存在于自然环境中并污染食品、农作物以及饲料等植物源性产品。根据粮食与农业组织（FAO）统计，世界上每年有近 25% 的农作物受到真菌毒素的污染，且存在多种真菌毒素共污染的情况[1]。随着研究的不断深入，已发现的真菌毒素有 400 多种，常见的和研究较多的主要包括黄曲霉毒素（aflatoxins，AF）、脱氧雪腐镰刀菌烯醇（deoxynivalenol，DON）、脱环氧-脱氧雪腐镰刀菌烯醇（DOM-1）、玉米赤霉烯酮（zearalenone,ZEN）、α-玉米赤霉烯醇（α-ZOL）、β-玉米赤霉烯醇（β-ZOL）、赭曲霉毒素（ochratoxins，OTs）以及伏马毒素（fumonisins，FBs）等。真菌毒素污染范围广，不仅具有致癌、致畸和致突变等作用，还具有肝细胞毒性、中毒性肾损害、生殖紊乱以及免疫抑制等作用，严重威胁人类健康[2]。

母乳是婴儿的最佳食物，是评估哺乳期婴儿摄入有害物质含量的有效介质。如果母乳受到真菌毒素的污染，就会危害母乳喂养儿的健康。目前，用于母乳中真菌毒素的检测方法以荧光检测-液相色谱法（LC-FLD）、酶联免疫法（ELISA）以及液质联用法（LC-MS/MS）为主[3]。其中LC-FLD可能需要冗长的样品制备，有些还需要衍生化步骤。ELISA方法则存在较大的与目标化合物的代谢物或基质成分潜在交叉反应的可能性。近10年来，LC-MS/MS法被广泛应用于真菌毒素多组分的检测。当预期形成Ⅱ期代谢物（即葡萄糖醛酸盐和硫酸盐）时，建议在样品净化前用β-葡萄糖醛酸酶/芳基硫酸酯酶进行酶水解，以覆盖真菌毒素的共轭和母体形式[3]。迄今仅有少数文献报道了母乳中可同时检测一种以上真菌毒素的方法[4,5]。本章旨在开发建立基于免疫亲和柱净化的LC-MS/MS法测定母乳样本中10种真菌毒素，以应用于调查分析中国母乳中真菌毒素的污染状况。

28.1 真菌毒素测定的材料与方法

28.1.1 仪器

Xevo TQS超高效液相色谱-串联三重四极杆质谱仪（美国Waters公司）；氮吹仪（美国Organomation公司）；涡旋混合器（美国Scientific Industries公司）；高速离心机（德国Sigma公司）。

28.1.2 试剂

六合一复合免疫亲和柱（MYCO6in1，2mL，美国VICAM公司）；β-葡萄糖醛酸（β-glucuronidase, 来自Escherichia coli，美国Sigma公司）；甲醇、乙腈、甲酸均为色谱纯；实验用水为超纯水，由Milli-Q超纯水器（美国Millipore公司）制得；其他试剂均为分析纯。

标准品AFB_1（2μg/mL）、AFM_1（0.5μg/mL）、DON（100μg/mL）、DOM-1（50μg/mL）、ZEN（100μg/mL）、α-ZOL（10μg/mL）、β-ZOL（10μg/mL）、OTA（10μg/mL）、FB_1（50μg/mL）、FB_2（50μg/mL），纯度≥98%，均来自Biopure（Romer, Austria）公司。内标^{13}C-黄曲霉毒素B_1（$^{13}C_{17}$-AFB_1，0.5μg/mL）、^{13}C-黄曲霉毒素M_1（$^{13}C_{17}$-AFM_1，0.5μg/mL）、^{13}C-脱氧雪腐镰刀菌烯醇（$^{13}C_{15}$-DON，25μg/mL）、^{13}C-玉米赤霉烯酮（$^{13}C_{18}$-ZEN，25μg/mL）、^{13}C-赭曲霉毒素A（$^{13}C_{20}$-OTA，10μg/mL）、^{13}C-伏马毒素B_1（$^{13}C_{34}$-FB_1，5μg/mL）、^{13}C-伏马毒素B_2（$^{13}C_{34}$-FB_2，5μg/mL），纯

度≥ 98%，亦购自 Biopure（Romer, Austria）公司。

28.1.3 实验方法

28.1.3.1 样品前处理

测定时，将样品解冻混匀，取 10mL 置于 50mL 聚乙烯离心管中，加入同位素内标 100μL。加入 15mL PBS 溶液（含 β-葡萄糖醛酸 1000units/mL，pH 6.8），涡旋混匀。37℃下恒温振摇，酶解 16h，冷却至室温后，以 9000r/min 离心 10min，取上清液。加入 15mL PBS 缓冲液，待净化。

将免疫亲和柱体内的溶液放干，将上述待净化液以每秒约 1 滴的速度过柱，待全部通过后，首先用 12mL 的水以每秒约 1 ～ 2 滴的速度进行淋洗，弃去流出液。然后用 3mL 甲醇以每秒约 1 滴的速度洗脱柱子，收集洗脱液，暂停 5min 后，再用 2mL 甲醇以每秒约 1 滴的速度洗脱，收集洗脱液，再用 2mL 水以每秒约 1 ～ 2 滴的速度洗脱，收集洗脱液，于 40℃下氮气吹至近干，用 20% 的甲醇定容至 1mL 后，以 20000r/min 离心 5min，取上清液，待进样分析。

28.1.3.2 标准储备液制备

准确称取 10 种真菌毒素标准品各 100μL，用超纯水稀释至 1mL，配成混合标准储备液，混合标准储备液中各毒素浓度分别为 AFB_1 200ng/mL、AFM_1 50ng/mL、DON 10000ng/mL、DOM-1 5000ng/mL、ZEN 10000ng/mL、α-ZOL 1000ng/mL、β-ZOL 1000ng/mL、OTA 1000ng/mL、FB_1 5000ng/mL、FB_2 5000ng/mL，置于−20 ℃保存，待用；按照相同的方法，准确称取 7 种真菌毒素内标标准品各 100μL，用超纯水稀释至 1mL，配成混合内标储备液，浓度分别为 $^{13}C_{17}$-AFB_1 50ng/mL、$^{13}C_{17}$-AFM_1 50ng/mL、$^{13}C_{15}$-DON 2500ng/mL、$^{13}C_{18}$-ZEN 2500ng/mL、$^{13}C_{20}$-OTA 1000ng/mL、$^{13}C_{34}$-FB_1 500ng/mL、$^{13}C_{34}$-FB_2 500ng/mL，置于−20℃保存，待用。

28.1.3.3 色谱条件

Waters CORTECS UPLC® C_{18}Column（2.1mm×100mm，1.6μm）色谱柱，柱温 40℃，样品温度 10℃，进样体积 10μL。10 种真菌毒素色谱条件分两组。①流动相 A 为甲醇；流动相 B 为水。流速 0.35mL/min。流动相梯度洗脱条件：0 ～ 3min，10% ～ 40% A；3 ～ 4min，40% ～ 60% A；4 ～ 7min，60% ～ 75% A；7 ～ 7.1min，75% ～ 90% A；7.1 ～ 9min，90% A，9 ～ 9.1min，90% ～ 10% A，9.1 ～ 11min，10%A。②流动相 A 为甲醇；流动相 B 为 0.1% 的甲酸水溶液。流速 0.35mL/min。

流动相梯度洗脱条件：0 ～ 2min，30% ～ 60% A；2 ～ 4min，60% ～ 90% A；4 ～ 6min，90%A；6 ～ 6.1min，90% ～ 30% B；6.1 ～ 7.5min，30%A。

28.1.3.4 质谱条件

AFB_1、AFM_1、DON、DOM-1、OTA、FB_1 和 FB_2 采用正离子采集模式，ZEN、α-ZOL 和 β-ZOL 采用负离子采集模式；毛细管电压 3.5kV；锥孔电压 45V；离子源温度 120℃；锥孔反吹气流量 50L/h；脱溶剂气温度 350℃；脱溶剂气流量 600L/h；碰撞池压力 3.0×10^{-3}mbar。通过流动注射优化母离子、子离子、锥孔电压及碰撞电压等。10 种真菌毒素的质谱信息见表 28-1。

表 28-1 10 种真菌毒素的质谱信息

真菌毒素	母离子	子离子	
AFB_1	313.000	285.000①	241.000
AFM_1	328.968	273.033①	229.001
DON	297.050	249.173①	231.152
DOM-1	281.224	109.077①	233.166
ZEN	317.230	175.100①	130.943
α-ZOL	319.132	159.838①	187.900
β-ZOL	319.132	159.838①	187.900
OTA	404.000	239.000①	358.000
FB_1	722.440	334.286①	352.300
FB_2	706.468	336.310①	318.296

① 定量离子。

28.2 真菌毒素测定的结果与讨论

28.2.1 色谱条件的优化

采用 CORTECS UPLC® C_{18} Column（2.1mm×100mm，1.6μm）色谱分析柱，比较了不同流动相对于色谱分离和质谱响应的影响。结果表明，与乙腈相比，甲醇能够增强质谱电离，获得更强的质谱信号，因此选用甲醇-水体系作为分离体系。在该体系下，AFB_1、AFM_1、DON、DOM-1、ZEN、α-ZOL 和 β-ZOL 7 种毒素均能获得灵敏的质谱响应、良好的峰形，并达到基线分离。但以甲醇-水作为流动相，OTA、FB_1 和 FB_2 的峰形严重拖尾，可能是由于这两类化合物都含有羧基，

与 C_{18} 柱的硅氧基产生氢键作用，造成了峰的拖尾。而在流动相中添加 0.1% 甲酸后，这 3 个化合物的峰形得到了很大改善，同时响应显著增强，加酸既能够降低目标化合物与柱填料的氢键作用，改善色谱峰形，又能辅助这 3 个化合物的电离。然而，在流动相中添加 0.1% 甲酸后，DON、DOM-1、ZEN、α-ZOL 和 β-ZOL 峰的质谱响应受到显著抑制。因此，本实验最终采用两个 LC-MS/MS 条件完成 10 种真菌毒素的测定。以 A 为甲醇、B 为含 0.1% 甲酸的水溶液作为流动相体系，作为 OTA、FB_1 和 FB_2 的色谱分离条件；以 A 为甲醇、B 为水溶液作为流动相体系，作为其他 7 种真菌毒素的色谱分离条件（图 28-1）。

28.2.2 方法学验证

28.2.2.1 线性范围、检出限和定量限

以真菌毒素的色谱峰面积和内标的色谱峰面积的比值为纵坐标，以相应的标准溶液中毒素的浓度和其对应内标的浓度的比值为横坐标，得到线性回归方程、线性范围和相关系数（*R*），相关系数均大于 0.99，表明各真菌毒素在其线性范围内呈良好的线性关系（表 28-2）。添加较低浓度的真菌毒素标准品到空白母乳样品

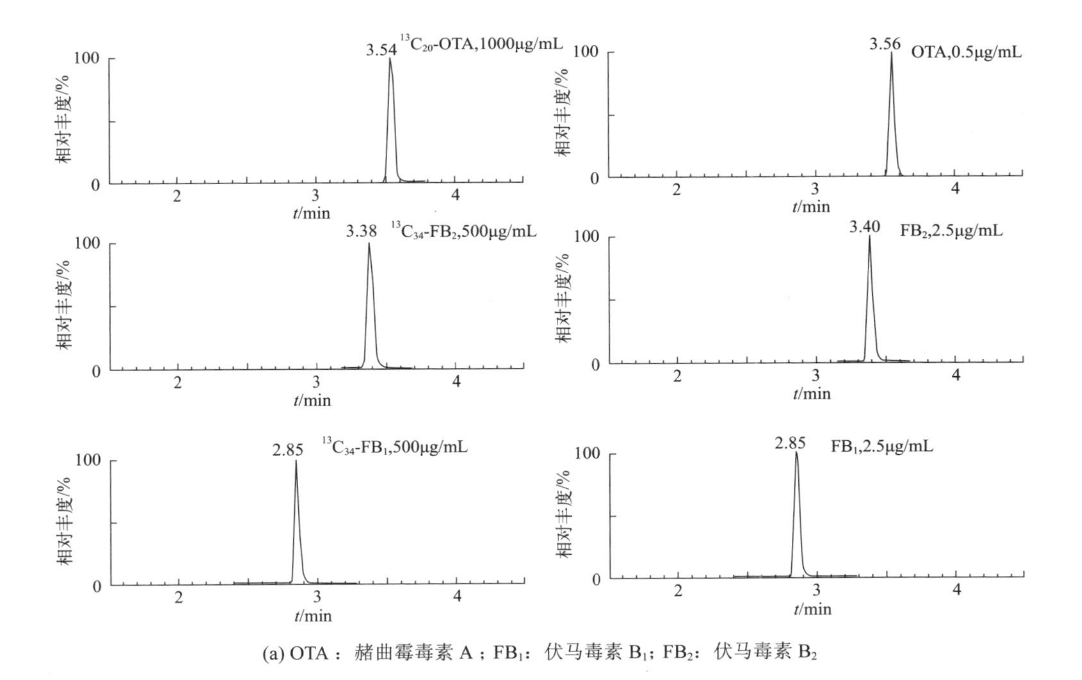

(a) OTA：赭曲霉毒素 A；FB_1：伏马毒素 B_1；FB_2：伏马毒素 B_2

图 28-1

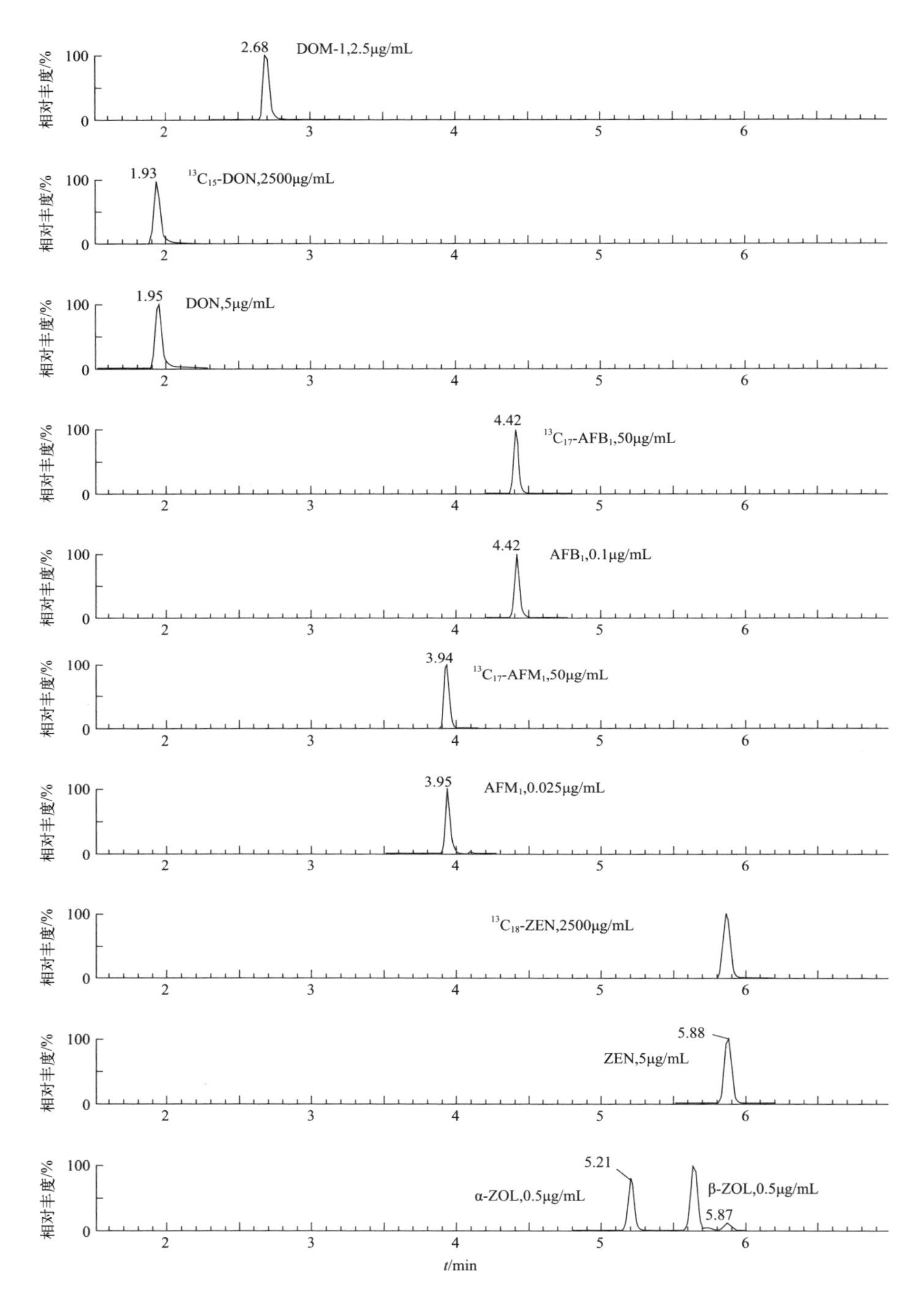

(b) DOM-1：脱环氧-脱氧雪腐镰刀菌烯醇；DON：脱氧雪腐镰刀菌烯醇；AFB_1：黄曲霉毒素 B_1；AFM_1：黄曲霉毒素 M_1；ZEN：玉米赤霉烯酮；ZOL：玉米赤霉烯醇

图 28-1　母乳样品中 10 种真菌毒素及其同位素内标提取离子色谱图

中，按照已建立的方法进行测定，分别以 3 倍和 10 倍信噪比对应的加标水平作为方法的检出限（LOD）和定量限（LOQ），具体结果见表 28-2。

表 28-2　10 种真菌毒素的线性方程、检出限和定量限

真菌毒素	线性方程	相关系数（R）	线性范围 /（ng/L）	LOD/（ng/L）	LOQ/（ng/L）
AFB_1	y=0.00172369+0.936069x	0.9994	0.2 ～ 1000	0.07	0.26
AFM_1	y=0.000375709+0.974988x	0.9990	0.05 ～ 250	0.61	1.6
DON	y=0.00122803+0.960489x	0.9993	10 ～ 50000	8.13	25.5
DOM-1	y=−0.000170414+1.26385x	0.9950	10 ～ 50000	3.92	12.2
ZEN	y=0.000428372+0.780322x	0.9994	10 ～ 50000	1.36	4.12
α-ZOL	y=3.07665e−005+0.358676x	0.9996	1 ～ 5000	0.50	2.13
β-ZOL	y=−1.49656e005+0.271461x	0.9997	1 ～ 5000	0.54	1.71
OTA	y=0.00188966+0.868385x	0.9993	0.02 ～ 5000	0.02	0.05
FB_1	y=0.0169877+1.30321x	0.9992	1 ～ 50000	0.40	1.15
FB_2	y=0.0294967+1.08498x	0.9989	1 ～ 50000	0.46	1.33

28.2.2.2　准确度和精密度

挑选空白的母乳样品，分别添加低、中、高水平的真菌毒素标准品到空白母乳样品中，按照已建立的方法进行测定。每个浓度水平重复 6 次，回收率及 RSD 结果见表 28-3。在 3 个加标水平下，真菌毒素在母乳样品中的回收率为 77.5% ～ 108.4%，RSD 为 1.2% ～ 9.1%。结果表明该方法的准确度和精密度良好。

表 28-3　10 种真菌毒素类化合物的回收率和相对标准偏差（n=6）

真菌毒素	加标水平 /（ng/L）	测量值 /（ng/L）	回收率 /%	RSD/%
AFB_1	2	1.8	88.9	1.4
	20	17.9	89.4	1.9
	200	204.2	102.1	7.6
AFM_1	0.5	0.54	108.4	2.7
	5	4.8	96.6	5.4
	50	52.6	105.1	5.2
DON	100	93.3	93.3	2.4
	1000	943.0	94.3	1.2
	10000	10170.0	101.7	2.0
DOM-1	50	39.9	79.9	5.1
	500	440.5	88.1	2.9
	5000	4065.0	81.3	7.5

续表

真菌毒素	加标水平 /（ng/L）	测量值 /（ng/L）	回收率 /%	RSD/%
ZEN	100	105.8	105.8	3.5
	1000	982	98.2	4.1
	10000	10460.0	104.6	7.2
α-ZOL	10	8.1	81.2	1.9
	100	82.5	82.5	3.4
	1000	917	91.7	2.1
β-ZOL	10	9.3	93.1	1.6
	100	80.2	80.2	3.8
	1000	775.0	77.5	6.7
OTA	10	9.3	92.2	9.1
	100	97.1	97.1	3.7
	1000	925	92.5	5.1
FB_1	50	41.4	82.7	1.9
	500	420.5	84.1	2.7
	5000	4815.0	96.3	2.3
FB_2	50	44.7	89.4	8.6
	500	483.5	96.7	2.3
	5000	4510.0	90.2	5.9

28.2.2.3 基质效应

10 种真菌毒素在母乳基质中的斜率比值在 0.83 ～ 0.95 之间；根据 Frenich 等[6]的研究结果认为，基质效应在 0.8 ～ 1.2 之间为存在弱的基质效应，是可以接受的，而超出此范围之外则认为存在强的基质效应。为了对母乳样品中的真菌毒素进行准确定量、确保定量分析结果的可靠性，本实验以 7 种同位素内标进行校准定量。

28.2.3 母乳中含量

2011 年对全国 15 个省份的母乳样品进行采集，由各省分别在城市和农村的医院里招募产妇志愿者，其平均年龄为 27 岁，范围为 23 ～ 30 岁。采集产妇分娩后 1 ～ 2d 的母乳样品，每个样品约 50mL。每个省包括一个城市采样点和两个农村采样点，城市采样点约采集样品 50 份，农村采样点约采集样品 60 份。因此每个省共有约 110 份的样品，每个省的母乳混样都是由约 110 份样品混合制成的，因此样本量能够代表各省母乳的平均污染水平。每个省采集样品数和产妇年龄见表 28-4。

表 28-4　2011 年中国 15 个省份母乳样品数和产妇年龄

省份	城市		农村	
	样品数	年龄 / 岁	样品数	年龄 / 岁
黑龙江	50	30	60	24
广西	50	28	62	25
广东	50	26	61	27
福建	50	27	60	26
江西	50	24	60	23
青海	50	28	60	30
湖北	62	27	62	26
吉林	50	26	61	24
内蒙古	51	28	60	29
四川	50	25	60	24
宁夏	51	26	60	23
河北	50	26	60	24
湖南	51	27	60	24
陕西	50	26	60	25
辽宁	50	26	60	24

ZEN、α-ZOL、β-ZOL 和 OTA 这 4 种真菌毒素在所有省份的母乳样品中均未检出。AFB_1 在湖北、吉林、内蒙古三个省份母乳样品中的含量分别为 0.5ng/L、0.6ng/L 和 0.5ng/L；AFM_1 仅在广西的母乳样品中检测到，含量为 0.5ng/L；DON 作为我国人民膳食中主要的真菌毒素污染物，在青海、内蒙古、湖南和湖北的母乳样品中均有检出，含量分别为 367.5ng/L、252.5ng/L、357.5ng/L 和 40.0ng/L；DOM-1 仅在内蒙古母乳样品中有检出，含量为 32.5ng/L；FB_1 在黑龙江和广西母乳样品中的含量分别为 1135.5ng/L 和 84.0ng/L；FB_2 仅在黑龙江的母乳样品中有检出，含量为 67.5ng/L。

根据欧盟食品科学委员会（Scientific Committee on Food, SCF）[7] 和食品添加剂联合专家委员会（The Joint FAO/WHO Expert Committee on Food Additives, JECFA）[8] 的研究结果，即使黄曲霉毒素的暴露量（以体重计）小于 1ng/（kg・d），仍然有引发肝癌的风险。采用 MOE（margin of exposure）方法对婴儿 AFB_1 的膳食暴露情况进行分析 [9]，其中 BMDL 值采用 170ng/（kg・d）（EFSA，2007）[10,11]，MOE 值低于 10000 则表示可能出现公共健康问题。本次全国平均 MOE 值为 3269.23，这一结果表明，我国婴儿通过母乳摄入 AFB_1 存在潜在的健康风险。本次全国婴儿对 DON 的平均值为 13.100ng/（kg・d），没有超出 JECFA 设定的 DON、3-A-DON、

15-A-DON 总量 PMTDI［1μg/（kg • d）］[12]，表明我国婴儿由摄入 DON 引发的健康风险较低。我国婴儿的伏马毒素膳食暴露量水平为 37.212ng/（kg • d），约为 JECFA 制定 PMTDI［2μg/（kg • d）］的 1.9%，表明我国婴儿由摄入伏马毒素引发的健康风险较低。

28.2.4 与国内外文献的比较

人体主要从食物中摄入真菌毒素，母乳中真菌毒素的含量与孕产妇的日常膳食习惯密切相关。国外对母乳中真菌毒素的研究主要集中在 OTA 和 AFM_1 这两种真菌毒素上，这是由于在所有的真菌毒素里这两种毒素的危害性最大[2]。研究表明，经常摄入熏肉、面包等烘焙类食物的人体内的 OTA 含量较高，检测意大利的母乳样品发现，74% 的母乳样品中都能检测到含量较高的 OTA[13, 14]。而本次对我国 15 个省份母乳样品的检测，OTA 均未检出。

黄曲霉毒素中，以 AFB_1 的毒性和污染程度最高，AFM_1 是 AFB_1 的羟化代谢产物，在人体内由细胞色素 P4501A2 催化形成，在哺乳动物和人体内，AFM_1 是 AFB_1 在乳中的主要代谢形式[15]。研究表明，母乳中 AFM_1 呈现明显的地域差异，气候湿热的地区污染较重，而气候温和的地区则污染较轻[2]。例如，非洲津巴布韦的母乳样品中检出 AFM_1 浓度达到 50ng/kg[16]；尼日利亚发现了 AFM_1 高达 4μg/L 的母乳样品[17]。亚洲地区的阿拉伯联合酋长国和泰国母乳中的 AFM_1 污染率和污染浓度都非常高，泰国测定了 11 份样品，AFM_1 阳性率 45.5%，浓度为 0.039 ～ 1.736μg/kg[18, 19]。欧洲、澳大利亚等地区的 AFM_1 污染较轻[14]。我国大部分地处北温带，受气候条件的影响，我国食品中黄曲霉毒素的污染较少，本次对母乳样品的检测中，AFB_1 仅在湖北、吉林、内蒙古三个省份的样品中有检出，且含量很低，分别为 0.5ng/L、0.6ng/L 和 0.5ng/L；AFM_1 仅在广西的母乳样品中检测到，含量为 0.5ng/L。

国外对母乳中其他毒素的报道较少，第一个对母乳中的 FB_1 进行研究的是非洲坦桑尼亚[20]。2014 年坦桑尼亚对母乳中 FB_1 的测定发现，阳性率为 44%，含量 6.57 ～ 417.7ng/mL。本次研究中，黑龙江省母乳样品中检出了 FB_1，含量 1135.5ng/L，远低于坦桑尼亚毒素的水平。国外的 2 项对母乳中真菌毒素多组分进行同时测定的研究中，巴西同时测定了母乳中的 AFB_1、AFB_2、AFG_1、AFG_2、AFM_1 和 OTA[4]；西班牙同时测定了母乳中的 27 种真菌毒素[5]，其中有 17 种未检出，ZEN、α-ZOL、β-ZOL、HT-2、NEO 和 NIV 均有检出。与本研究结果相比，西班牙检出了 ZEN、α-ZOL 和 β-ZOL，我国母乳中未检出这些真菌毒素；西班牙未检出 DON 和 DOM-1，我国母乳样品中检出了 DON 和 DOM-1。总的看来，与国外相比，我国母乳样品中真菌毒素的检出含量很低，母乳中真菌毒素类化合物的含量也从另一个角度反映了我国各个省份通过膳食对真菌毒素的摄入情况。

近年来，国际上对母乳中真菌毒素污染研究报道有所增加。随着检测技术的发展和质谱技术的提升，相继报道了母乳中交链孢霉素、恩镰孢菌素等新兴真菌毒素的污染情况。2018 年，Dominik 等[21]报道了 75 份尼日利亚母乳样品中白僵菌素（beauvericin, BEA）、恩镰孢菌素 B（enniatin B, ENNB）检出率分别为 56%、9%，其中 BEA 检出率最高，检出最高浓度为 0.019ng/mL。而在此前从未有生物体液中检出 BEA 的报道。2020 年，Dominik 等[22]报道了 87 份奥地利新生儿所食用母乳中 BEA、恩镰孢菌素 A（enniatin A, ENNA）、恩镰孢菌素 A_1（enniatin A_1, $ENNA_1$）、ENNB、恩镰孢菌素 B_1（enniatin B_1, $ENNB_1$）有检出，但检出浓度都较低，均小于 10ng/L。而交链孢霉酚单甲醚（alternariol monomethyl ether, AME）检出浓度差异较大，在不同采样日间含量有 3 ～ 5 倍的差异。

28.3 结论

综上所述，本研究首次对我国母乳中真菌毒素类化合物的污染状况进行了监测，就目前而言，虽然我国母乳中真菌毒素类化合物的人体负荷仍处较低水平，但几种真菌毒素在部分省份的母乳样品中有检出，因此，有必要向公众普及正确的食品储存、真菌毒素的危害性和暴露途径方面的相关知识，加强孕产妇的膳食管理；同时，应加强真菌毒素人体负荷方面的深入研究和持续监测，需继续关注母乳中极低剂量或低剂量真菌毒素多组分共存现象对婴幼儿健康的影响。

（许娇娇，邱楠楠，邓春丽，周爽，赵云峰，张烁，吴永宁）

参考文献

[1] Eskola M, Kos G, Elliott C T, et al. Worldwide contamination of food-crops with mycotoxins: Validity of the widely cited ‘FAO estimate’ of 25%. Crit Rev Food Sci Nutr, 2022, 60(16): 2773-2789.

[2] Cherkani-Hassani A, Mojemmi B, Mouane N. Occurrence and levels of mycotoxins and their metabolites in human breast milk associated to dietary habits and other factors: A systematic literature review, 1984-2015. Trends in Food Science & Technology, 2016, 50(C): 56-69.

[3] Warth B, Braun D, Ezekiel C N, et al. Biomonitoring of mycotoxins in human breast milk: current state and future perspectives. Chemical Research in Toxicology, 2016, 29(7): 1087-1097.

[4] Andrade P D, da Silva J L G, Caldas E D. Simultaneous analysis of aflatoxins B1, B2, G1, G2, M1 and ochratoxin A in breast milk by high-performance liquid chromatography/fluorescence after liquid-liquid extraction with low temperature purification (LLE-LTP). Journal of Chromatography A, 2013, 1304: 61-68.

[5] Rubert J, León N, Sáez C, et al. Evaluation of mycotoxins and their metabolites in human breast milk using

liquid chromatography coupled to high resolution mass spectrometry. Analytica Chimica Acta, 2014, 820: 39-46.

[6] Frenich A G, Romero-González R, Gómez-Pérez M L, et al. Multi-mycotoxin analysis in eggs using a QuEChERS-based extraction procedure and ultra-high-pressure liquid chromatography coupled to triple quadrupole mass spectrometry. Journal of Chromatography A, 2011, 1218(28): 4349-4356.

[7] The Scientific Committee for Food. European Commission DG XXIV Unit B3. Thirty-fifth report. Opinion on aflatoxins B1, B2, G1, G2, M1, and patulin. Expressed on 23 September, 1994.

[8] Joint FAO/WHO Expert Committee on Food Additives. Safety evaluation of certain mycotoxins in food prepared by the Fifty-Sixth Meeting of the Joint FAO/WHO Expert Committee on Food Additives. WHO Food Additives Series. WHO food additives series, 2001, 47.

[9] Benford D, Leblanc J C, Setzer R W. Application of the margin of exposure (MoE) approach to substances in food that are genotoxic and carcinogenic. Food and Chemical Toxicology, 2010, 48(S1): s34-s41.

[10] Lebensmittelsicherheitsbehörde E. Opinion of the Scientific Committee on a request from EFSA related to a harmonised approach for risk assessment of substances which are both genotoxic and carcinogenic. EFSA J, 2005.

[11] Larsen J C. Opinion of the Scientific Panel on Contaminants in the Food Chain on a Request From the Commission Related to the Potential Increase of Consumer Health Risk by a Possible Increase of the Existing Maximum Levels for Aflatoxins in Almonds, Hazelnuts and Pistachios and Derived Products. EFSA J, 2007.

[12] 吴永宁，李筱薇 . 第四次中国总膳食研究 . 北京：化学工业出版社，2015.

[13] European Commission. (EC) No 1881/2006 of 19 December 2006 setting maximum levels for certain contaminants in foodstuffs. Official journal of the European Union, L 364: 5.

[14] Galvano F, Pietri A, Bertuzzi T, et al. Maternal dietary habits and mycotoxin occurrence in human mature milk. Molecular Nutrition & Food Research, 2008, 52(4): 496-501.

[15] 高秀芬，荫士安，计融 . 部分国家母乳中黄曲霉毒素 M 的污染状况 . 中国食品卫生杂志，2010, 22(01): 87-91.

[16] Wild C P, Pionneau F A, Montesano R, et al. Aflatoxin detected in human breast milk by immunoassay. International Journal of Cancer, 1987, 40(3): 328-333.

[17] Atanda O, Oguntubo A, Adejumo O, et al. Aflatoxin M1 contamination of milk and ice cream in Abeokuta and Odeda local governments of Ogun State, Nigeria. Chemosphere, 2007, 68(8): 1455-1458.

[18] el-Nezami H S, Nicoletti G, Neal G E, et al. Aflatoxin M1 in human breast milk samples from Victoria, Australia and Thailand. Food and Chemical Toxicology, 1995, 33(3): 173-179.

[19] Saad A M, Abdelgadir A M, Moss M O, et al. Exposure of infants to aflatoxin M1 from mothers' breast milk in Abu Dhabi, UAE. Food additives and contaminants: Part A, 1995, v. 12.

[20] Magoha H, Kimanya M, De Meulenaer B, et al. Association between aflatoxin M1 exposure through breast milk and growth impairment in infants from Northern Tanzania. World Mycotoxin Journal, 2014, 7(3): 277-284.

[21] Braun D, Ezekiel C N, Abia W A, et al. Monitoring Early Life Mycotoxin Exposures via LC-MS/MS Breast Milk Analysis. Analytical Chemistry, 2018, 90(24): 14569-14577.

[22] Braun D, Schernhammer E, Marko D, et al. Longitudinal assessment of mycotoxin co-exposures in exclusively breastfed infants. Environ Int, 2020, 142: 105845.

第 29 章

母乳中液晶化合物含量测定

液晶显示器（liquid crystal display, LCD）广泛应用于智能手机、电视、电脑、医疗器械、仪器仪表的显示面板。我国是液晶屏的生产大国，产量占全球的 60%，也是薄膜场效应晶体管（thin film transistor, TFT）混合液晶的使用大国[1]。在 LCD 中通常存在 10 ~ 25 个液晶单体（LCMs）[2, 3]。初步估计，从废弃 LCD 面板每年直接排放到各种环境的 LCMs 在全球范围内为 1.07 ~ 107kg，预计这一数值在未来将显著增加[4]。近年来，环境样本中已经检测到 LCMs，主要来自电子垃圾回收工业园区的灰尘[5, 6]，并且还在非暴露区的河流沉积物[7, 8]、渗滤液[9]和水生生物[6]中检出。职业暴露地区粉尘样本中的 LCMs 浓度甚至可以达到 mg/kg 水平[6]。鉴于液晶化合物具有持久性、生物蓄积性和远距离传输性[10]，其可以通过粉尘吸入、真皮吸收等途径进入人体并蓄积。因此，有必要监测母乳中该类化合物的残留水平及导致的健康风险。

目前，LCMs 的分析主要采用气相色谱串联质谱（gas chromatography-mass spectrometer, GC-MS）法[11]。在真空条件下，电子轰击电离源（electron ionization, EI）已经广泛应用于 GC-MS 系统中[12]。但是，这种电离源的灵敏度和方法的特异性较低，容易受到基质的干扰。近年来，大气压化学电离源（APCI）被引入气质联用方法中[13]。作为一种软电离技术，它使得目标物产生较少的碎片，从而能够提供丰富的分子离子信息，为达到低检测限提供可能。提取方法主要有加速溶剂萃取（ASE）[14]和超声提取。净化方法主要有凝胶渗透色谱法（GPC）[14]和固相萃取法（SPE）。

本研究以母乳为研究对象，开发了一种母乳样品中 39 种 LCMs 测定的高灵敏度方法，为科学评估母乳中 LCMs 的暴露水平及潜在健康风险提供技术手段。

29.1 液晶化合物测定的材料与方法

29.1.1 仪器

大气压气相色谱串联质谱仪（APGC-MS/MS）（A7890&Waters Xevo TQ-XS，美国 Waters 公司）、DB-5MS 毛细管色谱柱（30m×0.25mm，0.10μm，美国 Agilent 公司）、无填料熔融石英柱、氧化硅柱（Silica）（500mg/6mL，美国 Waters 公司）、中性氧化铝柱（Alumina-N）（500mg/6mL，美国 Waters 公司）、弗罗里硅土柱（Florisil）（500mg/6mL，美国 Waters 公司）。

29.1.2 试剂

标准品：39 个 LCM 的标准品购自东京化学工业有限公司（中国上海）、百灵威有限公司（中国上海）和阿尔塔（中国天津）；正己烷和二氯甲烷（HPLC 级）购自美国 Dikma 公司。

29.1.3 实验方法

29.1.3.1 标准储备液制备

分别准确称取 10.0mg 标准品，用正己烷溶解后转移至 10mL 容量瓶中，用正己烷定容至 10mL，配制成 1000mg/L 的标准储备液，于−20℃保存。临用时用异辛烷稀释上述标准溶液，配制成不同浓度的标准工作液，4℃保存。

29.1.3.2 样品前处理

将母乳样品置于洁净的玻璃培养皿中，在超低温冰箱（−80℃）中放置 24h，以保证样品彻底冻结，再将样品连同托盘置于真空冷冻干燥仪中（冻干机提前预热半小时），之后样品在−50℃、0.040mbar 条件下冻干（至少 24h）。将冻干的样品研磨成粉状，用锡纸包装后放入自封袋中，于超低温冰箱（−80℃）中保存。准确称取 0.2g 母乳冻干样品，加入同位素内标，静置 2h 后，用 20mL 二氯甲烷：正己烷（1：1，体积比）在 40℃超声提取 30min。提取物旋转蒸发至干，然后用 2mL 二氯甲烷复溶。复溶后的液体通过弗罗里硅土柱净化；6mL 二氯甲烷洗脱，收集洗脱液，将全部流出液旋转蒸发至干，400μL 异辛烷复溶后，供 APGC-MS/MS 测定。

29.1.3.3 气相色谱−串联质谱条件

气相色谱条件：色谱柱为 DB-5MS 毛细管色谱柱（30m×0.25mm，0.10μm）串接一段无填料的熔融石英柱（约 0.4m）；进样口温度为 280℃；载气为氦气；流量为 1.2mL/min；进样口气体控制方式为恒流模式；进样方式为脉冲不分流进样；进样体积为 1μL。程序升温，初始柱温为 80℃，保持 1min，再以 40℃ /min 升温至 160℃，然后以 10℃ /min 升温至 240℃，保持 5min；再以 5℃ /min 升温至 300℃，保持 6min。

质谱条件：APGC 电离源正离子模式；电晕针放电电流为 3.0μA。离子源温度 150℃，接口温度 380℃，氮气作辅助气、锥孔气和尾吹气，流量分别为 250L/h、250L/h 和 350mL/min；多反应监测模式（multi-selected reaction monitoring, MRM）采集数据。

29.1.3.4 方法回收率和精密度实验

在空白样品中加入混合标准品溶液，并且设 6 个平行，以考察方法的日内精密度，并计算回收率与相对标准偏差（relative standard deviation, RSD）。同时进行连续 5 日的加标回收实验，以评估该方法的日间精密度。

29.2 液晶化合物测定的结果与讨论

29.2.1 APGC-MS/MS 方法开发

由于 APGC 的电离室是大气压环境，在电离室中不仅会存在氮气分子，也会存在微量的水分，因此对离子源的电离方式进行优化，比较了两种电离模式下目标物的响应，即电子转移模式，以及引入改性剂（一般为质子溶液，如水、甲醇、

1% 甲酸水）的质子转移模式。结果如图 29-1 所示，液晶化合物并没有在质子电离模式下表现出 $[M+H]^+$ 离子强度的显著增加［图 29-1（a)］，并且质子转移模式下的目标物强度稳定性低于电子转移模式［图 29-1（b)］，也就是说目标化合物的主导电离方式都是电荷转移，所以实验过程中我们采用干燥条件。

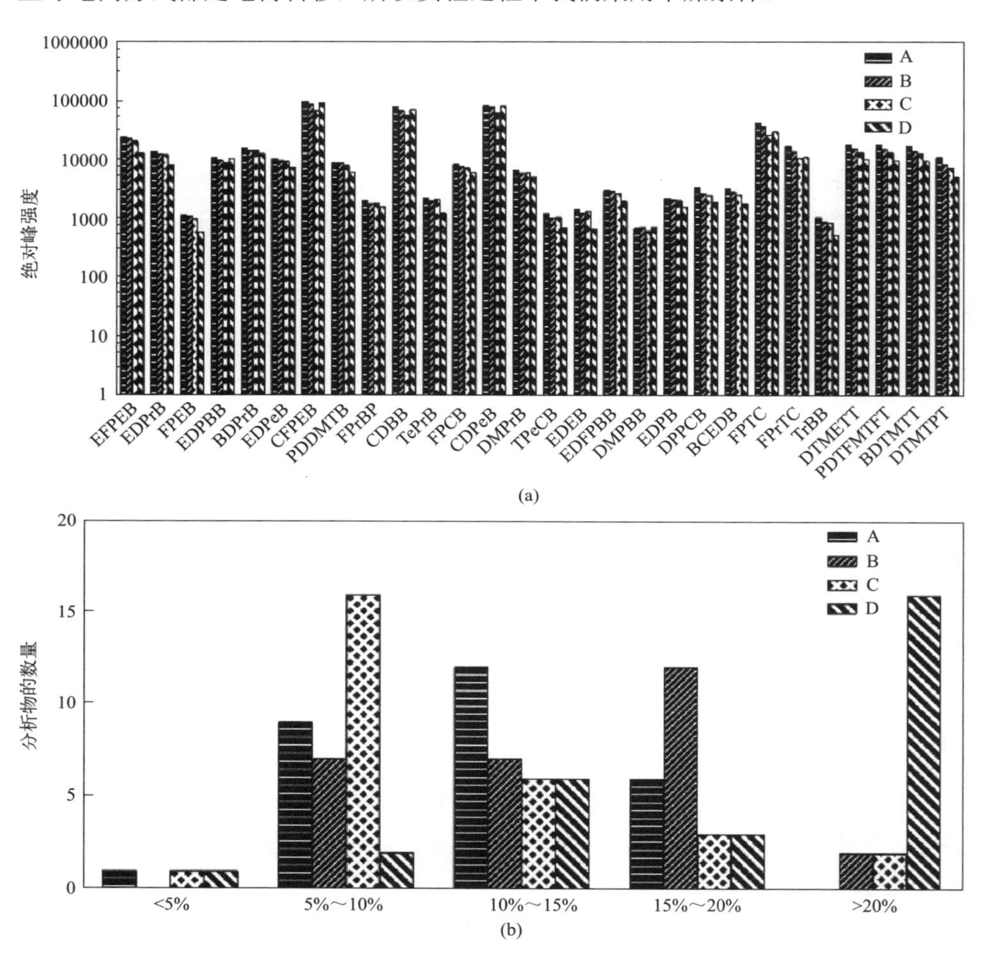

图 29-1　液晶化合物（LCMs）(5μg/L）在电子转移模式（A）和使用 3 种改性剂［水（B）、1% 甲酸水（C）、甲醇（D）］的质子转移模式下的响应（a）和相对标准偏差（RSD，%)(b）

29.2.2　前处理方法开发

29.2.2.1　提取溶剂选择

考虑到母乳样品较难获得，选择性质与其相似的乳粉样品进行方法开发。与索氏提取、加速溶剂萃取法相比，超声提取法简单、快速、成熟、成本更低，适用于大样本前处理。本研究中目标物均为亲脂性，其辛醇-水分配系数（$\lg K_{ow}$）范围较宽，为 3.831（CFPEB）～ 12.049（DTMTPT），大部分液晶化合物属于弱极性物质。根据相似相溶原理，需要采用弱极性的有机溶剂对其进行提取。分别采用丙酮：正己烷（1∶1，体积比）和二氯甲烷：正己烷（1∶1，体积比）对样品中的 LCMs 进行萃取试验。结果如图 29-2 所示，二氯甲烷：正己烷（1∶1，体积比）提取效率较高，绝对回收率为 60.6% ～ 121.0% [图 29-2（a）]；并且增加提取次数对目标化合物的影响较小，二次提取的平均效率仅为 4.7% [图 29-2（b）]。

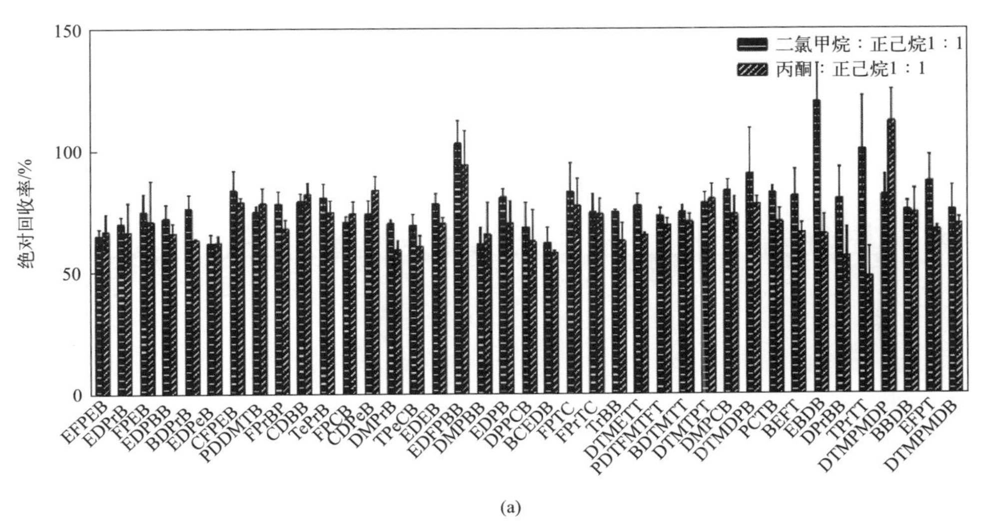

(a)

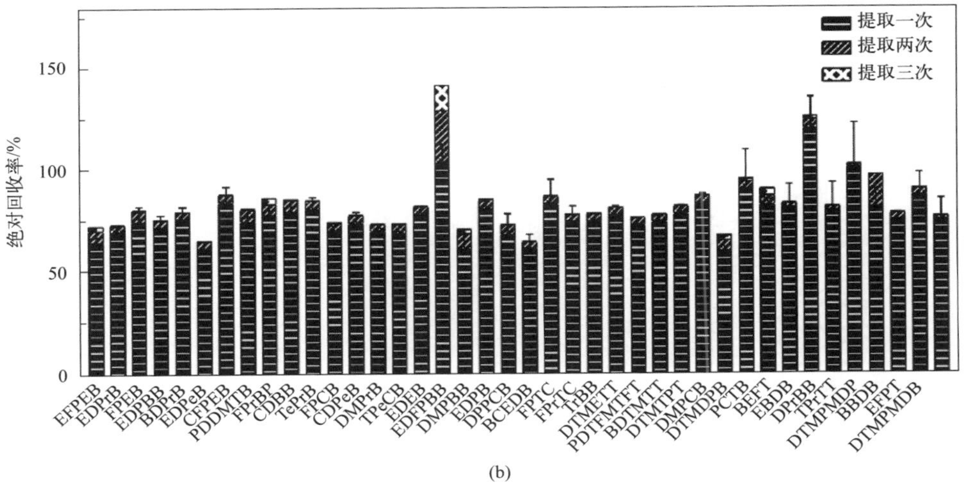

(b)

图 29-2　提取溶剂对 LCMs 回收率的影响（a）；提取次数对回收率的影响（b）

29.2.2.2 净化方法的选择

母乳中富含蛋白质、脂肪等内源性干扰物质，可能导致 APGC-MS 对目标化合物分析的灵敏度下降，并且长时间的检测会导致脂类在仪器和色谱柱中聚集，大大降低仪器寿命。因此，在样品提取后，须对提取液进行进一步的净化处理，以降低基质效应。本研究采用固相萃取柱净化样本。实验比较了 3 种类型的固相萃取柱的净化效果（图 29-3）。结果表明，Florisil 柱的净化效率优于 Silica 柱和 Alumina-N 柱［图 29-3（a）］，且 Florisil 柱对目标化合物回收率优于其他两种固相萃取柱［图 29-3（b）］。因此，实验采用 Florisil 柱净化样品提取液。随后，实验对 Florisil 柱的洗脱液体积进行优化。图 29-4 比较了不同体积二氯甲烷的洗脱能

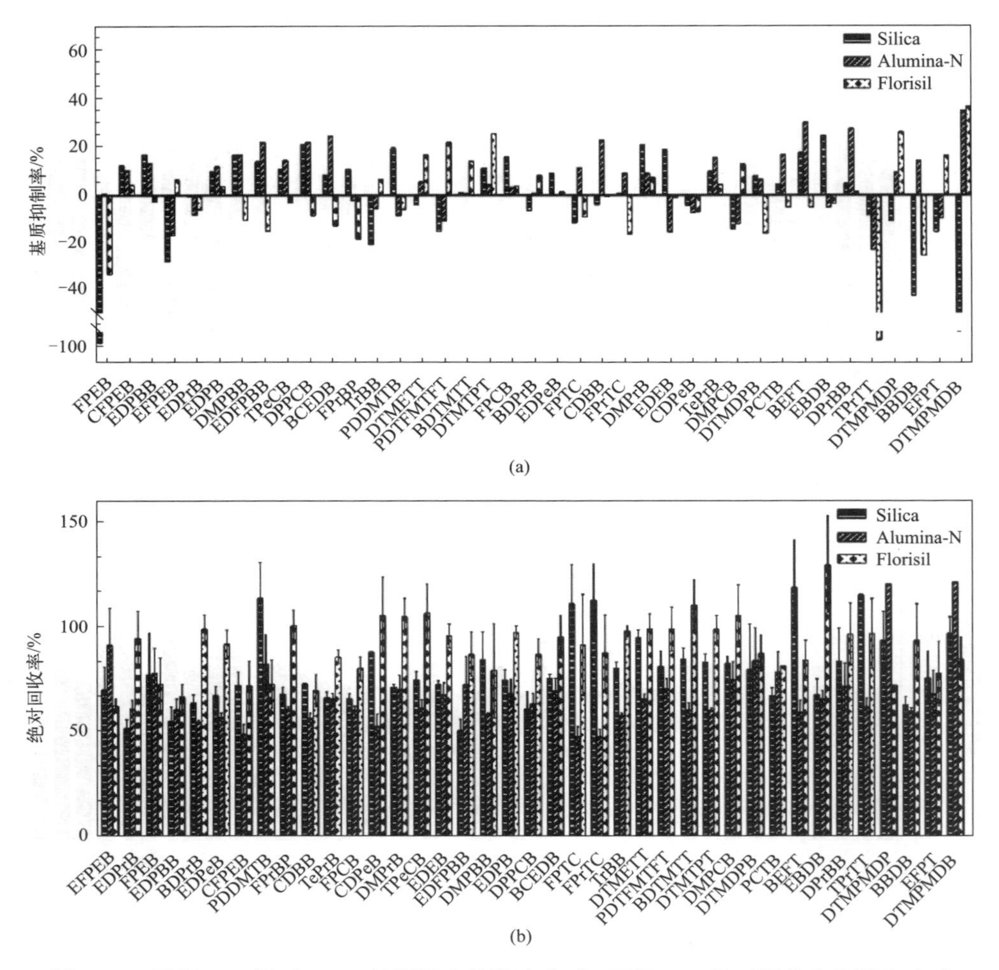

图 29-3 不同 SPE 柱对 LCMs 基质效应的影响（a）；不同 SPE 柱对回收率的影响（b）

力，结果显示，当二氯甲烷体积达到 6mL 时，39 种液晶化合物的绝对回收率为 55.8% ～ 129.0%。继续增大洗脱体积至 10mL，CFPEB 的回收率显著提升，可能是源于其极性最高，难以用二氯甲烷洗脱。但是考虑到大部分液晶化合物的极性较弱，为了较充分地将目标物洗脱下来，且洗脱出的杂质最少，故选择 6mL 二氯甲烷洗脱。

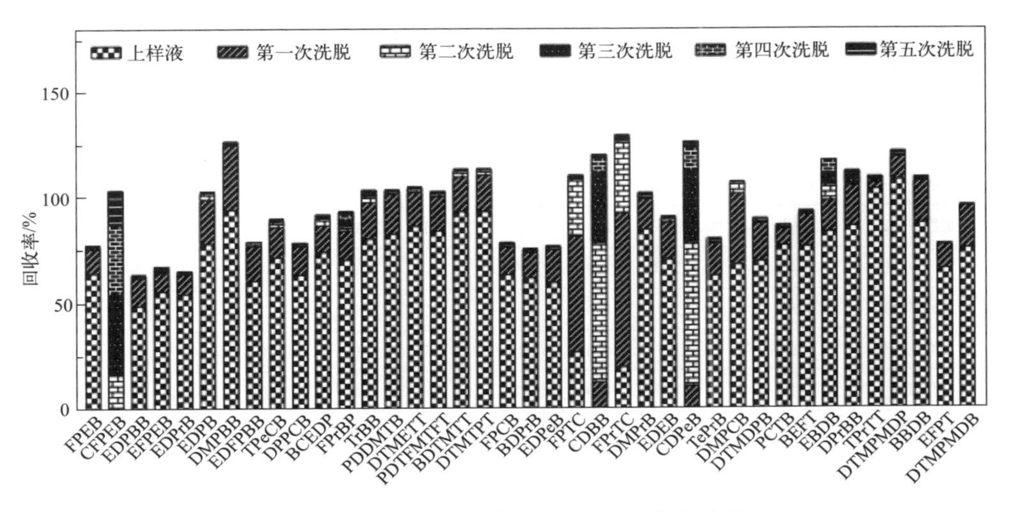

图 29-4　二氯甲烷洗脱次数对 LCMs 回收率的影响

29.2.3　方法学验证

由于母乳基质复杂，经过一系列的前处理后，目标化合物会有不同程度的损失，为了补偿前处理过程中的损失及基质效应，本实验采用稳定同位素内标稀释法定量。配制目标化合物的系列混合标准工作液，浓度设置为 0.05μg/L、0.1μg/L、0.5μg/L、1μg/L、5μg/L、10μg/L 和 50μg/L，同位素内标浓度为 5μg/L。以各种目标化合物和内标物的响应值之比与加标浓度（μg/L, x）绘制标准曲线，计算它们的线性方程及相关系数（R^2），结果显示，各目标化合物在一定浓度范围内的线性良好，R^2 均＞ 0.99。空白乳粉样品添加标准品后，经过前处理，最终在仪器上得到信噪比（S/N）分别≥ 10 和≥ 3 的加标浓度值，即为方法的定量限（LOQ）和检出限（LOD），如表 29-1 所示，39 种 LCMs 在乳粉样品中的 LOQ 为 0.002 ～ 0.140μg/L（湿重），LOD 为 0.001 ～ 0.047μg/L（湿重）。

表 29-1 目标化合物的检出限、定量限、回收率、精密度、检出率和浓度

化合物	CAS 登记号	LOD /（μg/L）	LOQ /（μg/L）	回收率 /%	RSD/%	检出率 /%	浓度（湿重）/（μg/L）		
							GM	AM	范围
FPEB	145698-32-4	0.010	0.030	98.6	3.7	33.3	0.009	0.015	ND ～ 0.059
CFPEB	86776-50-3	0.003	0.010	100.6	1.7	60.6	0.004	0.007	ND ～ 0.065
EDPBB	157248-24-3	0.007	0.020	89.6	10.6	51.5	0.008	0.011	ND ～ 0.060
EFPEB	160083-17-0	0.047	0.140	87.4	4.2	0.0	ND	ND	ND
EDPrB	174350-05-1	0.003	0.010	91.2	3.3	97.0	0.152	0.175	ND ～ 0.560
EDPB	189750-98-9	0.003	0.010	112.3	16.0	0.0	ND	ND	ND
DMPBB	208717-25-3	0.010	0.030	107.3	5.9	0.0	ND	ND	ND
EDFPBB	123560-48-5	0.003	0.010	112.2	11.3	30.3	0.004	0.019	ND ～ 0.145
TPeCB	137644-54-3	0.020	0.060	97.6	6.7	6.1	0.011	0.011	ND ～ 0.030
DPPCB	473257-14-6	0.007	0.020	101.1	12.7	0.0	ND	ND	ND
BCEDB	473257-15-7	0.007	0.020	100.8	17.5	33.3	0.005	0.017	ND ～ 0.170
FPrBP	137810-19-6	0.020	0.060	88.1	0.7	0.0	ND	ND	ND
TrBB	137529-40-9	0.007	0.020	107.2	18.1	0.0	ND	ND	ND
PDDMTB	208338-62-9	0.007	0.020	93.9	13.8	6.1	0.003	0.003	ND ～ 0.009
DTMETT	1047653-92-8	0.007	0.020	104.9	2.9	0.0	ND	ND	ND
PDTFMTFT	303186-36-9	0.007	0.020	91.0	1.5	0.0	ND	ND	ND
BDTMTT	914087-74-4	0.010	0.030	106.0	14.8	0.0	ND	ND	ND
DTMTPT	916156-32-6	0.003	0.010	100.6	13.7	15.2	0.001	0.001	ND ～ 0.004
FPCB	82832-27-7	0.033	0.100	109.4	12.0	3.0	0.017	0.016	ND ～ 0.049
BDPrB	208709-55-1	0.013	0.040	87.4	3.0	93.9	3.409	29.907	ND ～ 99.795
EDPeB	124729-02-8	0.017	0.050	87.3	2.6	48.5	0.033	0.142	ND ～ 0.629
FPTC	127523-43-7	0.003	0.010	103.6	12.6	24.2	0.001	0.002	ND ～ 0.007
CDBB	337367-02-9	0.003	0.010	119.6	12.2	6.1	0.002	0.003	ND ～ 0.012
FPrTC	116831-09-5	0.001	0.002	98.7	14.9	27.3	0.001	0.002	ND ～ 0.008
DMPrB	364765-44-6	0.020	0.060	99.8	12.2	39.4	0.015	0.018	ND ～ 0.058
EDEB	323178-01-4	0.007	0.020	115.5	12.6	21.2	0.004	0.009	ND ～ 0.037
CDPeB	123843-69-6	0.007	0.020	116.9	18.6	6.1	0.002	0.002	ND ～ 0.009
TePrB	173837-35-9	0.007	0.020	104.9	10.7	21.2	0.004	0.005	ND ～ 0.026
DMPCB	431947-34-1	0.010	0.030	110.4	10.2	0.0	ND	ND	ND
DTMDPB	303186-20-1	0.013	0.040	116.2	19.3	0.0	ND	ND	ND
PCTB	133937-72-1	0.003	0.010	84.8	7.9	6.1	0.002	0.003	ND ～ 0.019

续表

化合物	CAS 登记号	LOD /（μg/L）	LOQ /（μg/L）	回收率 /%	RSD/%	检出率 /%	浓度（湿重）/（μg/L）		
							GM	AM	范围
BEFT	825633-75-8	0.007	0.020	106.1	17.4	0.0	ND	ND	ND
EBDB	139195-63-4	0.023	0.070	96.7	9.0	3.0	0.011	0.012	ND ～ 0.033
DPrBB	119990-81-7	0.003	0.010	101.9	14.4	3.0	0.001	0.006	ND ～ 0.116
TPrTT	524709-77-1	0.030	0.090	101.5	12.2	0.0	ND	ND	ND
DTMPMDP	1700444-88-7	0.027	0.080	114.1	1.1	0.0	ND	ND	ND
BBDB	119990-82-8	0.010	0.030	81.8	6.2	39.4	0.014	0.066	ND ～ 0.393
EFPT	95759-44-7	0.023	0.070	89.9	0.2	0.0	ND	ND	ND
DTMPMDB	1690317-23-7	0.003	0.010	111.9	12.3	93.9	0.025	0.050	ND ～ 0.324
Σ_{39}LCMs		—	—	—	—	100.0	7.026	30.614	0.463 ～ 100.846

注：ND 为 not detected，低于方法检出限；GM 为 geometric mean，几何平均值；AM 为 arithmetic mean，算术平均值。

29.2.4 加标回收率

在空白乳粉样品中加入混合标准品溶液，评估该方法的回收率，并且设置 6 个平行，以考察方法的精密度。加标浓度按照 LOQ 的 5 倍浓度添加，实验结果如表 29-1 所示，39 种 LCMs 的加标回收率为 81.8% ～ 119.6%，相对标准偏差（RSD）不大于 19.3%，连续五日日间精密度小于 15.0%。表明该方法的准确度和精密度均满足定量分析的要求。

29.2.5 母乳中含量

本研究母乳样品取自北京市怀柔区，取样时间为 2020 年 11 月至 2021 年 2 月。应用建立好的方法定量分析母乳样品中的 LCMs。母乳样品中目标化合物的浓度水平如表 29-1 所示。结果 24 种 LCMs 有检出，LCMs 的总浓度（Σ_{39}LCMs）为 0.463 ～ 100.846μg/L [几何平均值（GM）为 7.026μg/L，算术平均值（AM）为 30.614μg/L]。BDPrB 和 EDPrB 是母乳中主要的污染物，其检出率分别为 93.9% 和 97.0%。BDPrB 在所有 LCMs 中具有最高的残留量（AM 为 29.907μg/L，GM 为 3.409μg/L，范围 ND ～ 99.795μg/L）。EDPrB 在母乳中的浓度范围为 ND ～ 0.560μg/L（AM 为 0.175μg/L，GM 为 0.152μg/L）。之前的研究多聚焦于环境样本。对非典型暴露区域的室内灰尘研究发现在53个粉尘样本中，Σ_{33}LCM的浓度为0.13～2213ng/g，其中EDPrB的最高浓度为24.56ng/g，高于母乳中的残留水平。此外，只有三项研究报道了BDPrB的暴露状况[5, 6, 15]。在中国，从液晶显示器暴露区域收集的室内灰尘、室外灰尘和手巾中都发现了BDPrB。Zhu等报道了在非LCD电子垃圾拆除收集的室内灰尘中出现BDPrB，平均浓度为207ng/g[6]。考虑到LCMs属于弱极性物质，其在脂肪含量高的基质中有较强的蓄积潜力，因此亟需大面积开展其在母乳中的残留监测。

29.3 结论

本研究采用超声提取结合固相萃取柱的分析方法，考察了不同固相萃取柱的净化效率以及洗脱液最优体积。经方法学验证，本方法具有较高的灵敏度、准确度和精密度。应用该方法对北京地区母乳样品的39种液晶化合物水平进行评估。我们的研究表明液晶化合物在母乳中的暴露浓度高于非典型暴露区域的环境样品，考虑到母乳是婴儿主要甚至唯一的能量来源，亟需关注该类化合物对婴儿造成的健康危害。

（杨润晖　邵兵）

参考文献

[1] 2018-2024 China LCD Panel Industry Market Operation Mode Analysis and Development Trend Forecast Research Report, 2018.

[2] Pongrácz E, Keiski R L. Liquid crystal displays: material content and recycling practices, International Conference on Solid Waste Technology and Management, 2008.

[3] Zhang L, Wu B, Chen Y, et al. Treatment of liquid crystals and recycling indium for stripping product gained by mechanical stripping process from waste liquid crystal display panels. Journal of Cleaner Production, 2017, 162: 1472-1481.

[4] Liang X, Xie R, Zhu C, et al. Comprehensive identification of liquid crystal monomers—biphenyls, cyanobiphenyls, fluorinated biphenyls, and their analogues—in waste LCD panels and the first estimate of their global release into the environment. Environmental Science & Technology, 2021, 55 (18): 12424-12436.

[5] Zhu M, Shen M, Liang X, et al. Identification of environmental liquid-crystal monomers: A class of new persistent organic pollutants—fluorinated biphenyls and analogues—emitted from E-waste dismantling. Environmental Science & Technology, 2021, 55 (9): 5984-5992.

[6] Cheng Z, Shi Q, Wang Y, et al. Electronic-waste-driven pollution of liquid crystal monomers: environmental occurrence and human exposure in recycling industrial parks. Environmental Science & Technology, 2022, 56(4): 2248-2257.

[7] Tao D, Jin Q, Ruan Y, et al. Widespread occurrence of emerging E-waste contaminants-liquid crystal monomers

in sediments of the Pearl River Estuary, China. Journal of Hazardous Materials, 2022, 437: 129377.

[8] Su H, Shi S, Zhu M, et al. Liquid crystal monomers (LCMs) in sediments: method validation and detection in sediment samples from three typical areas. Environmental Science & Technology, 2021, 55 (4): 2336-2345.

[9] Jin Q, Tao D, Lu Y, et al. New insight on occurrence of liquid crystal monomers: A class of emerging e-waste pollutants in municipal landfill leachate. Journal of Hazardous Materials, 2022, 423: 127146.

[10] Li J, Su G, Letcher R J, et al. Liquid crystal monomers (LCMs): A new generation of persistent bioaccumulative and toxic (PBT) compounds? Environmental Science & Technology, 2018, 52 (9): 5005-5006.

[11] Gruber B, David F, Sandra P. Capillary gas chromatography-mass spectrometry: Current trends and perspectives. TrAC Trends in Analytical Chemistry, 2020, 124: 115475.

[12] Li D, Gan L, Bronja A, et al. Gas chromatography coupled to atmospheric pressure ionization mass spectrometry (GC-API-MS): Review. Analytica Chimica Acta, 2015, 891: 43-61.

[13] Niu Y, Liu J, Yang R, et al. Atmospheric pressure chemical ionization source as an advantageous technique for gas chromatography-tandem mass spectrometry. TrAC Trends in Analytical Chemistry, 2020, 132: 116053.

[14] Su H, Shi S, Zhu M, et al. Persistent, bioaccumulative, and toxic properties of liquid crystal monomers and their detection in indoor residential dust. Proceedings of the National Academy of Sciences, 2019, 116 (52): 26450-26458.

[15] Zhang S, Yang M, Li Y, et al. Occurrence, distribution, and human exposure of emerging liquid crystal monomers (LCMs) in indoor and outdoor dust: A nationwide study. Environment International, 2022, 164: 107295.

母乳成分分析方法

Analytical Methods for Human Milk Compositions

第30章

母乳中重金属含量及形态测定

与大多数发展中国家相似，我国在经济持续高速发展进程中，工业化和城市现代化加速带来了一系列环境污染问题，其中重金属污染是一个尤为突出的问题，母乳中铅、汞、镉等有害元素是现代社会工业化环境污染的产物，而母乳也就成为这些重金属从母体迁移到婴儿体内的介质[1-4]，这些污染的重金属除了影响新生儿和婴幼儿的生长发育与认知功能以及母乳中微量营养素的吸收利用外，快速生长发育的婴儿长期暴露于这些重金属还可能导致神经系统、内分泌系统、造血系统等组织器官发生不可逆性损伤。科学研究证明，即使是暴露于极微量的重金属也会对婴儿产生有害影响，包括血液学毒性、神经毒性和肾脏毒性等[5, 6]，乳母的膳食习惯影响其母乳中重金属水平[7]。因此定期监测母乳中重金属的浓度及动态变化趋势是非常重要的，母乳也被公认为是最合适的生物标志物。本章介绍了母乳中重金属含量的测定方法以及母乳中元素的存在形式。

30.1 母乳中重金属含量测定

母乳是婴儿的基本食物，它含有婴儿发育所需的营养素，如脂肪酸、蛋白质、维生素、碳水化合物和必需元素等[8-11]。但是，母亲血液中存在的有毒化学物质，特别是脂溶性化学物质，也可能转移到母乳中[12]。尽管水溶性化学物质不太容易在母乳中积累，但研究显示钴、铬、锰、钼等基本元素以及砷、镉、铅、汞等有害重金属的含量存在很大的个体差异[13-16]。当它们的含量超过允许的限度时，可能会对母乳喂养的婴儿造成不利的健康影响[17]。母乳中的重金属主要来源于食物、饮用水及环境暴露，对乳儿的健康影响很大。母乳也已成为一些重金属从母亲到婴儿转移的介质[18]。由于婴儿特别容易受到有毒物质的影响，即便是痕量的有毒物质也会危害婴儿的健康，因此评估通过母乳摄入有毒物质的情况非常必要。母乳可作为母亲接触污染物的生物指示剂，也被认为是母亲净化微量元素的重要途径[19, 20]。研究表明婴儿暴露于砷、镉、铅、汞等有害元素和潜在的有害元素会造成贫血、罹患各种癌症、干扰骨骼发育导致佝偻病、影响神经系统的发育以及与自闭症的发生有关[20, 21]。

目前母乳中元素的测定方法主要有原子吸收光谱法（AAS）[22]、原子荧光光谱法（AFS）[23]、电感耦合等离子体发射光谱法（ICP-OES）[24]、电感耦合等离子体质谱法（ICP-MS）[25, 26]等。其中，ICP-MS 法具有样品需求量少、分析速度快、多元素同时测定、灵敏度高、准确性好、线性范围宽等优点，广泛应用于母乳、乳制品、婴幼儿配方食品等基质中元素含量的测定。我国已将 ICP-MS 法列入 GB 5009.268—2016《食品安全国家标准 食品中多元素的测定》中，用于食品中多元素的分析测定。与 ICP-MS 法检测相配套的前处理方法主要有微波消解法和密闭高压消解法。微波消解法具有加热快、升温高、消解能力强的优点，大大缩短了样品前处理时间。密闭高压消解法在全密封的罐内消解样品，防止易挥发元素的损失，减少试剂用量。这两种前处理方法均是目前消解含有微量元素及痕量元素样品的有效方法。

本章介绍采用微波消解-ICP-MS 法对母乳中的铍、铬、锰、钴、镍、铜、砷、硒、银、镉、钡、汞、铊、铅、钍、铀 16 种元素含量水平进行定量分析，为了解母乳中有害元素水平提供参考。

30.1.1 仪器与试剂

30.1.1.1 仪器

电感耦合等离子体质谱仪（7700x，美国安捷伦公司）；微波消解仪，配聚四氟乙烯消解罐（TOPEX+，上海屹尧仪器科技发展有限公司）；电子天平（AL-204，瑞士梅特勒-托利多公司）；赶酸仪（G-400，上海屹尧仪器科技发展有限公司）；超纯水系统（Mill-QIQ7015，美国密理博公司）。

30.1.1.2 试剂

硝酸（65%，德国默克公司）、过氧化氢（国药集团化学试剂有限公司）、多元素（铍、铬、锰、钴、镍、铜、砷、硒、银、镉、钡、铊、铅、钍、铀）混合标准溶液（100mg/L，美国安捷伦公司）、汞元素标准溶液（0.1mg/L，国家地质实验测试中心）、内标元素储备液（Li、Sc、Ge、Rh、In、Tb、Lu、Bi，100mg/L，美国安捷伦公司）、质谱调谐液（Li、Y、Ce、Tl、Co，1μg/L，美国安捷伦公司），实验用水均为超纯水。

30.1.2 实验方法

30.1.2.1 原理

样品经消解处理为样品溶液，样品溶液经雾化由载气送入等离子体炬管中，经过蒸发、解离、原子化和离子化等过程，转化为带正电荷的离子，经离子采集系统进入质谱仪，质谱仪根据质荷比进行分离，采用外标法，以待测元素质谱信号和内标元素质谱信号的强度比与待测元素的浓度成正比进行定量分析。

30.1.2.2 样品前处理

称取 2.0g 母乳试样（精确至 0.001g）于聚四氟乙烯消解罐中，加入 6mL 硝酸，冷处理 1 ～ 2h，加入 1mL 过氧化氢，按照微波消解仪参考程序进行消解（如表 30-1 所示），消解完毕冷却后取出，缓慢打开罐盖排气，将消解罐放在赶酸

表 30-1 微波消解参考程序

步骤	控制温度 /℃	升温时间 /min	恒温时间 /min
1	120	10	10
2	160	8	10
3	200	6	25

仪内，于 130 ～ 140℃赶酸 30min，用超纯水将消化液转移定容至 25mL，混匀备用，同时做 2 个空白实验。

30.1.2.3 校准曲线的绘制

采用 2% 硝酸溶液将多元素（铍、铬、锰、钴、镍、铜、砷、硒、银、镉、钡、铊、铅、钍、铀）混合标准溶液（100mg/L）逐级稀释成质量浓度为 0μg/L、0.5μg/L、1μg/L、5μg/L、10μg/L、20μg/L、50μg/L 和 100μg/L 的系列标准工作溶液；用 2% 硝酸溶液将汞元素标准溶液逐级稀释成质量浓度为 0μg/L、0.1μg/L、0.5μg/L、1μg/L、2μg/L 和 3μg/L 的系列标准工作溶液。

将多元素混合标准溶液和汞元素标准溶液按质量浓度由低到高依次注入电感耦合等离子体质谱仪中，测定待测元素和内标元素的信号响应值，以待测元素的浓度为横坐标，待测元素与所选内标元素响应信号值的比值为纵坐标，绘制标准曲线。

30.1.2.4 ICP-MS 测定条件

等离子体射频功率：1550W ；等离子体气流量：15L/min ；载气流量：0.65L/min ；稀释气流量：0.45L/min ；氦气流量：4.0mL/min ；蠕动泵转速：0.1r/s ；重复次数：3 次；雾化器：同心雾化器；雾化室温度：2℃；采样锥 / 截取锥：镍锥；采样深度：8mm。

30.1.3 结果与讨论

30.1.3.1 前处理方法

母乳样品的前处理方法主要有：干法消解、湿法消解、微波消解和密闭高压罐消解。干法消解所需温度较高，一般要求 500℃左右，易造成元素的损失，需要加入干灰化试剂，对痕量元素的测定带来干扰。湿法消解耗酸量大，耗时较长，对环境和人员危害较大，容易造成污染，影响痕量元素的测定。微波消解法是在密闭消解罐中用强酸消化处理样品，利用微波辐射的作用发生高频率的高速碰撞而产生高热，耗酸量少，最大限度地发挥酸的作用，减少环境污染，降低元素损失，提高工作效率。密闭高压消解具有操作安全、耗酸量少，在高温高压环境中处理，消化完全，并且具有高通量处理样品的特点。

采用微波消解处理样品，主要使用的试剂为：硝酸、“硝酸 + 过氧化氢”。硝酸是样品前处理中最常用的酸，同时也是电感耦合等离子体质谱法分析中常用的酸介质，但是仅使用硝酸处理样品，对于基质复杂的样品消解能力不够。过氧化氢是一种强氧化剂，与硝酸共用可增强消解能力，选用“硝酸＋过氧化氢”作为母乳的消解试剂，既可使母乳样品消解彻底也便于降低空白值，因此选择“6mL HNO_3+1mL H_2O_2”作为母乳样品消解试剂。

对于母乳样品消解的微波消解程序，建议采用温度控温的高压程序（表 30-1）或温度压力同时控制的超高压程序（表 30-2），虽然采用超高压微波消解提高了消解能力，但每次消解的样品通量较少。

表 30-2　超高压微波消解参考程序

步骤	控制温度 /℃	升温时间 /min	压力 /psi	恒温时间 /min
1	120	8	800	5
2	160	5	800	10
3	200	5	800	20

注：1psi=0.00689MPa。

30.1.3.2　干扰消除

ICP-MS 的干扰主要有质谱干扰和非质谱干扰。质谱干扰主要有同量异位素、多原子（氩聚合物、氧化物、氯化物等）、双电荷离子等干扰，通过选择无干扰同位素、优化仪器条件、干扰校正方程等方法消除（干扰校正方程见表 30-3）。本研究采用碰撞 / 反应模式消除质谱干扰。非质谱干扰也称基体效应，基体对待测元素信号产生不同程度的抑制或增强作用，干扰效应更为复杂。基体效应主要包括总固体溶解量、高质量元素、易电离元素，通过稀释样品法、内标法、标准加入法等方法克服。内标的选择原则：样品溶液中不含有的元素，与待测元素质量接近、电离电位相近、化学特征类似。本研究采用 ^{45}Sc、^{72}Ge、^{103}Rh、^{115}In、^{209}Bi 作为内标溶液，对母乳样品采用内标校正法进行测定（推荐的分析元素质量数及内标见表 30-4）。

表 30-3　元素干扰校正方程

同位素	推荐的校正方程
^{75}As	[^{75}As]=[75]−3.127×[77]+2.549×[82]
^{78}Se	[^{78}Se]=[78]−0.1869×[76]
^{82}Se	[^{82}Se]=[82]−1.0078×[83]
^{111}Cd	[^{111}Cd]=[111]−1.073×[108]+0.764×[106]
^{115}In	[^{115}In]=[115]−0.016×[118]
^{208}Pb	[^{208}Pb]=[206]+[207]+[208]

注：1.[*X*] 为质量数 *X* 处的质谱信号强度-离子每秒计数值（CPS）。

2. 标准模式下，以上干扰方程都可采用；氦气模式下，可采用 ^{115}In 及 ^{208}Pb 的干扰方程。

表 30-4　推荐的分析元素质量数及内标

元素	质量数	内标	元素	质量数	内标
Be	9	^{45}Sc	Cr	53	^{45}Sc
Mn	55	^{45}Sc	Co	59	^{45}Sc
Ni	60	^{45}Sc	Cu	63	$^{72}Ge/^{103}Rh$
As	75	$^{72}Ge/^{103}Rh$	Se	78、82	$^{72}Ge/^{103}Rh$
Ag	107	$^{103}Rh/^{115}In$	Cd	111	$^{103}Rh/^{115}In$
Ba	137	$^{103}Rh/^{115}In$	Hg	202	^{209}Bi
Tl	205	^{209}Bi	Pb	208	^{209}Bi
Th	232	^{209}Bi	U	238	^{209}Bi

30.1.3.3　方法学验证

线性范围和检出限：将多元素混合标准储备溶液用 2% 硝酸溶液逐级稀释，配制成铍、铬、锰、钴、镍、铜、砷、硒、银、镉、钡、铊、铅、钍、铀的质量浓度为 0μg/L、0.5μg/L、1μg/L、5μg/L、10μg/L、20μg/L、50μg/L 和 100μg/L 的标准使用液；汞标准溶液配制成质量浓度为 0μg/L、0.1μg/L、0.5μg/L、1μg/L、2μg/L 和 3μg/L 的标准使用液；依据优化后的仪器条件，以待测元素质量浓度为横坐标，标准溶液中元素的响应值和内标元素的比值为纵坐标，绘制标准曲线。同时连续测试 11 次样品空白溶液的响应值 CPS，求得 3 倍标准偏差，除以曲线斜率，以质量 2.0g、定容体积 25mL 计算得检出限。各元素的线性方程、线性范围和检出限见表 30-5。结果显示，各元素相关系数 R 均大于 0.999，仪器检出限为 0.002 ～ 0.10μg/L；方法检出限为 0.03 ～ 1.3μg/kg。

表 30-5　线性方程、线性范围和检出限

元素	线性方程	线性范围 /（μg/L）	相关系数（R）	检出限 /（μg/L）	方法检出限 /（μg/kg）
Be	$y=1.7\times10^{-3}x+1.2\times10^{-5}$	0 ～ 100	0.9997	0.05	0.6
Cr	$y=5.12\times10^{-2}x+1.44\times10^{-2}$	0 ～ 100	0.9995	0.05	0.6
Mn	$y=2.3\times10^{-3}x+3.75\times10^{-4}$	0 ～ 100	1.0000	0.02	0.2
Co	$y=4.97\times10^{-2}x+2.32\times10^{-4}$	0 ～ 100	0.9999	0.06	0.8
Ni	$y=3.1\times10^{-3}x+4.74\times10^{-4}$	0 ～ 100	1.0000	0.06	0.8
Cu	$y=3.2\times10^{-3}x+3.67\times10^{-4}$	0 ～ 100	1.0000	0.10	1.3
As	$y=5.5\times10^{-3}x+4.48\times10^{-4}$	0 ～ 100	0.9999	0.04	0.5
Se	$y=3.96\times10^{-5}x+2.55\times10^{-5}$	0 ～ 100	1.0000	0.06	0.8

续表

元素	线性方程	线性范围 /（μg/L）	相关系数（R）	检出限 /（μg/L）	方法检出限 /（μg/kg）
Ag	$y=4.3\times10^{-3}x+2.38\times10^{-5}$	0 ～ 100	1.0000	0.04	0.5
Cd	$y=7.04\times10^{-4}x+3.76\times10^{-4}$	0 ～ 100	1.0000	0.04	0.5
Ba	$y=1.7\times10^{-3}x+9.09\times10^{-5}$	0 ～ 100	0.9997	0.02	0.2
Hg	$y=5.9\times10^{-3}x+2.92\times10^{-2}$	0 ～ 3.0	0.9993	0.02	0.2
Tl	$y=1.19\times10^{-2}x+4.28\times10^{-5}$	0 ～ 100	0.9996	0.002	0.03
Pb	$y=9.2\times10^{-3}x+4.13\times10^{-4}$	0 ～ 100	0.9999	0.07	0.9
Th	$y=1.58\times10^{-2}x+7.64\times10^{-5}$	0 ～ 100	0.9993	0.07	0.9
U	$y=1.67\times10^{-2}x+5.46\times10^{-5}$	0 ～ 100	0.9998	0.02	0.2

30.1.3.4 加标回收率及精密度

向母乳样品中添加 3 个浓度水平的多元素混合标准溶液，每个浓度水平制备 6 个平行样，进行加标回收和精密度实验。加标回收率和精密度结果见表 30-6。实验结果表明，待测元素的平均加标回收率为 85.1% ～ 118.0%，相对标准偏差（RSD）为 1.3% ～ 6.6%，方法的准确度和精密度结果符合方法学要求。

表 30-6　16 种元素的加标回收率及精密度（n=6）

元素	本底值 /（mg/kg）	加标值 /（mg/kg）	测定平均值 /（mg/kg）	平均回收率 /%	RSD/%
Be	<0.0006	0.067	0.071	106.0	6.5
		0.133	0.143	107.5	4.8
		0.4	0.429	107.3	4.3
Cr	0.003	0.067	0.076	109.0	5.3
		0.133	0.139	102.3	3.9
		0.4	0.413	102.5	2.7
Mn	0.02	0.067	0.085	94.0	5.7
		0.133	0.175	115.0	4.8
		0.4	0.437	103.8	4.6
Co	<0.0008	0.067	0.077	114.9	6.1
		0.133	0.156	117.3	4.6
		0.4	0.472	118.0	4.0
Ni	0.004	0.067	0.066	92.5	5.5
		0.133	0.132	96.2	4.3
		0.4	0.447	110.8	3.5

续表

元素	本底值 /（mg/kg）	加标值 /（mg/kg）	测定平均值 /（mg/kg）	平均回收率 /%	RSD/%
Cu	0.288	0.067	0.345	85.1	5.8
		0.133	0.431	107.5	4.8
		0.4	0.692	101.0	3.9
As	<0.002	0.067	0.072	107.5	4.7
		0.133	0.157	118.0	3.6
		0.4	0.445	111.3	2.7
Se	0.010	0.067	0.075	97.0	4.0
		0.133	0.152	106.8	1.3
		0.4	0.398	97.0	2.5
Ag	<0.0005	0.067	0.072	107.5	5.9
		0.133	0.147	110.5	5.5
		0.4	0.448	112.0	4.2
Cd	<0.0005	0.067	0.061	91.0	5.6
		0.133	0.124	93.2	4.5
		0.4	0.380	95.0	4.1
Ba	0.009	0.067	0.069	89.6	4.9
		0.133	0.144	101.5	3.7
		0.4	0.427	104.5	4.3
Hg	<0.0003	0.01	0.009	90.2	5.6
		0.05	0.048	96.1	4.3
Tl	<0.00003	0.067	0.064	95.5	6.5
		0.133	0.129	97.0	4.9
		0.4	0.400	100.0	4.0
Pb	<0.0009	0.067	0.072	107.5	6.6
		0.133	0.146	109.8	4.7
		0.4	0.444	111.0	3.4
Th	<0.0009	0.067	0.066	98.5	6.6
		0.133	0.134	100.8	4.7
		0.4	0.414	103.5	4.2
U	<0.0002	0.067	0.066	98.5	5.4
		0.133	0.132	99.2	4.7
		0.4	0.411	102.8	4.0

30.1.3.5 母乳结果分析

采用本方法测定了37份母乳样品中铍、铬、锰、钴、镍、铜、砷、硒、银、镉、钡、汞、铊、铅、钍、铀。结果表明，母乳中铍的含量均低于检出限，铬的含量范围为ND（未检出）～2.0μg/kg，锰的含量范围为4.6～39.9μg/kg，钴的含量均低于检出限，镍的含量范围为ND～35.2μg/kg，铜的含量范围为0.210～1.26 mg/kg，砷的含量范围为ND～2.1μg/kg，硒的含量范围为0.015～0.212mg/kg，银的含量均低于检出限，镉的含量范围为ND～0.9μg/kg，钡的含量范围为3.6～79.6μg/kg，汞的含量均低于检出限，铊的含量均低于检出限，铅的含量范围为ND～6.2μg/kg，钍的含量均低于检出限，铀的含量范围为ND～1.3μg/kg。

30.1.4 结论

采用微波消解-电感耦合等离子体质谱法测定母乳样品中铍、铬、锰、钴、镍、铜、砷、硒、银、镉、钡、汞、铊、铅、钍、铀的分析方法，具有灵敏度高、准确性好、操作简便、重现性好等优点，可满足母乳样品中有害元素的测定，从而为研究母体有害元素暴露水平提供技术支持，有利于婴儿的生长发育。

林凯等[22]将从深圳采集的母乳经高压密闭消解，经原子光谱技术测定了有害元素铅、镉、铬、铜、汞。所测母乳除铜元素外，铅、镉、铬、汞含量平均值均小于或等于国际原子能机构报告值，个别样本的铬、汞含量范围超出国际原子能机构报告值，说明个体差异较大，部分母乳存在重金属污染的可能。

张丹等[27]使用ICP-MS分析测定了母乳中铅、镉、锌、铜、锰含量。母乳汞含量采用自动测汞仪进行测定。测定结果与我国食品中污染物限量国家标准（GB 2762—2005）中生乳制品的元素限量比较，此次调查两城市母乳中各种重金属含量水平处于可接受范围，多数与国外研究结果相当，锰元素略高于国外某些研究的水平。

张洁等[28]采用微波消解进行样品前处理，应用ICP-MS对母乳中锌、铜、锰、铅、砷、镉、汞7种元素进行分析，锌、铜、锰、铅、砷、镉、汞的分析结果为（5.77±3.99）mg/L、（504.74±284.42）μg/L、（36.11±33.55）μg/L、（7.08±10.50）μg/L、（3.46±4.29）μg/L、（0.38±0.40）μg/L、（2.68±3.93）μg/L。

Olowoyo等[29]取1g样品加入3mL高氯酸和9mL硝酸，在90℃烘箱烘2h，消解液加入5mL 1.5%硝酸，用超纯水定容到25mL，用ICP-MS检测，对比勒陀利亚当地一家医院哺乳母亲的母乳中Cr、Mn、Co、As、Pb、Cd六种元素进行分析，6种元素的定量限为0.011～0.226μg/L。结果显示，母乳中微量元素的分布水平为Cr>Mn>As>Pb>Co>Cd。母乳中Cr、Mn、As、Pb、Co、Cd的中位数分别为0.501μg/L、0.488μg/L、0.116μg/L、0.090μg/L、0.023μg/L和0.009μg/L。该研究中部分母乳样品中Cr、Mn和As含量高于世界卫生组织的建议限量。

何梦洁等[30]应用微波消解处理母乳（4mL母乳+6mL硝酸+1mL双氧水），经ICP-MS测定，以标准参考物［NIST1549脱脂乳粉，硒含量为（0.11±0.01）mg/kg］作为质量控制。恩施地区母乳总硒为（44.28±26.92）μg/L，北京地区为（25.31±10.22）μg/L，凉山地区为（11.73±9.33）μg/L。

30.2 母乳中元素形态分析

30.2.1 元素形态分析及技术

关于元素的化学形态（chemical species of an element），国际纯粹与应用化学联合会（IUPAC）的定义为："元素以同位素组成、电子态或氧化态、络合物或分子结构等不同方式存在的特定形式"，可以认为元素的化学形态是指元素的以某种离子或分子存在的形式。对于化学中的形态分析（speciation analysis in chemistry），IUPAC的定义为"定性或定量地分析样品中的一种或多种化学形态的过程"。而通常所谓形态分析是指确定某种组分在所研究系统中的具体存在形式及其分布，包括元素价态分析，确定不同价态元素在被分析样品中以何种价态存在，若几种价态共存，确定各种价态的含量分布；化学形态分析（speciation analysis），确定元素在被分析样品中存在的形式——游离态、结合态（离子型结合态、共价结合态、络合态、超分子结合态等）与不同的结构态；赋存状态分析，确定元素存在的物相，如溶解态和非溶解态、胶态和非胶态、吸附态、可交换态等。

30.2.1.1 元素形态分析

从20世纪60年代日本水俣病——甲基汞中毒事件开始，元素的形态分析得到了普遍重视和迅速发展。在20世纪70年代至80年代初，van Loon和Suzuki分别在权威期刊Anal. Chem.和Anal. Biochem.上发表了元素形态分析领域的开创性的工作，将广大的分析工作者的研究重点转移至元素形态分析技术的开发上来。经过多年的发展，元素形态分析已经成为分析科学领域的一个重要分支，随着这一技术的不断发展，已经为环境科学、生命科学、临床医学、营养学、毒理学、农业科学等领域提供了越来越多的信息。由于元素在环境中的迁移转化规律，元素的毒性、生物利用度、有益作用及其在生物体内的代谢行为在相当大的程度上取决于该元素存在的化学形态，因此元素形态分析越来越占有非常重要的地位。

30.2.1.2 元素形态分析的特点

与材料中的元素总量分析相比，元素形态的分析要复杂和困难得多。

（1）样品的复杂性　样品中不仅是多种元素共存，而且常常是同一元素的多种形态共存，甚至是多种元素的多种形态共存，基体复杂，干扰因素多。因此要求分析方法具有高选择性，仅对某一或某几个特定形态得到测定的响应信号，而目前现有的方法很少能直接鉴定元素的形态，因此必须借助分离、富集等前处理方法，还要防止形态重新分配。

（2）被测元素形态含量低　分析范围比较广泛，从痕量分析到超痕量分析，因此要求分析方法灵敏度高、选择性好、基体干扰少、分离能力强、检出限低。

（3）样品中元素多种形态共存　受各种因素的影响，形态之间易发生相互转化，要求从采样开始到最终完成各种形态分析的全过程中要严格控制试验条件，保证元素形态及其分布不发生变化。

（4）目前元素形态的标准参考物质　商品化的有证标准参考物质较少，未知形态的化合物的定性定量分析和溯源受到很大的制约，限制了元素形态分析的大力发展。

（5）试验条件控制的严格性　要获得可靠和可比的分析结果，元素形态在不同基质中的提取、提取之后元素形态的稳定性都面临着考验，对实验操作人员的技术水平要求较高。

30.2.2 样品前处理

由于元素形态分析的特殊性，对样品前处理提出了较高要求，要求样品前处理过程不引起形态改变，样品前处理后要保持足够的稳定性，样品前处理方法简便快速。

对于固体样品，元素形态分析的样品前处理主要有超声辅助提取、微波辅助萃取、超临界流体萃取、酶分解等技术。

超声辅助提取是基于超声波的特殊物理性质，主要通过高频机械振动波来破坏目标萃取物与基体之间的作用力，从而实现提取。该法具有提取时间短、提取温度低、成本低、操作简单等优点。

微波辅助萃取是利用微波能进行物质萃取的一种新发展起来的技术，是使用适合的溶剂在微波反应器中从天然植物、矿物或动物组织中提取各种化学成分的技术和方法。该方法具有快速高效、加热均匀、选择性强、节省时间与溶剂、节能、污染小等优点。

超临界流体萃取是一种将超临界流体作为萃取剂，把一种成分（萃取物）从混合物（基质）中分离出来的技术。二氧化碳（CO_2）是最常用的超临界流体。该法具有萃取能力强、提取效率高、萃取速度快、无污染、成本低、安全性好等优点。

酶分解法是利用酶分解蛋白质而进行样品处理的方法，这类方法特别适用于生物样品。其优点是作用条件温和，因而能有效防止待测物的挥发损失；另一特点是它可维持金属离子原有价态，因而可进行形态学分析。

30.2.3 形态分析的方法

元素形态分析一般分为化学分析法和仪器分析法，最常用的方法是仪器分析法，目前应用最广的是色谱-原子光谱 / 质谱联用技术等。

原子光谱技术具有灵敏度高、准确性好、干扰少、分析速度快等优点，在试样元素分析中获得了广泛的应用，随着接口的发展，已广泛地应用于元素形态分析中。电感耦合等离子体质谱（ICP-MS）技术以其多元素同时测定、极高的检测灵敏度及方便地与不同分离技术联用的特点为形态分析提供了强有力的手段，使形态分析的研究得到广泛重视和迅速发展。

30.2.4 元素形态分析在母乳中的应用

目前元素形态分析在食品、环境、生物样品中应用较广，主要为砷形态、汞形态、硒形态、铅形态、锡形态、铬形态等。食品中无机砷、甲基汞均有食品安全国家标准方法颁布，尿中砷形态、食品中硒形态测定也有相关行业标准方法发布。由于母乳中涉及的元素形态含量较低，相关的研究还较少。下面介绍一下目前母乳中砷、硒和汞元素形态分析的研究情况。

30.2.4.1 砷形态分析

Michael Stiboller 等[31]报道了通过 HPLC-ICP-MS 测定母乳中无机砷（iAs）的方法，该方法采用新颖的样品制备步骤，用于确定母乳中痕量的有毒 iAs 和其他生物学相关的水溶性砷。由于母乳富含蛋白质和脂质，在母乳样品前处理中加入10%（体积比）三氟乙酸水溶液沉淀蛋白，加入二氯甲烷或二溴甲烷去除脂，之后将样品高速离心后取上清液进行分析测定。采用 Thermo Scientific Dionex IonPac AS14A 阴离子交换柱，碳酸氢铵为流动相进行梯度洗脱；采用 TCI Dual ODS-CX10 阳离子交换柱，吡啶甲酸盐为流动相进行等度洗脱。应用该方法对 ERM 牛乳参考物质和母乳样品进行加标回收测定，参考物质回收率在 90% ～ 110% 之间，母乳样品的加标回收率为 70% ～ 115%。砷甜菜碱（AsB）、二甲基砷（DMA）和五价砷［As（Ⅴ）］在母乳样本中 LOD 和 LOQ 分别为 10ng/kg 和 20ng/kg，日内和日间精密度为 2.2% ～ 4.0% 和 2.3% ～ 4.6%。母乳模拟样品中 AsB、DMA 和 As（Ⅴ）的精密度范围为 3.3% ～ 6.1%。

丁宁等[32]报道称取 2.0g 均质后的乳制品，加入 30mL 0.5mmol/L 碳酸铵-甲醇（体积比 99∶1）溶液（pH=8.5）室温下超声 1h，再加入 2mL 冰醋酸，用水定容至 50mL，离心后经 0.22μm 滤膜过滤，以 Hamilton PRP-X100 阴离子色谱柱为分析柱，以 50mmol/L 碳酸铵-甲醇（体积比 99∶1）溶液为流动相，梯度洗脱，分析乳制品中 7 种砷形态，包括砷胆碱（AsC）、AsB、三价砷［As（Ⅲ）］、DMA、一甲基砷（MMA）、As（Ⅴ）、阿散酸（*p*-ASA）。试验结果表明，8min 内 7 种砷形态达到很好的分离效果，在 0 ～ 50μg/L 的质量浓度范围内均具有良好的线性关系，相关系数大于 0.999，加标回收率在 83.1% ～ 92.7% 之间，相对标准偏差在 3.2% ～ 6.4% 之间，方法具有良好的准确度和精密度，适用于乳制品中 7 种砷形态分析测定。

30.2.4.2 硒形态分析

何梦洁等[30]采用超高效液相色谱-串联质谱联用法（UPLC-MS/MS）定性定量分析乳汁中游离和蛋白结合硒形态。

应用超高效液相色谱串联质谱（UPLC-MS/MS），以 Acquity UPLCA mide 色谱柱（2.1mm×100mm，1.7μm，Waters）为分析柱，以 0.1% 甲酸（A）和 0.1% 甲酸乙腈（B）梯度洗脱，0.4mL/min 的流速，柱温 40℃，样品室温度 15℃，进样量 5μL，在电喷雾-正离子电离源上以多反应监测模式分析牛乳中硒代蛋氨酸（SeMet）和硒代胱氨酸（$SeCys_2$）。

对于游离态 SeMet 和 $SeCys_2$，准确称取 100μL 牛乳，2 倍乙腈沉淀，涡旋振荡 2min，14000r/min 离心 15min 后，取上清液过 0.22μm 滤膜后进行检测；对于结合态 SeMet 和 $SeCys_2$，准确称取 100μL 牛乳，以乳∶酶（体积比）比例为 1∶1 混合（酶液：100mg 链霉蛋白酶和 100mg 脂肪酶溶于 50mL pH=7 的 25 mmol/L Tris-HCl 缓冲液），在 37℃水浴加热 30h，取出后离心 30min，取中段清液，过 0.22μm 滤膜，取 5μL 进 UPLC-MS/MS 分析测定。

牛乳中游离和结合态 SeMet、$SeCys_2$ 定量下限和线性范围均为 1ng/mL、1 ～ 200ng/mL，应用此方法对三个地区母乳中游离和结合形态的 SeMet 和 $SeCys_2$ 进行分析检测。结果显示游离硒形态占总硒比例的 2% ～ 3%，结合硒形态占总硒比例远高于游离态，为 38.1% ～ 128.12%。由三个地区乳汁酶解处理后硒形态分析结果可知，乳母母乳中天然或酶解后可稳定存在的主要硒形态是 SeMet 和 $SeCys_2$，其中适硒地区 SeMet 和 $SeCys_2$ 的含量分别为 2.51ngSe/mL 和 21.41ngSe/mL，占总硒比例分别为 9.94% 和 87.79%，$SeCys_2$ 含量远高于 SeMet。

采用高效液相色谱-电感耦合等离子质谱法测定乳汁中硒形态，应用 HPLC-ICP-MS 对母乳中亚硒酸根［Se（Ⅳ）］、硒酸根［Se（Ⅵ）］、SeMet、$SeCys_2$ 和甲基硒代半胱氨酸（MeSeCys）进行分析，酶解方法同结合态 SeMet 和 $SeCys_2$ 的提取方法，检测结果显示三个地区乳母的母乳中均未检测到 Se（Ⅳ）、Se（Ⅵ）和 MeSeCys，但三个地区的母乳均检测到 SeMet 和 $SeCys_2$。

30.2.4.3 汞形态分析

Rebelo 等[33]采用吹扫捕集-气相色谱-原子荧光光谱法测定母乳样品中的甲基汞（MeHg）。将母乳样品冻干后，称取 0.2g 冻干样品到聚四氟乙烯管中，加入 5mL 25% KOH 甲醇溶液，70℃放置 6h，每小时轻轻搅拌一次，之后避光保持 48h，离心，取 50μL 提取液，加入 50μL 四乙基硼酸钠溶液（1%）和 200μL 乙酸缓冲液（pH=4.5，2mol/L）进行乙基化，用超纯水稀释至 40mL。在配备自动取样器、吹扫和捕集装置、填充柱 GC/ 热解装置和Ⅲ型原子荧光分光光度计的 MERX 自动甲基汞系统上分析 MeHg。MeHg 的定量限（LOQ）为 0.1μg/L。采用人发标准参考物质（IAEA 085）进行质量控制，回收率在 85% ～ 105% 之间。

根据测定的样品中总汞（THg）和甲基汞（MeHg）含量估算无机汞（IHg）的水平。采集的大多数样本是产后 1 ～ 2 个月的，其中 38% 是第一个月采集的。分析结果显示超过 80% 的样品中 THg 含量大于定量限 LOQ（0.76μg/L），最大值为 8.40μg/L，平均值为 2.56μg/L。平均而言，MeHg 占 THg 的 11.8%，最高为 97.4%。考虑到婴儿在采乳时的年龄和体重，对每周摄入量进行单独估算。每周平均 MeHg 摄入量为（0.16 ± 0.22）μg/kg（以体重计），占 PTWI 的 10%；只有一例婴儿的摄入量超过了 PTWI 的 100%（1.90μg/kg 体重，PTWI 的 119%）。IHg 的平均摄入量为（2.1 ± 1.5）μg/kg 体重，相当于 53% 的 PTWI。分析结果表明母乳喂养的婴儿没有健康风险。也有文献报道，母乳中有机汞的含量与污染的海产鱼消费量有关[15]。

总结：母乳除了可为婴儿提供宏量营养成分外，同时也富含多种微量元素，这些成分对儿童的生长发育是非常重要的；同时受生存环境污染的影响，所分泌的母乳中也存在不同程度的多种环境污染物（如重金属）。目前这方面的研究和数据还相当有限。因此，需要深入研究母乳中微量元素（包括重金属）的含量，对人体必需微量元素的含量与其发挥功能作用的关系；同时研究那些已被证明对人体有毒有害的重金属的存在形式与其发挥毒性作用剂量的关系等。

（刘丽萍，陈绍占）

参考文献

[1] Sharma R, Pervez S. Toxic metals status in human blood and breast milk samples in an integrated steel plant environment in Central India. Environ Geochem Health, 2005, 27(1): 39-45.

[2] Stawarz R, Formicki G, Massanyi P. Daily fluctuations and distribution of xenobiotics, nutritional and biogenic elements in human milk in Southern Poland. J Environ Sci Health A Tox Hazard Subst Environ Eng, 2007, 42(8): 1169-1175.

[3] Koizumi N, Murata K, Hayashi C, et al. High cadmium accumulation among humans and primates: comparison across various mammalian species—a study from Japan. Biol Trace Elem Res, 2008, 121(3): 205-214.

[4] Wappelhorst O, Kuhn I, Heidenreich H, et al. Transfer of selected elements from food into human milk. Nutrition, 2002, 18(4): 316-322.

[5] Gundacker C, Pietschnig B, Wittmann K J, et al. Lead and mercury in breast milk. Pediatrics, 2002, 110(5): 873-878.

[6] Goudarzi M A, Parsaei P, Nayebpour F, et al. Determination of mercury, cadmium and lead in human milk in Iran. Toxicol Ind Health, 2013, 29(9): 820-823.

[7] Leotsinidis M, Alexopoulos A, Kostopoulou-Farri E. Toxic and essential trace elements in human milk from Greek lactating women: association with dietary habits and other factors. Chemosphere, 2005, 61(2): 238-247.

[8] Lönnerdal B. Dietary factors influencing zinc absorption. J Nutr, 2000, 130(5S Suppl): s1378-s1383.

[9] Lönnerdal B. Breast milk: a truly functional food. Nutrition, 2000, 16(7-8): 509-511.

[10] World Health Organization. Indicators for assessing infant and young child feeding practices. Geneva: World Health Organization, 2007.

[11] Andreas N J, Kampmann B, Mehring Le-Doare K. Human breast milk: A review on its composition and bioactivity. Early Hum Dev, 2015, 91(11): 629-635.

[12] Bergkvist C, Aune M, Nilsson I, et al. Occurrence and levels of organochlorine compounds in human breast milk in Bangladesh. Chemosphere, 2012, 88(7): 784-790.

[13] Bjorklund K L, Vahter M, Palm B, et al. Metals and trace element concentrations in breast milk of first time healthy mothers: a biological monitoring study. Environ Health, 2012, 11: 92.

[14] Matos C, Moutinho C, Almeida C, et al. Trace element compositional changes in human milk during the first four months of lactation. Int J Food Sci Nutr, 2014, 65(5): 547-551.

[15] Rebelo F M, Caldas E D. Arsenic, lead, mercury and cadmium: Toxicity, levels in breast milk and the risks for breastfed infants. Environ Res, 2016, 151: 671-688.

[16] Harari F, Ronco A M, Concha G, et al. Early-life exposure to lithium and boron from drinking water. Reprod Toxicol, 2012, 34(4): 552-560.

[17] Samiee F, Vahidinia A, Taravati Javad M, et al. Exposure to heavy metals released to the environment through breastfeeding: A probabilistic risk estimation. Sci Total Environ, 2019, 650(Pt 2): 3075-3083.

[18] Levi M, Hjelm C, Harari F, et al. ICP-MS measurement of toxic and essential elements in human breast milk. A comparison of alkali dilution and acid digestion sample preparation methods. Clin Biochem, 2018, 53: 81-87.

[19] Mead M N. Contaminants in human milk: weighing the risks against the benefits of breastfeeding. Environ Health Perspect, 2008, 116(10): A427-434.

[20] Kunter I, Hurer N, Gulcan H O, et al. Assessment of Aflatoxin M1 and Heavy Metal Levels in Mothers Breast Milk in Famagusta, Cyprus. Biol Trace Elem Res, 2017, 175(1): 42-49.

[21] Winiarska-Mieczan A. Cadmium, lead, copper and zinc in breast milk in Poland. Biol Trace Elem Res, 2014, 157(1): 36-44.

[22] 林凯，张慧敏，姜杰，等．人乳中多种重金属元素的原子吸收光谱法测定．实用预防医学，2015, 22(2): 133-136.

[23] 刘静．呼和浩特市 113 例人乳中矿物质含量的分析．食品研究与开发，2016, 37(5): 117-119.

[24] 姜杰，张慧敏，李胜浓，等．电感耦合等离子体发射光谱法测定深圳市人乳中钙和磷．实用预防医学，2015, 22(8): 915-917.

[25] 王亚玲，赵军英，乔为仓，等．电感耦合等离子质谱法测定人乳中 10 种矿物元素．食品科学，2021, 42(14): 165-169.

[26] 李韬，周鸿艳，邝丽红，等．微波消解 - 电感耦合等离子体质谱法同时测定金华市母乳样品中 19 种元素含量．中国卫生检验杂志，2022, 32(15): 1820-1828.

[27] 张丹，吴美琴，颜崇淮，等．母乳中重金属等微量元素状况分析．中国妇幼保健，2011, 26(17): 2652-2655.

[28] 张洁，李艳红，刘晓军，等．保定市母乳中微量元素及有毒元素含量的研究．河北医科大学学报，2010, 31(11): 1326-1328.

[29] Olowoyo J O, Macheka L R, Mametja P M. Health risk assessments of selected trace elements and factors associated with their levels in human breast milk from pretoria, South Africa. Int J Environ Res Public Health, 2021, 18: 18.

[30] 何梦洁．人乳中硒含量及硒形态研究．北京：中国疾病预防控制中心，2017.

[31] Stiboller M, Raber G, Gjengedal E L F, et al. Quantifying inorganic arsenic and other water-soluble arsenic species in human milk by HPLC/ICPMS. Anal Chem, 2017, 89(11): 6265-6271.

[32] 丁宁，蒋小良，江礼华，等．超声辅助提取 HPLC-ICP-MS 同时测定乳制品中 7 种砷形态．中国乳品工业，2018, 46(5): 46-48.

[33] Rebelo F M, Cunha L R D, Andrade P D, et al. Mercury in breast milk from women in the Federal District, Brazil and dietary risk assessment for breastfed infants. J Trace Elem Med Biol, 2017, 44: 99-103.

第31章

母乳中指示性多氯联苯含量测定

多氯联苯（polychlorinated biphenyls, PCBs）为典型POPs，历史上欧美国家曾大量生产，广泛用于多种工业和商业目的，主要包括在液压和传热系统中以及变压器和电容器中作为冷却和绝缘流体，以及用作增塑剂广泛应用于颜料、染料、驱虫剂、无碳复写纸、油漆、密封剂、塑料和橡胶产品等生产，甚至添加到混凝土中用于建筑业[1]。因在其生产和使用过程中的排放及泄漏而进入环境造成污染，在西方国家曾导致严重的健康危害。PCBs不同组分的毒性因其结构不同而差异巨大，氯原子非邻位和单邻位取代之外的PCBs化合物并不能表现出与2,3,7,8-TCDD类似的毒性作用，故此部分PCBs称为非二噁英样PCBs（NDL-PCBs）[2]。食品包括母乳检测中没必要检测NDL-PCBs的全部同类物，欧盟等检测特定种类NDL-PCBs来表征PCBs整体污染水平，这些特定NDL-PCBs称为指示性PCBs（marker PCBs，mPCBs），通常包含PCB-28、PCB-52、PCB-101、PCB-138、PCB-153、PCB-180共6种化合物[3]。本实验室参考美国环境保护署（USEPA）1668方法[4]，建立了食品中mPCBs测定的高分辨气相色谱-高分辨质谱法，并对2007年和2011年两次全国母乳监测样品中mPCBs含量进行了测定[5-7]。

31.1 指示性多氯联苯测定的仪器与试剂

31.1.1 仪器

① 高分辨气相色谱-高分辨质谱仪（DFS™ 气相色谱-扇形磁场高分辨质谱系统，赛默飞世尔科技，德国）：由 Trace1300 气相色谱仪（GC）和 DFS 高分辨双聚焦磁式质谱仪（HRMS）组成；配备 DB-5MS UI 色谱柱（60m×0.25mm，0.25μm，安捷伦科技，美国）。

② 全自动净化装置（JF602，北京普立泰科仪器有限公司，中国），配备商品化酸碱复合硅胶柱、氧化铝柱和碳柱（FMS 公司，美国）。

③ 冻干机（Coolsafe 95-15，Labogene，Lynge，丹麦）。

④ 减压旋转蒸发器（R-210，BÜCHI，Flawil，瑞士），配隔膜真空泵和真空控制装置以及循环冷凝水装置。

⑤ 加速溶剂萃取仪（ASE350，Thermo Scientific，美国），配备 66mL 萃取池。

⑥ 洗瓶机（G7883，Miele，德国）。

⑦ 马弗炉。

⑧ 天平：感量为 0.1g 和 0.1mg。

31.1.2 试剂

31.1.2.1 标准溶液

mPCB 校正标准溶液（P48-M-CVS）、稳定同位素取代 mPCBs 定量内标溶液（P48-M-ES）、稳定同位素取代 PCBs 回收内标溶液（P48-RS）均购自加拿大威灵顿公司，详见表 31-1 和表 31-2。

表 31-1　mPCBs 校正标准　　单位：ng/mL

种类	化合物	化学名	CS1	CS2	CS3	CS4	CS5
目标化合物	PCB-28	2,4,4′-三氯代联苯	0.1	1	10	100	500
	PCB-52	2,2′,5,5′-四氯代联苯	0.1	1	10	100	500
	PCB-101	2,2′,4,5,5′-五氯代联苯	0.1	1	10	100	500
	PCB-138	2,2′,3,4,4′,5′-六氯代联苯	0.1	1	10	100	500
	PCB-153	2,2′,4,4′,5,5′-六氯代联苯	0.1	1	10	100	500
	PCB-180	2,2′,3,4,4′,5,5′-七氯代联苯	0.1	1	10	100	500

续表

种类	化合物	化学名	CS1	CS2	CS3	CS4	CS5
定量内标	$^{13}C_{12}$-PCB-28	$^{13}C_{12}$-2,4,4′-三氯代联苯	100	100	100	100	100
	$^{13}C_{12}$-PCB-52	$^{13}C_{12}$-2,2′,5,5′-四氯代联苯	100	100	100	100	100
	$^{13}C_{12}$-PCB-101	$^{13}C_{12}$-2,2′,4,5,5′-五氯代联苯	100	100	100	100	100
	$^{13}C_{12}$-PCB-138	$^{13}C_{12}$-2,2′,3,4,4′,5′-六氯代联苯	100	100	100	100	100
	$^{13}C_{12}$-PCB-153	$^{13}C_{12}$-2,2′,4,4′,5,5′-六氯代联苯	100	100	100	100	100
	$^{13}C_{12}$-PCB-180	$^{13}C_{12}$-2,2′,3,4,4′,5,5′-七氯代联苯	100	100	100	100	100
回收内标	$^{13}C_{12}$-PCB-70	$^{13}C_{12}$-2,3′,4′,5-四氯代联苯	10	10	10	10	10
	$^{13}C_{12}$-PCB-111	$^{13}C_{12}$-2,3,3′,5,5′-五氯代联苯	10	10	10	10	10
	$^{13}C_{12}$-PCB-170	$^{13}C_{12}$-2,2′,3,3′,4,4′,5-七氯代联苯	10	10	10	10	10

表 31-2　稳定同位素标记指示性 PCBs 定量内标和回收内标

类别	化合物	化学名	浓度 /（ng/mL）
定量内标	$^{13}C_{12}$-PCB-28	$^{13}C_{12}$-2,4,4′-三氯代联苯	1000
	$^{13}C_{12}$-PCB-52	$^{13}C_{12}$-2,2′,5,5′-四氯代联苯	1000
	$^{13}C_{12}$-PCB-101	$^{13}C_{12}$-2,2′,4,5,5′-五氯代联苯	1000
	$^{13}C_{12}$-PCB-138	$^{13}C_{12}$-2,2′,3,4,4′,5′-六氯代联苯	1000
	$^{13}C_{12}$-PCB-153	$^{13}C_{12}$-2,2′,4,4′,5,5′-六氯代联苯	1000
	$^{13}C_{12}$-PCB-180	$^{13}C_{12}$-2,2′,3,4,4′,5,5′-七氯代联苯	1000
回收内标	$^{13}C_{12}$-PCB-70	$^{13}C_{12}$-2,3′,4′,5-四氯代联苯	100
	$^{13}C_{12}$-PCB-111	$^{13}C_{12}$-2,3,3′,5,5′-五氯代联苯	100
	$^{13}C_{12}$-PCB-170	$^{13}C_{12}$-2,2′,3,3′,4,4′,5-七氯代联苯	100

31.1.2.2　试剂和耗材

本方法所用有机溶剂均为农残级，要求浓缩 10000 倍后不得检出目标化合物。

正己烷；甲苯；二氯甲烷；壬烷；乙酸乙酯；无水硫酸钠（优级纯）；浓硫酸（优级纯）；硅藻土（Merk KGaA，德国）；硅胶（Silica gel 60，0.063 ～ 0.100mm，Merk KGaA，德国）；一次性玻璃制巴斯德滴管；100mL 玻璃培养皿；250mL 磨口平底茄形瓶（重量低于 90g，旋转蒸发仪用）；500mL 陶瓷研钵；瓶口分配器（规格 50mL）；微量注射器（量程 10μL）。

本实验所用试剂和药品，在每个批次启用前均须进行空白检查，若存有本底污染，则弃用。另外，所有非一次性玻璃器皿使用前都以洗瓶机清洗，晾干后分别以 10mL 1∶1 正己烷∶二氯甲烷溶液、正己烷各润洗一次。

31.1.2.3 净化材料

（1）活性硅胶　使用前，取硅胶适量装入玻璃柱中，先后用与玻璃柱等体积的甲醇、二氯甲烷淋洗，晾干后置于马弗炉中在600℃之上烘烤10h，冷却后，保存在带螺帽密封的玻璃瓶中。

（2）酸化硅胶（44%，质量分数）　称取112g活性硅胶置于250mL具塞磨口旋转烧瓶中，缓慢加入88g浓硫酸，置于摇床上，振摇6～8h，密闭后置干燥器内，可保存3周。

31.1.2.4 母乳样品采集

基于WHO/UNEP的第四次全球母乳POPs监测导则要求开展母乳样品采集工作[8]。2007年第一次全国母乳监测覆盖12个省市自治区，包括黑龙江省、辽宁省、河北省、陕西省、河南省、宁夏回族自治区、上海市、江西省、福建省、广西壮族自治区、四川省、湖北省，共采集1237个母乳样品，按采样地区制备为24份地区混样[5]。2009—2011年第二次全国母乳监测在第一次母乳监测原有12个省市自治区基础上再新增广东省、吉林省、青海省和内蒙古自治区等4个省自治区，共采集1760个母乳样本，按采样地区制备为32份地区混样[6]。

31.2 指示性多氯联苯测定的实验方法

31.2.1 样品前处理

31.2.1.1 样品预处理

以量筒量取母乳样品80mL，准确称重（精确到0.001g）后置于洁净玻璃培养皿中，以铝箔纸盖于其上，小心放入−40℃冰箱，冷冻12h，用冻干机使其干燥后，置于棕色干燥器中保存，待用。

31.2.1.2 提取

取一洁净陶瓷研钵，加入少量硅藻土后，加入前述干燥样品研磨至细，再加入适量硅藻土后轻轻搅拌至均匀，小心转移至预先填装醋酸纤维素滤膜的萃取池中。用10μL微量注射器添加同位素标记的mPCBs定量内标溶液10μL，旋紧萃取池盖子后放萃取仪上，以正己烷∶二氯甲烷（1∶1，体积比）为溶剂进行提取。

31.2.1.3 脂肪称重及除脂

将提取液转移至平底茄形烧瓶中，以减压旋转蒸发仪在 50℃及适当压力下将有机溶剂全部蒸出，静置过夜后称重，去除茄形瓶重量后即为样品中脂肪重量。

加入 100mL 正己烷溶解脂肪，加入适量 44% 硫酸硅胶（硫酸硅胶使用量按 1g 脂肪需 20g 硫酸硅胶估算）。轻轻摇匀后，至于旋转蒸发仪上，水浴锅设置为 60℃，常压，旋转加热 15min。静置 5min，将上层清液转移至一洁净茄形瓶中，以 50mL 正己烷清洗残渣两次，合并清洗液。如果酸化硅胶的颜色较深，则应重复上述过程，直至酸化硅胶为浅黄色。

经酸化硅胶处理后的提取液，以旋转蒸发仪（水浴锅温度 50℃）减压浓缩至约 5mL，置于避光处保存，待进一步以全自动样品净化系统进行处理。

31.2.1.4 净化分离

全自动样品净化系统的自动净化分离原理与传统的柱色谱方法相同，该系统使用三根一次性商业化净化柱，依次为酸碱复合硅胶柱、碱性氧化铝柱和活性炭柱。整个净化过程通过计算机按设定程序控制往复泵和阀门进行。

按仪器使用说明要求，将各净化柱按顺序连接在全自动样品净化系统上，按程序配好各洗脱溶液并连接好管路，设定计算机洗脱程序（见表 31-3），将除脂后的浓缩液转移到全自动样品净化系统的进样试管中，对样品进行净化、分离，以洁净茄形瓶分别收集含 mPCBs 的洗脱液。

表 31-3 全自动洗脱程序

步骤	洗脱液	体积/mL	流速/（mL/min）	阀门位置	目的	目标化合物
1	正己烷	20	10	01122006	润湿多层硅胶柱并检漏	—
2	正己烷	10	10	01222006	冲洗管路	—
3	正己烷	12	10	01212006	润湿氧化铝柱	—
4	正己烷	20	10	01221226	润湿活性炭柱	—
5	正己烷	100	10	01122006	活化多层硅胶柱	—
6	甲苯	12	10	05222006	更换溶剂为甲苯	—
7	甲苯	40	10	05221226	预冲洗活性炭柱	—
8	乙酸乙酯：甲苯（50：50）	12	10	04222006	更换溶剂为乙酸乙酯：甲苯（50：50）	—
9	乙酸乙酯：甲苯（50：50）	10	10	04221226	预冲洗活性炭柱	—

续表

步骤	洗脱液	体积/mL	流速/（mL/min）	阀门位置	目的	目标化合物
10	二氯甲烷 / 正己烷（50∶50）	12	10	03222006	更换溶剂为二氯甲烷∶正己烷（50∶50）	—
11	二氯甲烷∶正己烷（50∶50）	20	10	03221226	预冲洗活性炭柱	—
12	正己烷	12	10	01222006	更换溶剂为正己烷	—
13	正己烷	30	10	01221226	活化活性炭柱	—
14	—	14	5	06112006	加入样品提取液	—
15	正己烷	150	10	01112006	淋洗多层硅胶柱	—
16	二氯甲烷∶正己烷（20∶80）	12	12	02222006	更换溶剂为二氯甲烷∶正己烷（20∶80）	—
17	二氯甲烷∶正己烷（20∶80）	40	10	02212002	淋洗氧化铝柱	收集 PCBs
18	二氯甲烷∶正己烷（50∶50）	12	10	03222002	更换溶剂为二氯甲烷∶正己烷（50∶50）	收集 PCBs
19	二氯甲烷∶正己烷（50∶50）	80	10	03211222	淋洗氧化铝柱和活性炭柱	收集 PCBs
20	二氯甲烷	12	10	06222006	更换溶剂为二氯甲烷	收集 PCBs
21	二氯甲烷	80	10	06212002	淋洗氧化铝柱	收集 PCBs

31.2.1.5 试样浓缩

以旋转蒸发仪在 50℃和适当压力（防止暴沸）条件下，将洗脱液浓缩至小于 1mL，转移至 GC 进样小瓶中，以微弱氮气流浓缩至约 100 ～ 200μL 后，转移至预先加入 40μL 壬烷的玻璃内插管中，以微弱氮气流浓缩至约 40μL，加入 10μL 同位素标记的 mPCBs 回收率内标 10μL，涡旋混匀后，待测。

31.2.2 仪器分析条件

31.2.2.1 色谱条件

进样体积：1μL，不分流进样模式；进样口温度：280℃；传输线温度：280℃；载气：高纯氦气，恒流模式，0.8mL/min。

升温程序：初始温度 110℃，保持 1min；以 15℃ /min 升温速率升至 180℃，保持 1min；再以 3℃ /min 升温速率升至 300℃，保持 2min。

31.2.2.2 质谱参数

离子源温度：280℃；电离模式：EI；电子轰击能量：45eV；灯丝电流：0.75mA；参考气：全氟三丁胺（FC43）；参考气注入量：1μL；参考气温度：100℃；倍增器增益：2E6；分辨率：＞10000。监测离子见表 31-4。

表 31-4 mPCBs 监测离子

类别	mPCBs	监测离子 1（*m/z*）	监测离子 2（*m/z*）
TrCB	PCB-28	255.9613	257.9584
$^{13}C_{12}$-TrCB	$^{13}C_{12}$-PCB-28	268.0016	269.9986
TeCB	PCB-52	289.9218	291.9141
$^{13}C_{12}$-TeCB	$^{13}C_{12}$-PCB-52 $^{13}C_{12}$-PCB-70	301.9621	303.9591
PeCB	PCB-101	325.8799	327.8799
$^{13}C_{12}$-PeCB	$^{13}C_{12}$-PCB-101 $^{13}C_{12}$-PCB-111	337.9201	339.9172
HxCB	PCB-138 PCB-153	359.8415	361.8385
$^{13}C_{12}$-HxCB	$^{13}C_{12}$-PCB-138 $^{13}C_{12}$-PCB-153	371.8817	373.8788
HpCB	PCB-180	393.8025	395.7995
$^{13}C_{12}$-HpCB	$^{13}C_{12}$-PCB-180 $^{13}C_{12}$-PCB-170	405.8428	407.8398

31.2.2.3 校正标准曲线绘制

将 mPCBs 校正标准溶液按浓度由低到高的顺序注入 HRGC-HRMS 中，得到峰面积，按式（31-1）计算其相对响应因子（RRF）

$$\mathrm{RRF}=\frac{(A_{n1}+A_{n2})c_l}{(A_{l1}+A_{l2})c_n} \tag{31-1}$$

式中 A_{n1} 和 A_{n2}——目标化合物的第一个和第二个质量数离子的峰面积；

c_l——定量内标化合物的浓度，ng/mL；

A_{l1} 和 A_{l2}——定量内标化合物的第一个和第二个质量数离子的峰面积；

c_n——目标化合物的浓度，ng/mL。

31.2.3 结果计算

将试样溶液注入 GC-HRMS 中，得到目标化合物两个监测离子的峰面积与对应同位素定量内标的两个监测离子峰面积的比值，根据标准溶液的平均相对响应因子计算试样中目标化合物的量以及定量内标回收率。

31.2.3.1 目标化合物

试样中目标化合物的浓度按式（31-2）计算样品中目标化合物的浓度。

$$c_x = \frac{(A_{n1} + A_{n2}) \times m_l \times 1000}{(A_{l1} + A_{l2}) \times \mathrm{RRF} \times m_x} \qquad (31\text{-}2)$$

式中　c_x——试样中目标化合物的浓度，ng/g；

A_{n1} 和 A_{n2}——目标化合物的第一个和第二个质量数离子的峰面积；

m_l——加入的定量内标的量，pg；

A_{l1} 和 A_{l2}——定量内标化合物的第一个和第二个质量数离子的峰面积；

RRF——相对响应因子；

m_x——试样量，g；

1000——折算系数。

31.2.3.2 定量内标回收率

试样溶液中定量内标的量按式（31-3）计算。

$$m_s = \frac{(A_{l1} + A_{l2}) \times m_r}{(A_{r1} + A_{r2}) \times \mathrm{RF}_l} \qquad (31\text{-}3)$$

式中　m_s——试样溶液中定量内标的量，pg；

A_{l1} 和 A_{l2}——定量内标的第一个和第二个质量数离子的峰面积；

m_r——试样溶液中回收率内标的量，pg；

A_{r1} 和 A_{r2}——回收率内标的第一个和第二个质量数离子的峰面积；

RF_l——响应因子。

由上述测定结果，按式（31-4）计算定量内标的回收率：

$$\mathrm{Rec} = \frac{m_s}{m_l} \times 100\% \qquad (31\text{-}4)$$

式中　Rec——定量内标回收率，%；

m_s——试样溶液中定量内标的量，pg；

m_l——加入的定量内标的量，pg。

31.3 指示性多氯联苯测定的结果与讨论

31.3.1 方法验证

为保证所建立方法可比可信，自 2004 年以来连续参加挪威公共卫生所组织的国际比对考核项目，多种基质包括母乳样品中 mPCBs 考核结果汇总见图 31-1。除极少数样品外，所获得 z 评分都在−2 ～ +2 范围内，结果令人满意。

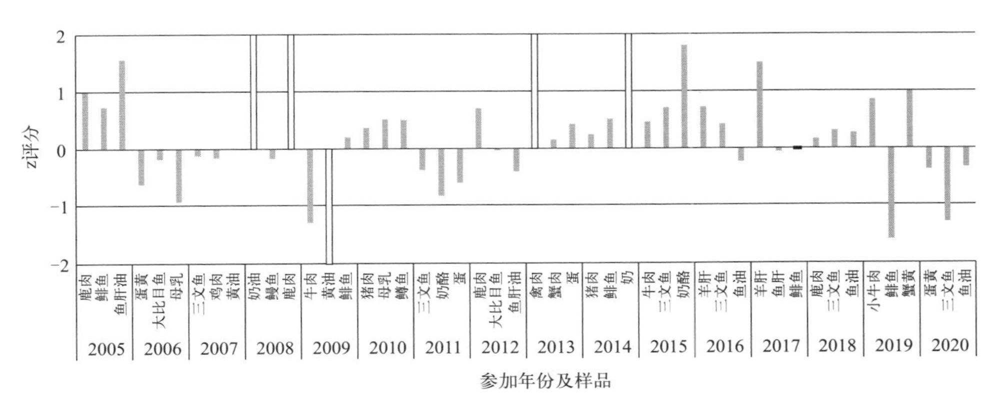

图 31-1 历年考核结果（空心表示 z 评分大于 ±2）

31.3.2 母乳中含量

mPCBs 在母乳中检出率普遍较高。2007 年母乳样品中，PCB-28 和 PCB-52 各在 23 个母乳混样中检出，检出率为 95.8%，剩余组分 PCB-101、PCB-138、PCB-153 和 PCB-180 则在全部 24 个样品中检出。2011 年母乳样品中，PCB-28、PCB -52、PCB -101、PCB -138 和 PCB -153 在全部样品中检出，而 PCB-180 在 93.8% 的样品中检出。

2007 年全国母乳监测结果显示 6 种指示性 PCBs 总和（下面以总指示性 PCBs 代指）的平均含量为 11.71ng/g 脂肪（中位数为 10.05ng/g 脂肪），范围为 2.4 ～ 28.75ng/g 脂肪。2011 年全国母乳监测总指示性 PCBs 的平均含量为 6.6ng/g 脂肪（中位数为 6.1ng/g 脂肪），范围为 2.3 ～ 19.0ng/g 脂肪。通常，工业化程度高、经济发达地区的母乳样品中指示性 PCBs 含量通常处于较高水平，而以农牧业为主地区母乳样品中指示性 PCBs 含量则处于较低水平，两次母乳监测在全国范围内均未见有统计学意义的城乡差距（$P > 0.05$）。

与2007年我国首次全国监测结果相比，2011年母乳中指示性PCBs显著下降（$P < 0.01$），在平均水平上下降41%。这一趋势与WHO/UNEP全球母乳监测结果趋势相同。

与WHO/UNEP全球母乳监测结果相比[9]，我国母乳中指示性PCBs含量处于极低水平（见图31-2），远低于世界上绝大多数国家和地区，这可能和我国历史上商品化PCBs产品生产和使用较少以及禁用后严格管控有关。

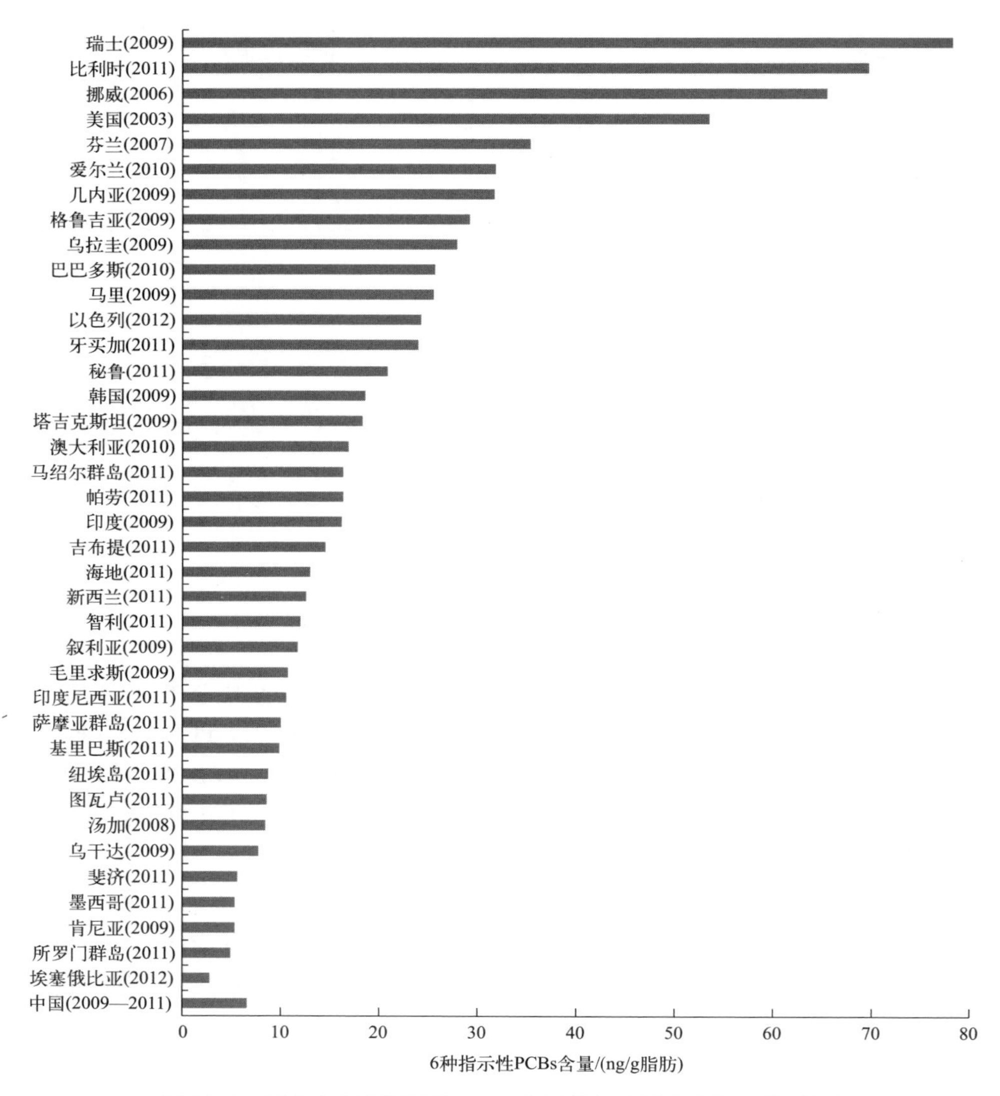

图 31-2　母乳中6种指示性PCBs含量比较（括号中为采样时间）

31.3.3 结论

通过开展全国母乳监测工作，获得了表征我国普通人群机体负荷水平的代表性母乳中 mPCBs 含量，与国际研究相比，我国母乳中这些化合物处于极低水平。两次全国母乳监测结果显示我国母乳中 mPCBs 含量急剧下降，表明我国人群中 mPCBs 暴露水平持续下降。

（张磊，李敬光）

参考文献

[1] EFSA. Opinion of the Scientific Panel on contaminants in the food chain [CONTAM] related to the presence of non dioxin-like polychlorinated biphenyls (PCB) in feed and food, 2005.

[2] Scippo M L, Eppe G, Saegerman C, et al. Chapter 14 Persistent Organochlorine Pollutants, Dioxins and Polychlorinated Biphenyls//Yolanda P. Comprehensive Analytical Chemistry. Edited by Elsevier, 2008: 457-506.

[3] Commission E. Commission Regulation (EU) No 1259/2011 amending Regulation (EC) No 1881/2006 as regards maximum levels for dioxins, dioxin-like PCBs and non dioxin-like PCBs in foodstuffs//Europe Union (EU), 2011.

[4] Agency USEP. Method 1668, Chlorinated Biphenyl Congeners in Water, Soil, Sediment, Biosolids, and Tissue by HRGC/HRMS, 2003.

[5] Zhang L, Li J, Zhao Y, et al. A national survey of polybrominated diphenyl ethers (PBDEs) and indicator polychlorinated biphenyls (PCBs) in Chinese mothers' milk. Chemosphere, 2011, 84(5): 625-633.

[6] Zhang L, Yin S, Zhao Y, et al. Polybrominated diphenyl ethers and indicator polychlorinated biphenyls in human milk from China under the Stockholm Convention. Chemosphere, 2017, 189: 32-38.

[7] 张磊，李敬光，赵云峰，等 . 我国母乳中持久性有机污染物机体负荷研究进展 . 中国食品卫生杂志，2020, 32(5): 478-483.

[8] World Health Organization. Fourth WHO-coordinated Survey of Human Milk for Persistent Organicpollutants in Cooperation with UNEP. Guidelines for Developing a National Protocol, World Health Organization, 2007.

[9] UNEP/WHO. Results of the global survey on concentrations in human milk of persistent organic pollutants by the United Nations Environment Programme and the World Health Organization. Conference of the Parties to the Stockholm Convention on Persistent Organic Pollutants Sixth meeting. Geneva, 28 April-10 May 2013. http://www.who.int/foodsafety/chem/POPprotocol.pdf, 2013.

母乳成分分析方法

Analytical Methods for Human Milk Compositions

第 32 章

母乳中微塑料含量测定

全球范围内塑料制品的广泛使用但不完善的固体废物管理体系，导致人类不可避免地接触塑料废物在环境中降解的副产品，包括微塑料（microplastics, MPs）[1]。MPs 由于其固有的物理化学特性、对生态系统和人类的潜在影响以及在人体内的蓄积造成的潜在健康损害已经成为全球首要关注的问题。人类通过各种途径接触到 MPs，包括自来水、瓶装水、海鲜、饮料、牛乳、鱼、盐、水果和蔬菜等[2,3]。据报道，聚乙烯（PE）、聚苯乙烯（PS）、聚丙烯（PP）和聚氯乙烯（PVC）是环境中最常见的 MPs，这些 MPs 可通过摄入、吸入和皮肤暴露进入人体内，并进入呼吸系统、免疫系统、生殖系统和消化系统，进而可能引起遗传毒性、细胞分裂、细胞毒性、DNA 损伤、诱导氧化应激、代谢紊乱等[4-7]。另外，MPs 的生物危害不仅与材质、形状及其携带的污染物有关，还与其颗粒大小有直接关系，即粒径越小其危害性越大[8,9]。

环境中的塑料经海浪、磨损、紫外线辐射和光氧化等作用不断发生破碎降解，同时伴随生物垃圾降解过程，导致形成 MPs，粒径范围是 0.1μm 到 5mm[10]。根据 MPs 释放到环境中的来源分为初生微塑料（primary types）或次生微塑料（secondary types）：初生 MPs 是人为制造的尺寸＜ 5mm，用于各种商业目的，如生活用品，包括化妆品中的闪光和清洁剂，磨砂膏和洗碗垫中的微珠，牙膏、发胶等，它们通常随排放的生活污水进入环境；次生 MPs 是在较大塑料物品的环境降解过程产生，如管理不善的塑料废物、海洋中的渔网以及不同的家庭和商业活动，例如洗涤合成纺织品、道路标记、轮胎、海洋涂料、个人护理产品和塑料颗粒等[11, 12]。例如，Ragusa 等[13]分析了 34 名乳母的母乳，其中有 26 个样本中发现了 MPs 污染，MPs 最多的聚合物基质是聚乙烯（PE，38%）、聚氯乙烯（PVC，21%）和聚丙烯（PP，17%），其粒径在 2 ～ 12 μm 之间。

由于 MPs 在环境中的普遍存在，导致人类不可避免暴露于 MPs，其途径主要有三种，即经口摄入、呼吸摄入和皮肤接触，其中经口摄入是主要途径[14]。鉴于 MPs 对动物和人类健康的影响，使用可靠的分析技术对母乳中 MPs 的定量检测就显得尤为重要，以评估极端脆弱婴儿群体 MPs 的暴露水平。因为乳母每天都会接触到环境中存在的多种化学物质，如通过食物、饮料和个人护理产品，因此母乳可能被这些化合物污染，影响婴幼儿的健康[15]。

32.1 微塑料测定的仪器与试剂

32.1.1 仪器

显微拉曼光谱（μ-Raman）、超纯水制备装置、恒温空气浴振荡器、温控磁力搅拌器、真空泵（GM-0.33A）、溶剂过滤器等。

32.1.2 试剂

氢氧化钾（优级纯）。

32.2 微塑料测定的实验方法

32.2.1 样品前处理

取 10mL 待测母乳置于 100mL 带塞玻璃三角瓶中，按照 1：1 体积比加入新

鲜配制的 20% 氢氧化钾溶液（过 1μm 孔径不锈钢滤膜、银膜或 Whatman GF/A 滤膜），然后将玻璃三角移至恒温空气浴振荡器，置于（40±1）℃恒温条件下匀速振荡不少于 48h（转速 150 ～ 200r/min）。在超净台内利用溶剂过滤器抽滤消解后的母乳样品过孔径 1μm 滤膜（不锈钢滤膜、银膜或 Whatman GF/A 滤膜），并利用超纯水仔细冲洗三角瓶不少于 3 次，同时将冲洗液一并过滤，最后用 50mL 超纯水冲洗滤器内壁并过滤。

将滤膜移至玻璃培养皿中，盖上玻盖，置于超净台内直至自然干燥。在处理样品同时处理三个空白样品（以超纯水替代母乳），以考察实验过程污染程度。

32.2.2 拉曼光谱测试

将滤膜置于高倍显微镜下［×（50 ～ 100）］观测并查找膜上疑似颗粒物位置，测量目标颗粒物粒径（最大尺寸），记录颗粒物形状（颗粒、薄膜、纤维等）、颜色等信息，然后用拉曼光谱分析目标颗粒物光谱。拉曼光谱波长范围 120 ～ 3200cm^{-1}，532nm 或 785nm 激光器（功率 50mW），光谱分辨率 1.5cm^{-1}，曝光时间 10s，数据采集时间间隔 0.1s[16-18]。

32.2.3 材质确定

为降低噪声并提高光谱质量，利用分析软件将初始光谱进行多项式基线校正和向量归一化，并将采集的目标颗粒光谱与已知材质聚合物的拉曼标准光谱进行比对，选择匹配率高于 85% 的聚合物为颗粒物的可能材质，并进一步结合不同高分子聚合物基团的特征峰，确定目标颗粒物材质；如果匹配率低于 85% 但高于 60%，则需进一步分析拉曼谱图中特征峰的位置、数量、形状及其相对强度，与聚合物标准拉曼光谱特征谱带（参见 T/CSTM 00563-2021 附录 B）做对比分析，最终确定颗粒物材质；若匹配率低于 60%，则认为颗粒物为非聚合物材质。

32.2.4 质量控制

在实验开始前对所有玻璃器皿认真清洗，尽量避免使用塑料材质的实验器材；在实验过程中，需全程穿戴棉质实验服和丁腈手套；过滤、干燥等操作需在超净台内进行，实验溶剂新鲜配制并过滤后方可使用。

32.3 微塑料测定的结果与讨论

32.3.1 前处理方法

本方法利用 20% 氢氧化钾（终浓度）消解母乳样品，结果证明氢氧化钾能够有效去除样品中蛋白、脂肪等成分。消解时间与消解温度有相关性，即温度越高消解需要时间越短，但温度不应超过 50℃，否则容易导致部分微塑料尤其纤维状微塑料发生变形，影响分析结果。如果第一次消解后仍残留较多脂肪和蛋白等杂质，可进行二次消解以完全去除各种杂质 [19, 20]。

32.3.2 方法学验证

本方法比较了 KOH 溶液（方案 A）、H_2O_2 溶液（方案 B）、蛋白酶 K（1%）（方案 C）和 RIPA 组织裂解液［50mmol/L Tris-HCl（pH7.4）+ NaCl（150mmol/L）+ TritonX-100（1%）+ 脱氧胆酸钠（1%）+SDS（0.1%）+ 蛋白酶 K（1%）］（方案 D）四 种 消 解 液 对 EVA（4.82mm±0.23mm）、LDPE（4.43mm±0.21mm）、HDPE（4.74mm±0.27mm）、PA-6（2.80mm±0.25mm）、PC（3.81mm±0.16mm）、PU（3.72mm±0.39mm）、PP（4.07mm±0.50mm）、PET（4.46mm±0.36mm）和 PS（3.73mm±0.24mm）共计 9 种微塑料的影响。结果发现，PA-6 经四种消解液处理后质量变化最为明显，方案 A 处理后质量增加 3.74%±0.80%（$P < 0.05$，单样本 t 检验），方案 B 处理后质量增加 10.02%±1.94%，方案 C 处理后质量增加 7.12%±0.25%，方案 D 处理后质量增加 7.12%±0.31%。此外，方案 A 处理前后各种微塑料颗粒质量无显著变化；方案 B 处理后，LDPE、PET 质量分别下降 0.17%±0.04% 和 0.89%±0.81%；方案 C 处理后，LDPE、PC 质量增加 0.28%±0.37% 和下降 1.40%±1.08%；方案 D 处理后，PU 质量下降 0.67%±1.62%（表 32-1）。

从微塑料的粒径上看（表 32-2），方案 A 处理后 PA-6 和 PU 粒径分别下降 1.45%±0.70% 和 1.43%±0.64%（$P < 0.05$），PET 尺寸增加 1.54%±1.29%；方案 B 处理后 LDPE 尺寸下降 1.42%±1.93%，PET 增加 1.82%±1.98%；方案 C 处理后，LDPE、PA-6、PU 粒径分别下降 1.14%±0.70%、1.739%±0.547%、2.71%±2.15%；方案 D 处理后 EVA 和 LDPE 尺寸分别增加 0.26%±0.47% 和 2.83%±1.10%，PP 和 PU 分别减小了 0.69%±0.54% 和 3.83%±1.10%。其余各种处理对微塑料颗粒形状和规格未见明显影响（$P > 0.05$）（表 32-2）。

表 32-1　4 种消解液对 9 种微塑料质量的影响　　单位：%

消解液	EVA	HDPE	LDPE	PA-6	PC	PET	PP	PS	PU
10%KOH	√	√	√	3.74±0.80①	√	2.71±2.45	√	√	√
30%H_2O_2	√	√	−0.17±0.04	10.02±1.94①	√	0.89±0.81	√	√	√
蛋白酶 K	√	√	0.28±0.37	7.12±0.25①	−1.40±1.08	√	√	√	√
组织裂解液＋蛋白酶 K	√	√	√	7.12±0.31①	√	√	√	√	−0.67±1.62

① $P < 0.05$。

注：√表示无变化。

表 32-2　4 种消解液对 9 种微塑料粒径的影响　　单位：%

消解液	EVA	HDPE	LDPE	PA-6	PC	PET	PP	PS	PU
10%KOH	√	√		−1.45±0.70	√	1.54±1.29	√	√	−1.43±0.64
30%H_2O_2	√	√	−1.42±1.93	√	√	1.82±1.98	√	√	
蛋白酶 K	√	√	−1.14±0.70	−1.739±0.547	√	√	√	√	−2.71±2.15
组织裂解液＋蛋白酶 K	√	√	2.83±1.10	√	√	√	√	√	−3.83±1.10

注：√表示粒径变化小于 1%。

四种消解液处理后 9 种微塑料的拉曼光谱强度均有所变化（图 32-1）。除此之外，还有一些非特征峰消失或略发生偏移，如 EVA 颗粒经方案 D 处理后 627.30cm^{-1} 峰消失，而 1416.86cm^{-1} 峰相对强度增加，但 1438.78cm^{-1} 峰相对强度降低；HDPE 经方案 D 处理后，1415.82cm^{-1} 和 2882.61cm^{-1} 处峰的相对强度降低；LDPE 颗粒经方案 B（H_2O_2）处理后，1061.96cm^{-1}、1127.60cm^{-1}、1294.10cm^{-1} 和 2882.61cm^{-1} 四个峰响应降低。尽管光谱略有变化，但经与标准谱图比对后对光谱匹配结果无明显影响。

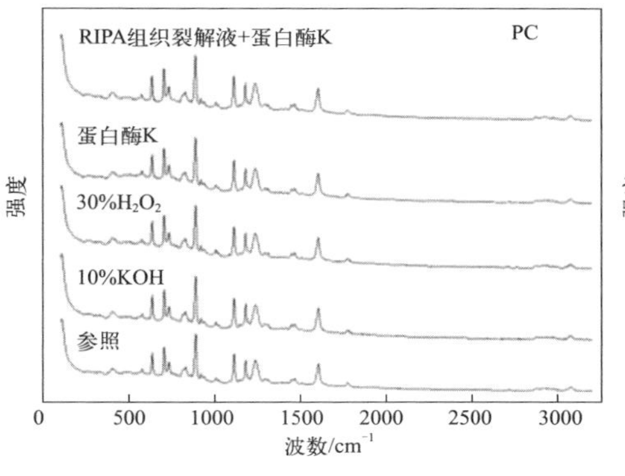

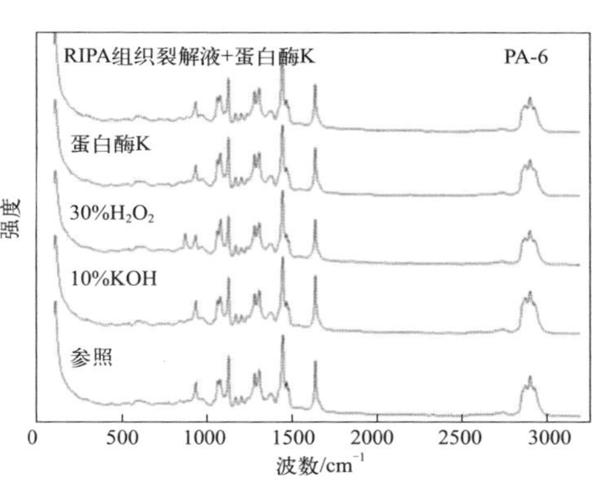

图 32-1

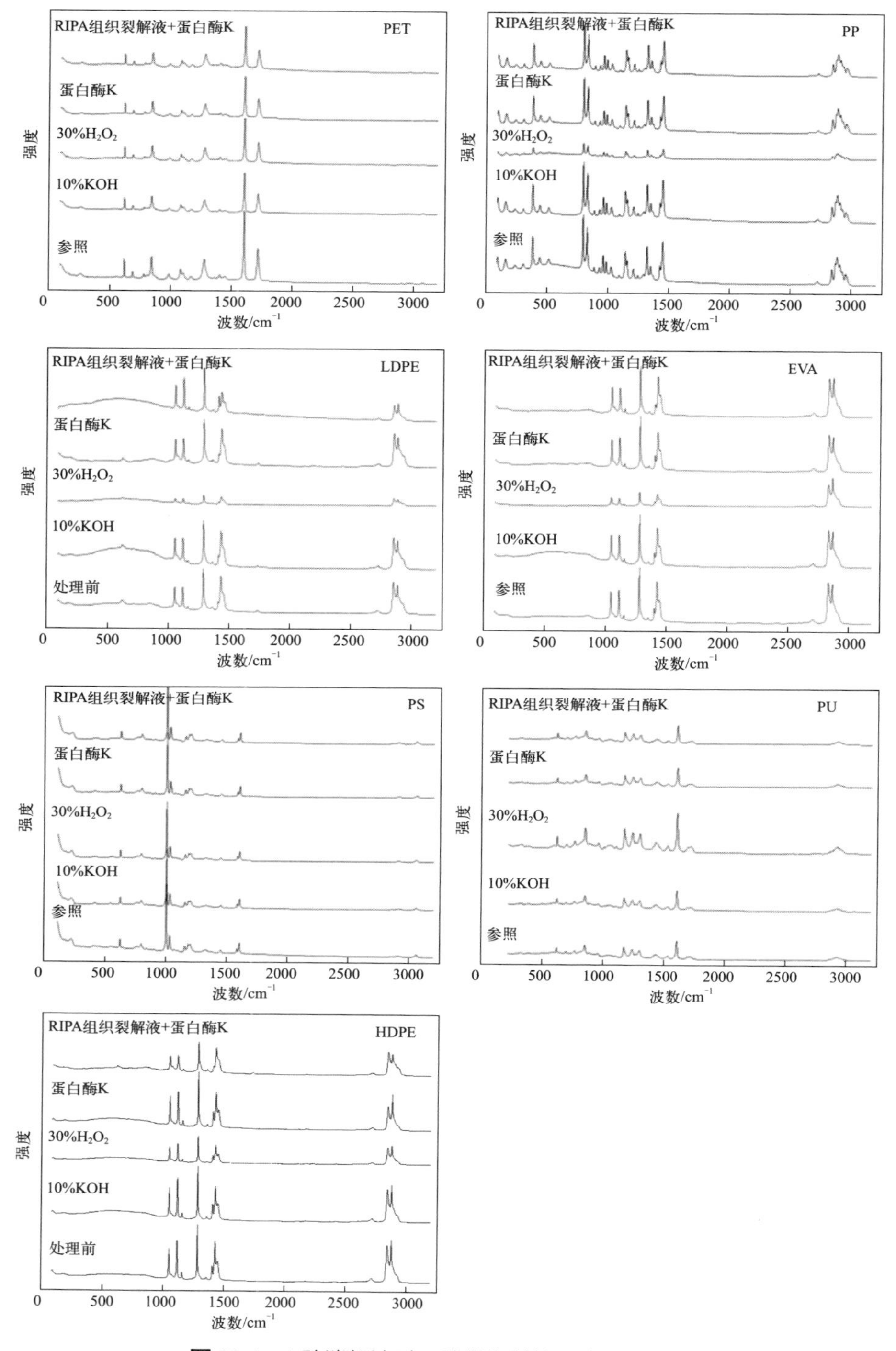

图 32-1　4 种消解液对 9 种微塑料拉曼光谱的影响

32.3.3 加标回收率

取婴儿配方乳粉 10g，加入 100mL 超纯水并加热至 50℃充分搅拌，静置 1.0h 后过 5μm 不锈钢滤膜，过滤后作为母乳样品。取 50mL 样品并分别加入荧光标记 50 ～ 100μm 和 200 ～ 500μm PS 颗粒各 25 粒，按上述过程进行处理，每个样品同时做 5 个平行实验。PS 颗粒的平均回收率在 90% ～ 96%, 相对标准偏差在 4.5% ～ 10.5%，满足实验检测要求。

32.4 结论

本方法利用强碱（氢氧化钾）消解母乳样品，建立了以显微拉曼光谱检测母乳中微塑料的方法。实验方法能够准确分析母乳样品中微塑料，为全面了解母乳中微塑料赋存水平提供了快捷可靠的分析方法。

需要特别指出，在开始所有程序之前和母乳微塑料分析期间，应避免塑料制品 / 部件的污染，包括乳样采集（不宜使用吸乳器，含有塑料制品）、储存（避免使用塑料储存管）、处理和分析过程中，尽量避免微塑料污染等。最后，仍需要加大科学研究力度，深入研究 MPs 长期蓄积（尤其是对婴儿）可能引起的潜在健康损害，评估创新的、实用的方法，以减少怀孕和哺乳期间接触这些污染物。

（安立会）

参考文献

[1] Wright S L, Kelly F J. Plastic and human health: A micro issue? Environ Sci Technol, 2017, 51(12): 6634-6647.

[2] Diaz-Basantes M F, Conesa J A, Fullana A. Microplastics in honey, beer, milk and refreshments in ecuador as emerging contaminants. Sustainability, 2020, 12(14): 5514.

[3] Kutralam-Muniasamy G, Pérez-Guevara F, Elizalde-Martínez I, et al. Branded milks - Are they immune from microplastics contamination? Sci Total Environ, 2020, 714: 136823.

[4] Kumar R, Manna C, Padha S, et al. Micro(nano)plastics pollution and human health: How plastics can induce carcinogenesis to humans? Chemosphere, 2022, 298: 134267.

[5] Kadac-Czapska K, Knez E, Grembecka M. Food and human safety: the impact of microplastics. Crit Rev Food Sci Nutr, 2022: 1-20.

[6] 张瑾，李丹 . 环境中微 / 纳米塑料的污染现状、分析方法、毒性评价及健康效应研究进展 . 环境化学，2021,40(01): 28-40.

[7] 王英雪，徐熳，王立新，等 . 微塑料在哺乳动物的暴露途径、毒性效应和毒性机制浅述 . 环境化学，2021,40(01): 41-54.

[8] Kwon J H, Kim J W, Pham T D, et al. Microplastics in Food: A Review on Analytical Methods and

Challenges. Int J Environ Res Public Health, 2020, 17(18): 17186710.
[9] Yang X, Man Y B, Wong M H, et al. Environmental health impacts of microplastics exposure on structural organization levels in the human body. Sci Total Environ, 2022, 825: 154025.
[10] Frias J P G L, Nash R. Microplastics: Finding a consensus on the definition. Mar Pollut Bull, 2019, 138: 145-147.
[11] Kannan K, Vimalkumar K. A review of human exposure to microplastics and insights into microplastics as obesogens. Front Endocrinol (Lausanne), 2021, 12: 724989.
[12] Sridharan S, Kumar M, Singh L, et al. Microplastics as an emerging source of particulate air pollution: A critical review. J Hazard Mater, 2021, 418: 126245.
[13] Ragusa A, Notarstefano V, Svelato A, et al. Raman microspectroscopy detection and characterisation of microplastics in human breastmilk. Polymers (Basel), 2022, 14(13): 14132700.
[14] Prata J C, da Costa J P, Lopes I, et al. Environmental exposure to microplastics: An overview on possible human health effects. Sci Total Environ, 2020, 702: 134455.
[15] Karthikeyan B S, Ravichandran J, Aparna S R, et al. ExHuMId: A curated resource and analysis of exposome of human milk across India. Chemosphere, 2021, 271: 129583.
[16] Da Costa Filho P A, Andrey D, Eriksen B, et al. Detection and characterization of small-sized microplastics (≥5 μm) in milk products. Sci Rep, 2021,11(1): 24046.
[17] 刘丹童，宋洋，李菲菲，等 . 基于显微拉曼面扫的小尺寸微塑料检测方法 . 中国环境科学，2020, 40(10): 4429-4438.
[18] Prata J C, da Costa J P, Fernandes A J S, et al. Selection of microplastics by Nile Red staining increases environmental sample throughput by micro-Raman spectroscopy. Sci Total Environ, 2021, 783: 146979.
[19] Prata J C, da Costa J P, Girão A V, et al. Identifying a quick and efficient method of removing organic matter without damaging microplastic samples. Sci Total Environ, 2019, 686: 131-139.
[20] Karami A, Golieskardi A, Choo C K, et al. A high-performance protocol for extraction of microplastics in fish. Sci Total Environ, 2017, 578: 485-494.